Die Strohzellstoffabrikation

und die

Herstellung von Zellstoffen aus grasartigen Pflanzen

sowie die

Herstellung der Strohpappen und Strohpapiere

Von

Fritz Hoyer, Ingenieur

Beauftragter Dozent am Papiertechnischen Institut
des Friedrichs-Polytechnikums zu Cöthen in Anhalt

Mit 195 Abbildungen im Text und 6 Tafeln

Verlag M. Krayn, Berlin W 10

1926

Druck von Paul Dünnhaupt, Cöthen in Anhalt.

Vorwort.

Schon seit frühster Zeit der eigentlichen Papierfabrikation, also von dem Zeitpunkte an, wo man nach Erfindung der Papiermaschinen von der handwerksmäßigen Herstellung zur fabrikmäßigen überging, war man bestrebt, für die bis dahin im praktischen Gebrauch allein verwendeten Hadern oder Lumpen einen Ersatz zu schaffen. Schon sehr bald richtete man das Augenmerk auf das in großen Mengen zur Verfügung stehende Getreidestroh, das infolge seiner Schnellwüchsigkeit und der verhältnismäßig leichten Möglichkeit der Aufschließung als ein besonders geeigneter Rohstoff erschien.

In der Tat zeigte sich auch bald im praktischen Gebrauche, daß man hier eine sehr geeignete Zellulosepflanze zur Verfügung hatte, die zunächst berufen schien, einen großen Teil der immer knapper und teurer werdenden Lumpen zu ersetzen. Wenn man auch in den Kinderjahren der eigentlichen Strohstoff- und Strohzellstofferzeugung mehr von einem Streckungsmittel sprechen konnte, so hat sich doch im Laufe der Jahre gezeigt, daß das Stroh berufen ist, eine viel größere Rolle in der Halbstofferzeugung zu spielen.

Abgesehen von den ersten Versuchen S c h ä f f e r s entwickelte sich zu Beginn des 19. Jahrhunderts eine immer mehr an Ausdehnung gewinnende Strohstoff-Fabrikation. Wenn auch die ersten Erzeugnisse durchaus nicht den hohen Anforderungen an Reinheit und Weiße entsprachen, die man heute an Strohzellstoff stellt, so stellten sie doch ein ganz brauchbares Surrogat dar. Neben der Herstellung der bleichbaren Strohzellulose ging dann die Erzeugung des gelben Strohstoffes, der zunächst eine noch größere Bedeutung hatte, da er vor allen Dingen auch als selbständiger Halbstoff für gewisse Papiere und Pappen geeignet war. Auch heute noch hat die Herstellung der gelben Strohpapiere und Strohpappen noch eine außerordentlich große Bedeutung.

Bisher sind nun die Veröffentlichungen über das gesamte Gebiet der Strohverarbeitung für die Zwecke der Papierindustrie nur verstreut in der Fachpresse zu finden, es finden sich kaum geschlossene Veröffentlichungen darüber. Ich habe es mir daher zur Aufgabe gestellt, in möglichster Ausführlichkeit, aber immerhin auf gedrängtem Raum, die heutige Strohstoff- und Strohzellstoff-Fabrikation zusammenzufassen. Es kam mir hier darauf an, möglichst ein Buch für die Praxis zu schreiben, aus diesem Grunde ist auch die Weiterverarbeitung des gelben Strohstoffes zu Stroh-Papier und Stroh-Pappen und die Ausrüstung dieser Erzeugnisse gebührend berücksichtigt worden.

Infolge der zunehmenden Bedeutung des Alfastoffes, ist auch besonders die Verarbeitung dieses Rohstoffes, die in Deutschland wieder mehr festen Fuß faßt, gebührend gewürdigt worden.

Ich möchte es nun nicht versäumen, an dieser Stelle besonders, noch denen zu danken, die mich bei meiner Arbeit unterstützt haben und zwar in erster Linie dem Verlag M. Krayn, der auch diesem Buche eine würdige Ausstattung gab und den verschiedenen Spezialmaschinenfabriken, die mich durch Zeichnungen, Klischees usw. unterstützten.

Cöthen/Anh., im Juli 1926.

Fritz Hoyer, Ingenieur.
beauftr. Dozent am Papiertechnischen Institut des
Friedrichs-Polytechnikums zu Cöthen/Anh.

Inhaltsverzeichnis.

Seite

I. Geschichte der Strohstofferzeugung.

Wenn auch die Geschichte des Strohstoffes schon als sehr alt zu bezeichnen ist, so ist sie doch nicht so alt, wie man im allgemeinen anzunehmen geneigt sein wird. Es hat sich nirgends nachweisen lassen, daß die Alten schon Stroh oder andere grasartige Pflanzen zu einer ähnlichen Faser verarbeitet haben, wie sie unser Strohzellstoff darstellt. Es bestehen wohl Möglichkeiten, daß sich die Verwendung grasartiger Pflanzen auch in alten Papieren nachweisen läßt, aber immer wird es sich dabei um ein Erzeugnis handeln, das unserem heutigen gelben Strohstoff ähnelt.

Sicher läßt sich die Verwendung von Stroh und auch anderen grasartigen Pflanzen zuerst in den Papiermustern von Dr. J. C. Schäffer in Regensburg nachweisen, der bekanntlich auch das erste Holzpapier herstellte. Schäffer verwendete auch Stroh zu seinen Papieren, und zwar indem er es zunächst zerschnitt, also häckselte, dann in heißem Wasser behandelte und zuletzt stampfte. Diese Masse brachte er dann in einen Bottich und behandelte sie einige Stunden mit Kalkmilch, nachdem die Kalkmilch entfernt worden war, kam die Masse wieder in die Stampfwerke, wo sie in etwa einer Stunde zerfasert wurde. Diesen Halbstoff mischte er dann mit Hadern und verarbeitete ihn zu Papier. Es handelte sich dabei also um die Herstellung eines gelben Strohstoffes, und zwar auf eine Art, wie man sie mit nur ganz geringen Abweichungen auch heute noch findet.

Nach dem Schäfferschen Beispiel beschäftigten sich dann noch viele Papiermacher mit der Herstellung und Gewinnung von Strohstoff und besonders auch von Strohzellulose. Etwa um 1800 wurde von Mathias Knoops in England Papier hergestellt, das zum Teil Strohstoff enthielt, der gleichfalls als gelber Strohstoff anzusprechen ist. Auch Knoops häckselte das Stroh in etwa 5 cm lange Stücke, die er dann etwa eine halbe Stunde lang kochte. Die so vorbereitete Masse legte er dann etwa eine Woche in Kalkwasser, indem er sie vollkommen damit bedeckte. Darauf wurde diese Masse des öfteren mit Wasser ausgewaschen und dann gestampft oder gemahlen. Das Ergebnis war natürlich ebenfalls ein gelber Strohstoff, der unserem heutigen gelben Stoff entspricht, er wurde ebenfalls mit Hadern gemischt zu Papier verarbeitet.

Als eigentlicher Ersatzstoff für Hadern wurde der Strohstoff zuerst etwa 1801 von Seguin eingeführt,[1]) dieses Verfahren wurde dann durch Hergoyen, Bronzac, Chaptal, Darcet, Poleza, Querine und andere verbessert. Die ersten Herstellungsländer für Strohstoff waren Frankreich, Belgien und England, wo man ihn auch schon zu guten weißen Papieren verarbeitete. Deutsche Fabriken bezogen den gebleichten Strohstoff anfänglich aus Belgien und verarbeiteten ihn ebenfalls zu besseren Papieren, wobei er aber wie bis vor kurzer Zeit in der Hauptsache als Füllstoff zu betrachten war. Erst in neuerer Zeit beginnt Strohstoff oder besser die Strohzellulose eine größere Bedeutung in der Papierindustrie zu erhalten, und zwar mehr als selbständiger Halbstoff, den man in größeren Anteilsmengen bei der Stoffmischung verwendet. Die Strohstofferzeugung geht zweifellos einer großen Zukunft entgegen, und es unterliegt keinem Zweifel, daß wir im großen und ganzen erst am Anfange dieser Entwicklung stehen.

Obgleich sich die ersten Versuche, aus Stroh und auch aus anderen grasartigen Pflanzen einen Papierhalbstoff herzustellen, in der Hauptsache auf ungebleichten Stoff bezogen, war man erklärlicherweise auch schon frühzeitig bemüht, den Stoff zu bleichen, um ihn auch tatsächlich zu besseren Papieren verwenden zu können, denn man suchte nach einem brauchbaren Ersatz für die immer knapper werdenden Hadern.

Schäffer kannte natürlich die Bleiche der Fasern noch nicht, aber schon Knoop versuchte es, reinen Zellstoff aus Stroh zu gewinnen, indem er das Stroh zuerst mit Kalklauge und Wasser kochte, den gewonnenen Stoff ablagerte und ihn dann nach wiederholtem Auswaschen nochmals mit Kristallsoda oder Pottasche kochte. Nachdem er dann das Erzeugnis wiederholt ausgewaschen und vor allen Dingen gebleicht hatte, erhielt er einen brauchbaren, hellen Stoff.

Ähnlich ging L. Piette in Dillingen vor, der auch schon um 1830 das Stroh mit Kalk und Pottasche kochte und dann mit Chlorgas oder schwefliger Säure bleichte. Piette kochte das Stroh in Wasser so lange, bis es eine braune Farbe angenommen hatte, zog dann das Wasser ab, wusch das Stroh aus und kochte nochmals 2 Stunden mit Wasser. Die Masse kam dann etwa 8 Tage in Kalkmilch, indem man auf 100 kg Stroh 1150 l Wasser und 50 kg gebrannten Kalk verwendete. Das so eingelaugte Stroh mußte täglich mehrere Male umgewendet werden und wurde später ausgewaschen, um dann noch-

[1]) Franz. Patent vom 22. Mai 1801.

mals 4 Stunden mit Wasser und am anderen Tage mit 2 kg Pottasche auf 100 kg Stroh gekocht zu werden. Das Erzeugnis war ein gelber Strohstoff, den man mit Chlorgas etwas bleichen konnte, eine vollständige Bleiche war nur mit schwefliger Säure in geschlossenen Kammern zu erzielen. Das Verfahren zeichnete sich also nicht gerade durch Einfachheit aus.

Piette ging dann später dazu über, das Stroh zu häckseln, und zwar nur 1 cm lang, um auch in der Lage zu sein, den Häcksel auf Getreidereinigungsmaschinen möglichst von Körnern und Knoten zu befreien. Der Häcksel wurde dann etwa 3 Stunden in großen, offenen Bottichen gekocht und ausgewaschen. Darauf erfolgte wieder ein Kochen über 3 Stunden, und zwar mit einer Lauge von 50 kg Kalk auf 100 kg Stroh, nachdem dann diese Lauge abgelaufen war, teilte man der Masse eine Lauge zu, die aus 1 kg Pottasche und 30 kg Kalk auf 100 kg Stroh bestand. Mit dieser Lauge wurde wieder 3 Stunden gekocht. Diese Behandlung wurde zweimal wiederholt, so daß man einen gut aufgeschlossenen, gelben Strohstoff erhielt, der sich auf folgende Weise gut in einen weißen Stoff überführen ließ. Die Masse wurde 24 Stunden mit 5 kg Soda auf 100 kg Stroh eingelaugt, dann wurde ausgewaschen und mit 3 kg Schwefelsäure auf die 100 kg Stroh behandelt. Beide Bäder wurden mehrere Male wiederholt, wobei der Stoff nach jedesmaliger Behandlung gründlich ausgewaschen wurde. Darauf kam der Stoff in eine Lauge von 8 kg Chlorkalk auf 100 kg Stroh. Etwa alle 6 Stunden rührte man durch und hatte nach 24 Stunden einen weißen Strohstoff von guter, rein weißer Farbe, aus dem sich Papiere bis auf den heutigen Tag erhalten haben.

Eine wichtige Verbesserung, welche auch die Strohstoffabrikation für den Großbetrieb wirtschaftlich machte, gelang Charles Mellier im Jahre 1854, indem er das Stroh mit Ätznatronlauge unter Druck kochte und dann den gut ausgewaschenen Stoff mit Chlorkalk zu hochweißem Halbstoff bleichte. Auf das Verfahren von Mellier soll dann bei der Besprechung der verschiedenen Aufschließungsverfahren noch weiter eingegangen werden, da es vielfach die Grundlage zu neueren Verfahren bildet.

Im Jahre 1882 erfand C. F. Dahl in Danzig das Sulfatverfahren, auf das gleichfalls bei der Besprechung der Aufschließungsverfahren näher eingegangen werden soll.

In den fünfziger Jahren des vergangenen Jahrhunderts trat zuerst der Espartostoff in Erscheinung. Obgleich man auf der Londoner Ausstellung im Jahre 1851 bereits Proben des Espartostoffes und daraus hergestellter Papiere sehen konnte, so dauerte es doch noch eine geraume Zeit, bis die Verwendung dieses hervorragenden Rohstoffes einige Bedeutung erlangte.

Erst im Jahre 1860 gelang es Th. Rouledge in England aus Alfa und Esparto, einen sehr schönen und festen Papierstoff zu gewinnen, und seitdem hat namentlich in England, aber auch in einigen deutschen Fabriken die Verwendung dieser Rohstoffe zugenommen.

II. Rohstoffe.

1. Getreidestroh.

Die wichtigsten für die Strohstoffabrikation in Frage kommenden Getreidearten sind nun:

Roggen (Secale cereale),
Weizen (Triticum vulgare),
Hafer (Avena sativa),
Gerste (Hordeum vulgare).

Durch Züchtung in Saatgutwirtschaften, die unter staatlicher Aufsicht stehen, sind aus diesen Getreidearten zahlreiche Abarten entstanden, die für die verschiedenen Bodenarten besonders geeignet sind und neben einer großen Körnerernte auch eine große Strohernte ergeben. Wie bei allen Pflanzen und ganz besonders bei den zur Zellstoffgewinnung herangezogenen, hat die Bodenart, das Klima und schließlich auch die Art der Bodenbearbeitung einen großen Einfluß. Es ist daher von Bedeutung, daß ein Saatgut verwendet wird, das sich für die gegebenen Bedingungen besonders eignet und eine hohe Ausbeute an Cellulose gibt, denn lediglich danach bestimmt sich für den Strohstofffabrikanten der Wert des Rohstoffes.

Erklärlicherweise sind auch die einzelnen oben aufgeführten Getreidearten in der Ausbeute an Zellstoff verschieden, wie sich aus der untenstehenden Tabelle zeigt. Auch der Gehalt an Kieselsäure ist bei den einzelnen Stroharten verschieden.

Die Ausbeute an gebleichtem Zellstoff ist nun erfahrungsgemäß:[2])

	bei Häcksel	bei Rohstroh mit 8 vH. Abfall
Roggenstroh	46 vH.	41 bis 44 vH.
Weizenstroh	45 „	39 bis 42 „
Haferstroh	43 „	bis 37 „
Gerstenstroh	40 „	bis 37 „

---

[2]) Nach Willi Schacht.

Tabelle 1.

Strohart	Wasser vH.	Organische Bestandteile vH.	Asche[3]) vH.
Roggen	14,3	82,5	3,2
Gerste	14,3	80,2	5,5
Weizen	14,3	80,2	5,5
Hafer	14,3	80,7	5,0

Die organischen Bestandteile setzen sich nun im wesentlichen zusammen aus:

Tabelle 2.

Strohart	Fett u. Wachs	Stickstoffhaltige Stoffe	Stärke, Zucker, Gummi, Pektin	Cellulose
Roggen	1,3	1,5	25,7	54,00
Gerste	1,4	2,0	28,4	48,4
Weizen	1,5	2,0	28,7	48,0
Hafer	2,0	2,5	36,2	40,0

Der Roggen (Secale cereale) wird besonders im Osten Deutschlands stark angebaut, die Anbaufläche beträgt etwa 23 vH. der gesamten Ackerbaufläche, im Süden tritt der Anbau des Roggens stark zurück. Die Kultur des Roggens soll zur Zeit der Völkerwanderung durch slawische Völker zu uns gebracht worden sein. Roggen ist die Hauptfrucht der leichteren Böden und wird hier meist kurzweg als Korn bezeichnet. Er gehört zur Familie der Gräser oder Gramineen, er besitzt Faserwurzeln. Der Halm wird 130 bis 240 cm lang und trägt 4 bis 18 Blätter von etwa 13 bis 20 cm Länge. Eine Roggenpflanze kann während der Bestockung 8 bis 11 Seitensprossen bilden. Der Roggen ist eine Hauptfrucht des gemäßigten Klimas, seine Ansprüche an die Wärme sind geringer als die des Weizens. Der Roggenbau erstreckt sich in Schweden und in Norwegen bis zum 70. Breitegrad, im europäischen Rußland bis zum 65. Breitegrad, in der Schweiz steigt der Roggen nicht über 1750 Meter Höhe hinauf. Feuchtigkeit, besonders in rauher Lage, verträgt der Roggen nicht so gut wie der Weizen, stauende Nässe überhaupt nicht. Infolge seiner starken Bewurzelung kommt er aber in trockener, selbst rauher Lage gut fort. Er gedeiht besser auf lockeren leichten Böden, besonders auf gutem, mil-

[3]) Der Aschegehalt gibt einen Anhaltspunkt für den Gehalt an Kieselsäure.

den, mergeligem Lehm oder auf sandigem Lehm, auch lehmigen Sand. Auf Niederungsböden gibt er mehr Stroh.

Die Ernte des Roggens fällt in die Gelbreife, bei Winterroggen Ende Juni bis Ende Juli, bei Sommerroggen im August. Der Ertrag ist verschieden, man erntet bei Winterroggen auf den Hektar 3000 bis 6000 kg Stroh, bei Sommerroggen 1800 bis 3200 kg.

Der Weizen (Triticum vulgare) gehört zu den ältesten Kulturpflanzen, schon die Chinesen sollen ihm 4700 v. Chr. angebaut haben, auch in Ägypten und Mesopotamien war er seit uralten Zeiten die Hauptgetreideart, in den Pfahlbauten fand er sich erst in der Broncezeit. Die Anbaufläche des Weizens beträgt in Deutschland etwa 7,8 v. H. der ganzen Ackerbaufläche, in Österreich etwa 3,6 v. H., in Ungarn 12,0 v. H. im europäischen Rußland etwa 3,1 v. H. und in Frankreich etwa 12,9 v. H.

Auch der Weizen gehört zur Familie der Gräser oder Gramineen und besitzt Faserwurzeln. Der Halm hat 5 bis 7 Glieder und eine mittlere Länge von 110 bis 150 cm, sowie mittlere Dicke. Die Blätter sitzen an dem Halme in zweireihiger Stellung und sind an den Blattöhrchen mit kleinen, sicherförmigen Sporen versehen.

Der in Mitteleuropa am meisten angebaute gemeine Weizen liebt ein warmes, gemäßigtes Klima, in rauhen Gebirgsgegenden gedeiht er nicht, obgleich er in feuchten Lagen und auf nassem Boden nicht so leicht auswintert, wie der Roggen. Er verlangt eine mittlere Jahrestemperatur von mindestens 3,75° und eine mittlere Sommertemperatur von mindestens 14°. Seine Anbaugrenze reicht in Schottland bis zum 58. Breitengrad, in Skandinavien bis zum 64., in Rußland bis zum 60. und in Nordamerika bis zum 50. Breitengrad. An dem Südabhange der Alpen kommt er noch bis zu 1264 Meter Höhe vor.

Der gemeine Weizen gedeiht am besten auf kräftigem, sich frisch haltendem, humosen Lehm- oder Lehmmergelboden. Auf leichterem Boden kommt er nur in feuchter Lage und bei kräftiger Düngung fort. Er hat im Vergleich zum Roggen ein sehr großes Wasserbedürfnis. Schwerer, zäher Ton-, leichter Sand- und auch Moorboden sind für die Weizenkultur nicht geeignet.

Der beste Zeitpunkt der Weizenernte ist die Gelbreife, wobei man mit dem Einfahren so lange wartet, bis das Stroh trocken geworden ist. Die Ernte beginnt Mitte Juli bis anfangs August, je nach dem Wetter. Auf einen Hektar erntet man vom Winterweizen 2000 bis 2800 kg und vom Sommerweizen 500 bis 1000 kg Stroh.

Der Hafer (Avena sativa). Die Kultur des Hafers ist wesentlich jünger als die der anderen Getreidearten. Die Römer fanden ihn in Deutschland als Nahrung für Menschen und Tiere vor. Nächst dem Roggen ist er gegenwärtig in Deutschland die am meisten angebaute

Getreideart, denn mit ihm werden etwa 14,5 v. H. des gesamten Ackerlandes bebaut, in Österreich etwa 6,2 v. H., in Ungarn etwa 3,5 v. H.

Der Hafer gehört ebenfalls zur Familie der Gräser oder Gramineen und besitzt ebenfalls Faserwurzeln. Der Halm kann bis zu 175 cm lang werden, das Blatt hat keine Sporen.

Nächst dem Roggen hat der Hafer die geringste geographische Verbreitung, denn sein Anbau reicht in Skandinavien etwa bis zum 66° nördlicher Breite. Nach dem Süden dehnt sich der an größere Feuchtigkeit gebundene Haferanbau nicht so weit aus, wie der der Gerste, welche Trockenheit und Hitze leichter übersteht. Trotzdem der Hafer rauhere Winterung verträgt als die Gerste, so reicht er doch nicht so weit nach Norden wie diese, da er einer längeren Wachstumszeit bedarf. Hinsichtlich des Bodens ist der Hafer genügsam und kommt überall fort, wenn es nur nicht an Feuchtigkeit fehlt. Am besten gedeiht er auf mittelschweren Böden.

Da der Hafer sehr ungleich reift, so ist bei der Ernte Vorsicht geboten. Die Ernte fängt im August an und zieht sich namentlich in kühlem Klima bis in den September hinein. Der Ertrag ist je nach dem Boden sehr verschieden, man erntet auf Sand- und Moorboden 900 bis 1400 kg Stroh, auf leichtem Sand- und strengem Tonboden 1400 bis 2800 kg Stroh, auf gutem reichen Lehm- oder milden Tonboden 4000 bis 5000 kg Stroh auf den Hektar.

Die Gerste (Hordeum vulgare) ist eine der ältesten Kulturpflanzen der Welt. Man findet sie in den Pfahlbauten und abgebildet auf den ältesten Kulturgegenständen, wie Münzen, Denkmälern usw. Ihr Anbau ist sehr verbreitet. Wegen ihrer kurzen Wachstumszeit kommt sie noch im höchsten Norden vor und ist die Hauptbrotfrucht der Polarländer, teilweise das einzige Getreide, das dort reift. Im Deutschen Reiche werden etwa 6,5 v. H. der gesamten Ackerbaufläche mit Gerste bebaut, in Österreich etwa 4,1 v. H., in Ungarn etwa 3,7 v. H.

Die Gerste gehört ebenfalls zur Familie der Gräser oder Gramineen und besitzt Faserwurzeln. Die Länge der Halme ist nicht groß und beträgt zwischen 60 bis 115 cm. In kurzen, heißen Sommern bleibt sie zurück, während mittlere Wärme und Feuchtigkeit das Längenwachstum und den Strohertrag, aber auch die Gefahr des Lagerns begünstigen. Das Blatt zeigt an den Blattöhrchen stark entwickelte Sporen.

Die Wintergerste gedeiht nur in mildem Klima, während die Sommergerste vom nördlichen Afrika an bis zum 70. Grad nördlicher Breite vorkommt. In bezug auf den Boden verlangt sie einen unkrautfreien, milden, mergeligen Lehmboden oder sandigen Lehmmergelboden.

Der Ertrag ist je nach den Jahrgängen sehr verschieden, man kann aber durchschnittlich auf einen Hektar einen Strohertrag von 2200 bis 3000 kg bei der Sommergerste und bis zu 4600 kg bei der Wintergerste rechnen.

Das Getreidestroh kann nun durch mancherlei Schädlinge unbrauchbar oder doch minderwertig gemacht werden.

Am ungünstigsten wirken hierbei die Unkräuter, während die anderen Schädlinge, namentlich Pilze und Insekten weniger dem Stroh nachteilig sind, als dem Korn. Durch starken Gehalt an Unkräutern wird das Stroh für die Strohstoffabrikation minderwertig und mitunter sogar, namentlich wenn es sich um die Herstellung bleichbarer Strohzellstoffe handelt, unbrauchbar. Durch geeignete Saatzucht und Saatreinigung läßt sich aber das Auftreten des Unkrautes stark einschränken.

Der anatomische Bau des Strohs.

Unter der Anatomie ist nun der innere Bau des Strohs zu verstehen (von dem griechischen anatemno = aufschneiden). Wie schon mehrfach erwähnt, besitzen die vier hauptsächlichsten Getreidearten Faserwurzeln, aus denen der Halm aufsteigt. Das Emporwachsen des Halmes, das in verhältnismäßig kurzer Zeit erfolgt, nennt man das Schossen. Es erfolgt beim Eintritt der Wärme bei Wintergetreide in etwa 6 bis 8 Wochen, beim Sommergetreide in noch kürzerer Frist. Das Getreidestroh ist also eine unserer schnellwüchsigsten Cellulosepflanzen. Bei Sommergetreide folgen sich Keimen, Bestocken und Schossen ohne Unterbrechung, bei dem Wintergetreide dagegen tritt nach dem Keimen und dem Bestocken, also der Wurzelbildung, die Winterpause ein. Ursprünglich ist das Getreide einjährig, durch Zucht ist es jedoch zweijährig geworden. Wintergetreide, das im Frühjahr gesät ist, schoßt nicht mehr in demselben Sommer, sondern erst im Herbst, so daß es nicht reifen kann, erst durch Züchtung kann man es in Sommergetreide überführen. Umgekehrt kann Sommergetreide, da es nicht winterhart ist, nicht als Winterfrucht angebaut werden, sondern nur durch Zuchtwahl in solches überführt werden.

Bei dem Weiterwachsen der Halme entwickelt sich der untere Teil langsamer und wird dabei kürzer, aber auch dicker als die oberen Teile. Der Halm enthält Halmglieder (und zwar beim Roggen meist 6, seltener 5 oder 7). Ihre Länge nimmt von unten nach oben zu, die Stärke verringert sich indessen zugleich mit der Länge. Diese Art des Baues hat auf die Festigkeit und Elastizität des Halmes, der in der vollen Ähre eine erhebliche Last zu tragen hat, einen großen Einfluß. Das Schossen bedeutet nur ein Strecken der vorher bereits teleskopartig ineinander befindlichen Halmglieder. Bei ungenügender Festigkeit tritt ein nachteiliges Lagern der Halme ein, dessen Hauptursache der Lichtmangel infolge des zu dichten, üppigen Standes der Pflanzen ist. Die Zellen der unteren, unnatürlich langen Halmglieder sind dünnwandig und langgestreckt, sie bieten demnach den Pflanzen nur wenig Halt, so daß diese sich beim Eintritt von Regen und Wind lagern. Ebenso wie Lichtmangel wirken der Mangel an mineralischen Nährstoffen, auch zu hoher Gehalt des Bodens an Stickstoff-Verbindungen. Das Lagern kann auch bei großer Nässe des Boden eintreten, wenn die Wurzeln keinen genügenden Halt mehr haben. Wenn sich die Halme vor der Blüte lagern, dann richten sie sich bisweilen in ihren mittleren Knoten wieder auf, wenn dagegen schon ein Körneransatz stattgefunden hat, dann bleiben sie liegen. Die Halme erreichen mit der Ähre eine Länge von 1 bis 2,5 Metern, in Ausnahmefällen auch noch mehr. Eine wesentliche Verstärkung erhält der hohle Halm durch die die Halmglieder trennenden Knoten.

Bei dem Blatt dient die Blattscheide zur Verstärkung des Halmes und ist seitwärts offen. Das Blatthäutchen ist die Verlängerung der inneren Blattscheidenhaut über die Ansatzstelle der Blattspreite hinaus. Bei manchen Halmfrüchten findet sich hier auch eine wulstartige, federnde Verstärkung, das Blattöhrchen, vor, welches den Halm federnd umfaßt, die sichelartigen Gebilde nennt man auch Sporen. Diese Sporen sind bei der Gerste sehr groß, kleiner beim Weizen, noch kleiner beim Roggen und fehlen beim Hafer ganz. Die Blattspreite ist der abstehende Teil des Blattes.

Der Blütenstand der Getreidearten ist eine Ähre oder eine Rispe. Die Ähre besteht aus einer Spindel, die im Gegensatz zu dem hohlen Halme fest ist, und aus einer Anzahl Ährchen, die ganz kurz gestielt an der Spindel sitzen, bestehen, wie beim Weizen, dem Roggen und der Gerste. Wenn man die Ansatzstellen der Ährchen betrachtet, dann zerfällt die Spindel in eine Anzahl Spindelglieder. Jedes Ährchen besteht aus den Hüllspelzen, welche das ganze Ährchen einschließen, und aus einer oder mehreren Blütchen. Im letzteren Falle ist der Stiel jeden folgenden Blütchens an dem Stiel des vorhergehenden angesetzt. Jedes Blütchen besteht aus den Blütenspelzen, dem Fruchtblatte mit der federnden Narbe und den Staubblättern mit den Staubbeuteln, die äußere Blütenspelze ist häufig begrannt.

Wie schon erwähnt ist der Halm unserer Getreidepflanzen innen hohl, die äußerste Schicht stellt einen Panzer von verkieselten Oberhautzellen dar. Diese rechteckigen Zellen, deren Längsseiten gezahnt sind, schließen in gewissen Entfernungen und nach bestimmten Grundsätzen Öffnungen von verschiedener Form ein, deren Zweck darin besteht, Flüssigkeiten aufzunehmen und Gase auszustoßen und einzusaugen, weiter finden sich noch Haarnarben. Diese Oberhautzellen zerfallen in zwei Gruppen, die sich durch die gröbere, breitere und feinere, schmalere Zahnung voneinander unterscheiden. Beide Gruppen haben aber gemeinsam kleine meist rundliche Öffnungen und Haarnarben an den Stellen, an denen sie mit ihren Schmalseiten zusammenstoßen. Die gröber gezahnten Zellen weisen auch anstelle der kleinen, rundlichen Öffnungen oft langgestreckte oder schlitzähnliche Öffnungen auf.

Die Untersuchungen über die Oberhautzellen haben bisher immer noch ziemlich abweichende Ergebnisse gezeitigt. Nach Wiesner betragen deren Abmessungen:

Tabelle 3.

	Länge	Breite
Roggen	0.086—0,345	0,012—0,016
Weizen	0,152—0,449	0,018—0,02
Hafer	0,186—0,448	0,012—0,017
Gerste	0,103—0,224	0,012—0,014

Kirchner[4]) findet davon abweichende Abmessungen und zwar solche von schuppenähnlichem Aussehen, teils mit tiefgebuchteten Rändern von 0,075—0,25 mm Länge und 0,015—0,02 mm Breite, teils mit ganz feingezahnten, stabähnlich aussehenden Zellen von 0,2—0,3 mm Länge und 0,01 bis 0,015 mm Breite.

Die Bastzellen, die vornehmlich für die Strohstoffgewinnung in Frage kommen, haben nach Kirchner[4]) folgende Abmessungen:

Länge 0,45 bis 1,9 mm, Breite 0,01 bis 0,025 mm, es kommen aber auch oft Zellen von 1,5 mm Länge und 0,015 mm Breite vor. Die Bastfasern besitzen oft spitz ausgezogene Enden, mitunter, aber seltener, sind sie auch stumpf, sehr selten hingegen gegabelt. Nach Kirchner sollen die von anderer Seite oft erwähnten knotenartigen Verdickungen der Zellen nur die Folge der mechanischen Bearbeitung des Strohzellstoffes, nicht aber eine natürliche Eigenschaft sein.

Die Parenchymzellen des Getreidestrohs sind sehr dünnwandig und haben eine Länge von 0,06 bis 0,3 mm bei einer Breite von 0,02 bis 0,08 mm. Diese Zellen sind sehr zart, aber sehr widerstandsfähig und haben eine schlauchartige Gestaltung. Die Siebgefäße stellen zarte beiderseitig offene Röhrchen mit teilweiser länglich geschlitzter Tüpfelung dar und sind 0,6 mm lang und bis zu 0,05 mm breit. Ein weiteres Element des Getreidestrohs sind die Ring- und Spiralgehäuse, die sehr

[4]) Kirchner: Das Papier. IIa. Rohstoffe.

zarte Organe darstellen, welche an der inneren Wand mit Einzelringen oder spiraligen Gebilden bekleidet sind. Diese Gefäße haben eine Breite von 0,015 bis 0,035 mm.

Die Holz- und Weichbastzellen sind sehr häufig dickwandig und getüpfelt und haben eine gewisse Ähnlichkeit mit den Markstrahlzellen des Holzes. In den meisten Fällen ist das eine Ende gerade, das andere dagegen abgeschrägt, außerdem weisen sie geschlitzte oder offene Tüpfel auf. Sehr viel vertreten finden sich sehr zarte, fadenähnliche und regelmäßig getüpfelte Zellen, die man zur Gruppe der Holzzellen rechnen muß. Die Länge beträgt meistens 0,15 bis 0,2 mm, die Breite 0,025 bis 0,035 mm, die Breite der Holzzellen dagegen nur 0,01 mm.

Die Halmknoten besitzen ebenfalls kleine Oberhautzellen, die in ihrer Form aber von den Oberhautzellen des Halmes abweichen. Auch die Ähre enthält sehr verschieden geformte und verschieden groß gezahnte Oberhautzellen. Solche Zellen finden sich auch bei den Blattspreiten und den Blattscheiden, die aber zahlreiche Bastzellen und Strangzellengewebe aufweisen.

Natürlich sind für die Strohstoffgewinnung nicht nur die einzelnen Getreidearten von verschiedenem Wert, sondern auch die einzelnen Teile des Halmes. Die Blätter, die Ähren und vor allen Dingen die Knoten ergeben keinen guten Strohzellstoff, da sie zum großen Teile Verunreinigungen enthalten, die sich nicht bleichen lassen. Die Auflösung der Knoten ist im normalen Betrieb überhaupt nicht wirtschaftlich durchzuführen, diese werden höchstens erweicht. Im Stoff zeigen sie sich als braune Stibben, die natürlich das Papier verunreinigen, im Gelbstrohstoff schaden sie nichts. Ähnlich steht es mit den Ähren, die sich wohl ganz gut aufschließen lassen, aber doch immerhin im Stoff noch zahlreiche bräunliche, grobe Splitter hinterlassen, aber auch andere Verunreinigungen zeigen. Die Blätter lassen sich besser auflösen, es finden sich aber immer noch, wenn auch nur in ganz geringem Maße, dunkle Verunreinigungen.

Von großer Bedeutung für die Strohstoffabrikation sind die Inkrusten der Pflanzen und vor allen Dingen auch die Menge, in der sie in ihnen enthalten sind, denn zu ihrer Entfernung sind Chemikalien erforderlich. Es liegt auf der Hand, daß dadurch die Wirtschaftlichkeit eines Betriebes in größtem Maße beeinflußt werden kann. Je nach der Art der Pflanzen, aber auch nach der Bodenart und nach dem Klima, schwankt der Anteil dieser Inkrusten zwischen 25 und 40 vH. Zu diesen Inkrusten gehören nun zunächst die Kieselsäure, deren Gehalt auf die Auswahl der Kochlaugen von großem Einflusse ist, dann sind weiter zu nennen Wachs und Fett, Pektin, Stärke, Zucker und Gummi.

Bei der Herstellung des weißen Strohzellstoffes, werden alle diese Inkrusten von den Laugen gelöst und gehen mit ihnen ab. Zum Teil gehen diese Inkrusten mit den Laugen Verbindungen ein und werden dann bei der Wiedergewinnung der Alkalien verbrannt. Alle Versuche, diese mitunter recht wertvollen Nebenerzeugnisse wiederzugewinnen, sind bisher noch ohne großen Erfolg geblieben, es ist aber damit zu rechnen, daß man sie ebenfalls noch sehr wirtschaftlich verwerten kann, wie sich weiter unten zeigt.

Eine große Rolle spielt der Gehalt an Kieselsäure, der bis zu 6 v. H. betragen kann. Den geringsten Kieselsäuregehalt hat Roggenstroh und zwar etwa 1 v. H. Dieses Stroh eignet sich daher zur Herstellung des besten weißen Strohzellstoffes und ergibt die höchste Ausbeute an Stoff (46 v. H.). Wie schon erwähnt, haben darauf aber verschiedene Umstände ihren großen Einfluß, also die Bodenart, das Klima usw. Es kann daher mitunter auch Weizenstroh vorteilhafter sein als Roggenstroh. Diese Nebenumstände können einen so großen Einfluß auf die Güte des Strohs haben, daß sogar auch Gersten- und Haferstroh gute Ausbeuten und einen feinen weißen Stoff liefern.

Besonders der Gehalt an Kieselsäure kann, wie schon mehrfach erwähnt, so nachteiligen Einfluß haben, daß man, wenigstens bei der Verarbeitung zu weißem Strohzellstoff, von einer Strohart absehen muß. Die Kieselsäure verlangt sehr starke Laugen und verteuert somit die Herstellung, außerdem wird durch die stärkeren Laugen die Ausbeute geringer. Ein solcher lästig hoher Gehalt an Kieselsäure kann sich besonders bei Stroh finden, das auf magerem Sandboden gewachsen ist. Die Kieselsäure bereitet aber auch große Schwierigkeiten bei der Wiedergewinnung der Soda aus den Ablaugen die sehr erschwert, mitunter sogar unmöglich gemacht wird, denn die eingedickte Lauge nimmt einen pechartigen Charakter an und läßt sich nicht kalzinieren.

Bei der Herstellung von Gelbstrohstoff ist die Kieselsäure dagegen nicht von Schaden, aber eher von Nutzen, denn da bei den hier üblichen Verfahren das Stroh nur teilweise aufgeschlossen wird, so erteilt die Kieselsäure in Verbindung mit den anderen Inkrusten, dem Erzeugnis eine besondere Härte, Festigkeit und Zähigkeit. Die Inkrusten ergeben dann auch ohne den Zusatz von besonderen Leimstoffen eine verhältnismäßig gute Leimung, die für viele Zwecke vollkommen ausreicht. Diese gute Leimung ohne besondere Leimstoffe kann aber nur bei sehr kieselsäurereichem Stroh erzielt werden, bei Stroh mit nur geringem Gehalt an Kieselsäure erzielt man keinen ausreichenden Erfolg.

Andere Pflanzen, die nach ähnlichen Verfahren aufgeschlossen werden und zum Teil zu den Gräsern, zum Teil aber auch zu anderen

Familien gehören, werden zur Zellstoffgewinnung in größerem oder geringerem Maße und mit größerem oder geringerem Erfolge verwendet. Zum Teil sind diese Pflanzen geeignet und berufen, in der Papierindustrie einmal eine große Rolle zu spielen. Zum großen Teil wird aber auch ihre Verwendung in stärkerem Maße dadurch beeinflußt. daß sie entweder nicht in genügenden Mengen zur Verfügung stehen, oder daß sie da kultiviert werden, wo die Anlage von Papierfabriken oder Zellstoffabriken, welche sie verarbeiten könnten, nicht vorteilhaft erscheint, ein Versand der Pflanzen als Rohstoff auf weitere Entfernungen kann aber oft nicht in Frage kommen, weil dadurch das Erzeugnis zu sehr verteuert werden würde.

Diese Pflanzen sollen nachstehend aufgeführt werden und zwar ist die Reihenfolge nicht maßgebend für ihren Wert und ihre Eignung.

Der R e i s (Oryza sativa) ist heimisch in Südeuropa, in tropischen und subtropischen Gegenden, wo er die am meisten angebaute Getreideart ist. Besonders in China, Japan, Ost- und Westindien ist er das Hauptnahrungsmittel der Bevölkerung. In diesen Gegenden erfolgt allerdings die Ernte in der Weise, daß man nur die Ähren abschneidet und das Stroh dann auf den Feldern anzündet, um diese so mit der Asche zu düngen.

Das Stroh der Reispflanze hat fast genau dieselbe Form und Gestalt wie unser Getreidestroh (besonders wie Weizen- und Roggenstroh), es ist also zur Zellstoffgewinnung besonders gut geeignet. Der Stoff hat viel Ähnlichkeit mit dem Espartostoff, die Bastfasern sind mindestens 3 bis 4 mm lang und etwas gröber wie die Espartofasern. Die Oberhautzellen des Reisstrohs zeichnen sich durch größere Länge und gröbere Zähnung aus, sie sind dagegen schmäler wie beim Espartostoff. Die Parenchymzellen wieder sind breiter und kürzer. Unter dem Mikroskop läßt sich Reisstroh vom Esparto leicht durch das Fehlen der feinen nagelförmigen Gebilde unterscheiden. Ein großer Vorteil, der die Verarbeitung von Reisstroh sehr wirtschaftlich macht, ist darin zu suchen, daß es zu seiner Aufschließung kaum die Hälfte der bei dem Aufschließen von Esparto benötigten Chemikalien braucht.

Der M a i s (Zea mais) auch als Kukurutz, türkischer Weizen oder Welschkorn bezeichnet, stammt aus den wärmeren Gegenden Amerikas, wo er seit den ältesten Zeiten kultiviert wurde. Er kam bald nach der Entdeckung Amerikas nach Spanien und verbreitete sich von hier aus sehr rasch über ganz Südeuropa. Heute ist er überall, auch in Asien und Afrika anzutreffen, in Nordamerika ist er eine der wichtigsten Kulturpflanzen und wird hier auch als Hauptbrotfrucht einfach „Corn“ genannt. Es gibt kaum eine Pflanze, die so hohe Erträge liefert wie der Mais.

Der Mais gehört ebenfalls zur Familie der Gräser oder Gramineen und besitzt Faserwurzeln. Der Stengel, der nicht hohl ist, wird 0,6 bis 4 Meter hoch, er besitzt Knoten und große Blätter. An der Spitze befinden sich die männlichen oder Staubblattblüten in einer Rispe, während die weiblichen oder Fruchtblattblüten sich in blattwinkelständigen Kolben entwickeln, die von zahlreichen scheidenförmigen Deckblättern (Lieschen) umgeben sind, aus denen die langen Griffel heraustreten.

In seiner Heimat Amerika erstreckt sich der Anbau des Mais vom 54° nördlicher Breite bis zum 40° südlicher Breite. In den Alpen erreicht sein Anbau die Höhe von 1170 Metern. Der Mais verlangt ein warmes und mäßig feuchtes Klima, er reift überall da, wo auch der Weinstock gedeiht und wo die Sommertemperatur nicht unter 19,4° herabsinkt. Der Mais ist sehr empfindlich gegen Nachtfröste.

Die Ausbeute an Stroh ist je nach den Sorten und nach der Eignung des Klimas und des Bodens 3000 bis 5000 kg auf den Hektar.

Das Maisstroh läßt sich ähnlich wie das Reisstroh mit verhältnismäßig wenig Chemikalien aufschließen, besonders die Lieschen werden mit verschiedenem Erfolge auf Zellstoff verarbeitet, aber auch der Stengel liefert einen brauchbaren Zellstoff.

Die Faserelemente des Maisstrohes sind ziemlich grob und derb, die Bastfasern sind 0,4 bis 5,6 mm lang und 0,01 bis 0,082 mm dick. Sie haben stumpfe, gabelförmige aber auch mehrästige Enden. Die Oberhautzellen sind sehr breit und haben stark verdickte Wände, sie sind 0,13 mm lang und 0,015 bis 0,075 mm dick. Die Parenchymzellen sind kugelig bis rechteckig und sehr grob und dickwandig, ihre Länge beträgt 0,03 bis 0,1 mm, ihre Breite 0,02 bis 0,1 mm.

Esparto, Alfa oder Halfa. Von dieser Grasart kommen für die Zellstoffgewinnung namentlich zwei Arten zur Verwendung und zwar Stipa tenacissima (Alfa) und Ligacum spartum (Esparto). Diese beiden zur Zellstoffgewinnung ganz besonders geeigneten Grasarten kommen in Nordafrika, Spanien und Südfrankreich vor, wo sie völlig wild wachsen und große Landstrecken bedecken. Die Hauptausfuhrländer sind Algerien und Tunis, wo sich namentlich Alfagras findet, während Espartogras mehr in Spanien zuhause ist.

Auf die Güte und die Verwendbarkeit hat die rechtzeitige Ernte einen großen Einfluß, weshalb man sich beim Ankommen der Ballen stets durch Proben überzeugen soll, ob die Ware vollwertig oder minderwertig ist. Bei zu früher Ernte sind die Stengel weich und schwammig, bei zu später Ernte dagegen brüchig und spröde. Man kann das sehr leicht feststellen, indem man etwa 20 Stengel in die Hand nimmt und hin- und herbiegt. Wenn die Ware rechtzeitig geerntet wurde, dann ist sie nicht brüchig und zeigt keinerlei Veränderung. Eine gute Ware muß ein grünlich-graues Aussehen haben, gelbliche oder grün-gelbliche Teile sind minderwertig. Das Blatt des Espartograses ist während des Wachstums glatt, nach dem Ausreifen und Trocknen jedoch rollt es sich in der Weise zusammen, daß die obere Seite nach innen kommt. Das Blatt hat dann ein binsenartiges Aussehen.

Auch bei dieser Grasart hat natürlich das Klima und die Bodenart einen großen Einfluß, die Halme erhalten eine Länge von 0,8 bis 1,5 Metern und eine Dicke von 1,5 bis 3 mm. Der Halm weist keinerlei Knoten auf, er ist also völlig glatt und unterscheidet sich so von den meisten anderen Grasarten, besonders aber vom Getreidestroh und auch vom Bambus. Esparto und Alfa zeichnen sich durch stark verkieselte, schuppenartige Oberhautzellen aus, auch die Härchen der Blätter sind stark verkieselt. Die Stoffausbeute ist gut und beträgt durchschnittlich 45 bis 51 v. H. Der Stoff ist gut bleichbar und sehr wenig transparent, so daß man ihn sehr gut als einzigen Rohstoff für weiße Papiere verwenden kann und auch sehr viel verwendet. Im Mikroskop unterscheidet sich der Alfastoff vom Strohstoff durch eine große Gleichmäßigkeit der Bastfasern, durch kleinere und schärfer gezahnte Oberhautzellen und durch das Fehlen der großen Parenchymzellen, während die stets vorhandenen Härchen ein sicheres Erkennungsmittel darstellen.

Die Elemente des Stoffes bestehen aus Bastfasern von 0,25 bis 3 mm Länge und 0,01 bis 0,025 mm Breite. An Paremchymzellen finden sich zwei Arten und zwar spindelförmige und kurze. Die ersteren sind 0,3 bis 0,6 mm lang und 0,01 bis 0,02 mm breit, die letzteren nur 0,1 bis 0,22 mm lang und 0,01 bis 0,018 mm breit. Die Oberhautzellen, die wie schon gesagt, sehr fein und scharf gezahnt sind, sind 0,5 mm lang und 0,015 bis 0,02 mm breit. Außerdem finden sich noch die bereits genannten Haare von 0,03 bis 0,045 mm Länge und 0,007 bis 0,015 mm Breite und Gefäße von 0,22 mm Länge und 0,025 bis 0,03 mm Breite.

B a m b u s (Bambusa arundinacea) gehört ebenfalls zu den Grasarten oder Gramineen, obgleich die Stengel eine Höhe bis zu etwa 40 Metern erreichen. Es gibt zahlreiche Arten dieser Familie. Bambus wird zweifellos berufen sein, in der Faserstoffgewinnung für die Papierindustrie einmal eine größere Rolle zu spielen, da er eine der raschwüchsigsten Pflanzen ist. Es sei hier ganz besonders auf die verdienstvolle Arbeit von Dr.-Ing. Walter Schmeil hingewiesen, in der der Bambus[5]) als Papierrohstoff einer ganz ausführlichen Untersuchung unterzogen wird.

Alle Bambusarten zeigen die Merkmale der Gramineen oder Gräser in ausgeprägtestem Maße, ihre Verbreitung ist außerordentlich groß,

[5]) Zellstoff u. Papier, 1921, Seite 153, 189, 210, 274.

aber sehr ungleichmäßig. Sie finden sich in allen tropischen Gegenden, während einige Arten sogar in subtropische und gemäßigte Zonen vordringen. Am weitesten verbreitet sind sie aber in Indien, wo sie große Landstriche bedecken und vollkommen wild und ohne jede Kultur wachsen.

In der Regenzeit schießen die jungen Halme in großer Geschwindigkeit und in großer Menge hervor. Die Wachstumsgeschwindigkeit ist so groß, daß die Halme schon nach ein bis 2 Monaten eine Höhe von 40 Metern und mehr erreicht haben. Der Durchmesser der Halme ist je nach der Art sehr verschieden und beträgt etwa 10 mm bis 30 cm. Auch die Verholzung geht so schnell vor sich, daß man junge Halme schon nach einem Jahre nicht mehr von alten unterscheiden kann. Meist bildet der Bambus Dickichte, mitunter wächst er aber auch in einzelnen Stengeln. Einzelne Arten zeichnen sich dadurch aus, daß alle Knoten Äste und alle Stöcke bis zum Boden herab Laub tragen, bei anderen Arten wieder finden sich Äste und Blätter nur oben, so daß sie gewissermaßen ein dichtes Laubdach bilden, wie unsere Laubbäume. Diese Äste und Blätter fallen nach der Reife ab, erst in der nächsten Regenperiode belauben sich die Stöcke dann wieder.

Auch die Blütezeit ist bei den einzelnen Arten sehr verschieden, indem die einen jedes Jahr blühen, die anderen nur in längeren Abschnitten. Nach der Reife des Samens sterben die blattlosen Halme ab. Mitunter tritt bei einigen Arten ein gleichzeitiges Blühen aller Halme, auch der jungen, ein, das hat aber auf die Pflanze eine derart schwächende Einwirkung, daß sie sich nur sehr langsam wieder erholt und lange Zeit nur ganz schwache Schossen treiben kann. Eine ähnliche Wirkung erzielt man, wenn bei der Ernte des Halmes zuviel von einem Busch abgeschnitten werden, man kann sie durch unvorsichtiges Beschneiden so schwächen, daß sie überhaupt keine Schossen mehr hervorzubringen imstande sind. Es wird also darauf ankommen, daß man die Ernte des Bambus unter diesem Gesichtspunkte vornimmt, wenn man nicht mit einem Male die Bestände vernichten will.

Im anatomischen Bau zeigt der Halm des Bambus viel Ähnlichkeit mit den Strohhalmen, man kann ihn gewissermaßen als einen riesigen Strohhalm betrachten. Die Halme zwischen den Knoten sind wie beim Stroh hohl, während die Mitte der Knoten von Gewebeplatten durchzogen sind.

Nach Wiesner[6]) liegen im Grundgewebe einfache Bastzellen nur in geringer Zahl, dagegen zahlreiche Gefäßbündel mit reich entwickelten Bastbelägen. Diese Bastgewebe stellen auch den Hauptanteil des Zellstoffes dar. Nach außen wird das Grundgewebe des Halmes von einem starken Kieselpanzer umgeben.

---

[6]) Rohstoffe des Pflanzenreiches. II. Seite 441.

Nach Wiesner sind drei Arten von Bastzellen zu unterscheiden, und zwar 1. kurze von 0,72 mm Länge mit stark verdickten Wänden, 2. lange, weite Zellen von 0,017 mm Breite und 3. lange, platte Zellen, die in der Breite wechseln, wobei die breiten Teile mitunter gewunden sind wie bei der Baumwolle.

Das Schilf hat für die Zellstoffgewinnung einen recht zweifelhaften Wert. Man hat oft und lange schon versucht, es auf wirtschaftlichem Wege nutzbar zu machen, hat aber trotz anfangs scheinbar guter Erfolge immer wieder davon absehen müssen, und zwar in den meisten Fällen gedrängt durch die sich herausstellende vollkommene Unwirtschaftlichkeit. Das hat seinen Grund in verschiedenen Umständen. Es hat sich z. B. durchaus nicht als zutreffend erwiesen, daß die Schilfvorräte unerschöpflich sind und ihr Nachwachsen in der erwarteten kurzen Zeit erfolgt. Man war in einer besonders für die Verarbeitung von Schilf angelegten Fabrik, welche die an und für sich gewiß großen Bestände des Spreewaldes frachtgünstig ausnutzen konnte, sehr bald auf den Bezug aus anderen Gegenden, besonders Norddeutschland, angewiesen, so daß die ganze Wirtschaftlichkeit durch die viel zu hohen Frachten verloren ging. Ein anderer Gesichtspunkt, der sehr zu beachten ist, besteht in der Ernte des Schilfes, die durchaus nicht einfach ist, da sie von Kähnen aus vorgenommen werden muß. Bei seichtem Wasser versagt auch dieses Hilfsmittel, so daß man dann oft nur im Winter ernten kann. Diese Ernteweise hat man besonders auch bei der ersten Schilfzellstoffabrik angewendet, die diesen Rohstoff im großen verarbeitete. Bekanntlich unterstützte die rumänische Regierung die Ausbeutung der großen und auch tatsächlich unerschöpflichen Schilfmengen in den Donauniederungen durch eine Zellstoffabrik in Braila, die auch tatsächlich ein hervorragendes Erzeugnis herstellte. Aber auch hier scheiterte die Wirtschaftlichkeit an der Schwierigkeit der Rohstoffbeschaffung, trotzdem diese mit Unterstützung der Regierung erfolgte. Es stellte sich nämlich heraus, daß die Ernte mit Vorteil nur im Winter stattfinden konnte. Diese Fabrik ist dann später auf Holzzellstoff umgebaut worden und arbeitet heute mit großem Verdienst.

Man hat bei dem Schilf nun grundsätzlich zwei Arten zu unterscheiden, und zwar das gemeine Schilfrohr (Phragmites communis) und das Pfeilrohr (Arundo donax). Damit sind natürlich die Arten des Schilfes noch bei weitem nicht erschöpft. Phragmites communis ist auch vielfach unter anderen Namen bekannt, so z. B. Rohrschilf, Teichrohr, Rieht, Schilf, gemeines Schilf. Es findet sich besonders am Rande von Teichen, Seen, und seichten, langsam fließenden Gewässern.

Arundo communis wird auch als Pfahlrohr und fälschlich auch als spanisches Rohr bezeichnet, es findet sich besonders in Südeuropa.

Auch die Thyphacaen oder Rohrkolbengewächse sind nutzbar zu machen gesucht worden. Es sind das ebenfalls Sumpfflanzen mit kriechendem Wurzelstock und aufrechten knotenlosen Halmen, sie besitzen ebenfalls die charakteristischen schmalen Blätter. Von diesen Arten sind besonders zu nennen: Thypha latifolia oder breitblättriger Rohrkolben, der sehr häufig in Teichen und Sümpfen ist und Thypha augustifolia oder schmalblättriger Rohrkolben.

Nach Fr. Hering[7]) ist der Faserreichtum von Phragmites communis etwa 30—35 vH. des Lufttrockengewichtes, die Faserlängen im Mittel 1,00 bis 1,25 mm, die Faserbreite im Mittel 0,008 bis 0,012 mm. In einer Reihe von chemischen Untersuchungen wurde folgende mittlere chemische Zusammensetzung gefunden.

Tabelle 4.

		auf völlig trockenen und aschefreien Stoff bezogen
Cellulose	33,37 vH.	38,75 vH.
Pentosan	16,86 „	19.60 „
Lignin	35,80 „	41,675 „
Asche	5,75 „	
Wasser	8,22 „	

Zur Untersuchung kam Schilf aus zwei verschiedenen Gegenden, wobei die Stengel, Blattscheiden und Blätter getrennt untersucht und anteilsmäßig berücksichtigt wurden, da diese Pflanzenteile verschieden aufgebaut sind.

Nach Emil Heuser und Jan Haugeröd[8]) setzen sich die Elemente von Typha domingensis folgendermaßen zusammen. Bastfasern des äußeren Teiles der Schäfte und der Blätter, Länge von 800 bis 1650 μ, bisweilen auch bis zu 4260 μ, Breite 30 bis 55 μ, Sackzellen, vorwiegend verkieselt, wie sie sich auch im Strohzellstoff finden: Länge 220 bis 440 μ, Breite 90 bis 150 μ. Außerdem finden sich noch Spiralgefäße. Die Markzellen, welche das Innere der Schäfte und Blätter teilweise ausfüllen und die sich in der Pflanze selbst als aneinander gefügte polygone und rundliche Gebilde und Interzellularräume darstellen, werden durch den Kochprozeß zum Teil aufgelöst, zum Teil in eine schleimige Substanz verwandelt.

P a p y r u s (Cyperus papyrus) ist eine der ältesten, wenn nicht überhaupt die älteste Papierpflanze. Ihre Kultur ist verhältnismäßig

[7]) Cellulosechemie, Beilage zum Papierfabrikanten. 1920. Heft 7, 8 und 9, 1921. Heft 1.

[8]) Papierfabrikant: 1922, Seite 253 ff.: Der Aufschluß von Typha domingensis.

einfach, sie kommt nicht nur in Süditalien und Ägypten, sondern auch in den früher deutsch-ostafrikanischen Gebieten in großen Mengen vor. Die Papyrusstaude wächst im Wasser und erreicht eine Höhe von 2 bis 3,5 Metern. Man kann von ihr nach englischen Feststellungen im Jahre drei Ernten gewinnen, und zwar im Januar, im April und im Oktober. Um diese reiche Ausbeute zu erzielen, ist nur eine gute Bewässerung des Bodens erforderlich, die sich im allgemeinen leicht durchführen läßt, so daß die Kultur dieser Pflanze sich besonders für landwirtschaftlich sonst nicht verwertbare Strecken eignen wird. Besonders einfach wird die Kultur in den Nilländern sein, da das dafür in Frage kommende Land unter dem Spiegel des Nils liegt. Es soll nach diesen englischen Feststellungen genügen, wenn man das Land alle fünf Jahre einmal tief pflügt, wozu heute ausreichende maschinelle Anlagen zur Verfügung stehen. In Süditalien werden die Schäfte der Papyrusstaude bis zu fünf Meter hoch. Am obersten Ende tragen sie sehr dichte, vielstrahlige Blütendolden. Die braunen Wurzeln stehen fast ganz im Wasser, teils dicht an den steilen Uferwänden. Die Papyruspflanze (Abb. 1 u. 2) hat einen kriechenden Wurzelstock, aus dem die langen Stengel sprossen, welche am Grunde hellgelblich, stumpfkantig und mit rostbraunen Blattscheiden umschlossen sind. Weiter oben wird der Stengel dagegen scharf dreikantig und dunkelgrün. Der Stengel ist glatt, ohne Knoten und innen mit zelligem Mark erfüllt. Unter dem Mikroskop zeigt er zunächst unter der Oberhaut eine Schicht chlorophyllhaltiger, also stärkebildender Zellen. Hierauf folgt, den Seiten des Stengels parallel verlaufend, eine Zone von dünnen Fibrovasalgefäßen, an die sich nach innen großzellige, starkwandige, unregelmäßig sechseckige Mark-

Abb. 1.
Papyrusstaude mit Wurzel.

gewebe oder Parenchym anschließt. In dem Markgewebe verlaufen zahlreiche unregelmäßig verteilte, stärkere Gefäßbündel, wodurch der Papyrusstengel den für seine Länge verhältnismäßig großen Halt und seine holzartige Festigkeit erlangt. Die Zellen der assimilierenden Gewebeschicht, ebenso wie die Stengelscheiden der Gefäßbündel sind dicht mit Stärke gefüllt, was sich durch die bekannte Jodreaktion leicht nachweisen läßt. Im Längsschnitte erkennt man von der Oberhaut nach innen gehend, dieselbe Reihenfolge der Gewebeelemente.

Man kann fast sämtliche Teile der Papyrusstaude zu einem guten Papierstoff verwandeln und braucht dazu nur sehr wenig Chemikalien Die Papyrusstaude enthält zweierlei Fasern, von denen der größere Teil große Ähnlichkeit mit den Espartofasern hat, während etwa ein Fünftel aus festeren und gröberen Fasern besteht.

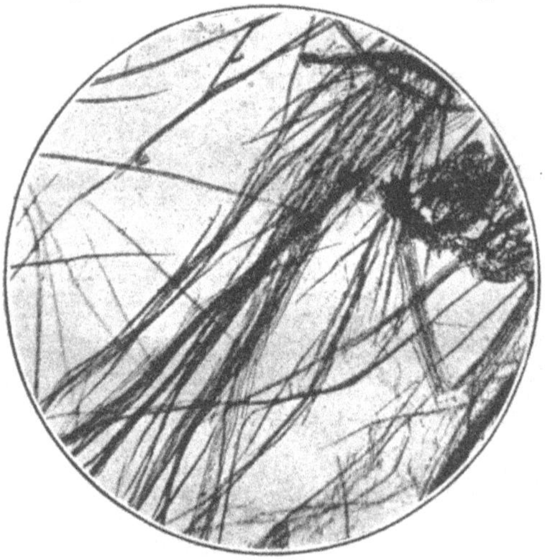

Abb. 2.
Aufgelöstes Gefäßbündel von Papyrus.

Das Zuckerrohr (Saccharum officinarum) oder echtes Zuckerrohr besitzt einen ausdauernden Wurzelstock und bevorzugt feuchte Gegenden. Die Stengel werden 2½ bis 3½ Meter hoch und ziemlich dick. Zuckerrohr wird überall in heißen Gegenden kultiviert. Bis jetzt werden ja die ausgelaugten Stengel dieser Pflanze in den Rohrzuckerfabriken fast ausnahmslos als Heizmaterial verwendet, wohl in der Hauptsache, um sie zu beseitigen, denn sie ergeben auf diese Weise nur einen sehr geringen Nutzwert, man muß sie zu diesem Zwecke sogar erst trocknen, da sie sonst sehr schnell in Fäulnis übergehen. Man hat nun mit verschiedenem Erfolge versucht, diese Stengel zur Fasergewinnung nutzbar zu machen. Beim Trocknen der Stengel trocknen aber auch zugleich die schwer löslichen Bestandteile, so daß man dann bei der Faserstoffgewinnung einen großen Aufwand an Chemikalien hat. Die frisch ausgelaugten Stengel lassen sich aber durch kräftiges Pressen und wiederholtes Waschen mit warmem Wasser weiter aufschließen und von schädlichen Bestandteilen befreien. Durch Kochen unter Druck in alkalischer Lauge kann man dann einen zunächst hellbraunen, aber gut bleichbaren, festen Stoff erzielen. Dieses ausgelaugte Zuckerrohr, das man als Bagasse bezeichnet, ergibt eine Faserausbeute bis zu 48vH. reinem Zellstoff. Aus dem ungebleichten, hellbraunen Stoff, der natürlich eine noch höhere Ausbeute liefert, kann man ein sehr gutes und festes Packpapier herstellen.

Immerhin wird sich die Verwertung der Bagasse nur auf die Erzeugungsländer beschränken können, da wie schon gesagt die ausgelaugten Stengel rasch faulen, wenn man sie nicht sofort trocknet, die Trocknung aber die Aufschließung erschwert.

Die Fasern zeigen viel Ähnlichkeit mit den Baumwollfasern. Ihre Länge beträgt meistens 3 bis 4 mm, ihre Breite 0,018 bis 0,024 mm. Infolge der nur geringen Wandstärke sind sie sehr geschmeidig und verfilzungsfähig, aber auch sehr empfindlich gegen mechanische Einflüsse, besonders also das Mahlen, bei dem sie leicht in Zellschleim übergehen. Man darf sie daher in besonderen Holländern nur bürsten und leicht aufschlagen und zwar bei nicht zu starker Eintragung.

Zahlreiche andere grasartige Pflanzen hat man ebenfalls zur Zellstoffgewinnung heranzuziehen versucht. In nachstehendem sollen sie erwähnt werden, soweit über die Versuche etwas bekannt geworden ist.

Die Binse gehört zur Familie der Scirpeae oder Binsengräser. Für die Zellstoffgewinnung könnten in Frage kommen die Teichbinse (Heleocharis), die gewöhnliche Binse (Scirpus) und die Simse oder das Binsengras (Juncus). Die Binsen gehören zu den sogenannten Verlandungspflanzen und werden vielfach auch als Hydrophyten bezeichnet (allerdings versteht man darunter auch Rohr und Schilf). Nach Patenten der Hydrophyt-Zellstoff G. m. b. H., in Dresden[9]) soll man aus ihnen unter Verzicht auf chemische Behandlung und unter Umständen auf Kochung durch Behandlung auf mechanischem Wege einen Papierstoff erhalten können. Die Pflanzen werden zunächst im Wasser aufgeweicht, auf chemische Behandlung mit Ätznatron, Sulfit, Kalkmilch und dergl. wird verzichtet. Nachdem die Wässerung so durchgeführt ist, daß die Faserstruktur der Pflanzen keine Bruchneigung mehr zeigt, wird das aufgeweichte Gut geschliffen, gekollert und im Holländer gemahlen. Der so hergestellte Papierstoff soll sich besonders zur Papierfabrikation für photochemische Zwecke eignen, da die Masse ohne alle Chemikalien hergestellt ist und infolgedessen auch auf empfindliche Emulsionen nicht reagieren kann. Dieser Faserstoff soll sich auch gut für Mischungen mit Altpapier, Stroh und Holzschliff eignen, da er durch die Erhaltung der natürlichen Leimstoffe und durch die Länge als ein Zusatzmaterial erwiesen hat, das der Mischung ein zähes und reißfestes Skelett verleiht.

Trotzalledem ist aber damit zu rechnen, daß die weitgehendere Verwendung dieser Pflanzen an ähnlichen Umständen wie die des

---

[9]) D. R. P. 388 778.

Schilfes scheitern wird, da vermutlich die zur Verfügung stehenden Mengen noch geringer sein werden und auch hier die Ernte und der Transport Schwierigkeiten bereitet.

Die Sumpfschneide (Cladium mariscus) soll sich nach Uhlemann[10]) ebenfalls als Zellulosepflanze sehr gut eignen. Die Sumpfschneide ist eine wildwachsende Pflanze, die in großen Mengen zur Verfügung steht, in Deutschland aber nicht oder nur sehr selten vorkommt. Ihr Heimatland ist Italien. Sie soll sich nach allen bekannten Verfahren außerordentlich leicht aufschließen lassen und eine schöne brauchbare Zellulose ergeben. Die Ausbeute beträgt etwa 25 vH. des trockenen Pflanzengewichtes, ist also auch nicht günstiger, sondern schlechter als bei dem Schilf. Die Pflanze läßt sich sowohl grün als auch trocken verarbeiten, die Faser ist sehr fein, weshalb das Aufschließen sehr vorsichtig erfolgen muß, damit Zerstörungen vermieden werden. Die Fasern sollen sowohl allein als auch vermischt mit anderen Fasern gute Papiere und Pappen ergeben. Über den Verbrauch an Chemikalien und über die physikalische und chemische Beschaffenheit der Roh- und Zellstoffaser ist in dem erwähnten Aufsatz leider nichts gesagt. Es ist anzunehmen, daß es sich um einen Laboratoriumsversuch gehandelt hat, der für die Praxis keine größere Bedeutung hat. Es ist auch hier anzunehmen, daß diese Pflanze als Zellstofflieferant ernstlich nicht in Frage kommen kann.

Auch die Nigeriagräser[11]) sollen nach Versuchen ganz günstige Zellstoffausbeuten liefern. Die daraus gewonnenen Fasern sollen gute Verfilzungseigenschaften besitzen und daher besonders für die Herstellung fester Papiere geeignet sein. Die Proben des Zellstoffes aus Gamba, Sasari, Baya Maria und Wuchiyan Bera halten einen Vergleich mit dem aus spanischem Espartogras auf gleiche Weise gewonnenen Zellstoff aus. Beide Erzeugnisse ähneln einander sehr, obgleich die Endfasern der Nigeriagräser etwas kürzer als die des Espartograses sind. Die Zellstoffausbeute schwankt je nach dem Alter und der Beschaffenheit der Gräser. Lohnend würde daher der Export solcher Gräser aus den Ursprungsländern kaum sein können, und zwar wegen ihres sperrigen Volumens und der hohen Frachtkosten. Inwieweit die Herstellung und der Export eine Halbstoffes aus den Nigeriagräsern von Vorteil sein könnte, bleibt von Fall zu Fall zu untersuchen.

Elefantengras wächst in großen Mengen in Uganda (frühere deutsch-ostafrikanische Kolonie[12]). Man hat aus diesem Gras in Eng-

---

[10]) Papierfabrikant 1924, Seite 477.

[11]) The Paper Maker, Vol. LX, Nr. 3, Seite 91—92.

[12]) Paper Makers Monthly Journal, Band 59, Seite 397.

land und in Italien Papier hergestellt. Die Kosten für die Behandlung des Rohmateriales stellen sich aber zu hoch und die Verarbeitung der Gräser an Ort und Stelle erscheint auch nicht angängig.

Sägegras ist eine Grasart, die besonders in Nordamerika (Florida) zu Hause ist und dort große Länderstrecken bedeckt. Die geschlossenen Blätter der Pflanze werden 20 bis 25 cm lang. Sie wächst in den wasserbedeckten Gebieten der westindischen Inseln und der amerikanischen Südstaaten Florida und Virginia. Das Gras kann zweimal im Jahre geschnitten werden. Der bis jetzt versuchsweise hergestellte Stoff wurde in einer Fabrik in New-York zu Zeitungspapier verarbeitet und soll ohne Leimung oder Füllstoff die Druckerschwärze besser aufgenommen haben und zäher gewesen sein als aus Fichtenstoff hergestelltes Zeitungspapier.

Man hat natürlich auch zahlreiche inländische Pflanzen auf Zellstoff zu verarbeiten gesucht, es ist aber dabei immer nur bei den Versuchen geblieben, es sind da zu nennen: Bohnen- und Erbsenstroh, Kartoffelkraut, Spargelkraut usw. Alle diese Pflanzen stehen aber meist nicht in ausreichenden Mengen zur Verfügung, um zur Zellstoffgewinnung ernstlich in Frage kommen zu können.

III. Hilfsstoffe in der Strohstoffabrikation.

1. Kalk.

Ein in der Strohstoffabrikation sehr viel und teilweise auch in großen Mengen verwendeter Hilfsstoff ist der Kalkstein, der sich in der Natur in umfangreichem Maße findet, wo er viele Gebirge bildet. Kalkstein, der in der Industrie auch sonst eine große und vielseitige Rolle spielt, besteht aus Kalkspat und Kalzit. Das Gestein ist grob-, oder feinkörnig und auch amorph, dicht oder kompakt. Wenn der Kalkstein erdig ist, dann wird er als Kreide bezeichnet, ist er porös, dann nennt man ihn Kalktuff.

Der in der Strohstoffabrikation verwendete Kalk wird durch Brennen des Kalksteins gewonnen, man erhält dann Calciumcarbonat $CaCO_3$ beim Erhitzen bis zu 925° verliert dieses die Kohlensäure, es ergibt sich also:

$$CaCO_3 = CaO + CO_2.$$

Aus 100 kg reinem Calciumcarbonat würden sich hierbei 56 kg reines Calciumoxyd ergeben, wenn der Kalkstein nicht meist durch allerlei Beimengungen verunreinigt wäre. Infolge dieses schwankenden Gehaltes an Verunreinigungen ergibt sich infolgedessen ein ebenso schwankender Gehalt an CaO.

Die nachteiligsten Verunreinigungen sind dabei diejenigen, die sich beim Brennen des Kalksteins im Kalkofen mit dem Kalk chemisch verbinden und dadurch seine Eigenschaften beeinträchtigen, indem sich andere Stoffe mit anderer Wirkung ergeben und den Kalk dadurch unlöschbar machen oder diejenigen, die sich überhaupt nicht löschen wie Magnesia (MgO), die sich aus Magnesit ($MgCO_3$) ergibt, Eisenoxyd, Tonerde und andere. Stoffe, die sich mit dem Kalk zu anderen Stoffen verbinden sind besonders Kieselsäure, die mit dem Kalk Calciumsilicat liefert. Auch das zu hohe Erhitzen des Kalksteins beim Brennen gibt Nachteile, weil der Kalk dabei sintert oder „tot gebrannt" wird, aber auch nur halb oder nicht genügend gebrannter Kalk löscht sich schlecht oder nur unvollkommen. Das Sintern des Kalkes wird besonders durch den Gehalt an Kieselsäure und Tonerde begünstigt, weil sich hierbei sehr leicht schmelzbare Tonerdesilicate bilden.

Besonders gute Eigenschaften für die Strohstoffabrikation würde der mit Holzkohle gebrannte Kalk haben. Das Brennen des Kalkes mit Holzkohle findet man aber immer weniger, und zwar nur noch in sehr holzreichen Gegenden. Es bildet sich dann nämlich Pottasche (K_2CO_3), die natürlich zwischen den gebrannten Kalk gelangt. Diese Pottasche verbindet sich auch mit einem Teile des Kalkes, so daß Ätzkali entsteht:

$$K_2CO_3 + CaO = K_2O + CaCO_2.$$

K_2O ist bekanntlich Ätzkali, $CaCO_2$ ist Kreide. Wenn man solchen Kalk dann löscht, dann ergibt sich:

$$K_2O + H_2O = KOH$$

oder Ätzkali und Wasser gleich Kalilauge.

Die Untersuchung des Kalksteines erfolgt, indem man den unlöslichen Rückstand und organische Stoffe feststellt, und zwar indem man eine Probe von 1 g pulverisiert und in Salzsäure auflöst. Wenn zu erwarten steht, daß eine größere Menge organischer Verunreinigungen vorhanden ist, dann filtriert man über ein bei 100° getrocknetes und gewogenes Filter, das dann mit dem Rückstand gewogen und verascht wird. Der Unterschied gibt die Menge der verbrennlichen Substanz an. Um im Kalkstein Eisen festzustellen, löst man 2 g in eisenfreie Salzsäure auf und reduziert mit eisenfreiem Zink in der Wärme zur Ferroverbindung. Dann dekantiert man vom Rest des Zinks, wäscht öfters aus und gibt zu der Lösung mit den Waschwässern 50 ccm Schwefelsäure, etwas eisenfreies Mangansulfat und titriert warm mit $^1/_{10}$-Normal-Permanganatlösung bis zur schwachen Rosafärbung.

$$1 \text{ ccm } KMnO_4 \text{ — Lösung} = 0{,}005764 \text{ g Eisen.}$$

Das Brennen des Kalkes ist nun infolgedessen von größter Bedeutung für seine Eignung. Es ist nun für die Strohstoffabrikation, die teilweise, je nach dem angewendeten Verfahren sehr viel Kalk braucht, von großer Bedeutung. Wenn man bedenkt, daß zum Kochen des Strohs je nach dem Verfahren bis zu 20 vH. Kalk nötig ist und daß auch mitunter für die Herstellung der Bleichlauge (flüssiges Chlor) große Mengen Kalk benötigt werden, so ist es erklärlich, daß in großen Strohstoffabriken sehr wohl ein Brennen des Kalkes in eigenen Anlagen in Frage kommen kann.

Wenn der Bedarf an Kalk sehr groß ist, dann wird stets eine eigene Anlage zum Brennen von Vorteil sein, denn der Bezug von gebranntem Kalk kann immer allerlei Nachteile mit sich bringen. Man muß bedenken, daß man zur Vermeidung von Betriebsstockungen immer eine gewisse Menge von gebranntem Kalk vorrätig halten muß. Das Lagern größerer Mengen von gebranntem Kalk ist aber auch bedenklich, da er immer so bald als möglich gelöscht werden muß, damit er nicht an der Luft verwittert. Es machen sich geeignete Lagerräume erforderlich, um die Waggons immer schnell zu entladen, zum Eisenbahntransport können nur gedeckte Spezialwagen, die sogenannten Kalkwagen, Verwendung finden, die etwa 12 cbm Kalk fassen. Das Entleeren dieser Wagen muß bei feuchtem oder regnerischem Wetter unter Dach erfolgen, weil sonst der Kalk sich schon teilweise ablöscht und verdorben wird.

Beim Selbstbrennen des Kalksteines ist man jedoch von allen diesen Umständen unabhängig, denn der Kalkstein wird in offenen Wagen bezogen und kann unbedenklich im Freien lagern, man kann also auch einen größeren Vorrat halten und sich unabhängig machen. Das Brennen selbst kann in viel gleichmäßigerem und vor allen Dingen dem besonderen Zwecke angepaßten Maße erfolgen. Man wird auf diese Weise in der Lage sein, sich ein viel gleichmäßigeres Erzeugnis herzustellen.

Wenn man den Kalkstein selbst brennen will, so muß das in geeigneten Öfen erfolgen, die alle Vorteile aufweisen. Am vorteilhaftesten verwendet man dazu, wie sie in der Abbildung 3 in einer Ausführung der Maschinenfabrik von C. Kulmitz in Ida- und Marienhütte bei Saarau in Schlesien dargestellt sind. Die sonst gebräuchlichen Generatoröfen mit 3, 4 und mehr auf den Umfang verteilten Feuerungen gestatten wohl die Verwendung minderwertiger Brennstoffe, die oft sehr erwünscht ist, besitzen aber den Nachteil, daß es sehr schwer ist, die vielen Feuerungen gleichmäßig zu bedienen. Wenn man in Betracht zieht, daß die Bedienung meist von ungeübten Arbeitern erfolgen muß, dann ist es klar, daß man mit Betriebsstörungen und Ungleichmäßigkeiten zu rechnen hat.

Man wird auf der einen Seite leicht zu wenig gebrannten, auf der anderen Seite tot gebrannten Kalk ziehen. Aber nicht nur dieser Nachteil entsteht, sondern die feuerfeste Ausmauerung des Kalkofens wird durch die ungleichmäßigen Temperaturen sehr leiden und oft erneuert werden müssen. Diese Generatoröfen haben wohl den Vorteil, daß sie einen vollständig aschefreien, durch den Brennstoff nicht verunreinigten Kalk ergeben, man darf aber diesen Vorteil nicht unterschätzen, denn guter Koks enthält nur 8—10 vH. Asche, die un-

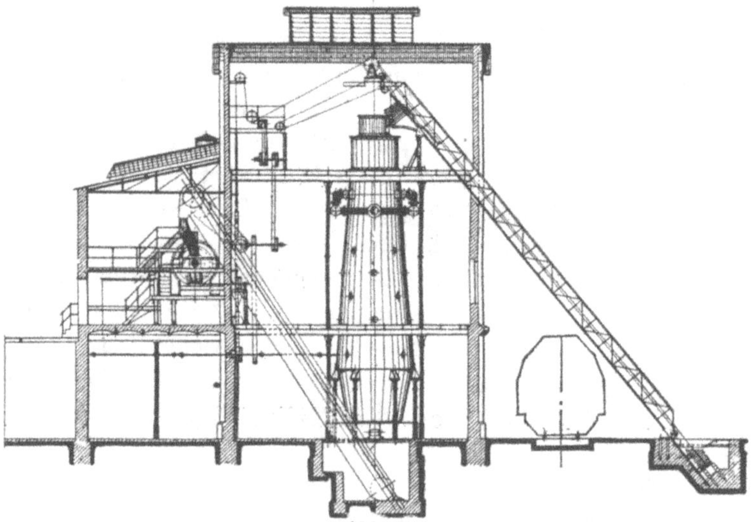

Abb. 3.
Kalkofen mit automatischem Betrieb, Maschinenfabrik C. Bulmig.

löslich ist und die zum größten Teile durch einen Kalkofenrost entfernt werden kann.[13]) In dem in der Abbildung gezeigten, sogenannten belgischen Kalkofen ist ein Festsetzen der Füllung fast ausgeschlossen, denn solange Wärme erzeugt wird, ist der Inhalt in Bewegung, durch die Ausfüllung der freiwerdenden Räume für den verbrannten Koks, vorausgesetzt ist dabei die Verwendung einer guten feuerfesten Auskleidung, die mit dem Kalkstein nicht zusammensintert. Wenn dagegen beim Generatorofen nicht abgezogen wird, dann liegt der Inhalt still, bei der Erwärmung dehnt er sich aus und klemmt dann fest. Das kann allerdings auch einen Vorteil bringen, denn dadurch ist man in der Lage, den Kalk dem Feuer beliebig lange auszusetzen, so daß man die Leistungsfähigkeit des Ofens gut regeln kann.

Die in der Abbildung 3 gezeigten, sogenannten belgischen Kalköfen erhalten einen genieteten, schmiedeeisernen Mantel, der gegenüber dem gemauerten den Vorteil der größeren Dichtheit und vor allen Dingen auch der größeren Widerstandsfähigkeit gegen Auseinander-

[13]) D. R. G. M. 287 357.

treiben hat. Der Mantel wird von Säulen getragen, die nur wenig Raum einnehmen und das Abziehen des Kalkes nach jeder Seite hin gestatten. Das hochfeuerfeste Schamottefutter bildet einen lichten Raum in Form zweier aufeinander gestellter, abgestumpfter Kegel, deren Durchmesser und Höhen günstig verteilte Anwärme-, Brenn- und Kühlräume ergeben. Diese Öfen zeichnen sich durch einen günstigen Koksverbrauch aus, zur Verhinderung der Strahlungsverluste ist zwischem dem Mantel und dem Schamottefutter eine Isolierschicht vorgesehen.

Vorteilhaft stellt man den Ofen in einem geschlossenen Gebäude auf, obgleich das nicht Grundbedingung ist. Durch das geschlossene Gebäude stellt sich der Bau wohl teurer, es ergeben sich aber Vorteile, die diese Kosten ausgleichen, denn der Ofen hat eine größere Lebensdauer und die Abkühlungsverluste werden geringer, da er nicht den Witterungseinflüssen ausgesetzt ist, für die Arbeiter wird die Bedienung im geschlossenen Raum auch leichter. Man muß allerdings dann dafür Sorge tragen, daß die Kohlensäure gut abziehen kann, damit keine Vergiftungsgefahr besteht, das läßt sich aber durch geeignete Ventilationsöffnungen im Fußboden gut erzielen, denn die Kohlensäure hat bekanntlich ein höheres spezifisches Gewicht als die Luft, so daß sie sich stets am Boden ansammelt. Man sollte daher die Kalkofensohle auch nie unter Flur legen.

Die Beschickung des Ofens erfolgt natürlich am besten durch Fahrstuhl oder Elevator, vorteilhaft auch automatisch.

Der gebrannte Kalk stellt eine amorphe Masse dar, die porös ist und eine weiße, gelbliche oder auch bräunliche Farbe hat, er ist vollkommen hitzebeständig. An der Luft zieht der gebrannte Kalk sehr schnell Feuchtigkeit an und löscht sich. Über das Löschen des Kalkes und die dabei stattfindenden chemischen Vorgänge soll im Abschnitt über Laugenbereitung ausführlich berichtet werden.

2. Soda.

Ein anderer in der Strohstoffabrikation sehr viel verwendeter Hilfsstoff ist die Soda. Man hat zu unterscheiden in Kristallsoda $Na_2CO_3 + 10\,H_2O$, calcinierte Soda Na_2CO_3. Man bezeichnet sie auch als kohlensaures Natrium oder als Natriumkarbonat.

Zur Darstellung der Soda besitzt man zwei Verfahren, und zwar das ältere nach Leblanc und das neuere, fast ausschließlich zur Verwendung kommende von Solvay. Für das Sodawiedergewinnungsverfahren, das für die Strohstoffabrikation von Bedeutung ist und in dem Abschnitt über Laugenbereitung und -wiedergewinnung ausführlich behandelt werden soll, ist die Darstellung nach dem Leblanc-Verfahren von Interesse, da es das Sodawiedergewinnungsverfahren verständlich macht. Soda wird aus Steinsalz (NaCl) hergestellt, das sich in Deutschland in großen Mengen findet, so daß erklärlicherweise die größten Betriebe zur Gewinnung der Soda auch in den Hauptgewinnungsgebieten dieses Stoffes zu finden sind. Beim Leblancverfahren wird dieses Steinsalz zunächst mit Schwefelsäure (H_2SO_4) von 60 % Bé übergossen und somit in Sulfat oder Glaubersalz überführt, was in einem aus mehreren Abteilungen bestehenden Flammenofen, dem sogenannten Sulfatofen erfolgt. Hierbei entsteht Salzsäure (HCl), die auch zur Bereitung des Chlorkalkes dient. Das auf diese Weise gewonnene Sulfat wird in den Sulfatzellstoffabriken auch zur Bereitung der Kochlauge verwendet. Wenn man Soda herstellen will, dann werden 100 Teile Sulfat mit 90 bis 120 Teilen lockerem, kohlensaurem Kalk in nußgroßen Stücken oder gepulvertem Zustande innig gemischt und mit 40 bis 70 Teilen bester Steinkohle. Das Gemisch kommt dann auf den Herd eines Ofens, auf dem es durch die Hitze in Fluß kommt, es entweicht dabei gasförmiges Kohlenoxyd. Diese Masse arbeitet man dauernd mit Krücken durch und sorgt dabei für eine reichliche Luftzufuhr. Nachdem die Gasentwicklung aufgehört hat und die Masse in eisernen Kästen erstarrt ist, erhält man den sogenannten Sodakuchen, der porös ist und eine graurote Farbe hat. Da sich diese Masse an der Luft sehr schnell verändert, muß sie baldigst ausgelaugt werden. Das Auslaugen erfolgt nach dem Grundsatz des Gegenstromes mit 40grädigem Wasser Aus den Auslaugekästen fließt die gesättigte Lauge in Pfannen, in denen sie durch indirekte Heizung eingedampft wird. Das Eindampfen erfolgt ununterbrochen, indem die Lauge den Apparaten ununterbrochen zuläuft. Die wasserfreie Soda wird ebenso ununterbrochen in den Ofen befördert, indem die Masse erhitzt wird, so daß sich die Sodaasche oder unreine Handelssoda bildet.

In der Mutterlauge sammeln sich große Mengen von Natronhydrat oder Ätznatron und andere Salze, die man von Zeit zu Zeit wegnimmt, immer wieder eindampft und erkalten läßt, so daß sich die fremden Bestandteile, in der Hauptsache schwefelsaures und vanidinsaures Chlor- und Fluornatrium mit noch vorhandenem kohlensauren Natrium abscheidet, bis nur Ätznatron und Schwefelnatrium in Lösung bleiben. Diese stark konzentrierten Laugen werden in Kesseln bis zur Rotglut erhitzt, das Schwefelnatrium sinkt dabei durch eine besondere Einrichtung in die Spitze des trichterförmigen Kessels, nachdem es durch die zugeführte Luft zu schwefelsaurem Natron oxydiert wurde. Darüber befindet sich im Kessel das glühendflüssige Ätznatron, das man in eiserne Trommeln abläßt, in denen es erkaltet. Es kommt dann als festes Ätznatron in den Handel.

Die kristallisierte Soda erhält man, indem man die nicht stark konzentrierte Sodalauge in Bottichen langsam ausdünsten läßt, wobei sich dann Kristalle abscheiden, die auf 106 Teile Salz 180 Teile Wasser enthalten. Trotz der größeren Reinheit der kristallisierten Soda der calcinierten gegenüber wird sie wegen des hohen Wassergehaltes weniger verwendet.

Die nach dem Solvay-Verfahren hergestellte Ammoniaksoda hat heute die größere Verbreitung, da sie sich auch einfacher und billiger herstellen läßt, denn dieses Verfahren vermeidet die umständlichen Schmelzprozesse mit ihren umfangreichen Apparaten und hohem Verbrauch an Brennstoff. Bei dem Solvay-Verfahren wird eine ammoniakhaltige, konzentrierte Kochsalzlösung, die mit Kohlensäure gesättigt ist, verwendet, es bilden sich dabei Salmiak und doppeltkohlensaures Natron. In eine Lösung von 30 bis 33 Teilen Kochsalz in 100 Teilen Wasser, die 8 bis 10 Teile Ammoniak enthält, wird Kohlensäure im Überschuß eingeleitet. Es bildet sich dabei kristallisiertes doppeltkohlensaures Natron und Salmiak:

$$NaHCO_3 + NaH_2Cl.$$

Dann erhitzt man und verwandelt so das doppeltkohlensaure Natron in Soda oder einfaches, die dabei entweichende Kohlensäure wird wieder in die folgende Lösung zurückgeleitet. Der Salmiak wird mit gebranntem Kalk versetzt, wobei sich das Chlor des Salmiaks mit dem Kalk zu Chlorkalzium verbindet und das Ammoniak frei wird, so daß es wieder verwendet werden kann. In modernen Sodafabriken, die nach dem Solvay-Verfahren arbeiten, wird eine fast vollständige Wiedergewinnung des Ammoniaks erzielt, so daß das Verfahren sehr wirtschaftlich und vorteilhaft ist. Das Chlorkalzium wird mit trockener, kohlensäurefreier Luft erhitzt, so daß ihm das Chlor entzogen wird, das man in Kammern mit Ätzkalk vermischt, so daß sich der in der Strohstoffabrikation ebenfalls viel verwendete Chlorkalk bildet.

Das Kochsalz wird also bei dem Solvay-Verfahren restlos ausgenutzt, da man ihm alles Natron und Chlor entzieht und auf billigste Weise zu Soda verarbeitet.

Die hauptsächlichsten Verunreinigungen der Soda sind Kochsalz, Schwefelnatrium, Glaubersalz, Ätznatron, aber auch Staub und Schmutzteilchen, die die Ware mechanisch verunreinigen.

Die Eigenschaften der Soda bestehen in nachfolgenden: Die Kristallsoda besteht aus großen prismatischen Kristallen, ihre Formel ist:

$$Na_2CO_3 + 10H_2O.$$

Kristallsoda ist ganz farblos, verwittert aber an der Luft sehr leicht, wobei sich dann ein weißes, kristallinisches Mehl bildet, das die Formel

$$Na_2CO_3 + H_2O$$

hat. Bei 38° C schmilzt die Kristallsoda in ihrem Kristallwasser und verliert hierbei H_2O, so daß sich ein bestimmter Anteil der schwerer schmelzbaren Verbindung $Na_2CO_3 + H_2O$ ausscheidet. Wenn man weiter erhitzt, dann verdampft alles Kristallwasser und es entsteht calcinierte Soda, die ein weißes Mehl bildet, das sich im Wasser unter Erhitzung auflöst und zwar:

Tabelle 5.

	in 100 Gewichtsteilen Wasser		
bei 0 ° C	6,97	Gewichtsteile	Na_2Co_3
bei 10 ° C	12,06	„	„
bei 15 ° C	16,20	„	„
bei 20 ° C	21,71	„	„
bei 30 ° C	37,24	„	„
bei 38 ° C	51,67	„	„
bei 104 ° C	45,47	„	„

Beim Erhitzen auf Rotglut schmilzt die calcinierte Soda, bei starker Rotglut zersetzt sie sich nach der Formel:

$$Na_2Co_3 = Na_2O + CO_2.$$

Die Untersuchung der Soda erfolgt auf nachstehende Weise: Man erhitzt sie zunächst, um sie vom Wasser zu befreien, den Verlust ermittelt man und stellt ihn als H_2O in Rechnung. Dann löst man 50 g dieser calcinierten Soda in Wasser auf, filtriert ab und wäscht den Rückstand aus, um die unlöslichen Bestandteile festzustellen. Den Rückstand trocknet man, glüht und wiegt ihn. Das Filtrat verdünnt man durch Wasser auf 1000 cbcm und entnimmt durch eine Pipette für die weiteren Untersuchungen die erforderlichen Mengen. Für die Strohstoffabrikation genügt es, wenn man den Gehalt an Gesamtsoda festsellt. Man löst dazu 30 g der calcinierten Soda in 500 ccm Wasser und titriert ohne zu filtrieren. Die Titration erfolgt mit Normal-Salzsäure und Methylorange als Indikator.

$$Na_2CO_3 + 2\,HCl — NaCl + CO_2 + H_2O$$

1 ccm Normalsalzsäure = 0,053 Na_2CO_3. 50 ccm der obigen Lösung entsprechen also 3 g Substanz. Diese 50 ccm läßt man in ein Becherglas und fügt einen Tropfen Methylorange zu, das der Lösung eine gelbe Farbe erteilt. Dann läßt man anfangs schnell, später nur tropfenweise aus der Bürette Normal-Salzsäure zufließen, bis sich die gelbe Farbe der Lösung in rosa verwandelt, womit das Ende der Reaktion ersichtlich ist. Wenn 51 ccm Normalsalzsäure verbraucht wurden, dann sind in der Lösung $0{,}053 \times 51 — 2{,}703$ g Na_2CO_3 oder 90,1 vH.

Wenn p den Gehalt der Probelösung an Substanz in g beträgt und n die zur Neutralisierung verbrauchte Normalsalzsäure in ccm ist, dann ist:

$$\frac{n \times 0{,}053 \times 100}{p} = \frac{n \times 5{,}3}{p} = \text{Gehalt an } Na_2CO_3 \text{ in } \%.$$

3. Natriumsulfat oder Glaubersalz.

Bei dem von C. F. Dahl in Danzig im Jahre 1882 zuerst angewendeten Sulfatverfahren wurde der Verlust an Soda, der sich bei der Wiedergewinnung der Soda aus der Ablauge ergibt, durch das billigere Glaubersalz oder Sulfat (Na_2SO_4) ersetzt. Das Natriumsulfat oder Glaubersalz wird durch Umsetzung von Kochsalz und Bittersalz im Kälteverfahren gewonnen, wobei sich Chlormagnesium und Glaubersalz bilden. In größeren Mengen noch gewinnt man es im wasserfreien Zustand bei dem Leblancschen Sodaverfahren, wie da schon erwähnt und zwar als Zwischenerzeugnis. Das rohe Glaubersalz enthält 52 bis 55 vH. H_2O und 40 bis 42 vH. Na_2SO_4 (Natriumsulfat), das calcinierte Glaubersalz dagegen hat 92 bis 97 vH. Na_2SO_4. Wenn man umkristallisiert, dann erhält man reines Glaubersalz aus 55,91 vH. H_2O und 44,09 Na_2SO_4.

Das Glaubersalz $Na_2SO_4 + 10\,H_2O$ kristallisiert in farblosen Prismen und verwittert an der Luft, es ist in Wasser leicht löslich. Bei Erwärmung über 34° beginnt das Salz sich in der Lösung zu zersetzen und allmählich in Na_2SO_4 überzugehen. Glaubersalz bildet leicht übersättigte Lösungen. Bei 33° schmilzt es im Kristallwasser und verliert dieses beim weiteren Erhitzen. Wasserfreies Glaubersalz schmilzt bei 843 bis 865° und ist im Wasser schwerer löslich. Im Handel ist das Sulfat als eine feinkörnige Masse, enthält es schwer zerdrückbare Stücke, dann enthalten diese Kochsalz, das in einem guten Sulfat nicht über 1 vH. vorhanden sein soll, ebenso soll dieses nicht mehr als 1 vH. Schwefelsäureanhydrit (SO_3) in Form von freier Säure enthalten. Die am häufigsten vorkommenden Verunreinigungen des Glaubersalzes sind freie Schwefelsäure, Kochsalz, Eisensalze usw. Die unlöslichen Bestandteile ermittelt man durch Auflösen einer bestimmten Menge und Feststellung des Rückstandes. Etwa enthaltene Eisensalze kann man nachweisen, indem man nach dem Kochen unter Zusatz einiger Tropfen Salpetersäure Blutlaugensalz zugibt. Kochsalz ermittelt man durch Fällung der Lösung mit Silbernitrat.

4. Ätznatron.

Ätznatron entsteht durch Kaustifizierung von Soda mit Kalk und zwar in Form von Natronlauge. Man bezeichnet es auch als kaustische

Soda, Natronhydrat und Natriumoxydhydrat (NaOH). Die Natronlauge wird in eisernen Pfannen bis zur Trocknung eingedampft, der Rückstand wird gereinigt und meist in Eisentrommeln in den Handel gebracht. Die Natronlauge wird meist durch Auflösen des festen Ätznatrons oder durch Kaustifizierung der Soda gewonnen. Im ersten Falle nach der Formel:

$$Na_2CO_3 + CaO + H_2O = CaCO_3 + 2\ NaOH,$$

im zweiten Fall nach der Formel:

$$Na_2CO_3 + Ca(OH)_2 = CaCO_3 + 2\,NaOH.$$

Im ersteren Falle ist man in der Lage, Laugen jeder gewünschten Konzentration herzustellen, während im zweiten Falle stets nur verdünnte Laugen erzielt werden.

Das Ätznatron ist eine faserige, weiße spröde Masse von einem spez. Gew. von 2.13, die sich trotz ihrer Sprödigkeit aber nicht gut mahlen läßt, da sie sehr hygroskopisch ist und in sehr feuchter Luft sogar zu Natronlauge zerfließt. Wenn solches Ätznatron dann an der Luft längere Zeit stehen bleibt, dann bindet es allmählich Kohlensäure aus der Luft und verwandelt sich in ein festes weißes Pulver, das verwitterte Soda darstellt. Das Ätznatron ist im Wasser sehr leicht löslich und zwar ohne Erwärmung, man gewinnt dann die Natronlauge, die alle organischen Substanzen sehr leicht angreift und sich seifig anfühlt.

Die in eisernen Trommeln im Handel befindliche Ware, auch Seifenstein genannt, enthält etwa 77 bis 97 vH. NaOH. Die Natronlauge mißt man nach Graden Bé, im Handel ist sie in einer Stärke von 38 bis 40 Grad Bé. Zur Untersuchung soll man sich gute Durchschnittsproben nehmen, am zuverlässigsten verfährt man, wenn man die Proben zur Untersuchung in möglichster Nähe der Trommelwandungen nimmt, da hier die Masse am schnellsten erstarrt, während sie im Inneren der Trommel länger flüssig bleibt und sich hier mit Verunreinigungen, namentlich Sulfat und Chlorid, anreichert. Man soll die Proben an möglichst vielen Stellen nehmen und diese Proben nicht pulverisieren, da dadurch die Aufnahme von Wasser und Kohlensäure aus der Luft begünstigt wird.

Die Untersuchung des Ätznatrons beschränkt sich in der Strohstoffabrikation nur auf die Bestimmung der Gesamtalkalität, also auf den Gehalt des nutzbaren Natrons einschließlich Natriumsilikat, Natriumaluminat und des Ätznatrons. Die Bestimmung des Ätznatrons ist wichtig, denn der Handelswert der Ware richtet sich meist nach dem Gehalt an reinem Hydroxyd. Um dieses Natriumhydroxyd in der kaustischen Soda zu bestimmen, wird das Natriumkarbonat mit Chlorbarium als Bariumkarbonat ausgefällt:

$$Na_2CO_3 + BaCl_2 = BaCO_3 + 2\ NaCl.$$

Das Titrieren kann nun auf verschiedene Weise erfolgen. Beim Abwiegen der Probe ist schon zu berücksichtigen, daß die kaustische Soda infolge ihrer Hygroskopizität an der Luft dauernd an Gewicht zunimmt. Das Abwiegen muß also mittels eines Wägeglases erfolgen, dessen Gewicht man natürlich wieder abziehen muß. Das Wiegen muß unter Luftabschluß erfolgen. Man wiegt 10 g der Substanz ab und löst das Ätznatron im Glase mit abgekochtem, heißem Wasser. Diese Lösung bringt man dann in einen 500 ccm fassenden Kolben, indem man sie mit heißem Wasser weiter verdünnt und in geringem Ueberschuß eine Chlorbariumlösung zugibt. Es fällt hierbei Bariumsulfat aus. Dann füllt man bis zur Marke auf und filtriert die Lösung in einen verschließbaren Kolben mit Hilfe eines trockenen Filters ab. Von dem Filtrat verwendet man zur Filtration 100 ccm, die man mit einigen Tropfen Methylorange versetzt. Wenn das Gewicht der abgewogenen Substanz nun Pg betrug, so sind in diesen 100 ccm Lösung P/5 g Substanz enthalten. 1 ccm Normal-Salzsäure entspricht 0,04001 g NaOH nach der Gleichung:

$$n = HCl + NaOH = NaCl + H_2O.$$

1000 ccm = 40,01 g
1 ccm = 0,00401 g

Wenn nun beim Titrieren n ccm Normal-Salzsäure verbraucht wurden, dann entsprechen diese n × 0,04 g NaOH. Die eingewogene Menge der Substanz enthält demnach nach der Gleichung:

$$P/5 : (N \times 0{,}04) = 100 : x$$

$$x = \frac{20 \times n}{P} \%\ NaOH.$$

5. Chlorkalk.

Chlorkalk ist ein in der Strohstoffabrikation sehr viel verwendeter Hilfsstoff. Seine Formel ist

$$CaCl\ (ClO) + H_2O.$$

Die Herstellung des Chlorkalkes erfolgt im chemischen Großbetrieb dadurch, daß man bestens gebrannten Kalk mit nicht mehr Wasser besprengt als zum trockenen Ablöschen erforderlich ist. Nach der Ablöschung wird der Kalk möglichst fein abgesiebt, denn je feiner das Pulver ist, desto besser und größer ist seine Absorptionsfähigkeit für das Chlor. Der so vorbehandelte Kalk wird auf niedrigen Horden in Kammern eingeschoben, in die man das Chlor eintreten läßt, das man aus Braunstein und roher Salzsäure durch Erwärmen darstellt. Das Chlor muß möglichst gut getrocknet werden, man läßt es so lange auf den Kalk einwirken, bzw. erneuert so lange, bis der Kalk nichts mehr aufnimmt. Der so in Chlorkalk umgewandelte Kalk wird in Fässer abgefüllt. Die Absorption darf nur bei einer Temperatur bis zu 50° erfolgen, da sich sonst chlorsaures Kalium bildet. In neuerer Zeit stellt man das Chlor auf elektrolytischem Wege her (siehe auch elektrische Bleiche).

Bei der Herstellung des Chlorkalkes sind folgende chemischen Vorgänge von Bedeutung: Das Löschen des Kalkes:

$$CaO + H_2O = Ca(OH)_2.$$

Der gelöschte Kalk enthält 24,32 vH. Wasser, zur Bereitung des Chlorkalkes soll er zwischen 25 und 30 vH. Wasser enthalten. Der beim gelöschten Kalke über den oben aufgeführten Prozentsatz hinaus vorhandene Wassergehalt ist nicht chemisch gebunden, sondern nur mechanisch beigemengt. Bei der Chlorbereitung selbst kommen folgende chemischen Vorgänge in Frage:

Mangansuperoxyd + Salzsäure = Manganchlorür + Wasser + Chlor

oder

$$MnO_2 + 4\,HCl = MnCl_2 + 2\,H_2O + Cl_2.$$

Bei der Herstellung des eigentlichen Chlorkalkes ist nun der folgende chemische Vorgang:

Gelöschter Kalk + Chlor = Chlorkalk

oder

$$Ca(OH)_2 + C_2 = CaCl(OCl) + H_2O.$$

Der Chlorkalk stellt nun ein weißes bis gelbliches krümeliges Pulver dar, das zum Backen neigt und einen kennzeichnenden Geruch nach unterchloriger Säure aufweist. Es ist ziemlich hygrokopisch und zieht demnach an der Luft, wenn auch langsam, Wasser an, mit der Zeit zerfließt es dann. In 10 Teilen Wasser löst sich der größte Teil, wobei Kalkhydrat als Rückstand bleibt.

Für den Versand und die Lagerung des Chlorkalkes ist von Bedeutung, daß die Fässer nicht nur sorgfältig vor Nässe zu schützen sind, sondern auch stets dicht verschlossen werden müssen, da das Chlor sich sonst verflüchtigt. Es verbindet sich dabei mit der Kohlensäure der Luft oder bei Nässe oder Feuchtigkeit mit dem Wasser, so daß der Chlorkalk mindestens an Wirkung verliert, wenn nicht gar wertlos wird. Auch das Sonnenlicht vermindert die Güte und die

Wirkung. Man muß also auf diese Umstände bei der Lagerung Bedacht nehmen.

Ein guter Chlorkalk soll 35 bis 40 vH. Chlor enthalten, Ware unter 24 vH. Chlorgehalt ist wertlos und muß zurückgewiesen werden, da sie keine guten Bleichergebnisse mehr erzielt. Chlorkalk, der über 30 vH. Chlorgehalt besitzt, ist immer noch als gut brauchbar anzusprechen. Der Einkauf erfolgt nach dem Chlorgehalt, deshalb ist eine sofortige Prüfung ankommender Sendungen von großer Bedeutung.

Diese Prüfung hat sich nun nach verschiedenen Gesichtspunkten zu erstrecken. Zunächst muß festgestellt werden, ob die Ware nicht auf dem Transport oder durch Lagerung gelitten hat, was meist durch den Einfluß der Feuchtigkeit der Fall sein wird. Man kann das beim Öffnen der Fässer meist schon äußerlich ohne nähere Untersuchung erkennen, indem die äußeren Lagen völlig verändert sind, denn der Chlorkalk ist fettig und schmierig. Wenn dann auch die inneren Lagen unversehrt sind, so erzielt man doch kein gutes Bleichergebnis, die Ware ist also zu beanstanden. Aber auch selbst bei sachgemäßem und sorgfältigem Lagern verliert der Chlorkalk mit der Zeit an Wirkung, man wird daher gut tun, nie mehr Vorrat zu halten als für eine gewisse Betriebszeit erforderlich ist. Da man den Bedarf sehr gut genau feststellen kann, so ist es nicht schwierig, rechtzeitig zu verfügen.

Infolge dieser Eigenschaften ist es aber auch erforderlich, daß man den Chlorkalk im Betriebe laufend auf seinen Gehalt an Chlor prüft. Diese Untersuchung erfolgt nun meist in nachfolgender Weise: Man entnimmt den Fässern kleine Proben, die man mischt, um einen möglichst guten Durchschnitt zu erhalten. Diese Probe bedeckt man mit einem Glase, damit keine Luftfeuchtigkeit hinzutreten kann. Nun wiegt man 7,1 g ab und zerreibt diese Masse in einem Porzellanmörser zu einem feinen Pulver, dem man etwas Wasser zuteilt. Der Ausguß der Reibschale wird vorteilhaft etwas angefettet und dann der Inhalt mit Wasser in einen 500 ccm-Kolben gespült, den man dann bis zur Marke auffüllt. Nachdem der Inhalt des Kolbens gut durcheinander geschüttelt ist, entnimmt man ihm mittels einer Pipette 50 ccm, die einer Chlorkalkmenge von 0,355 g entsprechen. Diese läßt man in ein Becherglas laufen und gibt unter fortwährendem Schwenken alkalische 1/10 Normal-Arsenlösung zu (diese Lösung enthält im Liter 4,95 g As_2O_3). Ist nun der Gehalt des Chlorkalkes an Chlor annähernd bekannt, dann kann man abschätzen, wieviel Arsenlösung ungefähr erforderlich ist. Hat man die Grenze der Einwirkung bald erreicht, dann bringt man mittels eines Glasstabes einen Tropfen des Gemisches auf Fliespapier, das man mit einer Jodkalium enthaltenden Stärkelösung getränkt hat. Wenn viel Chlorüberschuß vorhanden ist, dann färbt sich das Papier braun, bei geringem Chlorüberschuß blau. Man gibt nun der Lösung so viel 1/10 Normal-Arsenlösung zu, bis sich auf dem Fliespapier gar keine oder nur eine schwache Färbung zeigt. Jeder ccm der verwendeten 1/10 Normal-Arsenlösung entspricht dann 1 vH. wirksamen Chlor.

Diese Prüfung hat den großen Vorteil der Einfachheit und der Schnelligkeit und kann auch ohne große Übung durchgeführt werden, sie genügt für Betriebskontrolle vollkommen.

Oft wird der Chlorkalk nach Gay-Lussac-Graden gehandelt und zwar in 100- oder 110-gradiger Ware. Hierbei bezeichnet 1 Grad 1 Liter bleichendes Chlorgas bei einer Temperatur von 0° und einem Barometerstand von 760 mm. Ein Liter Chlorgas wiegt 3,178 g, bei 100gradigem Chlor enthält dieser also 31,78 vH. wirksames Chlor, bei 110gradiger Ware demnach 34,95 vH.

Über die Eigenschaften des Chlors wird in dem Abschnitt über Bleichen noch weiter berichtet werden.

6. Das Wasser.

Einer der wichtigsten und in der Strohstoffabrikation überall gebrauchten Hilfsstoffe ist das Wasser. Es ist während des ganzen Ganges der Fabrikation unentbehrlich, sei es nun zur eigentlichen Herstellung des Strohstoffes, zu Wasch- und Spülzwecken, zur Kesselspeisung oder auch nur zu Kühlzwecken.

Die natürlichen Wässer, ob sie nun erbohrt oder aus Talsperren, Flüssen, Bächen, Seen oder Teichen entnommen sind, sind nicht in allen Fällen so rein, daß sie ohne weiteres Verwendung finden könnten. Ein gutes Fabrikationswasser muß schon in seinem Aussehen vollkommen rein sein, organische und anorganische Bestandteile dürfen sich in ihm keinesfalls finden. Häufig zeigt sich im Wasser Ton, der ihm ein trübes Aussehen verleiht und es meist für die Strohstoffabrikation, besonders aber die der Strohzellulose unbrauchbar macht, während bei der Herstellung von gelbem Strohstoff zu Strohpappen usw. dieser Umstand nicht so schwerwiegend ist. Solche Stoffe sind dem Wasser durch geeignete Behandlung, z. B. Filtration oder Absetzenlassen, zu entziehen. Aber schon bei der Gewinnung des Wassers ist darauf zu achten, daß sie überhaupt ferngehalten werden.

Ein gutes Fabrikationswasser soll auch keinerlei Geruch besitzen. Besonders gelöste Humusstoffe erteilen ihm einen dumpfigen Geruch, der die Verwendbarkeit beeinträchtigt. Diese Humusstoffe, aber auch Eisengehalt und organische Verunreinigungen geben dem Wasser eine gelbliche Farbe, die unerwünscht ist. Die Farbe eines guten Wassers muß in dickeren Schichten blau („wasserblau“) sein.

Im Wasser sind nun meist eine ganze Reihe von Gasen gelöst, die auf seine Verwendbarkeit für Fabrikationszwecke meist einen ungünstigen Einfluß haben, während sie für Trinkwasser oft erwünscht sind. Es kommen da hauptsächlich in Frage: Sauerstoff, Wasserstoff, Stickstoff, Kohlensäure und Schwefelwasserstoff. Solange die Kohlensäure nicht im Ueberschuß gegen den kohlensauren Kalk vorhanden ist, greift sie Kupfer, Zink, Blei, Eisen, Mörtel und Beton nicht an und läßt auch eine Asphaltierung der Rohre unberührt. Tritt aber zu der Kohlensäure noch freier Sauerstoff, so löst das Wasser nicht nur das Eisen, sondern veranlaßt auch Rostbildung. Schwefelwasserstoff, der sich schon durch seinen fauligen Geruch bemerkbar macht, kommt häufig in Gemeinschaft mit Eisen im Grundwasser vor. Sein Ursprung kann verschieden sein. Er bildet sich entweder durch Zersetzung schwefelhaltiger organischer Stoffe oder von Fabrikabwässern. Letzteres ist besonders bei offenen Gewässern der Fall. Auch durch Zersetzen von Gips oder Schwefeleisen bildet sich Schwefelwasserstoff. Luft, d. h. Stickstoff und Sauerstoff, ist auf die Verwendbarkeit des Wassers ohne Einfluß, sie muß aber aus technischen Gründen entfernt werden.

Eine große Rolle spielt die Härte des Wassers, die sowohl günstigen als auch ungünstigen Einfluß auf dessen Güte haben kann. Die Härte des Wassers kann eine vorübergehende oder eine dauernde sein, sie wird im ersten Falle als Karbonathärte bezeichnet und beruht auf dem Gehalt an Kalzium- und Magnesiumverbindungen. Im zweiten Falle bezeichnet man sie als Mineralsäurehärte, die durch Sulfate, Chloride, Silikate und Nitrate hervorgerufen wird. Karbonathärte und Silikathärte machen zusammen die Gesamthärte eines Wassers aus. Die Karbonathärte nimmt schon an der Luft ab, noch mehr aber beim Kochen des Wassers, indem sich Kesselstein bildet.

Die Bestimmung der Härte eines Wassers ist nun eine der wichtigsten Wasseruntersuchungen.

Die Härte des Wassers wird in Graden angegeben, unter deutschen Härtegraden sind die in 100 000 Teilen Wasser enthaltenen Teile CaO, wobei je 10 mg CaO im Liter einem deutschen Härtegrad entsprechen. Unter französischen Härtegraden ist der Gehalt von $CaCO_3$ in 100 000 Teilen Wasser zu verstehen, so daß ein deutscher Härtegrad 1,79 französischen entspricht. Die Bestimmung der Gesamthärte in deutschen Graden erfolgt mittels titrierter Seifenlösung, die dadurch hergestellt wird, daß man 2,7 g Ölsäure in Alkohol löst und mit n/2 Kalilauge und Phenolphtalin genau austitriert. Man spült mit Alkohol von 56 Vol.-% in einen 1000 ccm-Kolben und füllt mit Alkohol auf. Nun titriert man mit dieser Lösung, die im Liter genau 0.2914 $CaSO_4$ oder 0,559 g $Ba(NO_3)_2$ enthält, es werden also auf 100 ccm dieser Lösung 45 ccm Seifenlösung verbraucht. Man erkennt das Endergebnis daran, daß man nach dem Schütteln in einer verschlossenen Flasche einen Schaum erhält, der sich mindestens 5 Minuten lang hält.

Bei weichen Wässern nimmt man nun 100 ccm, bei harten Wässern 25—50 ccm, die man mit destilliertem Wasser auf 100 ccm verdünnt. Das Wasser wird dann in einer Flasche von etwa 200 ccm Fassung geleert, aus einer Bürette läßt man unter öfterem Umschütteln so lange Seifenlösung zulaufen, bis ein Schaum entsteht, der mindestens 5 Minuten ohne zu zergehen oder zerplatzen vorhält. Da die Härtegrade nicht genau der verbrauchten Seifenlösung entsprechen, so muß man zur Korrektur die nachstehende Tabelle verwenden.

Tabelle 6.

Seifenlösung ccm	Härtegrade	Differenz für 1 ccm Seifenlauge
3,4	0,5	0,25°
5,4	1,0	
7,4	1,5	
9,4	2,0	
11,3	2,5	0,26°
13,2	3,0	
15,1	3,5	
17,0	4,0	
18,9	4,5	
20,8	5,0	0,277°
22,6	5,5	
24,4	6.0	
26,2	6,5	
28,0	7,0	0,277°
29,8	7,5	
31,6	8,0	
33,3	8,5	
35,0	9,0	0,294°
36,7	9,5	
38,4	10,0	
40,1	10,5	
41,8	11,0	
43,4	11,5	0,031°
45,0	12,0	

Die vorübergehende oder Karbonathärte wird durch Titration von 200 ccm Wasser mit n/5 Salzsäure bestimmt, als Indikator verwendet man Methylorange. Die vorübergehende Härte in deutschen Graden ergibt sich dann durch Multiplikation mit 2,8, die dauernde oder

Mineralsäurehärte ergibt sich dann aus dem Unterschied zwischen Gesamthärte abzüglich Karbonathärte.

Eine scharfe Grenze zwischen hartem und weichem Wasser läßt sich nicht ziehen. Man kann aber ein Wasser mit 10 Härtegraden noch als weich bezeichnen, während ein solches mit 20 Härtegraden schon hart genannt werden muß. Die den Flüssen, Seen, Talsperren usw. entnommenen Wässer haben meist nur eine ganz geringe Härte von 0,5 bis 3,5°, während Grundwasser zwischen 3 und 15° und Tiefbrunnenwässer zwischen 3 und 70° stehen.

Ebenso störend wie die Härte wirkt bei den Fabrikationswässern der Eisengehalt, der sie mitunter sogar vollkommen unbrauchbar machen kann. Das Eisen findet sich im Wasser meist als lösliches Eisenoxydul und ist meist an Kohlensäure gebunden; durch das Einwirken der Luft und das Entweichen der Kohlensäure bildet sich unlösliches Hydroxyd, welches sich ausscheidet und dem Wasser eine rostbraune Farbe verleiht. Seltener ist das Eisen an Mineralsäuren, an Phosphorsäure oder an Huminsäure gebunden. Der Gehalt des Wassers an Eisen schwankt und bleibt auch für denselben Brunnen nicht immer gleich. Bis zu 0,3 mg/l ist der Eisengehalt des Wassers für Trinkzwecke wohl nicht schädlich, für Industriezwecke ist aber schon ein Gehalt von 1 mg/l zu vermeiden, besonders aber bei der Herstellung weißen Strohzellstoffes, der für bessere Papiere Verwendung finden soll. Durch eisenhaltige Wässer entwickeln sich auch die sogenannten Eisenalgen, die nicht durch ihre chemische Wirkung schädigen, sondern durch eine mechanische Wirkung, indem sie die Leitungsquerschnitte verengen oder gar verstopfen. Man enteisent daher das Wasser durch verschiedene Verfahren, die grundsätzlich auf einer Belüftung des Wassers und Abfiltrierung des ausgeschiedenen Eisenschlammes beruhen.

Ähnliche nachteilige Folgen besitzt der Mangangehalt des Wassers. Mangan findet sich im Boden meist als Braunstein. Bei Luftzutritt bildet sich dann aus dem Schwefeleisen des Wassers leicht Schwefelsäure, die mit dem Mangan das leicht lösliche Mangansulfat bildet. Wenn sich Mangan aus dem Wasser abscheidet, dann setzt es einen schwarzen Schlamm ab, der sehr lästig wird. Mangangehalt des Wassers zeitigt die gleichen Algenbildungen wie der Eisengehalt des Wassers mit seinen Folgen. Wenn das Mangan an Kohlensäure gebunden ist, dann kann es gleichzeitig mit dem Eisen durch das bereits kurz erwähnte Belüftungsverfahren entfernt werden, ist es jedoch als Mangansulfat vorhanden, dann muß es auf chemischem Wege entfernt werden.

Der Chlorgehalt des Wassers kann verschiedenen Ursprungs sein, er kann von den Abwässern chlorverarbeitender Fabriken, aber auch von Verunreinigungen durch Dung- und Abortgruben stammen und ist in jedem Falle für die Strohstoffabrikation schädlich. Ein brauchbares Verfahren zur Entchlorung des Wassers besitzen wir leider noch nicht.

Größte Vorsicht ist bei dem Bleigehalt des Wassers vonnöten, besonders aber dann, wenn es auch zu Trinkzwecken Verwendung finden soll, da schon ein Gehalt von 0,35 mg/l schädlich ist. Auch auf die bleilösenden Eigenschaften des Wassers ist zu achten, da dann die Verwendung von Bleirohren ausgeschlossen ist. Das Wasser löst das Blei besonders dann, wenn es kohlensäurehaltig ist und die Kohlensäure einen Überschuß über den kohlensauren Kalk hat.

Ammoniakgehalt des Wassers schließt dessen Verwendbarkeit als Fabrikationswasser unter allen Umständen aus; er ist meist auf die Fäulnis eiweißhaltiger Verbindungen zurückzuführen. Ebenso ist salpetrige Säure schädlich, sie kommt allerdings selten in größeren Mengen vor. Die Salpetersäure hat oft ihren Ursprung aus Braunkohlen und bildet sich aus der Zersetzung stickstoffhaltiger, organischer Substanzen.

Man sieht aus den vorstehenden Ausführungen, daß die Eigenschaften des Wassers in erster Linie von den geologischen Verhältnissen des Bodens abhängig sind. Man wird also durchaus nicht immer in der Lage sein, das aus Brunnen geschöpfte Wasser zu verwenden, da gerade diesen Wässern oft Eigenschaften anhaften, die sie als nur wenig oder gar nicht brauchbar erscheinen lassen. Zum Teil sind ja diese nachteiligen Eigenschaften mit verhältnismäßig einfachen Mitteln, die auch einen Großbetrieb wirtschaftlich machen, zu beseitigen, so besonders der Eisen- und Mangangehalt. Wie diese Einflüsse der Bodengestaltung auf das Quellwasser wirken, zeigt nachstehende Tabelle:

Tabelle 7.

Boden	mg/l							
	Rückst.	Organ. Stoffe	Salpetersäure	Chlor	Schwefelsäure	Kalk	Magnesia	Härte
Granit	24	16	0	2	4	10	3	1,3
„	210	5	0	Sp.	10	45	21	7.0
Tonschiefer . . .	60	17	0	9	2	3	4	0,8
„ . . .	180	21	Sp.	11	10	44	11	6,0
Buntsandstein . .	90	3	0	8	0	10	4	2,0
Muschelkalk . . .	325	9	Sp.	4	14	129	29	17,0
Dolomitisch . . .	418	5	2	Sp.	2	144	65	23,0

Das Maß für den Gehalt an organischen Stoffen ist der Verbrauch der zu ihrer Oxydation erforderlichen Kaliumpermanganatmengen

($KMnO_4$), bzw. der Sauerstoffmenge, wobei 79 Teile $KMnO_4$ 20 Teilen Sauerstoff (O) entsprechen.

Wie schon vorher erwähnt, soll gewerbliches Wasser weich sein, ein Eisengehalt muß unter allen Umständen vermieden werden, um so mehr, als er sich mit einfachen Mitteln beseitigen läßt. Fäulniserregende, organische Stoffe, Pilzsporen usw. haben ein Stockigwerden und Fleckigwerden des Erzeugnisses zur Folge.

Es stehen nun für die Beschaffung der großen, benötigten Menge Wasser vier Wege offen:

1. Die Gewinnung aus Quellen.
2. Die Gewinnung durch Sammelgänge, Sammelrohre und Sammelstollen.
3. Die Gewinnung durch Brunnen (Kesselbrunnen, gemauerte Brunnen, Schachtbrunnen, Rohrbrunnen, Tiefbrunnen und Abessinierbrunnen).
4. Die Gewinnung aus natürlichen Gewässern (Flüssen, Bächen, Seen, Teichen, Talsperren).

Unter den Quellen sind unterirdische Wasseradern zu verstehen, die stetig laufend zutage treten. Es wird das hauptsächlich da der Fall sein, wo der Grundwasserspiegel die Oberfläche schneidet. Zu ihrer Erschließung dienen Schlitzrohre, Sammelgänge und Stollen. Sie sind in einer Brunnenstube oder in einem Quellhaus zu fassen, das mit Rücksicht auf Frost und Tagwasser mindestens 2 Meter tief sein soll. Die Brunnenstuben müssen gut gelüftet und ausschaltbar sein, sie sollen Entleerungs- und Überlaufvorrichtungen erhalten. Die Ergiebigkeit der Quellen muß durch Beobachtung und Messung festgestellt werden (Eichung).

Die Gewinnung des Wassers durch Sammelgänge, Sammelstollen und Sammelrohre kommt bei Grundwasser zur Anwendung, dessen Vorhandensein durch Bohrungen, Graben usw. festgestellt werden muß. Die Sammelgänge werden aus gelochten Ton-, Beton- oder Gußeisenrohren hergestellt, doch sollte man letztere möglichst vermeiden, denn wenn auch im allgemeinen das Gußeisen wegen seiner verkieselten Oberhaut weniger zur Rostbildung neigt, so ist sie jedoch nie ganz ausgeschlossen und macht dann das Wasser ungeeignet. Bei Betonrohren liegt die Gefahr nicht vor, da sie vom Wasser nicht angegriffen werden, solange es nicht kohlensäurehaltig ist; am besten sind Tonrohre. Diese Sammelgänge empfehlen sich besonders bei Böden von wechselnder Beschaffenheit. Sammelstollen führt man bei festem Gebirge aus. Wenn undurchlässige Schichten mit durchlässigen abwechseln, dann treibt man einen etwa 1 m weiten Stollen mit geringem Gefälle ein, so daß in allen durchlässigen Schichten das Wasser gesammelt wird.

Die hauptsächlichste Erschließung des Grundwassers erfolgt jedoch durch Brunnen. Bei tiefer liegenden Wasserschichten bohrt man einen Probebrunnen, der zweckmäßig so angelegt wird, daß er später zur endgültigen Wassergewinnung benutzt werden kann. Die Kessel- oder Schachtbrunnen werden aus Mauerwerk, Beton oder Eisen hergestellt, wobei man jedoch letzteres aus den bereits angeführten Gründen möglichst vermeiden sollte. Sie sind in ihren Abmessungen so zu halten, daß die Schachtpumpen in ihnen untergebracht werden können. Gemauerte Brunnen werden vorteilhaft aus Ziegelsteinen hergestellt, da für dünne Wände Bruchsteine ungeeignet sind. Die Vermauerung erfolgt in Zement mit einzelnen offenen Stoßfugen, auch Lochsteine werden verwendet, um die Zulässigkeit zu erhöhen. Um den Eintritt von Tagwasser zu verhindern, sollen die oberen 5 bis 8 Meter dicht gemauert sein. Betonbrunnen werden ähnlich wie die gemauerten ausgeführt. Die Schachtbrunnen, die meistens aus Eisen ausgeführt werden, ermöglichen die Anbringung vieler Schlitze, ergeben große Durchgangsflächen, und sind bei geringen Tiefen billiger als gemauerte. Sie werden aus einzelnen Ringen (Tubings) zusammengesetzt. Die Rohrbrunnen bestehen aus einem unteren Schlitzrohr, dem Steigerohr und dem außenliegenden Futterrohr. Mittels der Rohrbrunnen ist man in der Lage, das Wasser auch aus großen Tiefen abzuziehen. Bei großem Wasserbedarf oder ausgedehnten Grundwasserströmen werden eine ganze Reihe miteinander verbundener und durch Schieber einzeln absperrbarer Brunnen miteinander vereinigt. Die Tiefbrunnen ähneln den Rohrbrunnen und können bis zu den größten Tiefen ausgeführt werden. Die Abessinierbrunnen kommen vielfach als Probebrunnen zur Verwendung.

In sehr vielen Fällen aber wird das Fabrikationswasser den natürlichen Gewässern entnommen. Die Wasserentnahme hat dann möglichst da zu erfolgen, wo das Wasser nicht zu sehr verunreinigt ist. Bei seichten Ufern stehender Gewässer empfiehlt sich die Verwendung eines weit in den See oder Teich hineinreichenden Gelenkrohres, Der Einlauf ist durch Rechen, Gitter, Siebe und dergleichen vor dem Eindringen von Fischen, Schwimmstoffen usw. zu sichern. Es wird auch häufig nötig sein, das den natürlichen Gewäsern entnommene Wasser zu reinigen, was auf dem Wege der künstlichen Filtration erfolgt.

Eine vorübergehende Reinigung durch Klärung solte dabei nie unterbleiben, da sie die Filter sehr entlastet. Man unterscheidet hierbei je nach der Größe Klärteiche, die meist offen sind, und Klärbecken, die man vorteilhaft überdeckt. Die Größe dieser Klärbecken richtet sich nach der Art der Verunreinigungen und nach der Zeit, welche die Sinkstoffe zum Absetzen brauchen. Je nachdem werden auch die

Klärteiche oder -becken periodisch oder ununterbrochen betrieben. Im ersteren Falle läßt man das Wasser im Becken vollkommen zur Ruhe kommen, um es nach erfolgter Klärung abzuziehen. Im letzteren Falle befindet sich das Wasser in geringer Bewegung, deren Geschwindigkeit vom Grade und von der Art der Verunreinigungen abhängt. Die Fläche für kontinuierlich arbeitende Becken ist kleiner als für periodisch arbeitende, weshalb man häufig die erstere Art vorziehen wird, besonders aber, wenn die Platzfrage eine Rolle spielt. Mitunter schaltet man bei kontinuierlichem Betrieb auch mehrere Becken oder Teiche hintereinander, und zwar so, daß sie behufs Reinigung einzeln ausgeschaltet werden können. Durch Zusetzen von Chemikalien kann dic Reinigung beschleunigt werden.

Die Filtrierung des vorgeklärten Rohwassers erfolgt in besonderen Apparaten, in denen man das Wasser zum langsamen Durchströmen eines besonders hergerichteten Filters zwingt. Dieses Filter besteht aus einer Schicht von geeignetem Quarzsand, der allerdings nicht die Filtration bewirkt; diese erfolgt vielmehr durch die in kurzer Zeit auf dem Quarzsand sich bildende Filterschicht. Diese Filter werden in Eisen- und Betonausführung hergestellt.

Das Regenwasser würde ja nun an und für sich als ein ganz besonders geeignetes Fabrikationswasser zu bezeichnen sein, steht aber nur in so geringen Mengen und so unregelmäßig zur Verfügung, daß es gar nicht in Betracht kommen kann. Aber auch das Regenwasser ist nicht so rein, wie es erscheinen möchte, man kann durchschnittlich annehmen, daß es folgende gelösten Stoffe enthält:

Tabelle 8.

Trockenrückstand	39,5 mg/l
Kalk und Magnesia	5,0 mg/l
Chlor	6,3 mg/l
Kohlenstoff in organischer Bindung	1,0 mg/l
Stickstoff in salpetersauren und salpetrig-sauren Salzen	0,07 mg/l
Ammoniak	0,20 mg/l
Stickstoff in organischer Bindung	0,22 mg/l

Im Regenwasser finden sich zudem meist noch folgende Gase in gelöstem Zustande:

Sauerstoff	30 vH.
Stickstoff	60 vH.
Kohlensäure	8 vH.

Das reine Quellwasser ist häufig wegen seines Kalkgehaltes ungeeignet, da der Kalk in Verbindung mit Kohlensäure das Färben erschwert, wenn er dagegen in Verbindung mit Chlor auftritt, so hat er einen nachteiligen Einfluß auf die Leimung. Eine Wasserenthärtung, wie sie bei harten Kesselspeisewässern üblich ist, kann bei den erforderlichen großen Wassermengen nicht in Frage kommen, da sie dermaßen teuer wird, daß sie die Wirtschaftlichkeit des Unternehmens in Frage stellen muß. Die Entfernung des Chlors aus dem Wasser ist kaum durchführbar, da wir, wie schon erwähnt, ein wirtschaftliches und brauchbares Entchlorungsverfahren noch nicht besitzen. Außer dem weiter vorn erwähnten Vorkommen im Brunnenwasser zeigt es sich häufig noch im Flußwasser. In diesem Falle stammt es meistens aus dem Abwasser weiter flußaufwärts liegender Fabriken, die mit Chlor bleichen oder sonstwie chlorhaltige Abwässer haben. Auch die Abwässer der Kaliwerke und der damit zusammenhängenden chemischen Fabriken ergeben mitunter recht hohen Chlorgehalt des Wassers, der namentlich in wasserarmen Zeiten sehr lästig werden kann. Andere Beimischungen des Wassers, die es ungeeignet machen können, sind außer dem bereits erwähnten kohlensauren Kalk die Magnesiasalze und Chlorkalzium, während Chlornatrium und schwefelsaures Natrium in geringen Mengen unschädlich sind. Ammoniak und das bereits erwähnte Chlorkalzium sind schädlich für die Leimung; kohlensaurer Kalk und kohlensaure Magnesia sind in geringen Mengen unschädlich, soweit es sich nicht um die Herstellung farbiger Papiere handelt. Je weniger Filterrückstand ein Wasesr hat, desto geeigneter ist es zur Papierfabrikation. Hartes Wasser mit hohem Gehalt an kohlensaurem Kalk kann für die Kochung ungeeignet werden, man kann aber einen großen Teil der Kohlensäure binden, wenn man dem Wasser eine Lösung von 50 g Ätzkalk ($Ca(OH)_2$) in 100 Liter Wasser zusetzt. Der verbleibende Kalk ist dann unschädlich, da man ohnehin mit großen Mengen Kalk kocht und der im Wasser enthaltene Kalk im Verhältnis gering ist. Bei Strohkochen ist der Kalkgehalt weniger bedenklich.

Über den Nachweis der Beimengungen im Wasser sei noch folgendes bemerkt:

Das Vorhandensein von Kalk im Wasser kann man auf einfache Weise nachweisen, indem man dem zu untersuchenden Wasser in einem Reagenzglas oxalsaures Ammonium in Lösung zusetzt. Es bildet sich dann sofort ein Niederschlag von oxalsaurem Kalk, der in Essigsäure unlöslich ist.

Um Schwefelsäure im Wasser nachzuweisen, setzt man einige Tropfen Salzsäure und dann Chlorbarium zu, es bildet sich dann ein weißer Niederschlag von Bariumsulfat, der unlöslich in Salzsäure ist. Schwefelsäure bei gleichzeitiger Anwesenheit von Kalk läßt auf Gips schließen.

Will man den qualitativen Nachweis von Chlor erbringen, so fügt man dem Wasser einige Tropfen Salpetersäure und dann einige

Tropfen salpetersaures Silber hinzu; es bildet sich dann ein käsiger Niederschlag, der aus Chlorsilber besteht.

Eisen stellt man im Wasser fest, indem man 1000 ccm auf die Hälfte eindampft und den entstehenden Niederschlag auf einem Filter mit Wasser nachwäscht. Nach dem Entfernen des Filtrates übergießt man den Rückstand auf dem Filter mit eisenfreier Salzsäure. Die abtropfende Flüssigkeit wird aufgefangen und mit gelbem Blutlaugensalz versetzt, bildet sich dann ein blauer Niederschlag (Berliner Blau), so ist Eisen vorhanden.

Weniger rein als Quellwasser, aber weicher, da sich weniger Kalk in Lösung befindet, ist das Flußwasser. Dieses enthält meist auch weniger Eisen. Die doppelkohlensauren Salze geben durch ihre Berührung mit der Luft ihre Kohlensäure ab, so daß sie als unlösliche Karbonate ausfallen. Die Flußwässer enthalten aber mehr organische und suspendierte Verunreinigung, die sich aber verhältnismäßig leicht durch geeignete Vorrichtungen beseitigen lassen.

Nicht so harmlos sind die Flußwässer der Moorgegenden, die meist so reich an Humussäuren sind, daß sie für die Strohstoffabrikation unbrauchbar werden. Die Humussäuren lassen sich allerdings meist durch schwefelsaure Tonerde ausfällen, so daß man gegebenenfalls das Wasser durch chemische Reinigung und nachfolgende Filtrierung brauchbar machen kann.

Tabelle 9.

	mg/l					
	Trocken-rückstand	Glüh-verlust	Organ. Substanz	Sauerst. Verbrauch	Gesamt-Ammoniak	Chlor
Oberhalb der Kanaleinlässe für die Abwässer	172	39	87	0,4	0,44	8
Unterhalb des letzten Einlasses	533	179	491	24,9	13,23	30
Stromabwärts bis zur Stelle, wo vollständige Mischung eingetreten ist . . .	186	43	144	5,8	1,4	11
8 km unterhalb des letzten Einlasses .	179	43	86	4,4	1,2	10

Die Flüsse besitzen eine Selbstreinigung, wobei in gewissen Grenzen die organischen Verunreinigungen wieder zersetzt werden. Diese Selbstreinigung beruht auf chemischen und biologischen (z. T. auch physikalischen) Vorgängen, derart, daß die organischen Stoffe durch die Mikroorganismen und durch Oxydation zerstört werden. Im Wasser üben diese Reinigung besonders die Algen aus, am Ufer sind es auch höhere Pflanzen. Das Sonnenlicht begünstigt diese Reinigung in doppelter Weise, indem es einmal den Assimilationsprozeß der Pflanzen begünstigt und andererseits die Bakterien tötet. In welcher Weise diese Selbstreinigung wirken kann, zeigt die vorstehende Tabelle.

Man sieht also, daß sich die Flüsse nach ziemlich kurzer Zeit selbst reinigen, indem die organische Substanz bald nicht größer ist als vor dem Einlaß der Verunreinigungen. Diese Selbstreinigung ist allerdings von gewissen Umständen abhängig; bei abnorm niedrigen Wasserständen, wie sie z. B. trockene Sommer mit sich bringen, versagt sie.

IV. Gewinnung und Lagerung des Strohes und anderer Rohstoffe.

Die in der Strohstoffabrikation fast ausschließlich zur Verwendung kommenden einheimischen Getreidearten — Weizen und Gerste — werden nun in den für den Bezug in Frage kommenden Hauptanbaugebieten in landwirtschaftlichen Großbetrieben gewonnen. Diese bieten auch die beste Gewähr für ein möglichst unkrautfreies Stroh, denn diese Betriebe mit intensiver Landwirtschaft arbeiten zielbewußt auf ein möglichst reines Erzeugnis hin und sind auch in der Lage, dieses Ziel zu erreichen oder ihm doch sehr nahe zu kommen, da ihre Bearbeitungsverfahren des Bodens, die Unkrautbekämpfung, die Verwendung besten Saatgutes, das nach strengsten Grundsätzen gewonnen und gereinigt wird, eben für möglichstes Freisein von Unkraut und anderen Verunreinigung bürgen. Der bäuerliche Kleinbetrieb kann für den Bezug des Strohes weniger in Frage kommen, denn einmal sind die von ihm gelieferten Mengen viel zu gering, als ernstlich ins Gewicht zu fallen, das andere Mal erfüllen sie bezüglich des Freiseins von Unkraut keine Gewähr und das dritte Mal ist die Gewinnung auch meist so, daß sich das Stroh für den Versand auf weitere Entfernungen nicht eignet, da es infolge des Mangels an geeigneten Strohpressen nur lose gepreßt ist. Die bäuerlichen Kleinbetriebe verwenden meist Strohpressen mit Bindfadenschnürung der Ballen, wenn sie überhaupt pressen, denn meistens werden sie verhältnismäßig geringen Mengen im eigenen Betriebe als Futter zum Häckseln und als Streu verwenden, denn gerade der landwirtschaftliche Kleinbetrieb ist es, der einen im Verhältnis zu seinem Umfange großen Viehbestand hat.

Es kommt also in der Hauptsache der Bezug des Strohes aus unseren Hauptgetreidegegenden in Frage, die im Flachland zu suchen sind und die auch tatsächlich den Hauptbedarf der Strohstoffabrikation decken. Wie schon erwähnt, betreiben solche Betriebe eine intensive Landwirtschaft, d. h. sie suchen den Boden mit allen zur Verfügung stehenden Mitteln zu höchsten Erträgnissen zu bringen. Solche Mittel bestehen in der Anwendung des künstlichen Düngers und vor allen Dingen in einer maschinellen Bodenbearbeitung durch Dampf- und Motorpflüge und andere Maschinen, welche infolge ihrer wirksamen Bearbeitung nicht nur die Schädlinge aus dem Tierreich bekämpfen, sondern auch die Wucherung des Unkrautes erschweren, mitunter ganz verhindern.

Es ist also die Gewähr gegeben, daß das Stroh den höchsten Anforderungen an Reinheit entspricht. Ein anderer Vorteil, der zunächst gar nicht von so großer Bedeutung erscheint, liegt darin, daß diese Großbetriebe infolge der ihnen zur Verfügung stehenden Hilfsmittel in der Lage sind, das Stroh günstiger und rascher zu ernten, was vor allen Dingen in nassen Sommern von Bedeutung werden kann. Über die Nachteile des nassen Strohes wird noch verschiedentlich zu sprechen sein. Diese landwirtschaftlichen Großbetriebe verwenden nun aber auch ein Saatgut, das nicht nur in bezug auf Menge und Güte des Strohes hochgezüchtet und immer noch verbessert wird, auch dieser Vorteil steht dem bäuerlichen Betrieb wohl zur Verfügung, wird aber von ihm kaum ausgenutzt, da er fast stets sein eigenes Saatgut wieder verwendet, zu dessen Reinigung und sachgemäßer Behandlung ihm keine ausreichenden Mittel zur Verfügung stehen.

Die Ernte des Getreides erfolgt nun in den landwirtschaftlichen Großbetrieben, die stets eine große Fläche von mehreren Hektaren mit einer Sorte bebauen, auf maschinellem Wege. Es soll im Interesse des Verständnisses der Strohgewinnung kurz auf diese Ernteweise eingegangen werden, da diese sehr wohl einen Einfluß auf die Eignung und die Güte des Strohs haben kann, weil durch unsachgemäße Ernte und Weiterhandlung, Lagerung usw. selbst an und für sich gutes Stroh verdorben werden kann. Mitunter sind dann dem Verarbeiter die Gründe des Verderbens oder auch nur Minderwertigwerdens nicht erklärlich.

Für die Ernte des Getreides haben sich nun ganz besondere Maschinentypen herausgebildet, die als vollendet in ihrer Wirkung anzusehen sind. Während Kleinbetriebe Mähmaschinen verwenden, die sowohl für Gras als auch für Getreide brauchbar sind, verwenden die Großbetriebe für beide Arten getrennte Maschinen. Bei diesen Maschinen können nur die Schneidvorrichtungen interessieren. Diese bestehen aus einer stählernen Schiene a (Abb. 4), dem sogenannten Fingerbalken, von rechteckigem, winkel- oder T-förmigem Querschnitt. An dieser Schiene sind in gleichem Abstande die Finger c mittels der

Schrauben e befestigt. Die Finger bestehen aus schmiedbarem Weichguß, besitzen eine nach vorne kielartig auslaufende Spitze und sind bis nahe an die Spitze mit einem wagerecht liegenden Schlitz versehen. Außerdem sind an den Fingern beiderseits Vorsprünge l angebracht, mit denen die Finger aneinander stoßen, wodurch sie auch in seitlicher Richtung sicher gehalten werden. Die Messer werden durch eine Anzahl annähernd dreieckiger Blätter d gebildet, die nebeneinander an einer Stahlschiene b befestigt sind. Letztere wird durch ein geeignetes Getriebe von einem Fahrrad der Mähmaschine aus in hin- und hergehende Bewegung versetzt, und zwar gewöhnlich mit einer sekundlichen Geschwindigkeit von 0,9 bis 1,6 m bei 1 m Fahrgeschwindigkeit der Maschine. Die nach vorn zusammenlaufenden Kanten der Messerblätter d sind zugeschärft und bilden die Schneidkanten der Messer. Die Gegenschneiden der Messer werden durch glasharte stählerne Schneidplatten f gebildet, die in den Schlitzen der Finger liegen und mit letzteren fest vernietet sind.

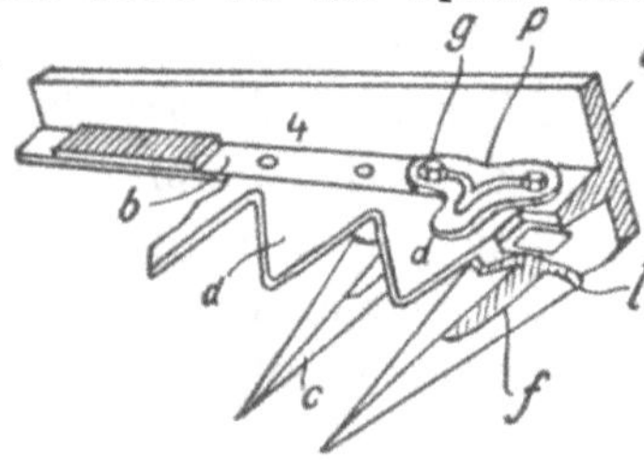

Abb. 4.
Schneidvorrichtung.

Damit die Messer d, welche zum Teil noch innerhalb der in den Fingern angeordneten Schlitze liegen, sich nicht von den Schneidplatten f abheben können, sind auf der oberen Seite des Fingerbalkens a noch Platten p aufgeschraubt, die auf der Messerfläche leicht aufliegen und so dem Messer auch oben eine Führung geben. Gewöhnlich sind an dem Fingerbalken, der meistens eine Länge von etwa 1,5 Meter besitzt, die Finger in einem gleichmäßigen Abstande von 7,6 bis 8 cm angeordnet. Die Zahl der Messer ist meist gleich der Zahl der Finger, wobei in der Ruhelage die Mittelachse der Messer mit der Mittelachse der Finger zusammenfällt. Der Hub der Messer ist dann derart, daß sich jedes Messer zwischen zwei Fingern vorschiebt.

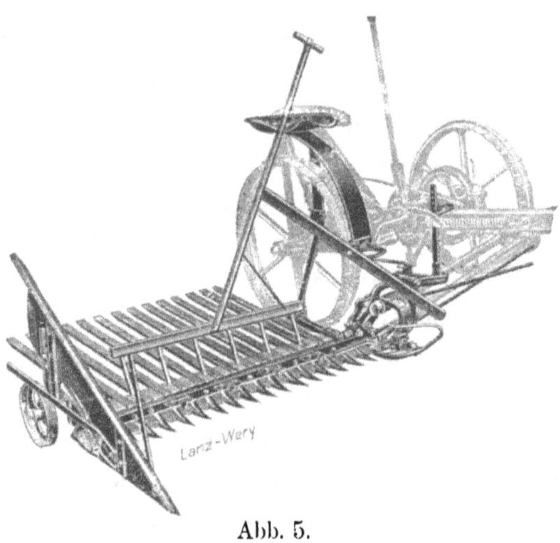

Abb. 5.
Mähmaschine mit Anhaublech.
Lanz-Wery, Zweibrücken.

Für die in Frage stehenden landwirtschaftlichen Großbetriebe können nun nur solche Mähmaschinen in Frage kommen, die das geschnittene Getreide selbsttätig ablegen oder es gleich in Garben binden. Wo man aus bestimmen Gründen Garbenbinder nicht anwenden kann, benutzt man die selbstablegenden Getreidemäher (Abb. 5), bei denen die abgeschnittene Frucht auf einem Ablegetisch der sogenannten Plattform gesammelt und durch eine selbsttätig wirkende Vorrichtung von dieser Plattform auf den Boden abgelegt wird. Bei den heute gebräuchlichen Maschinen erfolgt das Ablegen des Schnittgutes fast ausschließlich nach der Seite hin, damit die Maschine bei der nächsten Fahrt freie Bahn hat und daher ein Austreten des Getreides durch die Zugtiere nicht stattfindet (Abb. 6).

Für große landwirschaftliche Betriebe, besonders aber da, wo sehr große Flächen abzuernten sind, wie es in den als Hauptlieferanten der Strohstoffabriken geltenden Anbaugebieten des Weizens und des Roggens der Fall ist, werden Getreidemäher und Bindevorrichtungen verwendet, durch die die abgeschnittenen Halme durch Bindfaden derart zusammengebunden werden, daß sie die Maschinen als fertige Garbe verlassen.

Abb. 6.
Selbstablegende Mähmaschine für Getreide.
Lanz-Wery, Zweibrücken.

Das Dreschen des Getreides kann für den Strohstoffabrikanten nur insoweit Interesse haben, ob es sich um Handdrusch oder Drusch mit Großdreschmaschinen handelt. Bei den großen zu bewältigenden Strohmengen kommen aber nur Großdreschmaschinen zur Anwendung und zwar solche, die gleichzeitig auch die Entfernung der feineren Beimengungen, des Staubes und dergl. bewirken und die Kurzstroh und Kaff so von einander sondern, daß ersteres zur Strohstoffgewinnung, letzteres als Viehfutter verwendet werden kann.

Größeres Interesse muß auch für den Strohstoffabrikanten das Pressen des Strohs haben, da von dessen guter und sachgemäßer Durchführung nicht nur die leichte Versandmöglichkeit, sondern auch die gute Lagerfähigkeit abhängt. Gerade eine leichte Versandmöglichkeit ist aber von größter Bedeutung für die Wirtschaftlichkeit der Fabrik, zumal wenn sie in einer Strohbezugsgegend liegt, in der die Verladung des Strohs auf weite Strecken mit der Eisenbahn in Frage kommt. Hier ist es von Bedeutung, daß die Pressung der Strohballen so ist, daß das Ladegewicht eines Waggons möglichst voll ausgenützt werden kann. Diese feste und dichte Pressung hat aber auch einen großen Einfluß auf die Lagerfähigkeit, da sich naturgemäß solche

Ballen besser lagern lassen. Ein weiterer Vorteil ist in der besseren Raumausnutzung, der leichteren Transportmöglichkeit durch mechanische Fördermittel und auch der höheren Widerstandsfähigkeit gegen gewisse Einflüsse zu suchen, über diese Umstände wird im Verlauf der weiteren Abhandlung noch verschiedentlich zu sprechen sein.

Bei den Strohpressen hat man nun in solche mit unterbrochenem und in solche mit ununterbrochenem Betrieb zu unterscheiden, für den vorliegenden Zweck kommen nur die letzteren in Frage. Bei diesen wird das Preßgut durch einen ständig hin und her bewegten Kolben

Abb. 7.
Ballenstrohpresse für Preßstroh. Gebr. Welger, Seehausen.

in einen gegen das Ende zu sich etwas verjüngenden Kanal gedrückt, wobei noch oft ein Stopfer oder eine besondere Zuführungsvorrichtung oder auch beides das Preßgut bis vor den Preßbalken bringt. Durch eine entsprechende Abteilvorrichtung wird es in einzelne Ballen zerlegt, die dann durch Draht oder Garn gebunden werden.

Für die Strohstoffabrikation ist es nun aus den bereits erwähnten Gründen von Bedeutung, daß das Preßgut möglichst fest zusammengedrückt wird. Man verwendet also Ballenpressen, die Ballen von 40 bis 90 kg bei einer Dichte bis zu 280 kg/cbm herstellen. Bei einer solchen starken Pressung muß natürlich die Bindung der Ballen mit Draht erfolgen. Da nun bei diesen Pressen der Preßkanal einen verhältnismäßig kleinen Querschnitt (im Mittel 60 mal 50 cm) hat, so wird das Stroh beim Zusammenpressen geknickt und im wirren Zustande zusammengedrückt. Man bezeichnet solche Pressen daher auch als Krummstrohpressen. Diese Pressen (Abb. 7) sind meist so gebaut, daß das Preßgut von einem über dem Preßkanal liegenden Einlauftisch durch hin- und hergehende Zinken oder dergleichen mechanisch dem Einstopfraum zugeführt wird, worauf es durch einen sich auf- und niederbewegenden Stopfer vor den Preßkolben gedrückt wird, der es dann unter Zusammenpressung in den Preßkanal schiebt. Die Abteilung des Preßgutes in einzelne Ballen und deren Umschnürung geschieht von Hand mit Hilfe eines U-förmigen Bügels, der mit seinen den Bindedraht haltenden Schenkelspitzen durch Oeffnungen der seit-

Abb. 8.
Langstrohpresse. Gebr. Welger, Seehausen.

lichen Kanalwand gesteckt und zwischen dem Preßgutstrang und dem zurückgehenden Kolben quer durch den Kanal hindurchgeschoben wird, bis die Bügelspitzen auf der anderen Kanalseite durch ebensolche Öffnungen heraustreten. Nach dem Festhalten der Drähte werden dann die Bügel vor dem nächsten Arbeitshub des Kolbens zurückgezogen. Die Bindung selbst erfolgt von Hand durch Zusammenschlingen der zusammengehörigen Drahtenden.

Um das Stroh im glatten Zustande zu pressen, und dadurch eine leichtere Häckselung zu ermöglichen, baut man auch Strohpressen mit breitem Preßkanal, in den das Langstroh quer eingelegt wird, so daß man beim Zusammendrücken Ballen von glattem Stroh und von 10 bis 30 kg und darüber hinaus erhält. Man nennt diese Pressen daher Glatt- oder Langstrohpressen. Die Bindung der Ballen erfolgt in der Regel selbsttätig mit Garn oder von Hand durch Bindedraht. Die in der ersten Zeit der Einführung dieser Pressen gebräuchliche Garnbindung von Hand wurde vollständig durch die selbsttätige Bindung mit besonders ausgebildeten Knoterapparaten verdrängt. Die Bindung mit Draht findet vorzugsweise noch von Hand statt, wobei der Draht aber selbsttätig der knüpfenden Person zugeführt wird. Verschiedentlich finden sich auch Pressen mit vollständig selbsttätiger Drahtbindung im Betrieb, doch macht der Bezug von geeignetem Draht Schwierigkeiten. (Abb. 8).

Das Preßgut wird durch hin und her bewegte Rechenzinken und einen Einstopfer bis vor den Kolben gebracht. Die Einleitung des Bindevorganges erfolgt durch ein Meßrad, dessen Bolzen einen federnden Hebel spannen, der dann bei seinem Zurückschnellen den Haken von dem Gewichtshebel abdrängt. Der Hebel fällt dann herab, wodurch die Stütze, auf der mittels eines Zapfens eine Stange aufruht, so verschwenkt wird, daß die Stange sich mit ihrem Zapfen auf die mit dem Kolben sich hin und her bewegende Schiene legt. Diese Schiene besitzt einen hakenförmigen Mitnehmer, in den in der äußersten Kolbenstellung der Zapfen lagert, der nun beim Rückgang des Kolbens mitgenommen wird. Dadurch wird auch der drehbar gelagerte Nadelbügel und mit diesem die Nadeln angehoben, die dann den Faden dem Bindeapparat zuführen, der in dem entsprechenden Augenblick in Tätigkeit gesetzt wird. Beim Hochgehen des Bügels bringt der Zapfen den Gewichtshebel wieder in seine ursprüngliche Lage, während beim Vorgange des Kolbens die Stange nebst der Nadel zurückbewegt und der Zapfen wieder auf die Stütze gelegt wird und bis zum nächsten Bindevorgange außer Eingriff mit dem Mitnehmer gebracht wird.

Diese Langstrohpressen finden vor allen Dingen beim Dreschbetrieb eine weitgehende Verwendung. Es wird nun oft die Frage auftauchen, ob eine Ballen- oder eine Langstrohpresse vorzuziehen ist. Hierbei ist zu berücksichtigen, daß die Ballenpresse vor allen Dingen den Vorteil hat, daß das Ladegewicht eines Eisenbahnwagens voll ausgenutzt werden kann, während das mit der Langstrohpresse nicht zu erreichen ist. Es eignet sich also zum Pressen von Stroh, das auf größere Entfernungen hin mit der Eisenbahn versandt werden soll, die Ballenpresse mehr als eine Langstrohpresse. Doch stellen sich bei der Verarbeitung des mit Ballenpressen gepreßten Strohs verschiedene Nachteile heraus. So läßt sich z. B. das Krummstroh weniger gut zu Häcksel schneiden als das Langstroh, auch die Kontrolle des Strohs auf Reinheit usw. ist bei den Langstrohpressen leichter als bei dem in Ballenpressen gepreßten, das eine wirre Masse darstellt. Bei den Ballenpressen muß mit Bindedraht gebunden werden, wobei es Drahtabfälle gibt, die in das Stroh geraten können, die Häckselmaschinen beschädigen und auch sonst Nachteile haben. Man baut daher neuerdings auch Langstrohpressen, die für festere Pressung geeignet sind und bei leichterer Pressung mit Bindegarn, bei stärkerer mit Bindedraht arbeiten.

Trotzalledem kommen nun für die Strohstoffabrikation fast ausschließlich die in Ballenpressen hergestellten Preßballen, also Krummstroh zur Verwendung, da die Vorteile dieser Art deren Nachteile überwiegen.

Beim Ankauf des Strohs für die Strohstoffabrikation sind nun gewisse Gesichtspunkte zu beachten, die für die Eignung zur Fabrikation, die Ausbeute, die Lagerfähigkeit usw., von größter Bedeutung sein können. Wie schon erwähnt, ist das Stroh nicht nur je nach der Getreideart, sondern besonders auch nach der Herkunft von verschieden hohem Wert, auch die Stroherzeugung eines und desselben Anbaugebietes bleibt durchaus nicht in jedem Jahre gleich in bezug auf Menge und Güte. Wie ebenfalls schon erwähnt, arbeitet man in den Haupterzeugungsgebieten unserer wichtigsten Stroharten in Betrieben mit intensiver Landwirtschaft auf größte Reinheit des Getreides von Unkraut hin und erreicht dieses Ziel auch oft in vollendeter Weise, während man bei Stroh aus bäuerlichen Kleinbetrieben mitunter sehr unter Unkraut zu leiden hat. Dieses Unkraut beeinträchtigt aber den Wert des Strohs für die Strohstoffgewinnung ungemein, da die Aufschließung dieser teilweise ganz verholzten Fasern viel schwerer und unvollkommener vor sich geht, ohne daß auch nur eine einigermaßen brauchbare Faser erzielt werden könnte. Eines der lästigsten und am häufigsten auftretenden Unkräuter ist die Ackerwinde (Convolvulus arvensis L.), die auch wegen ihrer tiefliegenden Wurzel nur schwer auszurotten ist. Die Ackerwinde umschließt den Strohhalm eng und fest, so daß eine Entfernung nicht möglich ist. Wenn sich dieses Unkraut in größeren Mengen zeigt, so ist das Stroh zum mindesten minderwertig, für die Herstellung von weißem Strohstoff aber unbrauchbar.

Man muß sich also beim Ankauf des Strohs sichern und den Verkäufer verpflichten, nur reines Stroh zu liefern, erklärlicherweise muß man natürlich daher das ankommende Stroh auch auf seinen Zustand prüfen, was mitunter nicht unbeträchtliche Schwierigkeiten machen wird, da es in der Erzeugungsweise der landwirtschaftlichen Großbetriebe liegt, daß sich die Anlieferung auf eine verhältnismäßig kurze Zeitspanne nach der Ernte zusammendrängt. Diese Prüfung ist nun bei den Preßballen durchaus nicht so einfach, leichter ist sie bei Langstroh vorzunehmen. Man muß aber das Stroh nicht nur auf seine Reinheit prüfen, sondern auch auf seinen Feuchtigkeitsgehalt; wenn dieser höher als 14 vH. ist, dann ist das Stroh zu beanstanden und der größeren Feuchtigkeit entsprechend ein Gewichtsabzug zu machen. Der Trockengehalt ist von einer größeren Anzahl von Proben festzustellen, damit man gute Durchschnittswerte erhält, denn es besteht immer die Möglichkeit, daß die oberen oder äußeren Ballen eines Wagens durch Witterungseinflüsse (Regen, Schnee) auf dem Transport Wasser aufgenommen haben, während die inneren vollkommen den Anforderungen entsprechen, andererseits ist aber auch die Möglichkeit vorhanden, daß diese äußeren und oberen Ballen vollkommen ausgetrocknet sind und die inneren feucht, wenn letztere vorher die äußeren Ballen eines im Freien aufgestellten Strohdiemens waren.

Abb. 9.
Höhenförderer beim Setzen eines Strohdiemens.
Osterrieder-Werke, Memmingen.

Wenn das Stroh einen über den zulässigen Durchschnitt von 14 vH. hinausgehenden Feuchtigkeitsgehalt hat, dann ist es zur längeren Lagerung ungeeignet. Aber auch das mit normalem Feuchtigkeitsgehalt angelieferte Stroh muß so eingelagert werden, daß es nicht wieder Feuchtigkeit aufnehmen kann, weder aus dem Boden, noch durch Regen oder Schnee. Das Stroh muß aber bei der Lagerung auch gegen Sonnenbrand, direktes Licht, Staub, Ruß, Rauch usw. bestens geschützt werden. Man muß also zu diesem Zwecke besonders geeignete Strohscheunen anlegen. Die Lagerung im Freien in Diemen sollte man nur als äußersten Notbehelf anwenden, wenn in besonders guten Strohjahren die Anlieferung größer ist, als der Fassungsraum der vorhandenen Scheunen beträgt. Die in der Landwirtschaft gebräuchliche Art der Strohdiemen ist für die Lagerung von Stroh in Strohstofffabriken nicht zu empfehlen. Die Landwirschaft setzt solche Diemen einfach auf den Erdboden, sodaß die unterste Schicht natürlich aus dem Boden Wasser aufsaugt und bald faulen wird. In der Strohstoff-

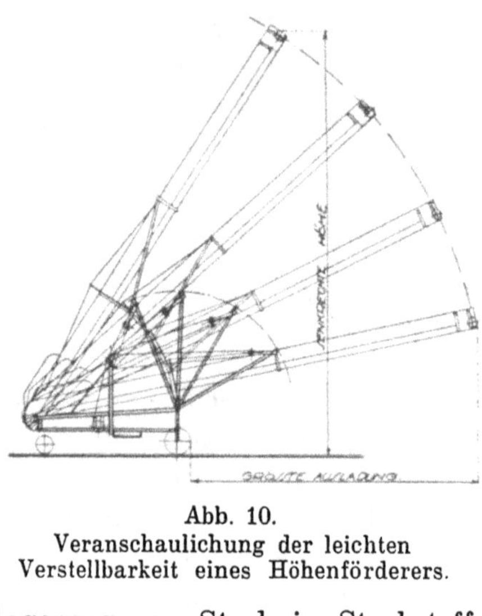

Abb. 10.
Veranschaulichung der leichten
Verstellbarkeit eines Höhenförderers.

fabrikation muß man diese Verluste vermeiden, indem man die Diemen auf einen vollkommen trockenen Boden setzt, was man durch Abpflasterung und Ausgießen der Fugen zwischen den Steinen mit Asphalt leicht erreichen kann. Durch eine gute Luftzirkulation in diesem Diemen ist dafür zu sorgen, daß das Stroh nicht stocken oder faulen kann. Man soll solche Diemen auch mit Planen abdecken, um sie gegen die Einflüsse der Witterung, aber auch gegen Rauch, Ruß und Staub zu schützen.

Abb. 11.
Fahrbarer Höhenförderer.
Österrieder Werk, Memmingen.

Bei der Anlage solcher Strohdiemen leisten nun die sogenannten Stapler (Abb. 9 bis 11) oder Höhenförderer gute Dienste und ersparen viel Handarbeit, sodaß sie die Anlage der Diemen verbilligen. Diese Höhenförderer, die in den verschiedensten Ausführungen gebaut werden, besitzen eine vielseitige Verwendbarkeit. In der Abbildung 11 ist eine solche Vorrichtung gezeigt, die einer der neuesten Ausführungen entspricht. Der Förderer wird im Gegensatz zu den alten Ausführungen, welche mit Hilfe des Motors aufgeklappt und hochgestellt werden mußten, mittels Seilzuges zuerst in der gewünschten Höhe eingerichtet und dann durch ein Zahnradgetriebe fernrohrartig in jede erforderliche Länge ausgeschoben. Dieses Zahnradgetriebe wird durch eine Kette mit der Hand leicht in Bewegung gesetzt und dient gleichzeitig zum Spannen der Förderkette, welche durch Herausnahme oder Einsetzen von Gliedern in ihrer Länge nach Bedarf vergrößert werden kann. Durch diese Neuerung wird erreicht, daß das Aufstellen des Gerätes leichter, schneller und gefahrlos auch auf einem räumlich beschränkten Platz möglich ist. Ohne Unterbrechung der Arbeit ist nun durch einfaches Höher- oder Tieferschrauben des ganzen Gerätes eine Änderung der Höhe möglich, während allerdings bei Änderungen der

Förderlänge zum Einsetzen oder Herausnehmen der Förderkettenglieder die Arbeit solange eingestellt werden muß. Das Fahrgestell besteht nur aus drei Rädern, wodurch die seitliche Verschiebbarkeit des ganzen Gerätes sehr erleichtert wird, während eine Holzklammer mit zwei Stützen jede Schwankung für die Dauer des Betriebes vermeidet. Diese Höhenförderer oder Stapler sind aber nicht nur bei der Errichtung der Diemen im Freien von großem Nutzen, sondern auch bei der Stapelung der Preßballen bei der Lagerung in Scheunen.

Wie schon erwähnt, sollen diese Strohdiemen, bei denen das Stroh im Freien gelagert wird, nur ein Notbehelf sein, da ihre Nachteile zu groß sind. Selbst bei sorgfältigster Lagerung, auch in Scheunen, sind Verluste an Stroh nicht zu vermeiden, besonders durch Ungeziefer (Ratten, Mäuse usw.). Verluste durch Fäulnis hingegen lassen sich bei einiger Sorgfalt sicher vermeiden oder doch wenigstens auf ein ganz geringes Maß einschränken. Bei Außerachtlassung der erforderlichen Vorsichtsmaßregeln können aber die Verluste durch Fäulnis wieder sehr empfindlich werden. Bei feuchtgepreßtem Stroh machen sich solche Zerstörungserscheinungen schon nach etwa 8 Tagen bemerkbar und zwar durch eine große Wärmeentwicklung. Auch Strohdiemen, die bei Regen aufgebaut wurden, zeigen diese Erscheinungen, obgleich die Ballen im Innern noch nicht einmal naß zu sein brauchen, da der Regen in gut und fest gepreßte Ballen nicht sehr tief eindringen kann. Solche Diemen entwickeln dann oft eine solche Hitze, daß sie anfangen zu rauchen. Sie müssen dann schnellstens umgepackt oder verarbeitet werden, da sie sich sonst selber entzünden können. Es wird allerdings mitunter behauptet, daß die Selbstentzündung von Stroh zu den größten Seltenheiten gehört; [14] dabei wird aber zugegeben, daß das nur bei sorgfältigster Lagerung der feuchten oder feucht gewordenen Ballen der Fall ist, bei nicht sachgemäßer Lagerung solchen feuchten Strohs ist die Gefahr der Selbstentzündung durchaus nicht von der Hand zu weisen.

Die Fäulnis des Strohs beruht auf einer Gärung, die wie alle solche Vorgänge durch Schimmelpilze, Sporen usw. sehr begünstigt wird. Das Stroh wird dabei brüchig und durch Umsetzungen grau und mißfarbig, sodaß selbst durch Bleichen kein rein weißer Stoff mehr zu erzielen ist.

Ähnliche Nachteile wie eine zu große Feuchtigkeit bringt eine zu große Trockenheit des Strohs. Wenn es in offenen Diemen gelagert wird und lange großer Hitze und dem Sonnenbrand ausgesetzt ist, dann verhärten sich die Halme, sodaß sie nur schwer aufzuschließen sind und für weißen Stoff kaum mehr gebraucht werden können, auch bei der Verarbeitung zu gelben Stoff ist dann die Ausbeute bedeutend

[14]) Papierfabrikant: 1922, Heft 31, Seite 1067.

geringer. Diese Nachteile werden sich beim Lagern in Diemen niemals ganz vermeiden lassen, sodaß die Lagerung in Scheunen unbedingt den Vorzug verdient, zumal sie auch einen Schutz des Strohs gegen Rauch, Ruß, Staub und Feuer gewährleistet.

Diese Strohscheunen sind nun natürlich von nicht zu unterschätzender Bedeutung, da sie immerhin verschiedenen Anforderungen entsprechen müssen. Diese Scheunen müssen so gebaut sein, daß man in ihnen große Mengen von Preßstrohballen lagern und dabei den Raum voll ausnutzen kann. Ihre Beschickung von Hand oder durch mechanische Fördermittel muß sich leicht bewerkstelligen lassen, aber auch die Entnahme der Ballen muß so vor sich gehen, daß man in der Lage ist, das Stroh möglichst dem Alter nach zu entnehmen. Besonders aus diesem Umstande ergibt sich auch die Forderung, daß man die Scheunen mit einem nicht zu großen Fassungsraum bauen soll, daß man vielmehr lieber mehrere anlegen soll. Eine weitere wichtige Forderung ist eine möglichst hohe Feuersicherheit und ein zuverlässiger Schutz gegen Witterungseinflüsse.

Man ist nun in der letzten Zeit immer mehr dazu übergegangen, bei dem Bau solcher Strohscheunen in Strohstoffabriken sich der Holzkonstruktionen zu bedienen, da sie den alten Eisenkonstruktionen gegenüber viele Vorteile aufweisen. Da diese Frage äußerst wichtig ist, so soll hier näher darauf eingegangen werden.

Die Verwendung freitragender Holzkonstruktionen hat namentlich in der letzten Zeit große Fortschritte gemacht und zwar waren dazu der Anlaß praktische sowie wirtschaftliche Erwägungen und Knappheit der früher hauptsächlichsten Baustoffe, Beton und Eisen. Es ist der einschlägigen Industrie gelungen, mit Hilfe neuer Methoden der Statik Dachformen zu schaffen, die allen Bedürfnissen der Raumausnutzung gerecht werden und dabei jeden einzelnen Bauteil und jeden Stab bis zu einer gleichmäßigen und zulässigen Höchstbeanspruchung heranzuziehen, oder mit anderen Worten dem Gebote der Stunde zu folgen und jedes überflüssige Material zu sparen und das Holz voll auszunutzen.

Die vielfach geäußerten Bedenken gegen die Lebensdauer der Holzkonstruktionen sollten gerade aus den Kreisen der Papierindustrie nicht auftauchen, denn in zahlreichen alten Papierfabriken findet man fast durchweg die hölzerne Deckenkonstruktion auch bei schwer belasteten Holländerfußböden usw. Die Holzbauweise weist aber große Vorteile auf, die in einer größeren Billigkeit dieses Baustoffes, der Möglichkeit der schnellen Materialbeschaffung und des schnellen Aufbaues gegenüber Eisen und Beton haben. Auch in der Holzbauweise hat man sich den Bestrebungen nach Normalisierung nicht verschlossen und hat so für gegebene Dachformen und Spannweiten bestimmte Binderformen geschaffen. Die Holzkonstruktion ist auch gewissen Gasen gegenüber unempfindlich, sodaß sie auch bei anderen Gebäuden der Strohstoff-fabrikation mit Vorteil zur Verwendung kommen kann, mitunter sogar zur Notwendigkeit wird.

Auch in Bezug auf die Feuersicherheit begegnet das Holz immer noch einem ganz unbegründeten Mißtrauen. Obwohl es ein brennbares Material ist, birgt es doch nicht dieselben Gefahrenkeime in sich, wie das Eisen. Das Holz gerät erst bei hohen Wärmegraden in Brand und zwar sehr langsam, sodaß beim Erkennen der Gefahr genügend Zeit zur Bekämpfung des Brandes bleibt. Das Eisen hingegen büßt schon bei wenigen Wärmegraden an Tragfähigkeit ein, die hierbei eintretenden Dehnungen fördern die Gefahr des Einsturzes, indem unter Umständen die Umfassungsmauern herausgedrückt werden und die gesamte Konstruktion schnell zusammenstürzt. Das Holz hingegen kohlt nur langsam an und durchschlägt nicht die darunter befindlichen Decken, wie die Eisenkonstruktionen.

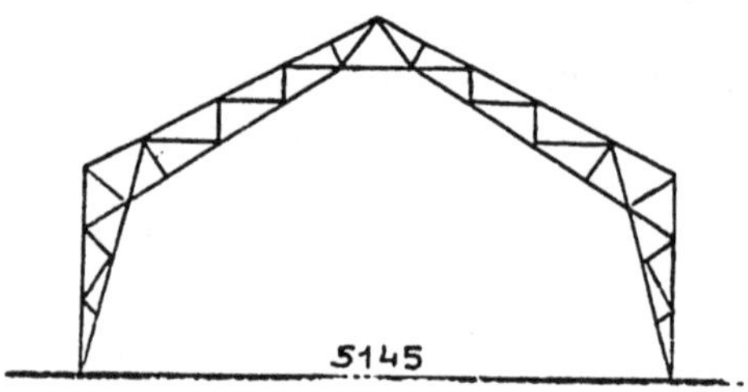

Abb. 12.
Schematische Darstellung eines Zweigelenk-Fachwerkbinders aus Holz für Strohscheunen bis zu 25 m Stützweite.
Christoph u. Unmack A.-G., Niesky (Lausitz).

Gerade bei Strohscheunen, wo an eine Rettung meist nicht mehr zu denken ist, wenn das Feuer sich erst einmal ausgebreitet hat, ist daher die Holzkonstruktion vorzuziehen, weil sie, falls eine Löschung nicht mehr möglich ist, einfach verbrennt und die Mauern nicht herausdrückt. Bei Eisenkonstruktionen hingegen bildet das verbogene Eisen dann eine wirre Masse, die mit dem Schneidbrenner in langer, mühseliger Arbeit entwirrt werden muß, sodaß der Wiederaufbau der Scheune sich lange verzögert. Meist wird aber dazu noch der Übelstand treten, daß durch die Dehnungen des Eisens die Tragwände hinausgedrückt worden sind und erst abgetragen und neu aufgebaut werden müssen. Bei Holzkonstruktionen wird das in den seltensten Fällen eintreten, sodaß man schon wenige Wochen nach einem Brande die Scheune wieder zur Verfügung hat.

Im übrigen gibt es aber auch sehr brauchbare Mittel zur Erzielung einer besonderen Feuerfestigkeit. Durch geeigneten Anstrich oder nötigenfalls die Ummantelung mit nicht brennbaren Stoffen läßt sich ein wirksamer Schutz gegen Brandgefahr erzielen, man kann auch durch Feuerschutzwände die Brandherde auf einen kleinen Raum beschränken. Ein Beweis für die gefahrlose Verwendbarkeit des Holzes liegt in der Tatsache, daß die Feuerpolizei die freitragenden Holzkonstruktionen als feuersicher betrachtet und die Feuerversicherungsgesellschaften bei Holzkonstruktionen keine höheren Prämien als bei Eisenkonstruktionen erheben.

Die Abbildung 12 zeigt einen einfachen Zweigelenkfachwerkbinder aus Holz, der in seiner Ausführung am einfachsten und am billigsten ist und nur verhältnismäßig schwache Fundamente verlangt. Für größere Scheunen mit mechanischer Beschickung eignet sich auch der Zweigelenk-Fachwerkbinder nach Abbildung 13, der bis zu 35 Meter Stützweite ausgeführt werden kann.

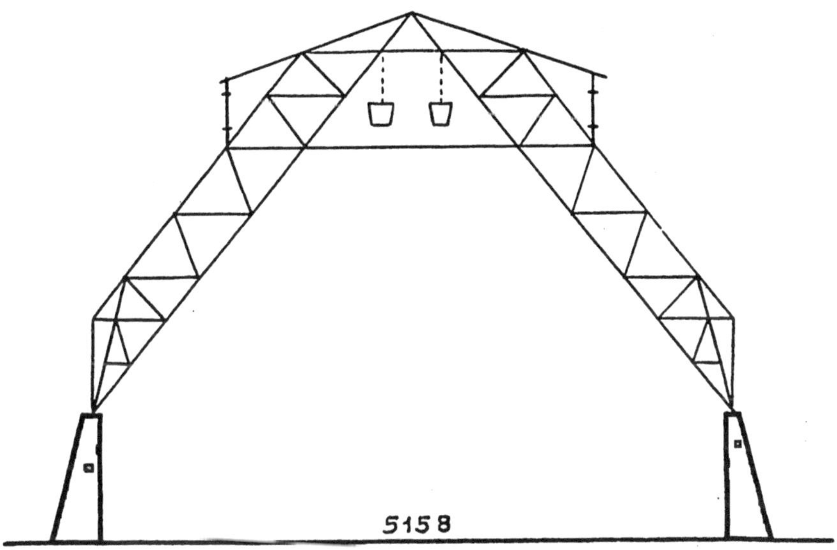

Abb. 13.
Schematische Darstellung eines Zweigelenk-Fachwerkbinders aus Holz für Strohscheunen bis 35 m Stützweite.
Christoph u. Unmack A.-G., Niesky (Lausitz).

Da wo das Stroh vielfach mit der Achse angefahren wird, also wenn die Fabrik mitten im Erzeugungsgebiet des Strohs liegt, sind die sogenannten Hochfahrscheunen nach Abbildung 14 sehr geeignet, die sich gewissermaßen aus zwei aufeinander gestellten ebenerdigen Scheunen zusammensetzen. Die Ballen werden also nicht mehr hochgepackt, was entweder eine große Anzahl kräftiger Arbeiter oder besondere Fördermittel (Stapeler) verlangt, sondern einfach von oben heruntergeworfen. Die Strohwagen fahren auf einer Rampe hoch und nach Entleerung auf der anderen Seite wieder herunter.

Die Beschickung der Strohscheunen mit den Preßballen oder deren Entnahme zur Verarbeitung wird nun ebenfalls auf mechanischem Wege erfolgen müssen, wenn es wirtschaftlich sein soll. Hierzu stehen nun eine ganze Reihe von Transportmitteln zur Verfügung, die sich ganz nach der Art der Scheunen richten, nach den örtlichen Verhältnissen und nach der Menge des einzulagernden Strohs und der täglichen Verarbeitung. Außer den bereits erwähnten Stapelern oder Höhenförderern[15] kommen da besonders die Hängebahnen in Anwendung, deren Wagen entweder von Hand oder durch ein endloses Seil bewegt werden. Diese Hängebahnanlagen ermöglichen eine sehr gute Beschickung und Ausnutzung des ganzen Lagerraums, da man die Gleise durch Weichen überall hin verlegen kann. Die einzelnen Wagen lassen sich dem bestimmten Zweck bestens anpassen (Abb. 15).

Die Wagen laufen auf Schienen, die an der Decke hängen oder an Wandträgern, Gerüsten usw. befestigt werden. Neuerdings kommen

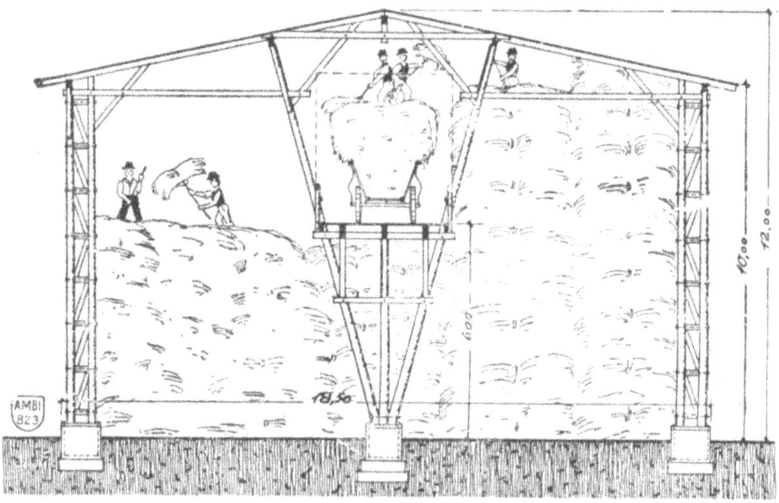

Abb. 14.
Hochfahrtscheune für Stroh. Ambiwerke, Berlin W.

immer mehr die Elektrohängebahnen zur Verwendung, die selbsttätige Schwebebahnen (reine Reibungsbahnen) darstellen, bei denen ein jeder Wagen durch in die Laufwerke eingebaute Elektromotoren für sich angetrieben wird. Die Laufbahn ist auch hier wie bei den sonst üblichen Seil- und Handhängebahnen eine Schiene, auch der Unterflansch von I-Trägern oder auf diese aufgesetzte Grubenbahnschienen. Die Fahrbahn ist als geschlossener Kreis mit Betrieb in einer Richtung oder offen mit hin- und hergehendem Betrieb eingerichtet. Der kleinste Halbmesser beträgt etwa 7 Meter. Es können aber auch Weichen eingebaut werden, und zwar für beide Fahrtrichtungen, die von Hand oder elektrisch bedient werden können. Die Strecken werden elektrisch verriegelt. Das Laufwerk ist gewöhnlich zweirädrig, nur wenn der Wagen auf dem Unterflansch läuft, dann ist es vierrädrig. Die Fahr-

[15]) Seite 61.

werke werden mit 1 oder 2 staubdicht und wetterfest gekapselten Elektromotoren ausgerüstet, die durch Stirnrädervorgelege die Laufräder antreiben, sie erhalten Magnetbremse und Stromabnehmer, bisweilen auch Steuerschalter zum Ändern der Fahrtrichtung. Der Kraftbedarf dieser Elektrohängebahnen ist gering und beträgt für 1000 kg Nutzlast auf 1 km 0,06 KW/st. Die Wagen können mit selbsttätiger Kippung ausgerüstet werden, so daß der Betrieb auch in dieser Hinsicht billig ist und wenig Bedienungspersonal erfordert. Solches ist nur nötig zum Beladen der Wagen, das sich bei Strohballen schwer selbst tätig vornehmen läßt und zum Aufstapeln der abgeworfenen Ballen in

Abb. 15.
Hängebahn für den Transport von Stroh- und Zellstoffballen.
A. Bleichert u. Co., Leipzig.

der Scheune oder zur Entnahme aus dieser, wenn die Ballen nach der Häckselei zur Verarbeitung kommen sollen.

Förderbänder eignen sich für die Beschickung von Strohscheunen weniger, auch die schmalspurigen Gleisbahnen sind nicht sehr gut geeignet, da sie nur zur Heranbringung der Ballen auf ebener Erde dienen können, so daß sich dann ein Stapeln innerhalb der Scheunen immer noch von Hand oder durch die erwähnten Stapeler oder Höhenförderer erforderlich macht. Mitunter baut man diese Stapeler auch fest in die Gebäude ein und verbindet sie mit einem Längsförderer, der die ganze Scheune bestreicht (Abb. 16 u. 17). Letztere Ausführung ist besonders für sehr tiefe Scheunen geeignet. Diese Stapeler haben den Vorteil, daß sie sich allen Gebäude- und Dachkonstruktionen anpassen lassen und so eine einfache, schnelle Beschickung ermöglichen, zur Entnahme der Ballen aus den Scheunen sind sie nicht geeignet. Man wird sie aber mit Vorteil da einbauen, wo man mit den Eisenbahnwaggons oder den Fuhrwerken direkt bis an die Scheunen heranfährt und so die Ballen ohne Umladung entnehmen kann.

Die Versorgung der Strohscheune mit Tageslicht erfolgt am besten durch Oberlichter, da man dadurch die Wände voll ausnutzen kann. Bei den modernen Holzkonstruktionen läßt sich das auch sehr leicht durchführen. Die Versorgung mit künstlichem Licht kann in Rücksicht auf die Feuersicherheit nur mit elektrischem Licht erfolgen. Hier sind gewisse Vorsichtsmaßregeln nicht außer Acht zu lassen, denn nach den bestehenden Vorschriften dürfen innerhalb solcher Räume die elektrischen Leitungen nur da verlegt werden, wo sie unbedingt ge-

Abb. 16.
Höhen- und Längsförderer in einer Strohscheune. Osterrieder Werke, Memmingen.

braucht werden. Das Durchführen nach anderen Räumen ist verboten. Die Leitungen sind so anzuordnen, daß sie nur möglichst kurz sind und dauernd überwacht werden können. Wo Beschädigungen zu befürchten sind, sollen die Leitungen in Stahlpanzerrohr verlegt werden, die Einführung nach solchen Räumen durch Dachständer ist verboten. Das Anbringen von Sicherungen ist in den Strohscheunen verboten. Die Schalter sind in solchen Räumen ebenfalls zu vermeiden, in unmittelbarer Verbindung mit Stahlpanzerrohr sind auch eingekapselte Schalter zulässig. Abzweigdosen- oder Steckdosen-Anschlüsse innerhalb der Strohscheunen sind nur ausnahmsweise und in feuersicher gekapselter, nötigenfalls verriegelbarer Ausführung in Verbindung mit Stahlpanzerrohr zulässig. Die Lampenfassungen dürfen nur aus Isolierstoffen bestehen, sie müssen mit Schutzgläsern, nötigenfalls auch mit Schutzkörben versehen sein.

Alle Leitungen müssen so verlegt sein, daß sie mit dem Stroh nicht in Berührung kommen können und daß sie stets zugänglich sind, auch wenn die Strohscheunen vollgepackt sind. Die Anlagen sollen in regelmäßigen Zeiträumen von einem anerkannten Sachverständigen geprüft werden, damit alle Mängel festgestellt werden. Kleinere Mängel sind dann sofort zu beseitigen, wegen der Abhilfe größerer Mängel sind dann geeignete Vorschläge zu machen. Die beste Zeit für die Prüfung solcher Anlagen sind die Monate April, Mai und Juni, in denen erfahrungsgemäß die Strohvorräte am geringsten sind. Die Beseitigung aller Mängel muß dann bis spätestens September erfolgt sein, damit vor dem Eintreffen größerer Strohmengen und vor Beginn der dunklen Jahreszeit alle Leitungen in Ordnung sind.

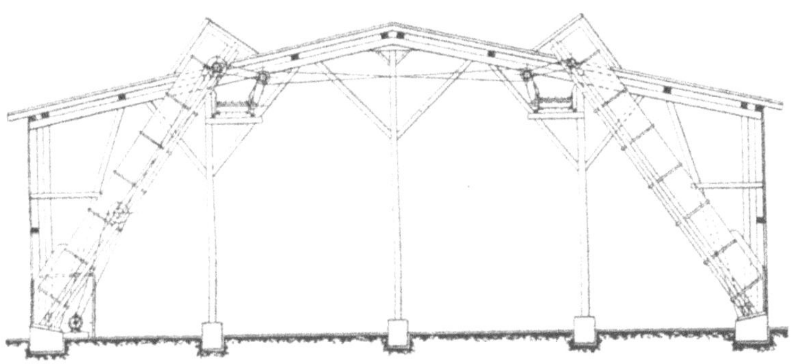

Abb. 17.
Tiefe Strohscheune mit zwei voneinander unabhängigen Höhenförderern.

V. Vorbereitung des Strohs durch Häckseln, Reinigung des Häcksels und Häckseltransport.

Von den Strohscheunen kommt das Stroh nach der Häckselei, die vorteilhaft in einem besonderen Gebäude untergebracht ist, das von allen anderen Lagerräumen, Fabrikgebäuden usw. gesondert angelegt werden soll, da sich beim Häckseln des Strohs eine große Staubentwicklung zeigt, die selbst durch die besten Anlagen und Vorrichtungen nicht ganz zu umgehen ist. Diese getrennte Anlage der Häckselei bringt keinerlei Erschwerung des Betriebes mit sich, denn die Preßballen müssen von den verschiedenen Scheunen ohnehin durch geeignete Fördervorrichtungen herbeigeschafft werden, während der Weitertransport des Häcksels ebenfalls keine Schwierigkeiten macht, da er auf einfachste Weise, wie sich weiter unten zeigt, durch pneumatische Anlagen erfolgt. Zum Herbeischaffen der Preßballen von den Stroh-Scheunen bedient man sich vorteilhaft derselben Anlagen, die man zu deren Beschickung anwendet, also ganz besonders der Hängebahnen, auf die hier nicht näher eingegangen werden soll, da sie schon bei den Strohscheunen ausführlich erwähnt wurden.

In der Häckselei dürfte allerdings die Verwendung von Elektrohängebahnen bedenklich werden, da sich hier trotz bester Vorrichtungen, Staubabsaugeanlagen usw. eine Staubentwicklung nicht vermeiden läßt. Der Staub setzt sich dann auf den Leitungen usw. ab und kann durch das Funken der Schleifkontakte der Elektrohängebahnen zur Entzündung gebracht werden. Bekanntlich sind aber nun die Staubexplosionen immer besonders folgenschwer. Es ist daher für den Transport der Strohballen nach der Häckselei eine Handhängebahn vorzuziehen, auch ein Transportband kann hier in Frage kommen. Die Anlage solcher Fördermittel richtet sich aber ganz nach den örtlichen und betrieblichen Verhältnissen, so daß kaum ewas Bestimmtes gesagt werden kann.

Wenn man auch früher mitunter das Stroh in ungeschnittenem Zustande kochte, so ist man aus ganz erklärlichen und auch bereits erwähnten Gründen davon ganz abgegangen und zerkleinert es heute in Häckselmaschinen. Dieses alte Verfahren, bei dem man Langstroh kochte, kann bei den heutigen hohen Anforderungen, die man besonders auch an die Güte des Stoffes stellt, nicht mehr in Frage kommen. Es liegt auf der Hand, daß die Laugen auf das Langstroh bei weitem nicht so gut und gleichmäßig einwirken können, wie auf gehäckseltes Stroh, ein Ausscheiden der Knoten, wie das beim Häcksel möglich ist, ist beim Langstroh auch nicht angängig. Da man dieses Verfahren aber meistens für gelben Strohstoff anwendete, so war das nicht so gefährlich.

Die Häckselmaschinen sind nun grundsätzlich so gebaut, daß man das Stroh beliebig lang schneiden kann, trotzdem ist es aber üblich, daß man die einmal als richtig befundene Häcksellänge beibehält und die Schnittlänge nicht mehr ändert. Je nach dem herzustellenden Stoff beträgt nun die Häcksellänge von 1 bis 20 cm, sie schwankt also in weiten Grenzen. Im allgemeinen hat ja eigentlich der Grundsatz zu gelten, daß man das Stroh um so kürzer häckseln soll, je feiner der Stoff werden soll, in der Praxis wendet man aber diesen Grundsatz nur wenig an, denn man findet gerade große Feinpapierfabriken, mit bedeutenden eigenen Strohstoffabriken, die das Stroh sehr lang häckseln und zwar etwa 15 bis 18 cm lang. Das hat seinen Grund in verschiedenen Umständen, die sich aus den gegebenen Verhältnissen erklären. Zunächst besteht beim Preßstroh kaum eine Möglichkeit, das Stroh gleichmäßig in kurzen Längen zu häckseln, weil es eben in den Ballen eine wirre Masse bildet, die Arbeitsweise großer und leistungsfähiger Häckselmaschinen ermöglicht es, wie sich weiter unten zeigt, auch nicht, eine kurze Häckselung durchzuführen. Beim Langstroh besteht hingegen sehr wohl die Möglichkeit, auch kurz zu häckseln, Langstroh steht aber nur in wenigen Fällen zur Verfügung.

Die lange Häckselung bietet nun allerdings keine so gute Möglichkeit, die Knoten auszusortieren wie die kurze Häckselung, andererseits wieder kann man auf diese Weise naturgemäß eine größere Mengenleistung der Häckselmaschinen erreichen, die bei langer Häckselung ein Mehrfaches der kurzen Häckselung leisten. Dieser Umstand kann sehr wohl ausschlaggebend sein, da er einen großen Einfluß auf die Wirtschaftlichkeit hat, so daß man lieber den Nachteil der schwierigeren oder auch teilweise fast unmöglichen Entfernung der Knoten aus dem Häcksel in Kauf nimmt, zumalen man Mittel hat, sie später noch aus dem Stoff zu entfernen.

Abb. 18.
Trommelhäckselmaschine.

Der Grundgedanke aller Häcksel-Maschinen, die äußerst wichtige Vorbereitungsmaschinen darstellen, besteht nun darin, das Stroh in einen oben offenen Kasten — die Lade — einzulegen, gegen ein am Ende dieser Lade angeordnetes Mundstück vorzuschieben und hier zusammenpressen, worauf die aus dem Mundstück herausragenden Teile durch ein an diesem vorbeibewegtes Messer abgeschnitten werden. Die wesentlichen Teile einer solchen Maschine sind daher die Schneidvorrichtung und die Vorschubvorrichtung.

Die Schneidvorrichtung wird nun durch die Messer und die Gegenschneiden gebildet. Letztere bestehen aus der unteren als Schneide ausgebildeten Kante des Mundstückes. Die Bewegung der Messer ist bei allen heute gebräuchlichen Maschinen eine rotierende, und zwar hat man je nach der Anordnung der Messer in Scheibenrad- und Trommelhäckselmaschinen zu unterscheiden.

Die Trommelhäckselmaschinen (Abb. 18) sind dadurch gekennzeichnet, daß die Messer am Umfange einer quer vor dem Mundstück gelagerten Trommel derart angebracht sind, daß die Schneidkanten nach Schraubenlinien gekrümmt sind.

Die Mengenleistung der Trommelhäckselmaschinen ist nicht so groß wie bei den Scheibenradhäckselmaschinen, dagegen ist, wie sich weiter unten zeigt, die Güte des Häcksels größer. Unter Zugrundelegung einer Häcksellänge von 20 bis 40 mm beträgt die Leistung guter Maschinen nach diesem System (Tabelle 10):

Tabelle 10.

Normale Umdrehungszahl der Messerwelle in der Minute etwa	Kraftbedarf PS	Schnittbreite etwa mm	Stündliche Leistung etwa kg
200	4	310	3000
200	4,5	365	3500
225	5,0	400	4000
225	5,5	400	4500
225	6,0	400	5000
225	6,5	480	5500
225	7,0	480	6000
225	8,0	480	6500

Abb. 19.
Scheibenradhäckselmaschine mit Ballenzerteiler. R. Nyblad, Papenburg a. Ems.

Die Leistung steigt natürlich mit längerer Häckselung und fällt mit kürzerer ziemlich proportional.

Die Scheibenradhäckselmaschinen, wie sie in den Abbildungen 19 u. 20 gezeigt sind, besitzen mehrere Messer, die an einem Schwungrad befestigt sind, das sich in einer senkrechten Ebene vor dem Mundstück derart dreht, daß die Messer scharf an der unteren Kante des Mundstückes vorbeigehen und so das vorgeschobene Stroh abschneiden. Damit der Arbeitswiderstand während des Schnittes möglichst gleichmäßig bleibt, soll der Schnitt möglichst unter demselben Winkel erfolgen. Um das zu erreichen, muß das Messer eine entsprechend gekrümmte Form erhalten. Man findet nun konvex und konkav gekrümmte Messer. Die ersteren werden bevorzugt, da sie sich leichter schärfen lassen und die gute Wirkung einer Häckselmaschine wesentlich davon abhängig ist, daß die Form der Messer auch nach dem sehr häufig erforderlichen Schleifen dieselbe bleibt. Um einen reinen Schnitt zu erzielen, müssen die Messer stets scharf sein, ebenso soll die Gegenschneide eine genügende Schärfe und Härte aufweisen. Die Messer werden an den Armen des Schwungrades durch drei oder mehr Schrauben befestigt und können durch vier Stellschrauben zur Gegenschneide eingestellt werden.

Abb. 20.
Scheibenradhäckselmaschine der Firma Ernst Grumbach & Sohn A.-G., Freiberg Sa.

Die Vorteile des Scheibenradsystems gegenüber dem Trommelsystem liegen nun hauptsächlich darin, daß sich die Scheibenradmesser leichter und schneller abnehmen, schleifen und einstellen lassen. Als Nachteil der Scheibenradmesser ist zu bezeichnen, daß ihr Messerrad, um es leichter auswechseln zu können, meistens nur durch ein Bundlager gehalten wird. Die Messer müssen, um eine befriedigende Arbeit der Maschine zu erreichen, stets scharf am Mundstück vorbeistreichen, infolge des Messerdrucks nutzt sich das Bundlager dann bald ab, was allerdings durch Nachstellen der Messer etwas ausgeglichen werden kann. Die Trommelhäcksler dagegen ruhen stets in zwei Lagern, dadurch ist auch eine höhere Umlaufzahl zulässig. Bei den Trommelhäckslern erhält man ein besseres Schnittgut, da die Messer mit der günstigsten Schnittgeschwindigkeit arbeiten können. Bei Scheibenrädern kann das nicht der Fall sein, weil die Messer sich in der Nähe des Drehpunktes verhältnismäßig langsam bewegen, an dem äußeren Ende dagegen das Stroh bisweilen zerschlagen.

Die Vorschubvorrichtung hat den Zweck, das Schnittgut stets um die gewünsche Häcksellänge über die Oeffnung des Mundstückes vorzuschieben. Dieser Vorschub kann nun auf zweierlei Weise erfolgen, entweder stetig, indem das Schnittgut innerhalb zweier aufeinander folgender Schnitte gleichmäßig um die Häcksellänge vorgeschoben wird oder ruckweise, in den Pausen zwischen je zwei aufeinander folgenden Schnitten. Die letzte Art gibt zwar einen gleichmäßigen Häcksel, hat aber infolge des ruckweisen Ganges der Maschine eine größere Abnutzung der Getriebeteile zur Folge, so daß man nur kleinere Maschinen nach diesem System baut.

Der Vorschub erfolgt nun z. B. durch zwei übereinander gelagerte Zackenwalzen, die sich je nach der Antriebsart ständig oder auch nur ruckweise in entgegengesetzter Richtung drehen. Die untere Walze ist fest gelagert, während die obere und mit ihr der Deckel des Mundstücks in vertikaler Richtung beweglich ist und durch einen Gewichtshebel auf das Stroh niedergedrückt wird. Hierdurch wird das Schnittgut zusammengepreßt, und die Walzen können den Nachschub besser angreifen. Durch diese Anordnung wird auch eine Beschädigung der Vorrichtung vermieden, indem bei zu starker Einlage oder wenn ein Fremdkörper zwischen die Walzen tritt, der Zwischenraum sich selbsttätig vergrößern kann.

Bei den großen Häckselmaschinen, wie sie in der Strohstofffabrikation gebräuchlich sind, erfolgt der Vorschub meistens durch ein endloses Band, das dicht über den Boden der Einlegehaube hinweg über zwei Walzen geführt wird und meist aus aneinander gereihten Kettengliedern besteht (Abb. 19 u. 20). Die dem Mundstück zunächst liegende Walze wird so angetrieben, daß das eingelegte Stroh gegen das Messer hin verschoben wird, die andere Walze dagegen kann verstellt werden, um die Kette mehr oder weniger zu spannen.

Die Abbildung 19 zeigt eine Häckselmaschine besonders für die Strohstoffabrikation mit Ballenzerteiler der Firma Robert Nyblad in Papenburg (Ems). Die Maschine eignet sich besonders zum Einführen von ungeteilten Preßstrohballen. Die Ballen werden auf die seitlich von der Hinterkette angeordneten Blechtische gelegt und nach Entfernung der Drähte auf die Kette gekippt, worauf der Ballen ohne weiteres durch die Maschine geht. Die Bedienung ist einfach und gefahrlos. Der Schneidapparat besteht aus dem auswechselbaren Mundstück mit aufgeschraubter Schneidwiderlage sowie dem Messerschwungrad mit 4 bzw. 5 Armen, an welchen die kreisförmig gebogenen Messer auf genau abgerichteten Flächen angeschraubt werden. Durch eine von der Bedienungsseite zu betätigende Klauenkuppelung können die Transportketten jederzeit ein- und aus- sowie auch rücklaufend geschaltet werden. Zur Erzielung eines möglichst gleichmäßigen Häcksels

Tabelle 11.

Größe	Schnittbreite mm	Umdrehungszahl in der Minute	Kraftbedarf PS	Leistung in der Stunde kg
1	360	200—220	10—15	2000—3000
2	500	200—220	18—20	3000—5500
3	650	200—220	25—30	6000—8000

können die Maschinen auch mit oberen Mundstückpressen ausgeführt werden. Bei diesen Maschinen ist nach den Zubringerketten noch eine für sich arbeitende obere Walzenpresse angeordnet, die Bauart dieser zweiten Presse gewährleistet ein sicheres Festhalten des Schneidguts bis vor die Messer. Diese Ausführung ist zum Schneiden harter Stoffe besonders geeignet. Zum Schneiden von Esparto und ganz besonders harter Grasarten werden diese Häckselmaschinen mit besonderen Zuführungsketten ausgeführt, bei denen die Oberflächen vollständig geschlossen sind. Diese Maschinen erhalten stets obere Mundstückpressen mit besonders ausgebildeten Mundstücken, das Messerschwungrad ist mit vier konkav gebogenen Messern ausgerüstet. Die Leistungen dieser Maschinen, die in drei Größen gebaut werden, ergeben sich aus der vorstehenden Tabelle 11.

Abb. 21.
Häckselmesserschleifmaschine.
R. Nyblad, Papenburg a. Ems.

Diese Leistungen beziehen sich auf eine Häcksellänge von 20 bis 40 mm und erhöhen oder erniedrigen sich mit deren Vergrößerung oder Verringerung.

Häcksel-Maschinen ähnlicher Bauart und Leistung bauen auch Grumbach und Sohn, Aktien-Gesellschaft in Freiberg i. Sa. (Abb. 20) und J. Kemna, Maschinenfabrik in Breslau.

Um das Schleifen der Häckselmesser, das große Sachkenntnis und Sorgfalt verlangt, unabhängig von der Geschicklichkeit der Arbeiter und auch rasch vornehmen zu können, verwendet man vorteilhaft automatische Häckselmesserschleifmaschinen, wie sie z. B. in der Abbildung 21 in einer Ausführung der Firma Robert Nyblad in Papenburg (Ems) dargestellt sind.

An den Häckselmaschinen sind nun schwere Unglücksfälle sehr leicht möglich, bei Maschinen mit Handeinlegung, die allerdings in größeren Strohstofffabriken wegen ihrer zu geringen Leistung nicht zu finden sind, besteht die Gefahr, daß die Hand des Einlegers in die Maschine gezogen wird, so daß durch deren rotierende Teile schwere Verletzungen eintreten können. Bei den heute üblichen Maschinen mit Selbsteinlegern ist das nicht der Fall, es können also die erforderlichen Unfallverhütungs-Vorschriften außer acht bleiben. Die Verdeckung der Zahnräder ist aber auch hier in der vorgeschriebenen Weise erforderlich. Von größter Bedeutung ist aber bei diesen großen Maschinen eine zuverlässige Abdeckung des Messerrades. Dieses muß so verdeckt sein, daß es sich innerhalb einer feststehenden und unbeweglichen Schutzkappe dreht, die genügend fest und widerstandsfähig ist, um auch bei wegfliegenden Eisenteilen Schutz bieten zu können.

Abb. 22.
Häckselauslaufkasten mit dreiteiligem Magnetapparat.
J. Kemna, Breslau.

Von großer Bedeutung ist nun besonders für die Strohstoffabrikation eine möglichst gründliche Reinigung des Häcksels von Fremdkörpern, Kaff, Körnern und soweit möglich auch von Knoten, die natürlich ebenfalls durch Maschinen und geeignete Vorrichtungen vorgenommen werden muß.

Da in der Strohstoffabrikation meist nur drahtgebundenes Stroh verarbeitet wird, so läßt es sich nie ganz vermeiden, daß Drahtstücke mit in den Häcksel kommen, aber auch auf andere Weise, die sich aus der immer mehr zunehmenden Mechanisierung der Landwirtschaft erklärt, können Eisenteile in das Stroh kommen. Um diese Eisenteile, die bei der Weiterverarbeitung des Häcksels von Schaden sind, auszuscheiden, wendet man Magneten an (Abb. 22), die aus einer Auslauf-

Abb. 23.
Stiftenschlagtrommel zum Trennen der noch im Stroh sitzenden Körner.
Ernst Grumbach & Sohn A.-G., Freiberg i. Sa.

rinne bestehen, in deren Boden 3 Magnetreihen angeordnet sind, an denen die Eisenteile hängen bleiben, um in Betriebspausen entfernt zu werden.

Körner, Kaff und Knoten sind bei der Strohstoffabrikation eine lästige Beigabe und müssen so weit wie möglich aus dem Häcksel entfernt werden. Bei den Körnern und dem Kaff gelingt das fast vollkommen, bei den Knoten leider nicht. Die Körner und auch das Kaff. die bei der Weiterverarbeitung des Häcksels von Schaden sind, stellen ein hochwertiges Abfallprodukt dar, das zu Futterzwecken gut geeignet ist und daher gesammelt werden muß. Besonders bei dem Maschinendrusch ist die Entfernung der Körner nicht so gründlich wie bei dem Handdrusch. Handgedroschenes Stroh kommt aber kaum zur Verarbeitung, so daß solche Reinigungsanlagen unbedingt erforderlich sind. Man kann bei dem maschinengedroschenen Preßstroh im Durchschnitt mit einem Körneranfall von etwa 0,05 bis 0,1 vH. rechnen

Es sind immerhin ganz beträchtiche Mengen, die sich unter Berücksichtigung der verarbeiteten Strohmengen ansammeln.

Man hat nun verschiedene Vorrichtungen getroffen, die eine möglichst gründliche Reinigung des Häcksels ermöglichen. Da, wo Langstroh verarbeitet wird, wird man gut tun, das Stroh vor dem Häckseln durch Stiftenschlagtrommeln nach Abbildung 23 gehen zu lassen, die die im Stroh noch festsitzenden Körner losschlagen, so daß

Abb. 24.
Reinigungs- und Sortiermaschine.
Ernst Grumbach & Sohn A.-G., Freiberg i. Sa.

sie gar nicht erst in den Häcksel gelangen. Für Preßstrohballen eignen sich diese Vorrichtungen weniger, da man ja auch die Preßstrohballen ungeteilt in die Häckselmaschinen bringt.

Für diesen Zweck sind die Reinigungs- und Sortiermaschinen nach Abbildung 24 vorzuziehen, die die Körner, Knoten und alle sonstigen Fremdkörper aus dem Häcksel ausscheiden. Diese Reinigungsmaschinen sind aus der Landwirtschaft übernommen und bestehen aus einem Einschüttrumpf mit durch einen Schieber verstellbarer Ausflußöffnung, einem mit Seitwärtsbewegung eingerichteten Spreusiebkasten, einem doppelten Sortierkasten mit zwei untereinander liegenden Sortiersieben und einem regelbaren Gebläse. Dieses ist so angebracht, daß der von ihm erzeugte Luftstrom in aufsteigender

Richtung durch und über die Spreusiebe geht. Die Stärke des Luftstromes wird durch Schieber geregelt, die außen an den Seitenwänden in Leisten geführt werden. Nachdem der mit Spreu aufgeschüttete Häcksel durch den schrägliegenden beweglichen Boden des Einschüttrumpfes vorwärts befördert, aus ihm austritt, gelangt er auf eine Spreuschüttelgabel. Diese schüttelt durch ihre Auf- und Abwärts-

Abb. 25.
Häckselsortierwerk Ernst Grumbach & Sohn A.-G., Freiberg i. Sa.

bewegung die mit Spreu und Körnern vermischte Masse durcheinander und verteilt sie, durch die starke Windrichtung unterstützt, regelmäßig auf das darunter liegende Jalousiespreusieb des Rüttelkastens. Dieses Sieb besteht aus treppenartig übereinander angeordneten Blechstreifen, wodurch die Spreumassen rascher darüber hinweg befördert werden und ein Verstopfen der Siebe vermieden wird. Schon während die Masse von der Schüttelgabel auf das Jalousiesieb fällt, wird durch den Luftstrom eine oberflächliche Trennung der Körper von der Spreu in der Luft bewirkt, so daß die Strohteile und grobe Spreu die Siebe überhaupt nicht berühren und gleich aus der Maschine herausfliegen. Durch die verschiedenen Spreusiebe des Rüttelkastens gelangt das von aller Spreu, Strohteilen usw. befreite Getreide auf die beiden Sortiersiebe des in der Längsrichtung beweglich aufgehängten unteren Siebkastens, wo es weiter gereinigt wird. Diese Maschinen sind ganz besonders geeignet zur Reinigung der Körner von Beimischungen, die sich bei großen Strohstoffabriken sehr wohl lohnt, da infolge des verhältnismäßig großen Anfalles der Körner und des Verarbeitens von nur meistens einer Strohsorte auf diese Weise sich ein brauchbares Getreide

Abb. 26.
Automatische Schleifmaschine für Häckselmaschinenmesser.
Ernst Grumbach & Sohn A.-G., Freiberg i. Sa.

erzielen läßt. In großen und gut geleiteten Strohstoffabriken wird man niemals zwei Strohsorten gemeinsam verarbeiten, so daß eine Trennung der Körner nach der Getreideart sehr gut durchführbar ist. Da diese Reinigungsanlagen billig in der Anschaffung und im Betrieb sind, so ist der Einbau stets zu empfehlen, denn durch das dadurch erzielte höherwertige Getreide kann man nicht nur die Kosten dieser Reinigung überreichlich decken, sondern auch die ganze Häckselei wirtschaftlicher gestalten.

Die Abbildung 25 zeigt ein vollständiges Häckselsortierwerk der Firma Ernst Grumbach & Sohn, Aktiengesellschaft in Freiberg in Sachsen, das für die Strohstoffabrikation besonders geeignet ist. Diese Vorrichtung besteht aus einer Stiftenschlägtrommel, die den Zweck hat, die noch festsitzenden Körner zu lockern und zu trennen, zwei verstellbaren Ventilatoren und führt eine praktisch vollkommene Reinigung des Häcksels von allen noch darin befindlichen Fremdkörpern, Körnern usw. durch. Die Entfernung der Knoten, die in vollkommener Weise sehr erwünscht wäre, läßt sich leider mit keiner der vorhandenen Maschinen ausreichend gut durchführen. Das hat seinen Grund nicht in der Wirkungsweise der Maschinen oder deren Nichteignung für diesen Zweck, sondern einmal in der Häcksellänge und das andere Mal in dem Umstand, daß die Entfernung der Knoten an und für

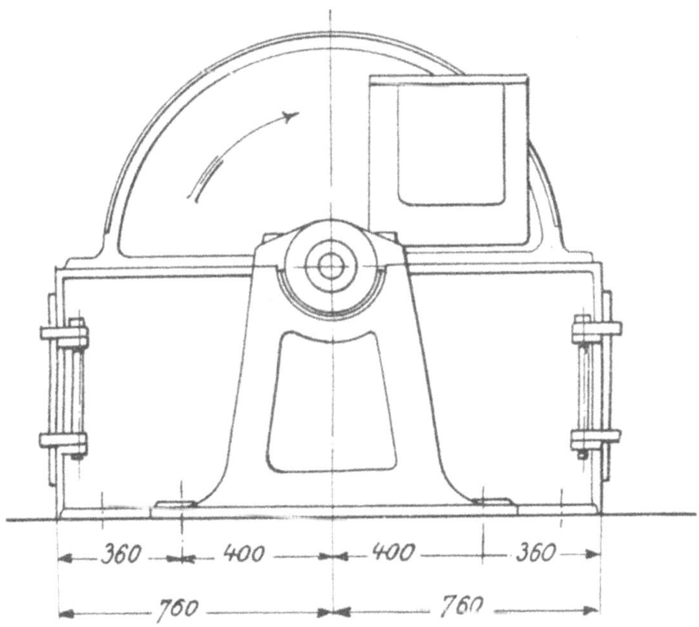

Abb. 27.
Schlagkreuzmühle zum Zerkleinern von Stroh.
Winand Pitzler, Maschinenfabrik, Birkesdorf b. Düren.

sich nur schwer möglich ist. Je länger das Stroh gehäckselt wird, desto mehr besteht die Unmöglichkeit der Entfernung der Knoten, bei langem Häcksel ist das mit den besten Einrichtungen nur zu einem geringen Bruchteile möglich, bei kurzem Häcksel gelingt es durch die vorerwähnten Reinigungsmaschinen besser, da die Knoten stets schwerer als der Halm sind und so durch Windfegen ausgeschieden werden können, eine andere Möglichkeit gibt es nicht. Da man aber in der Strohstofffabrikation heute meist Preßballen, also Krummstroh verarbeitet, das man an und für sich nicht so kurz häckseln kann, so muß man sich eben mit dieser Tatsache abfinden und die Knoten dann nach dem Kochen durch geeignete Vorrichtungen ausscheiden, was auch in vollständig ausreichender Weise gelingt.

Zum Nachreinigen des Häcksels, besonders aber zur Entstaubung eignen sich auch die Nachreinigungstrommeln der Firma Ernst Grumbach & Sohn, Aktiengesellschaft in Freiberg in Sachsen. Sie werden besonders da gute Dienste leisten, wo man den Häcksel nicht auf pneumatischem Wege, also durch Luftdruck befördert, der eine gute Reinigungsmöglichkeit gibt, sondern durch Kratzeranlagen und ähnliche.

Abbildung 26 zeigt eine Häckselmesserschleifmaschine der Firma Ernst Grumbach & Sohn A.-G. in Freiberg.

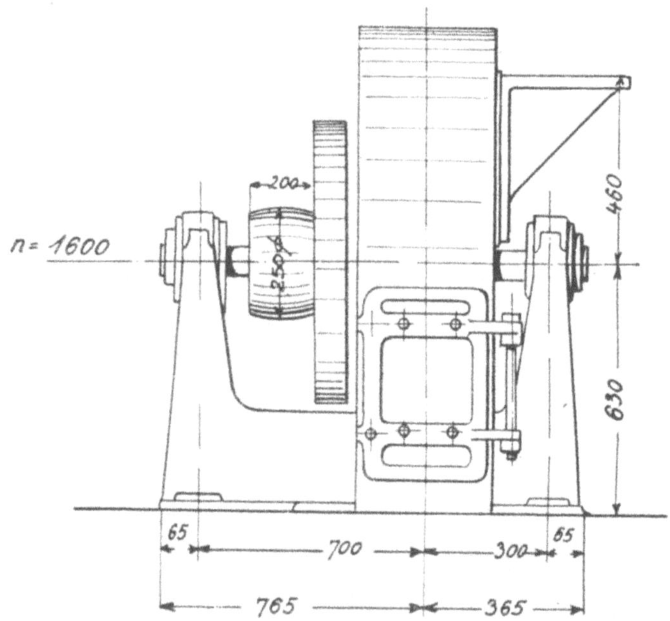

Abb. 28.
Schlagkreuzmühle zum Zerkleinern von Stroh.
Winand Pitzler, Maschinenfabrik, Birkesdorf b. Düren

Anstelle der Häckselmaschinen hat man in den letzten Jahren mit einigem Erfolge die Schlagkreuz- bzw. Zerreißmühlen eingeführt, wie sie in den Abb. 27 u. 28 in einer Ausführung der Firma Winand Pitzler in Birkesdorf bei Düren gezeigt sind. Diese Maschinen werden in vier Größen gebaut, und zwar mit Stundenleistungen von 1000, 1500, 2000 und 3000 kg. Durch besondere Vorrichtungen wird zuverlässig verhindert, daß sich das Stroh um die Welle wickelt und so die Maschine verstopft.

Eine ähnliche Maschine zeigt die Abbildung 29 in einer Ausführung der Firma Gebr. Burberg G. m. b. H. in Mettmann b. Elberfeld. Auch diese Maschine eignet sich ganz besonders zum Zerkleinern von Lang- und Preßstroh anstelle der Messerhäckselmaschinen und weist diesen gegenüber gewisse Vorteile auf. Das Stroh kann auch diesen Maschinen im unzerkleinerten Zustande zugeführt werden, ein

Öffnen und Zerteilen der Preßballen macht sich natürlich erforderlich. Der Feinheitsgrad richtet sich nach der Weite der Mahlroste, die auswechselbar und dem Zwecke anpaßbar sind. Das Stroh kann bei diesen Maschinen ebenfalls durch mechanische Vorrichtungen zugeführt werden, das zerkleinerte Material wird auf einfachste Weise durch pneumatische Anlagen nach dem Verwendungsorte geblasen. Der Kraftbedarf ist an und für sich nicht hoch, wie sich aber aus der

Abb. 29.
Zerreißmühle für Stroh. Gebr. Burberg, Mettmann.

untenstehenden Tabelle 12 zeigt, höher als bei Messerhäckselmaschinen. Die Maschinen haben allerdings den Vorteil, daß das Stroh bedeutend feiner zerteilt wird als beim Häckselschneider, so daß sich für die Verarbeitung große Vorteile ergeben, denn es nimmt weniger Raum ein, füllt also die Kocher besser, beansprucht weniger Lauge und ergibt überhaupt ein besseres Erzeugnis. Der Auflöse- bezw. Kochprozeß wird durch die gründliche Zerkleinerung des Gutes sehr gefördert. Es schadet weder der Mühle noch den Mahlflächen, wenn Steine oder auch kleine Eisenteile, besonders Bindedrahtstückchen, mit dem Stroh hineingeraten. Da sich die Mahlflächen nicht berühren, so ist die Abnutzung selbst bei jahrzehntelangem Betrieb kaum wahrnehmbar. Die Stahlschuhe der Maschinen sind auswechselbar, die ebenfalls auswechselbaren Mahlroste haben Schlitzweiten von 5 bis 50 mm, so daß

Tabelle 12.

Flügeldurchmesser mm	Umdrehungszahl in der Minute	Kraftbedarf PS	Stundenleistung kg
600	2500	10	500
800	2000	15	750
1000	1800	20	1000
1250	1400	25	1250
1500	1200	35	2000

eine gewisse Vorsortierung nach der Zerkleinerung in der Maschine stattfinden kann.

Wie aus der obenstehenden Tabelle ersichtlich, beträgt der Kraftbedarf einer solchen Zerreißmühle bei einer stündlichen Leistung von 2000 kg Stroh etwa 35 PS, während eine Trommelhäckselmaschine für die gleiche Leistung stündlich nur 4 PS und eine Scheibenradhäckselmaschine in der gleichen Zeit nur 10—15 PS braucht. Daran dürfte selbst unter Berücksichtigung der großen Vorteile dieser Zerreißmühlen die weitere Verbreitung auf Schwierigkeiten stoßen.

Wie schon erwähnt, ist nun das beste Fördermittel für den geschnittenen Häcksel der Luftdruck, alle anderen Mittel wie z. B. Kratzer, Transportbänder, Elevatoren sind wohl anwendbar, haben aber viel Nachteile, die in erster Linie darin bestehen, daß man den Transport nur unvollkommen oder auch gar nicht in geschlossenen Leitungen vornehmen kann. Aber gerade das ist bei dem sehr leichten Häcksel wichtig, da bei diesem schon der geringe Luftzug genügt, der durch die Bewegung des Fördermittels entsteht, um ihn zu verstreuen und um Staub zu entwickeln. Die Staubentwicklung ist aber aus verschiedenen Gründen, auf die weiter unten noch näher eingegangen werden soll, unbedingt zu vermeiden, und das Verstreuen des Häcksels bereitet nicht nur Verluste, sondern verursacht auch eine unerwünschte Verunreinigung der Betriebsräume, die zu vermeiden ist.

Das beste Fördermittel für Häcksel ist und bleibt wie schon erwähnt der Luftdruck, der viele Vorteile aufweist, wenn solche Anlagen auch zweckentsprechend gebaut werden. Obgleich natürlich solche pneumatischen Anlagen in allen Fällen den örtlichen und betrieblichen Verhältnissen anzupassen sind, so bleibt bei ihnen allen doch der Grundsatz der gleiche. Man kann durch sie den Häcksel von den Zerkleinerungsmaschinen nach den Reinigungsvorrichtungen und nach den Kochern oder Silos befördern, und zwar auf einfachste Weise mit geringem Kraftverbrauch.

Da dieser Transport in vollkommen geschlossenen Rohren erfolgt, so ist die Gefahr des Verlustes oder des Umherstreuens von Häcksel vollkommen ausgeschlossen. Eine Verstaubung der Räume und eine Belästigung der Bedienungsmannschaft durch Staub ist auf diese Weise stark eingeschränkt. Man kann durch die Rohrleitung den Häcksel nach jedem beliebigen Raum der Fabrikanlage hinleiten und ist dabei nicht auf besondere Linienführung angewiesen, sondern kann den kürzesten Weg wählen, da man die Rohre beliebig in Bogenform führen kann und selbst die senkrechte Lage keine Schwierigkeiten verursacht. Die Leitung kann bequem in der gewünschten Weise geführt werden, ohne daß sie Raum beansprucht, der anderweitig gebraucht wird, da sie an der Decke hängen oder an dem Hause außen oder über die Dächer oder sonstwie geführt werden kann. Man ist also vor allen Dingen in der Lage, die Häckselei in einem getrennten Gebäude entfernt von den anderen Gebäuden der Fabrikanlage unterzubringen, was wegen der doch nicht ganz zu umgehenden Staubentwicklung und wegen der Feuergefährlichkeit wünschenswert ist.

Grundsätzlich besteht nun eine solche pneumatische Häckseltransportanlage aus folgenden Hauptteilen: einem Luftförderer, der erwähnten Rohrleitung mit den erforderlichen Abzweigungen, Anschlüssen, Absperr- und Reinigungsschiebern und dem Abscheider oder Zyklon.

Der Luftförderer ist meist ein Radgebläse und kann vorteilhaft auch durch direkte Kupplung mittels Elektromotors angetrieben werden. Für die Häckselförderanlagen verwendet man in der Hauptsache sogenannte Mitteldruck-Ventilatoren, deren Flügelkonstruktion so sein muß, daß ein Hängenbleiben des Häcksels ausgeschlossen ist. Sie saugen den Häcksel von den Häckselmaschinen oder aus den Reinigungsvorrichtungen an und drücken ihn durch die Rohrleitungen nach dem Zyklon, wo er abgeschieden wird.

Diese Zyklone sind trichterförmige, auf der Spitze stehende Gefäße, die in der Regel aus versteiftem Eisenblech hergestellt werden. Die vom Radgebläse kommende, mit Häcksel und Staub erfüllte Luft wird oben tangential in den zylindrischen Teil des Zyklons eingeblasen, wo sie in eine lebhaft wirbelnde Bewegung gerät. Infolge der Zentrifugalkraft setzen sie die schweren Bestandteile dieses Luft-Staub-Häckselgemisches an dem Gehäusemantel ab und gleiten an ihm abwärts, während die Luft und auch ein großer Teil des Staubes oben entweicht. Vom Zyklon aus fällt der Häcksel in den Silo, von welchem aus er den Kochern mittelbar durch Rinnen oder Rohrleitungen oder auch unmittelbar zugeleitet werden kann. Gegebenenfalls kann er auf diesem Wege noch eine automatische Wage passieren, so daß man nicht nur in der Lage ist, die Menge des verarbeiteten Häcksels einwandfrei festzustellen, sondern auch jedem Kocher eine gleichmäßige Füllung zu erteilen und dadurch die Menge der zuzusetzenden Laugen usw. zu bestimmen. Man kann also auf diese Weise die Fabrikation durchaus gleichmäßig und wirtschaftlich gestalten, ohne daß sich ein großes Bedienungspersonal erforderlich macht.

Die Rohrleitungen müssen ebenfalls dem besonderen Zwecke angepaßt werden, denn durch ihre unzweckmäßige Ausgestaltung kann ein hoher Kraftverbrauch oder mitunter auch ein Versagen der Anlage eintreten. Bei älteren Anlagen findet man hier noch große Fehler, indem die Seitenleitungen und Abzweige unter einen zu großen Winkel an die Hauptleitung angeschlossen wurden. Der steil einmündende Luftstrahl der Nebenleitung wirkt aber wie ein in die Hauptleitung gestelltes Hindernis und verursacht daher einen Druckabfall, der sich bei jeder Verbindung wiederholt. Die Einmündung und Abzweigung der Seiten- und Nebenleitung muß unter einem möglichst spitzen Winkel erfolgen, und Bogen müssen möglichst großen Halbmesser haben. Hierdurch wird jede Stauung des Hauptluftstromes vermieden und der gesamte Druckabfall und damit der Kraftbedarf sehr vermindert.

Im übrigen hat der Bau solcher pneumatischer Förderanlagen nach den gegebenen örtlichen und betrieblichen Verhältnissen zu erfolgen, wobei man sich stets einer erfahrenen Spezialfirma bedienen soll. Vor der Selbstanlage muß dringend gewarnt werden, da trotz der anscheinend einfachen Wirkung und Anlage eine große Anzahl von Nebenumständen zu beachten ist, die nur ein erfahrener Fachmann beurteilen und erkennen kann. Bei richtiger Konstruktion, sauberer und gewissenhafter Montage und bei Beachtung der erforderlichen Vorschriften ist aber die pneumatische Förderung für Häcksel die billigste und wirtschaftlichste und kann durch keine andere übertroffen werden, zumal sie eben Vorteile aufweist, welche alle anderen Fördermittel nicht haben und die gerade hier von ausschlaggebender Bedeutung sein können.

VI. Die Herstellung der Laugen und deren Rückgewinnung.

1. Die Bereitung der Kalkmilch.

Der gebrannte Kalk, den man nun je nach den Verhältnissen entweder von Kalkwerken bezieht oder sich selbst brennt, muß nun abgelöscht werden, damit man aus ihm die erforderliche Lauge bereiten kann. Die zum Transport des gebrannten Kalkes üblichen Eisenbahnwaggons enthalten nun bei 1000 kg Ladefähigkeit etwa 12 cbm Kalk, bei Waggons mit 15000 kg Ladefähigkeit, wie sie heute meistens im Verkehr sind, etwa 18 cbm, aus denen man 30 bzw. 45 cbm Kalkbrei herstellen kann. Der gebrannte Kalk soll sobald als möglich gelöscht werden, da er an der Luft sehr schnell verwittert und somit verdirbt. Das wird besonders da von Bedeutung sein, wo man den gebrannten Kalk von Kalkwerken fertig bezieht und infolgedessen immer darauf angewiesen sein wird, einen gewissen Vorrat zu halten, um unabhängig von Verkehrsstörungen usw. zu sein. Wenn man den Kalkstein selbst brennt, dann ist das nicht erforderlich, da man sehr wohl seinen Betrieb so einrichten kann, daß man den frisch gebrannten Kalk auch immer stets sofort ablöscht und weiter verwendet. Man wird also in diesem Falle gar nicht darauf angewiesen sein, große Vorräte an gebranntem Kalk zu halten und auch nicht Gefahr laufen, daß dieser durch zu langes oder ungeeignetes Lagern verdirbt.

Die Entladung der gedeckten Kalkwagen muß beim Bezuge von gebranntem Kalk so erfolgen, daß durch Regen oder Witterungseinflüsse kein Verderben stattfinden kann, also in gedeckten Räumen. Auch beim Selbstbrennen des Kalksteines ist das natürlich erforderlich, man kann aber hier mit Leichtigkeit die ganze Anlage räumlich so zusammenlegen, daß ein Verderben nicht stattfinden kann.

Beim Löschen des Kalkes, sei er nun selbst gebrannt oder bezogen, ist zu beachten, daß ihm jeweils nur soviel Wasser zugeteilt wird, als er aufnehmen kann, da hierbei ein übermäßiger Zusatz von Wasser den Kalk verdirbt, indem er einen großen Teil seiner ätzenden Wirkung verliert. Den Kalklöscheinrichtungen ist daher eine besondere Aufmerksamkeit zu widmen, damit man bei der mitunter großen Unregelmäßigkeit des bezogenen Kalkes sonst ungleichmäßige Laugen erhalten würde. Vor allem hat man mitunter mit viel Verunreinigungen zu kämpfen, die in der Hauptsache aus Steinen, Asche und nicht genügend durchgebranntem Kalk bestehen und die man natürlich entfernen muß.

Die einfachste Einrichtung hierzu ist nun das Löschen in Pfannen, das für kleinere und mittlere Betriebe mit nur geringem Bedarf an Kalkmilch vollkommen ausreicht (Abb. 30). Der gebrannte Kalk wird in eine eiserne Löschpfanne gebracht, dann läßt man dem Gewichte des Kalkes entsprechend Wasser zufließen, das der Kalk aufnimmt, indem er sich löscht. Er wird dabei in Kalkhydrat verwandelt. Wenn das Löschen beendet ist, dann läßt man zur weiteren Verdünnung Wasser zu und leitet die Mischung in Gruben. Schwere Verunreinigungen werden dabei in den Löschpfannen zurückbleiben oder auch zum Teil in den Leitungsrinnen und müssen von Zeit zu Zeit entfernt werden, die feineren Verunreinigungen kann man durch an geeigneten Stellen eingeschaltete Siebe zurückhalten. Die Gruben werden unterhalb der Löschpfannen angeordnet und müssen in ihren Abmessungen so groß sein, daß das Wasser abziehen kann und der Kalkbrei einen ganz bestimmten Wassergehalt behält.

Die Abbildungen 31 u. 32 zeigen eine Kalklöscheinrichtung nach System Kothen, wie sie sich für größere Fabriken eignet. Zur näheren Erklärung der Arbeitsweise, die an und für sich schon aus den Abbildungen hervorgeht, diene noch folgendes: Der Kalk kommt mittels des Anschlußgleises in den gedeckten Sonderwagen in den Kalkschuppen, wo die Entleerung unbeeinflußt von den Witterungsverhältnissen stattfinden kann. Zunächst gelangt er nun in die eiserne Löschpfanne l, der mittels der Wasserleitung k das erforderliche Wasser zugeteilt wird. Durch die Kanäle j, in denen Verteilungsschieber i eingebaut sind, kann man dann den gelöschten Kalk in die mit Geländer umgebenen Gruben einlassen, die zur Aufnahme von 5000 bzw. 10 000 kg Rohkalk eingerichtet sind, was einem Inhalte von 16 bzw. 33 cbm entspricht. Diese Gruben besitzen an ihrem Boden Schlackenkanäle h, die zum Auffangen und Entfernen der groben Verunreinigungen dienen. Aus diesen Gruben wird der Kalk dann mittels Kippwagen g, die auf den Gleisen m laufen, nach der Kalkmilchzisterne e gebracht, welche mit einem Rührwerk ausgestattet ist. Dieser Zisterne wird das erforderliche Wasser durch die Wasserleitung o zugeführt. Am Boden besitzt diese Kalkmilchzisterne ein Reinigungsventil f. Durch die Kalkpumpe d wird dann die Kalkmilch durch die Kalkleitung c nach dem Muldenreservoir a mit Rührwerk befördert, vorher muß sie aber noch einen Filtrierkasten b passieren, der feinere Verunreinigungen zurückhält. Durch eine Wasserleitung p kann man in diesem Reservoir erforderlichenfalls ebenfalls noch Wasser zulassen. Die Verteilung der Kalkmilch nach den Kochern erfolgt dann durch Rinnen, in die man noch weitere Siebe einschalten kann, um Verunreinigungen zurückzuhalten.

Neuerdings betreibt man aber das Löschen des Kalkes und die Herstellung der Kalkmilch nach einem anderen Verfahren, das neben schnellster Arbeit und bester Ausnutzung des Kalkes auch noch den großen Vorteil der Wirtschaftlichkeit hat.

Die Abbildung 33 zeigt eine Kalklöschanlage der Maschinenfabrik C. Kulmiz in Ida- und Marienhütte bei Saarau i. Schlesien. Der gebrannte Kalk kommt nun entweder direkt vom Kalkofen oder vom Eisenbahnwagen, falls man ihn bezieht durch einen Elevator nach der Kalklöschtrommel. Diese Kalklöschtrommeln löschen nun den Kalk

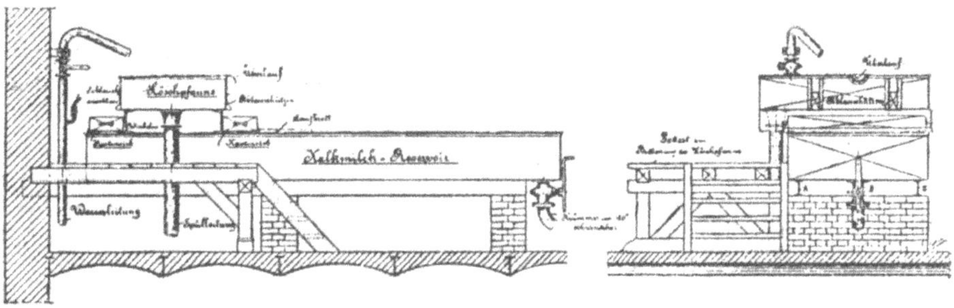

Abb. 30.
Einfache Kalklöschvorrichtung.

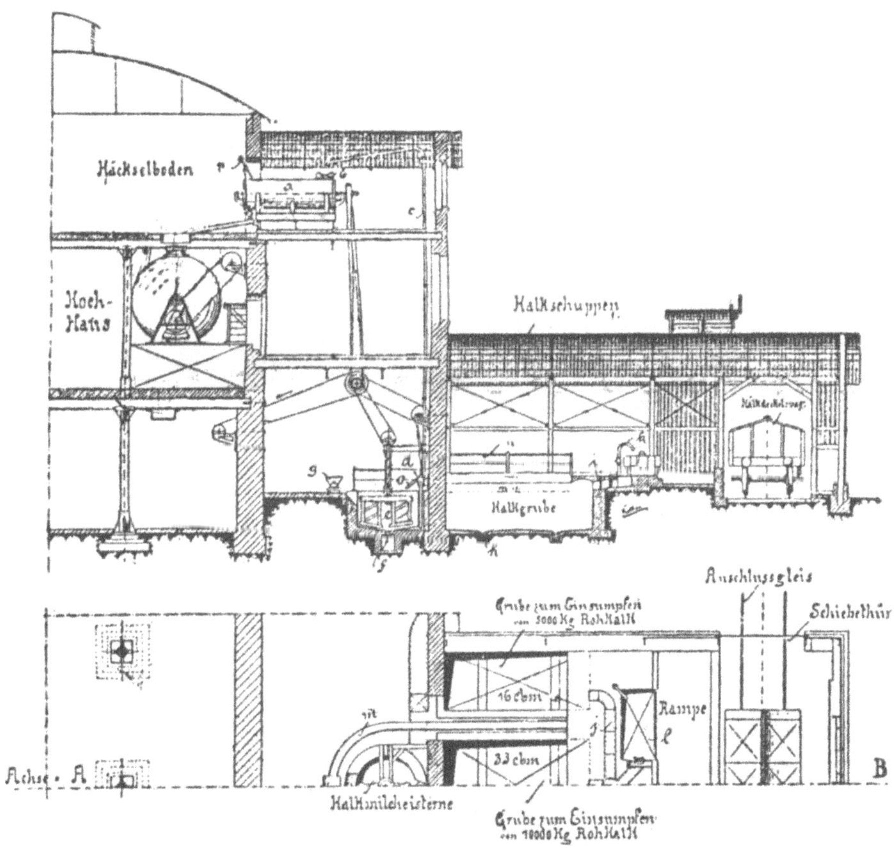

Abb. 31 und 32.
Kalklöschvorrichtung nach Kothen.

a) Muldenreservoir mit Rührwerk.
b) Filtrierkasten.
c) Kalkzuleitung.
d) Kalkpumpe.
e) Kalkzisterne mit Rührwerk.
f) Reinigungsventil.
g) Muldenkipper.
h) Schlackenkanäle.
i) Verteilungsschieber.
j) Kanäle.
k) Wasserleitung.
l) Löschpfanne.
m) Gleise.
n) Geländer.
o) } Wasserleitungen.
p) }

in viel vorteilhafterer Weise, als das bei den alten Löschpfannen möglich war. Der gebrannte Kalk kommt durch einen Beschickungstrichter unmittelbar in die rotierende Kalklöschtrommel und wird gleichzeitig an der Eintrittsstelle mit Wasser in bestimmtem Verhältnis gemischt. An der Innenseite der Trommel sind auf der ganzen Länge schraubenförmig angeordnete Aufhalter befestigt, welche ein durchgreifendes Löschen und ein gleichzeitiges Transportieren der Kalkmilch samt Rückständen zum vorderen Ende bewirken. Hier fließt die Kalkmilch in ein darunter angeordnetes Gefäß mit Rührwerk, das auch noch mit

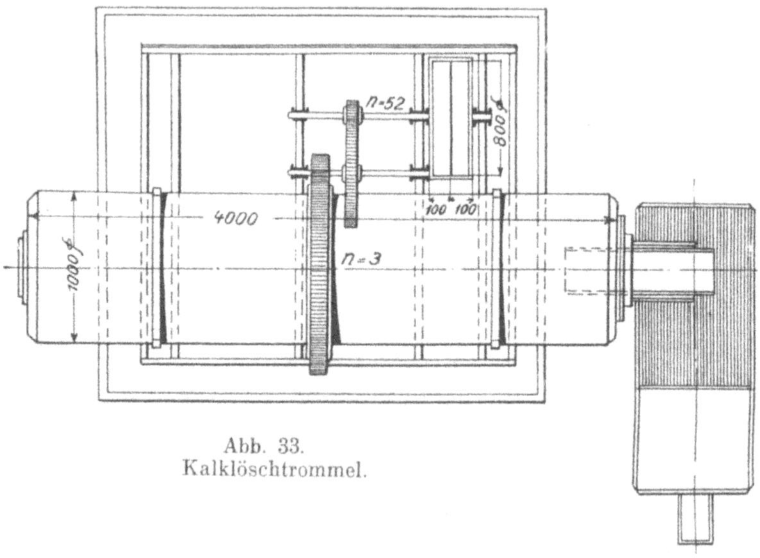

Abb. 33.
Kalklöschtrommel.

einem feinen Sieb abgedeckt werden kann. Behufs Entfernung der steinigen Rückstände wird die aus der Trommel herausragende, verstellbare Schurre entsprechend aufgehängt. Es werden nun die Steine und alle Verunreinigung durch im Inneren an der Stirnwand angebrachte Becher in die Schurre und alsbald in einen Abtropfkasten gefördert, wo die noch anhaftende Kalkmilch abtropfen kann. Nunmehr können auch die Steine von dem Arbeiter leicht entfernt werden. Aus dem Rührbottich gelangt die Kalkmilch in Sammelkästen, die ebenfalls vorteilhaft mit Rührern versehen sind. Nach diesen Sammelkästen wird sie mittels Pumpen gebracht. In allen Zwischengefäßen kann eine wirksame Reinigung von Verunreinigungen vorgenommen werden. Eine vorgesehene Zentrifuge dient ebenfalls der Reinigung der Kalkmilch.

Die Bestimmung des freien Ätzkalkes bei gebranntem Kalk erfolgt nun, indem man 100 g eines möglichst gut ausgezogenen Durchschnittsmusters von Ätzkalk abwiegt, die man sorgfältig ablöscht. Den

Brei bringt man dann in einen Kolben von 500 ccm Inhalt und füllt bis zur Marke auf. Unter Umschütteln zieht man dann 100 ccm ab und bringt diese in einen anderen Kolben von 500 ccm Inhalt, füllt ebenfalls bis zur Marke mit Wasser auf und entnimmt nach guter Durchmischung 25 ccm, die 1 g Ätzkalk entsprechen. Man setzt nun zu diesen 25 ccm einige Tropfen einer alkoholischen Phenolphtalinlösung zu und titriert mit Normaloxalsäure nicht mit Salzsäure, bis die Rosafärbung verschwunden ist. Diese Färbung verschwindet, wenn aller freier Kalk gesättigt ist, wenn aber $CaCO_3$ noch nicht angegriffen wurde. Jeder ccm der verwendeten Normaloxalsäure entspricht dann 0,028 g CaO.

Wenn man den Ätzkalk in gelöschtem Kalk bestimmen will, dann wiegt man in einem verschlossenen Probierröhrchen 1 g des zu untersuchenden Kalkbreies ab und erhitzt in einem Platintiegel bis zur Rotglut. Diese Probe läßt man dann auf einer Schale erkalten und stellt das Gewicht fest. Der Verlust ist Wasser und ausgetriebene Kohlensäure, der Rückstand reiner Ätzkalk (CaO).

Um den Gehalt an Ätzkalk in der Kalkmilch bestimmen zu können, verwendet man ein Areometer nach Baumé. Diese Handhabung verlangt aber einige Geschicklichkeit, bei starker Verdünnung der Kalkmilch muß das Ablesen sehr schnell vor sich gehen, denn der Kalk setzt sich im Glaszylinder sehr schnell ab. Hat man eine sehr dicke Kalkmilch von fast breiiger Beschaffenheit, so steckt man das Areometer leicht hinein und gibt dem Zylinderglas ganz leichte Erschütterungen, bis die Spindel nicht tiefer einsinkt. Aus der Tabelle 13 auf folgender Seite ist dann das Gewicht von 1 Liter Kalkmilch bei 15° C und dessen Gehalt an Ätzkalk zu ersehen.

Man ist also an Hand der Tab. 13 leicht in der Lage, feststellen zu können, wieviel Kalkmilch man zur Füllung eines Kochers braucht, denn nicht in allen Fällen wird die Kochung mit gleichstarken Laugen stattfinden dürfen, man muß sich vielmehr nach dem Stroh richten. Die Verwendung zu starker Laugen ist außer einer Unwirtschaftlichkeit auch noch unvorteilhaft, da sie die Fasern zu stark angreifen.

Wichtig ist auch noch die Bestimmung des Kohlensäuregehaltes des Kalkbreies. Man vermischt zu diesem Zweck den Ätzkalk mit Kreide und titriert zusammen durch Auflösen von Normaloxalsäure und titriert mit Normalnatron zurück. Durch das Abziehen der nach dem bei der Bestimmung des Ätzkalkes erwähnten Verfahren gewonnenen Menge CaO erhält man die Menge des CaO_3. Wenn man eine ganz genaue und zuverlässige Bestimmung haben will, dann treibt man die Kohlensäure (CO_2) durch Salzsäure aus und absorbiert sie durch Natronlauge.

Tabelle 13.

Grade Baumé	Gewicht von 1 Liter in g	CaO g im Liter	Grad Baumé	Gewicht von 1 Liter in g	CaO g im Liter
1	1007	7,5	16	1125	159
2	1014	16,5	17	1134	170
3	1022	26,0	18	1142	181
4	1029	36,0	19	1152	193
5	1037	46,0	20	1162	206
6	1045	56,0	21	1171	218
7	1052	65,0	22	1180	229
8	1060	75,0	23	1190	242
9	1067	84,0	24	1200	255
10	1075	94,0	25	1210	268
11	1083	104,0	26	1220	281
12	1093	115,0	27	1231	295
13	1100	126,0	28	1241	309
14	1108	137,0	29	1252	324
15	1116	148,0	30	1263	339

2. Das Kochen oder Aufschließen des Strohs.

Das Kochen oder Aufschließen des Strohs zu Strohstoff erfolgt nun nach verschiedenen und zahlreichen Verfahren, die zum Teile aber nur Variationen voneinander sind und deren Anwendung teilweise auch verschiedene Ergebnisse zeitigt. Mittels Kalk und Soda kann man einen Strohzellstoff herstellen, der wohl nicht von allen seinen Inkrusten befreit ist, sich aber besonders für Strohpappen und Strohpapier sehr gut eignet. Man benötigt für 100 kg Stroh 10 bis 12 kg Ätzkalk und ungefähr die gleiche Menge kalkzinierter Soda. Man gibt beide Stoffe in den Kocher ein und kocht vier bis fünf Stunden hindurch mit einem Druck von 2 bis 5 Atm. Ü. Die Kochdauer und der Druck richten sich nach der Art des verwendeten Strohs und vor allen Dingen auch nach der Art des erwünschten Endergebnisses. Je nach Art der Kochung und der Einwirkung der Laugen erzielt man dabei eine Faserausbeute von 50 bis 60 vH., es werden also nicht alle Inkrusten gelöst. Der erzielte Stoff läßt sich nicht vorteilhaft bleichen, er kann aber, wie schon erwähnt, sehr gut Verwendung zu kräftigen Kartons und zu Strohpapier finden, auch als Zusatz zu anderen Stoffen eignet er sich sehr gut, um feste Packpapiere daraus herzustellen. Bei dem Verfahren bildet sich im Kocher Ätznatron, es entsteht dann dabei kohlensaurer Kalk oder Kreide, die sich auf die Fasern niederschlägt und so die Bleiche verhindert.

Das Kochen mit Kalk und Ätznatron, das man früher in einigen Fabriken durchführte, bietet wohl manche Vorteile, hat aber auch seine Nachteile. Immerhin verdient das Verfahren erwähnt zu werden, da es auch heute noch Beachtung verdient. Die Vorbereitung des Strohs ist auch bei diesem Verfahren die übliche, der Häcksel wird dann mit 12 bis 15 vH. Kalk etwa 3 Stunden bei 4 Atm. in Drehkochern gekocht, so daß der Häcksel schon etwas aufgeschlossen ist. Der abgetropfte Stoff, der aber noch mit Kalklauge vermischt ist, kommt dann zur Vornahme einer Gärung etwa 6 Tage in Vorratskästen. Durch Proben wird nach dieser Zeit festgestellt, ob das Stroh bereits zerreiblich ist; wenn das zutrifft, dann kommt es in einfache Waschholländer mit Walzen und Grundwerk, wo der Stoff gründlich ausgewaschen und etwas gemahlen wird. Von hier kommt er zum Abtropfen in die üblichen Filterkästen, wo er bald entwässert ist. Von hier kommt er wieder mit etwa 8 bis 9 kg Ätznatron zusammen in die Kocher und wird nochmals 3—4 Stunden bei 4 Atm. Druck gekocht. Darauf wird der Stoff wieder in Abtropfkästen entleert und durch Abspritzen mit heißem Wasser möglichst gründlich von der anhaftenden Lauge befreit. Der abgetropfte Stoff muß aber nochmals in geeigneten Vorrichtungen einer gründlichen Auswaschung unterzogen werden. Das Fertigmahlen erfolgt auf einem Raffineur, von dem der Stoff dann in die Bleichholländer läuft.

Die Farbe des gebleichten Stoffes ist nicht rein weiß, sondern hat einen angenehm gelblichen Stich, die Faser ist aber sehr fest und läßt sich auch ohne Zusatz anderer Fasern zu einem schönen Papier verarbeiten. Für Schreibpapier eignet sich dieser Stoff aber nicht, da der Stoff zu Zeiten eine mangelhafte Leimung aufweist. Das zeigt sich nicht immer, sondern nur bei feuchtem Wetter, wo das Papier Wasser aus der Luft anzieht. Es ist das jedenfalls darauf zurückzuführen, daß in dem Stoff noch Kalksalze oder Chlorkalzium zurückbleiben, die bekanntlich sehr hygroskopisch sind.

Man versuchte dann das Stroh anstelle des Kalkes zuerst mit Sodalauge zu kochen und verfuhr dann im großen und ganzen wie bei dem vorhergehenden Verfahren, indem man das Stroh auch erst nach der ersten Kochung stapelte und dann eine zweite Kochung mit 10 bis 12 vH. kaustischer Soda vornahm. Die Menge dieser kaustischen Soda hing ab von dem Ausfall der ersten Kochung und auch von der Beschaffenheit des Strohs. Das Ergebnis war gut, denn man hatte eine hohe Ausbeute an reinem, faserfestem Strohstoff. Man benötigt aber eben umfangreichere Vorrichtungen als bei den heute üblichen Verfahren, kann aber an Lauge sparen und erhält den oben erwähnten zähen Stoff. Die Wirtschaftlichkeit wird aber sehr nachteilig beeinflußt durch das zweimalige Kochen, das an und für sich nicht länger dauert als die einmalige Kochung, aber größere Apparatur verlangt, unnütze Transportkosten verursacht und einen höheren Dampfverbrauch aufweist. Aus diesen Gründen kann dieses Verfahren heute kaum mehr in Frage kommen.

Um gelben Strohstoff herzustellen, verwendet man heute, namentlich in kleineren Fabriken, noch ein altes, aber bewährtes Verfahren, das die Aufschließung auf kaltem Wege vornimmt. Man bringt das Stroh lagenweise in gemauerte Gruben und teilt Kalkbrei zu, darauf leitet man Wasser darauf, bis die Masse bedeckt ist. Je nach Art und Herkunft des Strohs braucht man dazu etwa 10 vH. Kalk. Die Gruben zur Einweichung des Strohs haben eine Länge von ungefähr 10 bis 15 m, eine Breite von 2 bis 3 m und eine Tiefe von 5 m. An der einen Seite einer solchen Grube bringt man im Boden ein Sieb aus Holz, Metall oder Steinzeug an, das den Zweck hat, das Kalkwasser durch einen Abzugskanal abzuleiten und die Grube zu reinigen, wenn das Stroh entfernt ist. Wasser und Kalk wirken nun auf das Stroh etwa 8 Tage ein, dann nimmt man die Masse heraus und schichtet sie in Haufen, wo sie einige Tage liegen bleibt, um eine Gärung durchzumachen. Der Stoff wird dann in Waschholländern ausgewaschen, was je nach der Art der Verwendung mehr oder minder gründlich zu geschehen hat. Bei gut ausgewaschenem Stoff, der keine Kalkreste mehr enthält, erzielt man ein zähes Papier von frischgelber Farbe und auch ziemlicher Leimfestigkeit. Wenn das Verfahren gut durchgeführt wird, dann erhält man damit einen Stoff, bei dem die Bastfaserzellen noch bündelweise vereinigt sind, so daß der Stoff den Eindruck der Langfaserigkeit macht. Man kann diesen Stoff durch ein sachgemäßes Mahlen noch veredeln, indem man die Faserbündel auflöst. Dieser Stoff, der die erwähnte frischgelbe Farbe hat, läßt sich sehr gut zu recht festen Papieren und Pappen verarbeiten.

Das Verfahren hat leider den Nachteil der Umständlichkeit und kann daher für größere Fabriken nicht in Frage kommen, wo man aber nach einem ähnlichen Verfahren einen Strohstoff herstellen will, wird das nachstehende zu empfehlen sein, das wohl die Vorzüge des schönen und zähen, gelben Stoffes aufweist, aber mit den modernen, im Großbetrieb durchgeführten auch nicht in Wettbewerb treten kann.

Man verwendet hierbei ebenfalls die erwähnten Einlaugegruben, versieht sie aber mit einem durchlöcherten zweiten Boden. Die Masse, die sonst wie bei dem vorerwähnten Verfahren lagenweise aus Stroh und Kalk besteht, wird durch Dampf, den man in den durch den

Doppelboden gebildeten Raum einläßt, zum Kochen gebracht. Man muß aber, damit die Masse unter der Einwirkung des Dampfes nicht hoch steigt, beschwerte Bretter auflegen. Nach dem Füllen der Gruben mit Stroh und Kalk läßt man erst Wasser ein, bis die Masse vollkommen davon bedeckt ist, dann bringt man sie durch Dampf, den man in den Zwischenraum, zwischen die Böden einläßt, zum Sieden und stellt die Dampfzufuhr ab. Stroh und Lauge läßt man dann erkalten und kann nach etwa 36 Stunden die Masse herausnehmen und auf Haufen einer Gärung unterziehen, man kann das aber auch in den Gruben vornehmen. Wenn man durch Proben festgestellt hat, daß die Gärung genügend weit fortgeschritten ist, daß sich also das Stroh leicht zerreiben läßt, dann wäscht man es im Holländer gründlich aus und kann es auch noch kollern. Erforderlich ist das Kollern allerdings nicht, da die Aufschließung im Holländer genügt, um einen Strohstoff herzustellen, der dem im vorhergehenden Verfahren erwähnten vollauf entspricht.

Für moderne Strohstoffabriken können natürlich diese Verfahren nicht in Frage kommen, da sie in einem Großbetrieb unwirtschaftlich sein müssen. Hier können nur die besten Kochverfahren angewendet werden, wenn ein solcher Betrieb nicht von Anfang an unwirtschaftlich sein soll. Alle Versuche, die man nun mit neueren Kochverfahren machte, zielten darauf hin, eine Verbilligung der Herstellung zu erhalten und erst seit dem das in gewissem Maße erreicht ist, kann der Strohstoff in weit höherem Maße als früher zur Papierherstellung herangezogen werden. Während man ihn früher immer noch mehr als Füllstoff und nur für gewisse Papiere geeignet betrachtete, geht man heute immer mehr und mehr dazu über, ihn als selbständigen Halbstoff zu verwenden und als einen sehr guten Ersatz für Holzschliff zu betrachten. Bei der Raschwüchsigkeit des Strohs und bei den großen jährlich zur Verfügung stehenden Mengen, welche die Wohlfeilheit bedingen, wird der Strohzellstoff in nicht zu ferner Zeit den Holzschliff in vielen Fällen verdrängen, um so mehr, als ihn verschiedene große Fabriken schon zu einem Preis herstellen, der nur wenig über dem Preis des Holzschliffes liegt. Die Zeit dürfte gar nicht mehr fern sein, wo man auch in der Lage sein wird, den Strohzellstoff billiger als guten Holzschliff herzustellen.

In vielen Fabriken findet nun heute noch das Natronverfahren Anwendung. Man kann wohl sagen, daß von der alten Handhabung, Langstroh direkt in den Kocher einzutragen, überall Abstand genommen wurde, da sie zu viel Nachteile bot. Man kocht in allen Fabriken und nach allen Verfahren heute nur noch gehäckseltes Stroh. Es ist ja nun Tatsache, daß bei Langstroh sich die Lauge viel rascher dem Stroh mitteilt, als bei dem dicht liegenden Häcksel. Je feiner gehäckselt wurde, desto dichter sackt sich der Häcksel im Kocher zusammen, wenn Wasser und Lauge dazu kommen. Neuerdings häckselt man ja aber im allgemeinen viel länger, da man fast nur Preßstroh verarbeitet, das sich an und für sich nicht so kurz schneiden läßt. Da die Häcksellänge hierbei immer etwa 15 cm beträgt, so ballt sich der Häcksel im Kocher nicht so stark zusammen wie der kurze Häcksel. Aber immerhin wird man gut tun, den gefüllten Kocher erst einige Zeit drehen zu lassen, ehe man Dampf einführt, damit sich die Lauge ganz gleichmäßig verteilen kann. Die schlechte und ungenügende Verteilung der Lauge macht sich erst nach dem Leeren der Kocher bemerkbar und zeigt sich darin, daß vollkommen ungekochte oder mangelhaft aufgeschlossene Strohteile vorhanden sind.

Man kann solche Nachteile aber auch erzielen, wenn man das käufliche Ätznatron nicht aufgelöst, sondern in Stücke zerteilt dem Kocher zugibt. Es gelangen dann oft größere und härtere Stücke in die Masse, die an den betreffenden Stellen natürlich stärker auf das Stroh einwirken und es zerstören, während die Lauge im ganzen zu schwach ist und das Stroh nicht genügend aufschließt. Es ist daher richtiger, wie es ja heute wohl auch in allen gut geleiteten Strohstofffabriken der Fall ist, wenn man das Ätznatron auflöst und dafür sorgt, daß die Lauge im Kocher überall gleichmäßig verteilt ist, ehe man ihn unter Druck setzt.

Nach Mellier soll nun zu gutem Stoff 16 vH. Ätznatron erforderlich sein, wobei allerdings die Strohart einen großen Einfluß hat. Das trifft auch heute noch zu, denn man rechnet mit 14 bis 18 vH. Ätznatron. Da die Ätznatronlauge die Zellstoffaser sehr angreift, so darf man keine zu starken Laugen verwenden. Man würde allerdings dadurch einen reineren und bleichfähigeren Stoff erzielen, aber auf Kosten der Ausbeute und der Festigkeit der Fasern. Besonders tritt dieser Übelstand ein, wenn die Lauge überschüssigen Ätzkalk enthält, was wohl bei dem käuflichen Ätznatron kaum zutrifft, bei eigener Laugenbereitung aber sehr leicht der Fall sein kann, weshalb dann eine scharfe Kontrolle erforderlich ist. Selbst wenn die vorgeschriebenen Mengen Kalk und Soda genau abgewogen werden, kann doch mitunter ein Kalküberschuß eintreten, und zwar dadurch, daß die Kalksendungen durchaus nicht immer gleich ausfallen und das eine Mal mageren, das andere Mal fetten Kalk enthalten. Die Soda läßt sich dann nur sehr schwer aus dem bei der Laugenbereitung entstehenden Kalkrückstand auswaschen. Der Kalkrückstand muß mehrere Male durchgerührt werden und sich wieder absetzen, um die Soda vollkommen auswaschen zu können. Da Kalk- oder richtiger Kreideschlamm nur sehr langsam zu Boden sinken, so wird der Arbeiter ihn oft vorzeitig wegfließen lassen, um die Arbeit zu fördern. Man hat dann eine Lauge, die Ätzkalk im Überschuß erhält und erzielt die oben erwähnten Nachteile bei der Kochung, auch die Graupenbildung wird durch diesen Fehler sehr gefördert. Ob man mit solcher ungeeigneter Lauge kocht, kann man schon ohne große Untersuchung dadurch feststellen, daß bei solcher Lauge an den Kocherwänden eine Kalkkruste sitzt, während bei richtig zubereiteter Lauge die Wände sauber sind.

Man kann diese Übelstände sicher vermeiden, wenn man nicht mehr mit Ätznatronlauge allein kocht, sondern mit etwa 75 vH. Ätznatronlauge und etwa 25 vH. Leblancsoda. Man erzielt so eine mildere Mischlauge und schont die Fasern mehr, die Lauge ist auch billiger, was als ein weiterer Vorteil zu betrachten ist. Die Wirkung ähnelt dann der der Sulfatlauge, die das Kochgut weniger angreift, da sie keinen freien Ätzkalk enthält.

Das Sulfatverfahren wurde zuerst von Dahl im Jahre 1882 angewendet, der den Verlust an Soda, der sich bei deren Wiedergewinnung aus den Ablaugen ergab, durch Glaubersalz oder Sulfat (Na_2SO_4) ersetzte. Man muß bei diesem Verfahren die ersten Kochungen natürlich mit Ätznatronlauge (NaOH) ausführen. Das Ätznatron verbindet sich dann beim Kochen mit den organischen Stoffen des Strohs, so daß sich dann besonders kieselsaures Natron (Na_2SiO_3) bildet. Beim Eindampfen dieser Ablauge wird nun aus den organischen Stoffen, die in der Lauge enthalten sind, Kohlensäure (CO_2) entwickelt, es entsteht Schmelzsoda, die in ihrer Zusammensetzung natürlich von der Art der Strohs und von dem Ausfall der Kochung verschieden ist. Das Glaubersalz teilt man dann der eingedickten Lauge zu und verwandelt die aus den organischen Stoffen stammende Kohle durch Schmelzen und Glühen zu Schwefelnatrium. Die in dieser Lauge enthaltene Soda (Na_2CO_3) wird durch die Zuteilung von Ätzkalk in Ätznatron (NaOH) verwandelt. Das Verfahren hat nun bekanntlich den großen Nachteil, üble Gerüche zu entwickeln, welche die Nachbarschaft belästigen, da sich auf dem Kalzinierherd Schwefelverbindungen bilden, die mit den Heizgasen entweichen. Man teilt daher das Sulfat erst bei der Kaustizierung der Lauge im Mischer zu. Beim Kochen und Auslaugen des Stoffes muß man nun dafür sorgen, daß die Ablauge nur möglichst wenig verdünnt wird. Auf jedes kg gekochten Strohs sind etwa 10 kg Ablauge zu verdampfen. Es müßte demnach jedes Liter Lauge ungefähr 40 g Soda und Schwefelnatrium enthalten, oft aber hat man Ablaugen, die nur 10 bis 15 g nutzbare Salze aufweisen. In diesem Falle verteuert sich die Wiedergewinnung natürlich ganz beträchtlich durch den Mehrverbrauch an Kohlen beim Eindampfen. Dieser Nachteil trifft besonders zu, wenn die Laugen viel kieselsaures Natron enthalten, da dieses zum Auswaschen größere Wassermengen verlangt. Außerdem erhält man dann ein Schmelzprodukt, dessen Kalzinierung nur sehr schwer oder gar nicht durchführbar ist, da die eingedickte Lauge einen pechartigen Charakter hat. Je nach der Art des Strohs und der Durchführung der Kochung beträgt der Gehalt der Lauge an Kieselsäure 6 bis 30 vH. Es liegt daher auf der Hand, daß man bei allen Verfahren, bei denen man mit einer Wiedergewinnung der Soda arbeitet, ein Stroh verwenden muß, das nur wenig Kieselsäure enthält.

Der Vorteil des Sulfatverfahrens, die Fasern zu schonen und so eine größere Ausbeute von höherer Güte zu ergeben, beruht darauf, daß das Schwefelnatrium der Lauge und andere Schwefelverbindungen die sich beim Kochen bilden, die Pektin- und Ligninstoffe lösen, wohingegen die Kieselsäure von der Natronlauge aufgenommen wird. Man kann also mit schwächeren Laugen arbeiten als bei reinem Natronverfahren.

Das Verfahren wird genau wie bei dem Natronverfahren durchgeführt, es sind also auch zur Laugenbereitung keine anderen Apparate erforderlich. Man benötigt zum Kochen von Stroh nach diesem Verfahren 10 bis 12 vH. Natriumsalze. Man kann nun bei guten Anlagen rechnen, daß man etwa 80 vH. aus den Ablaugen wieder gewinnt, man benötigt dann zur neuen Lauge 20 vH. schwefelsaures Natron. Das ganze gibt man in den Mischer, der ähnlich dem bei der Bereitung der Ätznatronlauge aus Soda und Kalk gebräuchlichen ist. Hierauf wird der zum Kaustizieren in der Mischung enthaltene Soda erforderliche Ätzkalk unter Umrühren der Masse zugeteilt und der Inhalt des Mischers durch Zuleiten von Dampf erhitzt. Nachdem die gesamte Soda in Ätznatron verwandelt ist, wird der Dampf abgesperrt und das Rührwerk stillgesetzt, so daß sich der Kalkschlamm ablagern kann. Die klaren Laugen läßt man in den Kocher oder in einem Vorratsbehälter ab. Bei 80 kg Schmelzsoda, 20 kg Sulfatzusatz rechnet man auf die Kaustizierung der Masse etwa 30 kg reinen Ätzkalk. Da aber auch bei dieser Lauge ein Kalkzusatz schädlich ist, so muß man stets feststellen, wieviel Soda (Na_2CO_3) in der Lauge vorhanden sind. Zum Kaustizieren von 104 Teilen Soda benötigt man 76 Teile Ätzkalk.

In verschiedenen Fabriken kocht man auch mit Natronlauge und Schwefel (nach W. Schacht), indem man in die Rohsoda oder in die Schmelzlösungen schweflige Säure einleitet, und zwar so lange, bis alles Natron und ein Teil des kohlensauren Natrons in neutrales schwefligsaures Natron und einen kleinen Teil unterschwefligsaures Natron umgewandelt ist. Der Rest von Soda, der sich dann noch in der Lösung befindet, wird mit Ätzkalk kaustiziert. Es werden dabei auch Mischlaugen hergestellt, die zum Teil wie gewöhnlich mit Kalk kaustiziert werden, während man einen anderen Teil mit schwefliger Säure (SO_2) behandelt. Beide Laugen werden dann vereinigt und in der üblichen Art und Weise zum Kochen des Strohs verwendet. Es werden aber auch Laugen benutzt, die man aus einer Mischung von Natriumbisulfit ($NaHSO_3$) mit Soda und Ätznatron herstellt. Das Natriumbisulfit wird dabei aufgelöst, neutralisiert mit Soda oder Ätznatron, dann teilt man nach Bedarf der Lauge die Menge Ätznatron zu, die zum Aufschließen der Silikate usw., der Faserstoffe erforderlich ist. Das Verfahren läßt sich mit weniger Lauge durchführen, die außerdem soviel Ätznatron enthält, als für die Auflösung der Kieselsäure und des Strohs erforderlich ist. Das in der Lauge enthaltene saure schwefligsaure und unterschwefligsaure Natron löst die Lignin- und Pektinstoffe auf.

Das Kochen erfolgt in ähnlicher Weise wie bei dem Natron- und Sulfatverfahren, soll aber eine höhere Ausbeute als diese beiden erzielen. Das Verfahren hat auch nicht die beim Kochen mit Sulfatlauge auftretenden üblen Gerüche.

An neueren Verfahren, die die Verbilligung, Verbesserung und Vereinfachung der Strohstoffgewinnung zum Zwecke haben, sind nun vor allen Dingen noch zu nennen das Verfahren von Dr. Paul K r a i s (D. R. P. 391 713), das das Stroh mit Hilfe von Salpetersäure ohne Druckkochung aufschließt und dadurch gekennzeichnet ist, daß man das gehäckselte Stroh mit konzentrierter Salpeterlösung kocht, die freie Salpetersäure enthält. Das Zusatzpatent Nr. 395 191 enthält folgende Patentansprüche: 1. Verfahren zum Aufschließen von Stroh, Schilf und dergl. mit Salpetersäure ohne Druckkochung, nach Patent 391 713 dadurch gekennzeichnet, daß das Rohmaterial zuerst mit kochendheißer angesäuerter Salpeterlösung (oder Salpetersäurelösung) versetzt und dann mit verdünnten Salpeterlösungen, die freie Salpetersäure enthalten, fertig gekocht wird. 2. Verfahren nach Patentanspruch 1, dadurch gekennzeichnet, daß Salpeterlösungen zur Anwendung kommen, die aus dem Aufschließvorgang durch Umwandlung des Stickoyxds wiedergewonnen wurden, statt eines Gemisches von Salpeter und Schwefelsäure.

Nach C. A. B r a u n (D. R. P. 400 858) soll zur Erzeugung von Zellstoff aus Gräsern und schwach verholzten Pflanzen wie Stroh, Schilf, Rohrkolben, Bambus und schäbenhaltigen Materialien wie Jute, Flachs- und Hanfwerk, Manilahanf und ähnlichen Rohstoffen nach einem Verfahren gewonnen werden, das dadurch gekennzeichnet ist, daß die zerkleinerten Pflanzen im Kocher unter Druck bei Temperaturen über 100 bis 172° C mit Kochlaugen behandelt werden, die lösliche Alkalisilikate und Alkalisulfite mit oder ohne Zusatz von Ätzalkalien, Alkalikarbonaten und Alkalimonosulfiden enthalten oder aus Gemischen von Alkalisilikaten und Alkalimonosulfiden mit oder ohne Zusatz von Ätzalkalien oder Alkalikarbonaten bestehen.

Vor allem aber das De Vains-Verfahren suchte man für Strohzellstoff brauchbar zu machen, es gehen aber die Meinungen über seine Eignung für diesen Zweck noch sehr weit auseinander. Während das erste Patent (franz. Patent Nr. 449 497) auf der Einwirkung von Salzsäure auf Lignin und Pektin beruht, will das neue Patent (franz. Patent Nr. 556 183) die Verwendung von Chlor in statu nascendi zu demselben Zwecke schützen; Kalzium-Hyperchlorid und Salzsäure, welche nach De Vains gemäß der Formel:

$$CaOCl_2 + 2\,HCl = CaCl_2 + 2\,Cl + H_2O$$

aufeinander einwirken sollen, reagiert folgendermaßen:

$$CaOCl_2 + HCl = CaCl_2 + HClO$$

Es bildet sich also in Wirklichkeit nicht Chlor, sondern unterchlorige Säure, welche ihrerseits unter sehr heftiger Einwirkung auf die Cellulose sich wieder zersetzt nach der Formel:

$$HClO = HCl + O$$ [16])

Auch ist die Formel des Kalzium-Hyperchlorides nicht $CaOCl_2$, sondern nach Mendelejeff CaO_2Cl_2.

Das De Vains-Verfahren ist nun wesentlich komplizierter [17]) als der Sulfataufschluß, da dieser nur zwei Fabrikationsstufen enthält (Kochung und Bleiche), jenes aber vier. Die Wiedergewinnung der Chemikalien durch Elektrolyse beim Cl_2-Verfahren bietet keine Vorteile oder großen Vereinfachungen gegenüber der Ablaugen-Regeneration beim Sulfatverfahren. Der nach De Vains gewonnene Strohstoff ist den besten deutschen Erzeugnissen unterlegen, dasselbe gilt vom Espartostoff gegenüber englischen Erzeugnissen.

Die Methode von De Vains-Petersen hat nach Ansicht von Umberto Pomilio [18]) den Nachteil, daß schlechtere Ausbeuten und mindere Qualität und überdies unter wesentlich ungünstigeren wirtschaftlichen Verhältnissen erzielt werden. Die hauptsächlichsten Ursachen hierfür ergeben sich aus folgenden Überlegungen: Das zur Verwendung gelangende Chlorwasser ist stets mehr oder minder säurehaltig, da durch Wassereinwirkung Salzsäurebildung eintritt. Infolge dieser freien Säure unterliegt das Aufschließungmaterial — insbesondere bei erhöhter Temperatur — einem erheblichen chemischen Angriff, so daß sich beträchtliche Werte für Oxy- und Hydrozellulose er-

---

[16]) Papeterie 1924, Heft 46, Seite 257.

[17]) W. Schacht: Über den De Vains-Prozeß. Papierfabrikant 1924, Heft 22, Seite 565—567.

[18]) Umberto Pomilio: Gewinnung von Zellstoff durch Chlorierung. Chimie et Industrie 1924.

geben. Naturgemäß geht mit diesem Angriff eine Verminderung der Ausbeute Hand in Hand. Die wirtschaftlichen Nachteile ergeben sich außerdem aus dem größeren Chemikalien- und Heizmaterialverbrauch.

Ein Verfahren, das geeignet ist, die Nichtzellulosestoffe des Strohs restlos auszunutzen, ist das Rinman-Verfahren, bei dem es gelingt, die bei der Natron- und Sulfatzellstoffabrikation entstehenden Nichtzellulosestoffe in veredelte Erzeugnisse umzuwandeln. Bei den bisher üblichen Prozessen werden diese Stoffe bei der Regeneration der Laugen verbrannt, so daß man nur die unverbrennlichen Bestandteile, also die Salze, in der Hauptsache die Soda, wiedergewinnt. Die organischen Stoffe werden dabei allerdings auch in gewisser Weise nutzbar gemacht, indem man ihren Heizwert ausnutzt, um die Salze rein zu erhalten. Beim Regenerieren der Ablaugen werden diese organischen Stoffe zunächst bekanntlich verkohlt und dann verbrannt, wobei eine ganze Reihe von Umwandlungsprodukten dieser organischen Stoffe entstehen. Es unterliegt keinem Zweifel, daß diese Stoffe einen Wert haben müssen, bei allen bisher gebräuchlichen Regenerationsverfahren läßt man diese teilweise sehr wertvollen Stoffe aber in der Luft entweichen, wobei man dann meist die erwähnten Nachteile des üblen Geruches in Kauf zu nehmen hat.

Das Rinman-Verfahren gewinnt nun jene verlorengehenden wertvollen, meist flüchtigen Stoffe zurück, so daß man sie weiter verwenden kann. Man erzielt also eine fast restlose Ausnutzung des Strohs, die vom wirtschaftlichen Standpunkte aus allein schon anzustreben wäre. Der Grundsatz dieses Verfahrens ist denkbar einfach und besteht darin, daß man diese flüchtigen Stoffe kondensiert. Man würde aber auf diese Weise nur einer Reihe flüchtiger organischer Säuren einerseits, andererseits aber gasförmige Verbrennungsprodukte erhalten, die keinen allzu hohen Wert haben. Der chemische Prozeß muß daher in eine andere Richtung geleitet werden, und zwar dadurch, daß man einmal die organische Säure durch Zusetzen anderer Stoffe in wertvollere Erzeugnisse umwandelt und dann den Verbrennungsvorgang so führt, daß die Erzeugung an gasförmigen Stoffen möglichst gering bleibt. Man geht dabei nicht über die Temperatur der Verkohlung hinaus, während man bei den bisher üblichen Regenerationsverfahren Temperaturen anwendet, die ein Weißbrennen der Asche zur Folge haben. Man wird also ein Gemisch von Salzen und Kohle erhalten, aus denen man die Salze für die Frischlauge durch Auslaugen wieder gewinnen muß. Die Umwandlung der organischen Säuren beruht auf der Reaktion der Essigsäure zu Azeton, indem man essigsauren Kalk der trocknen Erhitzung unterwirft. Von den Homologen der Essigsäure ausgehend erhält man dann die anderen Ketone. Durch die trockene Erhitzung ihrer Kalk- und Natriumsalze erfahren aber auch die Oxysäuren eine Umwandlung in Körper verschiedener Art, die zum Teil den Ketonen beigemengt sind, zum Teil sich als Leicht- und Schweröle zeigen.

Um die erforderlichen Reaktionen mit der Zellstoffablauge durchzuführen, muß man beim Eindampfen gewisse Mengen Kalk und Natron zusetzen. Bei der trockenen Erhitzung wird dann die Umwandlung der Kalk- und Natriumsalze in der erforderlichen Weise vollzogen, man erhält dann beim Rinman-Verfahren in der Hauptsache Azeton, gemischte Ketone und Leicht- und Schweröle verschiedener Art und als Verkohlungsprodukt auch Methylalkohol [19]).

Die Regeneration der Ablauge erfolgt dabei in 6 Stufen, und zwar 1. die Eindampfung, 2. die Alkalisierung, 3. die Verkohlung, 4. die Laugerei und Kaustizierung, 5. die Kalkbrennerei und 6. die Gewinnung der flüchtigen Nebenerzeugnisse.

Die Eindampfung der Ablauge unterscheidet sich von den bisher gebräuchlichen modernen Verfahren nicht. Die Lauge verläßt den letzten Apparat mit 30 bis 32° Bé und gelangt durch Pumpen nach der Alkalisierungsstation, in der der eingedickten Lauge in Mischgefäßen, die mechanische Rührapparate besitzen, Ätzkalk und Ätznatron zugesetzt werden, die für den späteren chemischen Vorgang erforderlich sind. Auf die Tonne Ablauge oder 3,4 cbm von 32° Bé betragen diese Zusätze an Ätzkalk [$Ca(OH)_2$] 480 kg CaO und an Ätznatron (NaOH) 130 kg Na_2O. Die Eindampfung dieser alkalisierten Ablauge wird dann in zwei Fertigverdampfern zu Ende geführt bis auf einen Trockengehalt von 68 vH.

Damit nun die alkalisierte Masse wirksam und ausreichend durchgekohlt werden kann, muß sie der Erhitzung in einer möglichst dünnen Schicht ausgesetzt werden, indem man sie mit einer Temperatur von etwa 90° in Blechformen abläßt. Diese Blechformen haben eine Größe von 50 mal 70 cm und werden etwa 4 cm hoch mit der Masse gefüllt und dann in Horden über- und nebeneinander gestellt. Am besten verfährt man dabei so, daß man die Horden in fahrbare Gestelle einsetzt, die man dann in den Verkohlungsofen einführt.

Beim Beginn der Verkohlung wirkt die Hitze durch die Kaloriferen, welche mit Generatorgas beheizt werden, auf die alkalisierte Masse, die sich auf den oben erwähnten Blechformen auf den Verkohlungswagen befindet. Die Verkohlungsdämpfe werden durch einen Ventilator abgesaugt und in die Heizung gedrückt, wo sie die Kaloriferen umspülen und dabei von neuem auf erhöhte Temperatur ge-

[19]) Das Rinman-Verfahren. Prof. Dr. Emil Heuser. Papierfabrikant 1923, Heft 28, Seite 325—330.

bracht werden. Sie kehren dann in die Ofenkammer zurück, die sie durch den oberen Teil des Ofens verlassen, um der Kondensationsanlage zugeführt zu werden.

Während des Verkohlungsprozesses wird der Heizkammer und weiter den Ofenkammern überhitzter Dampf zugeführt, der auf die verkohlende Masse einwirkt und die Ofenkammern zusammen mit den Verkohlungsdämpfen und -gasen verläßt. Bei 250° gehen Azeton und Methylalkohol über, mit steigender Temperatur folgen dann die anderen Stoffe; bei etwa 600° ist die Destillation beendet. Die Produkte der Kondensation zerfallen in kondensierbare Dämpfe und in brennbare Gase (besonders Wasserstoff). In einem Kühler werden die Dämpfe kondensiert und ergeben so das Rohdestillat, die Gase entweichen in die Luft. Infolge der Explosionsgefahr der Gase durch den hohen Wasserstoffgehalt nutzt man sie jetzt noch nicht aus, trotzdem sie eine große und nennenswerte Wärmemenge enthalten, die zu verwerten man bestrebt sein muß. Auf eine Tonne Zellstoff kann man mit etwa 300 cbm solcher Gase rechnen. Zu Beginn der Verkohlung ist der Gehalt der Gase an Wasserstoff bis zu 96 vH., mit zunehmender Verkohlungstemperatur werden sie ärmer, dagegen treten mehr Kohlenwasserstoffe (Kohlenoxyd, Methan und andere) auf, selten aber sinkt der Gehalt der Gase an Wasserstoff unter 30 vH. beim Ende der Verkohlung.

Der Verkohlungsrückstand besteht nun aus einem Gemisch von anorganischen Salzen (hauptsächlich Karbonate des Kalziums und Natriums) und Kohle. Diesem Gemisch sind die wertvollen Bestandteile zu entziehen, indem die in einem Brechwerk zerkleinerte Sodakohle mit Wasser ausgelaugt wird. Die Soda wird dabei gelöst, Kalziumkarbonat und Kohle bleiben ungelöst zurück. Geringe Mengen beigemengter Oxyde des Kalziums und Natriums werden in die entsprechenden Ätzalkalien verwandelt. Mit diesem Auslaugeprozeß, der vorteilhaft in Bottichen mit Rührwerken vorgenommen wird, verbindet man gleichzeitig die Kaustizierung der Soda. Diese Kaustizierung wird wohl beim Auflösen der Sodakohle schon in gewissem Maße eingeleitet, die nebeneinander herlaufenden Vorgänge der Auflösung und Kaustizierung erfolgen bei 80 bis 90°, der Grad der Kaustizierung beträgt 85 vH. Die fehlende Menge Ätzkalk entstammt einem Kalkbrennofen oder einem Drehofen von großen Abmessungen, in dem der Kalkschlamm der Kaustizierung, der aus einem Gemisch von Kalziumkarbonat und Kohle besteht, zu Kalziumoxyd gebrannt wird.

Nachdem auch diese Vorgänge abgeschlossen sind, gelangt der Inhalt der Rührgefäße in eine tiefer angeordnete Filtrieranlage mit als Saugnutzsche ausgebildeten Filtrierkammern, wo die Lauge vollkommen von dem Schlamm getrennt wird. Der Filterrückstand oder

Schlamm wird wie oben erwähnt in dem Drehofen gebrannt. Die in dem Schlamm enthaltene Kohle dient dabei als Brennstoff, das fehlende Heizmaterial wird durch Generatorgas ersetzt. Alles Kalziumkarbonat wird auf diese Weise in gebrannten Kalk verwandelt, der wieder den Kalk zur Kaustizierung liefert. Die aus dem Filter kommende Ätznatronlösung ist 18 bis 19° Bé stark und wird als Frischlauge nach den dazu bestimmten Sammelbehältern geleitet. Die Regenerierung der Lauge ist hiermit abgeschlossen.

Die Gewinnung der Bestandteile des Rohdestillates geht getrennt von diesem Verfahren vor sich. Auch hier kann man vier Abschnitte unterscheiden, und zwar: 1. Die Trennung von wässerigem und öligem Destillat, 2. das Konzentrieren des wässerigen Destillates, 3. die Rektifikation des Konzentrates und 4. die Rektifikation der Oele.

Der erste Abschnitt, bei dem wässeriges und öliges Konzentrat von einander getrennt werden, geht auf einfachste Weise nach einem Verfahren vor sich, das auf dem Grundsatze der Florentiner Flasche beruht. Ehe dann eine Konzentration des wässerigen Destillates erfolgt, müssen die darin enthaltenen geringen Mengen an Ammoniak und Aminen, die bei der Verkohlung entstehen, mit Schwefelsäure neutralisiert werden. Dann kommt das Destillat in die Konzentrationskolonne, in der es auf ein Rohkonzentrat von 90 bis 95 vH. gebracht wird, aus dem dann durch Behandlung mit starker Natronlauge in der Schüttelturbine der Methylalkohol entfernt wird. Es verbleibt dann das Rohazeton, das in einer Kolonne der Rektifikation unterworfen wird und in der Hauptsache drei Fraktionen liefert: Azeton, Butanon und höhere Ketone. Durch eine zweite Rektifikation erhält man das Reinazeton. Aus seiner alkalischen Lösung wird dann durch Destillation Methylalkohol gewonnen, wobei als Vorlauf nochmals etwas Azeton abgetrennt wird. Man erhält einen fast reinen Methylalkohol, der nur etwa 0,1 vH. Azeton enthält.

Durch Destillation in der Kolonne werden nun die Öle getrennt, wobei das Leichtöl bei 150° übergeht, der Rest ist Schweröl.

3. Das Eindampfen der Ablaugen.

Auf 1 kg Strohzellstoff hat man etwa 10 Liter Ablauge zu rechnen, die die verwendeten Chemikalien enthalten müssen, wenn der Stoff rein ausgelaugt wurde. Da man nun zum Kochen von Stroh 15 vH. Ätznatron oder 12 vH. Sulfatsalze benötigt, und man mit rund 50 vH. Stoffausbeute rechnen kann, so muß 1 Liter Sodaablauge 30 g und 1 Liter Sulfatablauge 24 g der zum Kochen verwendeten Alkalien enthalten. Da man nun nach dem früher Gesagten mit der Zurückgewinnung von 80 vH. Soda durch Auslaugen rechnen kann, so enthält 1 Liter Ablauge etwa 24 g Soda oder 20 g aus Sulfatablaugen gebildete

Salze (Soda und Schwefelnatrium). Man muß demnach, um 1 kg Soda zurückzugewinnen, 42 bzw. 50 Liter Wasser verdampfen.

Da man nun zum Eindampfen der beträchtlichen Mengen von Laugen große Mengen Wärme benötigt, die Geld kostet, so muß man bestrebt sein, die Sodarückgewinnung so wirtschaftlich wie nur möglich zu gestalten, da es sonst vorkommen kann, daß man die Soda billiger kauft, als man sie durch Rückgewinnung aus den Ablaugen herstellt. Das würde natürlich neue Schwierigkeiten ergeben, da man nicht wüßte, was man mit den großen Mengen Laugen anfangen soll, die man nicht ohne weiteres in einen Flußablauf ablassen darf, wenn ein solcher schon vorhanden ist. Man muß also, um die Eindampfung so wirtschaftlich wie nur möglich durchführen zu können, nicht nur die geeignetsten Apparate dazu verwenden, sondern auch die Ablaugen so wenig wie nur möglich verdünnen, um nur wenig Wasser verdampfen zu müssen. Zum Eindicken der Laugen müssen alle verfügbaren Mengen von der Abwärme herangezogen werden.

Die einfachen Flammenöfen mit Stufenrost findet man wohl noch in älteren Strohstoffabriken, wenn sie auch heute durch moderne Apparate ersetzt sind, so sollen sie doch ganz kurz erwähnt werden. Der Flammenofen ist etwa 8 Meter lang und befindet sich zwischen dem Dampfkessel und dem Schornstein, er nutzt also die Abgase der Kesselfeuerungen aus und würde so als ganz wirtschaftliche Einrichtung zu bezeichnen sein, wenn er nicht andere Nachteile aufwies. Die Ablauge wird zuerst in eine eiserne Pfanne gepumpt, die durch die Heizgase umspült wird, so daß eine Erwärmung der Lauge stattfindet. Die erhitzte Lauge läuft dann in eine tiefer stehende Pfanne, die eine Reihe von Löchern besitzt, durch die die Lauge in das Innere des eigentlichen Ofens läuft. Hier gelangt die Lauge zuerst auf eine Platte, die nach der Feuerung zu schwach geneigt ist, und dann auf einen stufenförmigen Einbau aus Eisenblech. Diese Stufen führen nach unten zu einem gemauerten Behälter. Die Flamme einer am Eingang des Ofens befindlichen Feuerung streicht über diesen Stufenrost und verdampft das in der Lauge enthaltene Wasser. Aus den Bestandteilen der Lauge bildet sich dann eine Kruste, die zum Teil zu Asche verbrennt, die von Zeit zu Zeit durch eine besondere Vorrichtung losgelöst wird und in einen Behälter fällt, aus dem sie herausgenommen wird und in einen besonderen Teil des Ofens gelangt, wo sie einer noch stärkeren Erhitzung unterliegt. Die in der Masse noch vorhandene Pflanzenkohle wird hier zum größten Teile verbrannt, so daß man eine graue mit Aschenteilen gemischte Soda erhält. Diesen Rückstand bringt man dann in heißes Wasser, wo sich die Soda löst, während die unlöslichen Bestandteile zu Boden sinken. Die Sodalösung kann man nach dem Filtrieren und nach Feststellung ihres Sodagehaltes zur

Kochung verwenden. Diese Öfen verlangen eine sehr gewissenhafte Bedienung und sind für heutige Verhältnisse nicht mehr angebracht. Man baut auch ähnliche Öfen mit zwei Herden.

Heute erfolgt in modernen Strohstoffabriken die Eindickung der Ablaugen, also die Entziehung eines großen Teiles des darin enthaltenen Wassers fast ausschließlich durch Kochen. In fabrikmäßigen Großbetrieben, wie sie die Strohstoffabriken darstellen, wird dieser Prozeß in besonderen Apparaten, den sogenannten Verdampfern durchgeführt, die in zylindrischer, birnen- oder kugelförmiger Gestalt gebaut und fast stets mit Dampf geheizt werden. Um eine große Heizfläche und hierdurch eine große Verdampfungsleistung zu gewinnen, erhalten diese Verdampfer in ähnlicher Weise wie die Oberflächen-Kondensatoren eine größere Anzahl von Heizrohren in ihrem Inneren, durch die die Flüssigkeit zirkuliert und um die außen der Heizdampf spült. Der Heizdampf schlägt sich bei der Wärmeabgabe an der Oberfläche der Rohre nieder, das hierdurch im Kochraum verdampfende Wasser entweicht als Brüden ins Freie, oder der Brüdendampf wird bei den meist gebräuchlichen Vakuum-Verdampfern einem Oberflächen- oder Mischkondensator oder einer Naßluftpumpe zugeführt und niedergeschlagen.

Unter der Vakuum-Verdampfung ist das Kochen unterhalb 100°C zu verstehen. Das ist aber nur möglich, wenn man den Verdampfer nach außen hin vollkommen abschließt und durch eine Luftpumpe den jeweils gewünschten Unterdruck — das Vakuum — und damit die niedrige Kochtemperatur im Innern erzeugt. Man kann auf diese Weise sogar Kochtemperaturen bis unterhalb 40° C erreichen. Das Kochen im Vakuum hat nun den Zweck, die einzudampfende Flüssigkeit vor zu hoher Temperatur zu schützen und die Heizfläche des Verdampfers zu verkleinern, d. h. die Anlage zu verbilligen. Bei den großen, in der Strohstoffabrikation zu verdampfenden Ablaugemengen ist das natürlich von großer Bedeutung. Das Verfahren hat aber nun den Nachteil eines erheblichen Dampf- und Kohlenverbrauches, da als Heizdampf Frischdampf verwendet werden muß, es kann also niemals wirtschaftlich sein. Außerdem stehen in der Strohstoffabrikation so bedeutende Mengen von Abwärme zur Verfügung, daß es ganz unvorteilhaft sein würde, diese nicht zur Verdampfung der Ablaugen zu verwerten. Man kann theoretisch mit 1 kg Heizdampf höchstens 1 kg Wasser verdampfen, praktisch sogar infolge von Strahlungsverlusten usw. nicht mehr als 0,9 kg, wobei modernste Apparate vorausgesetzt sind. Der große Dampfverbrauch und die Unwirtschaftlichkeit dieses Verfahrens ist also erklärlich.

Da bei diesem hohen Wärmebedarf die Eindickung der Ablaugen zu teuer wird, so verwandte man schon frühzeitig zur Beheizung der

Verdampfer den Abdampf der Dampfkraftmaschinen, oder man führt die im Verdampfer entstehenden Brüden, die abgesehen von den Strahlungs- und inneren Verlusten, die gesamte ursprünglich aufgewandte Wärme noch in sich tragen, einem zweiten bei einem höheren Vakuum kochenden Verdampfer als Heizdampf zu. Die Anwendung von Abdampf bedeutet nun zwar überall dort einen großen Gewinn, wo derselbe in genügender und gleichmäßiger Menge mit einem hinreichend hohen Druck von 0,5 bis 2 Atm. Überdruck zur Verfügung steht, wie es in Strohstoffabriken, besonders in neueren, stets der Fall ist. Oft aber beschreitet man auch den zweiten Weg, der außerdem noch den großen Vorteil bietet, daß man mehr als zwei Apparate in der erwähnten

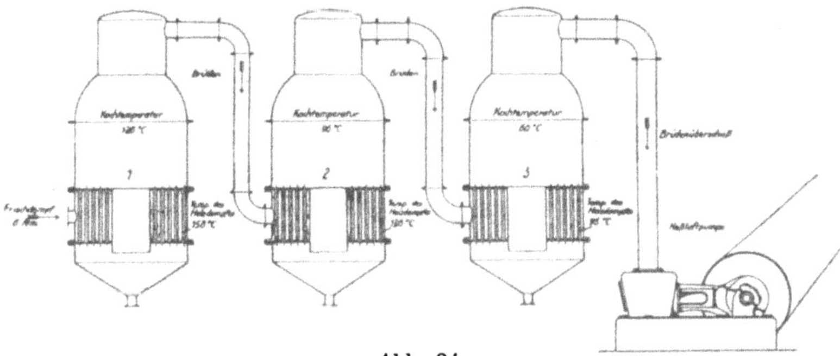

Abb. 34.
Dreikörperverdampfer, schematisch.

Weise hintereinander schalten kann. Derartige Anlagen werden als Mehreffekt-Anlagen bezeichnet, und zwar je nach der Anzahl der Verdampfer als Zweifach-, Dreifacheffektanlagen usw. Die Abbildung 34 zeigt eine Dreifacheffektanlage, deren Prinzip aus der Zeichnung klar zu erkennen ist.

Theoretisch können nun mit 1 kg Dampf bei einer Zweifacheffektanlage 3 kg Wasser usw. verdampft werden, praktisch liegen aber die erreichbaren Zahlung niedriger, und zwar ist die Maximalleistung bei einer Zweifacheffektanlage 1,75 und bei einer Dreifacheffektanlage 2,5 kg Wasser.

Im allgemeinen wird bei Zwei- und Dreifacheffektanlagen die Kohlenersparnis die größeren Anlagekosten rechtfertigen. Bei den Vielfacheffektanlagen trifft das aber meist nicht mehr zu. Es mußte daher, wenn ein weiterer Fortschritt erzielt werden sollte, ein Verfahren ausgearbeitet werden, bei dem wohl eine große Kohlenersparnis erzielt wird, bei dem aber gleichzeitig die hohen Anlagekosten der Mehrfacheffektanlagen wegfallen.

Das ist gelungen durch die Einführung der sogenannten Wärmepumpe nach den Patenten der Metallbank-Josse-Gensecke. Die Wärmepumpe, die sowohl als Turbokompressor (Abb. 35) als auch als Dampfstrahlkompressor (Abb. 36) ausgebildet worden ist, saugt die Brüden des Verdampfers an, verdichtet dieselben, verleiht ihnen hierdurch eine erhöhte Temperatur und drückt sie dann als Heizdampf in das Heiz-

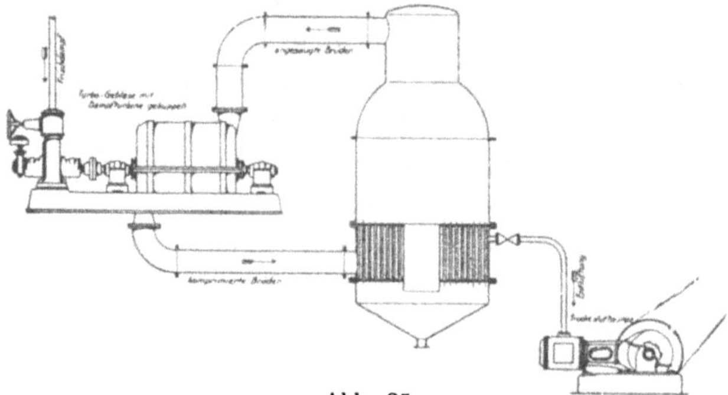

Abb. 35.
Verdampfer mit Brüdenkompression u. Turbogebläse
Lurgi-Gesellschaft, Frankfurt a. M.

system des Verdampfers selbst, aus dem sie entstanden sind. Das Kennzeichnende dieses Verfahrens ist also die Wiederverwendung der in dem Kochraum entstehenden Brüden als Heizdampf in dem Verdampfer selbst und die Vermeidung vieler Kochapparate.

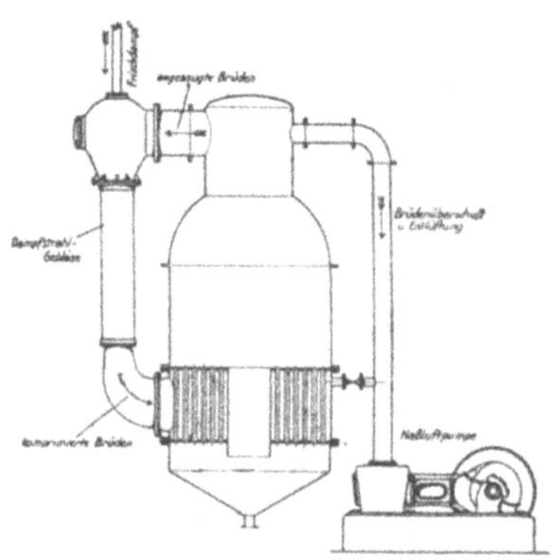

Abb. 36.
Verdampfer mit Brüdenkompression und Dampfstrahlpumpe.
Lurgi-Gesellschaft, Frankfurt a. M.

Die oben erwähnten Bedingungen: Mäßige Kosten der Anlage und tiefe Kochtemperatur der Flüssigkeit sind also bei diesem Verfahren gelöst. Insbesondere haben auch die Heizflächen eine so tiefe Temperatur, daß durch die Berührung der Flüssigkeit mit denselben kein Anbrennen mehr erfolgen kann.

Zu den Anlagekosten ist zu bemerken, daß schon allein der Fortfall der Rohrleitungen, der Absperr- und Regelorgane für die verschiedenen Verdampfer des Mehrfacheffektes eine Verbilligung bringen muß. Die Dampf- und Kohlenersparnis kann bei dem Brüdenkompressionsverfahren beliebig hoch getrieben werden, sie ist abhängig von der Druck- und Temperatursteigerung der Brüden im Kompressor. Je kleiner dieselbe gewählt werden kann, desto größer ist die Dampfersparnis. Die Größe der Heizfläche und damit die Anlagekosten steigen damit natürlich. In manchen Fällen, z. B. bei inkrustierenden Flüssigkeiten, zu denen man die Ablaugen der Strohstoffabrikation zu rechnen hat, darf die Temperaturdifferenz an der Heizfläche ein bestimmtes, auf Erfahrung beruhendes Maß nicht unterschreiten, wenn noch eine gute Kochung und Zirkulation der Flüssigkeit gewahrt bleiben soll. Die Vorteile der Brüdenkompression können jedoch auch in diesem Falle noch voll zur Geltung gebracht werden, wenn besondere Kombinationen zwischen dem Brüdenkompressions- und dem Mehrfacheffekt-Verfahren angewendet werden. Trotz eines großen Temperatursprunges an der Heizfläche der Verdampfer liegen die erreichbaren Verdampfungsziffern so hoch, daß die maximale Leistung der Mehrfachanlagen erheblich überschritten wird.

Ein weiterer großer Vorteil des Brüden-Kompressionsverfahrens ist die große Ersparnis an Kühlwasser. Zur Erläuterung diene folgendes: Beim Einfacheffektapparat muß beim Vakuumbetrieb das ganze verdampfte Wasser im Kondensator niedergeschlagen werden, bei den Mehrfacheffektapparaten sind nur noch die Brüden des letzten Apparates niederzuschlagen (siehe Abb. 34), da die Dämpfe der vorgeschalteten Apparate im Heizsystem des jeweils folgenden Verdampfers kondensieren. Bei der Brüdenkompression mittels Turbogebläses sind nun theoretisch überhaupt keine Brüden niederzuschlagen, d. h. der Kondensator und damit das Kühlwasser könnten ganz fortfallen (siehe Abb. 35). Praktisch ist allerdings eine kleine Kondensationsanlage erforderlich, deren Wasserbedarf jedoch verschwindend gering ist. Wird ein Dampfstrahlgebläse als Wärmepumpe benutzt, so muß zwar der dem Frischdampfzusatz entsprechende Brüdenüberschuß niedergeschlagen werden (siehe Abb. 36), aber auch in diesem Falle weniger, als es bei der Dreifacheffektschaltung der Fall sein würde.

Es ist eine allgemeine Regel, daß die Kühlwasserersparnis mit der Dampfersparnis in gleichem Maße steigt und fällt. Beträgt also die Dampfersparnis 60 vH., so trifft das auch für die Kühlwasserersparnis zu. Steht für eine Eindampfeinlage Abdampf bis zu 2 Atm. Spannung zur Verfügung und darf dieselbe im Mehrfacheffekt arbeiten, so kommt die Kompressionsverdampfung nur in Frage, wenn für den Abdampf eine anderweitige Verwendungsmöglichkeit besteht.

Von wesentlichem Einflusse auf die Anwendungsmöglichkeiten der Brüdenkompressionsverfahren sind noch zwei Erscheinungen, die in der Praxis häufig zur Erörterung stehen, und zwar die Inkrustation der Heizflächen und die Siedepunkterhöhung der Flüssigkeit.

Die Lauge scheidet während des Kochens an den Heizwandungen mehr oder weniger feste und schlammige Bestandteile aus, die den Wärmedurchgang und hierdurch die Verdampfungsleistung der Anlage erheblich herabsetzen. Um dann auch eine gute Kochung aufrechtzuerhalten, muß das Temperaturgefälle an der Heizfläche erhöht werden. Dadurch können die Vorteile der Brüdenkompression in Frage gestellt werden. Bei dem Brüdenkompressions-Verfahren Metallbank-Gensecke wird daher durch zweckmäßige Konstruktion der Verdampfer die Inkrustation von vornherein wirksam verhindert. In den besonderen Fällen, die bei der Eindickung der Ablaugen zutreffen, wird die Heizfläche auf besondere außerhalb des eigentlichen Verdampferkörpers liegende Heizkörper verteilt, deren Rohrsystem leicht zugänglich ist und somit schnellstens und bequem gereinigt werden kann. Bei ununterbrochener Kochung werden die einzelnen Heizkörper abschaltbar angeordnet, so daß also ohne eine Betriebsstörung die Reinigung möglich ist.

Inwieweit für eine Brüden-Kompressionsanlage ein Turbokompressor oder eine Dampfstrahlpumpe zur Verwendung kommen soll, muß von Fall zu Fall entschieden werden. Ein Turbogebläse erfordert höhere Anlagekosten und ist viel schwieriger zu bedienen als ein Dampfstrahlgebläse, dessen Bedienung so einfach wie die eines jeden Ventiles ist. Andererseits läßt sich aber mit dem Turbogebläse eine so hohe Wirtschaftlichkeit erreichen, daß auch die erhöhten Anlage- und Bedienungskosten in vielen Fällen schnell abgeschrieben werden können.

Ferner ist noch ein wesentlicher Unterschied zwischen den beiden Kompressor-Typen zu beachten, der kurz erwähnt werden soll. Es ist bekannt, daß das Dampfvolumen der Brüden mit abnehmender Kochtemperatur stark zunimmt. Bekannt ist auch, daß der Kraftverbrauch eines Turbogebläses mit zunehmendem Brüdenvolumen, auch bei gleichem Dampfgewicht, wächst. Aus beiden Tatsachen folgt, daß der Energiebedarf und die Größe des Turbogebläses am geringsten und daher die Wirtschaftlichkeit einer derartigen Anlage am größten ist, wenn die Kochtemperatur möglichst hoch gewählt werden kann. Bei dem Dampfstrahlkompressor liegen die Verhältnisse gerade umgekehrt, da dieser am wirtschaftlichsten bei möglichst tiefer Kochtemperatur arbeitet. Wenn billige elektrische Energie zur Verfügung steht, dann wird man das Turbogebläse vorteilhaft auch elektrisch antreiben. Die Verdampfung des Wassers erfolgt dann ohne irgendwelchen Verbrauch an Dampf und Kohlen.

Man kann aber bei Dampfturbinenantrieb den Abdampf der Turbine vorteilhaft als zusätzlichen Heizdampf verwerten und so die Anlage wirtschaftlich gestalten (Abb. 37). Einerseits kann dabei die von dem Gebläse zu fördernde Brüdenmenge um die Menge des Turbinenabdampfes vermindert werden, wodurch die Kraftbedarf- und die Anlagekosten sinken, andererseits wird infolge des Vakuums in der Heizkammer des Verdampfers der Dampf der Antriebsturbine noch weitgehendst zur Arbeitsleistung ausgenutzt.

Während es sich nun bei dem Natronverfahren nur darum handelt, die in der Ablauge enthaltene Soda zurückzugewinnen, indem man die Ablauge eindampft und die darin enthaltenen organischen Stoffe durch Verbrennen wieder ausscheidet, kommt es bei dem Sulfatverfahren darauf an, die Salze, die durch das Eindampfen der Laugen gewonnen wurden, weiter durch Schmelzen und Glühen umzuwandeln. Hierzu sind aber höhere Hitzegrade erforderlich als bei der Natronlauge, man verwendet dazu Rund- oder Drehöfen mit Gebläsen oder auch besondere Kalzinerherde, denen man Preßluft zuführt, damit das dem Ablaugen zugeteilte Sulfat (Glaubersalz) in Schwefelnatrium umgewandelt werden kann und auch letzteres zum Teil, in Soda (Na_2CO_3) zu überführen. Das Sulfat (Na_2SO_4) hat einen Schmelzpunkt von etwa 900° C, die Soda hingegen einen solchen von etwa 1090° C. Man muß also, um eine brauchbare Sulfatlauge zu erhalten, die entsprechenden Hitzegrade entwickeln. Hierbei vollzieht sich ein ganz ähnlicher Vorgang wie bei der Herstellung der Leblanc-Soda, bei dem auch Glaubersalz durch das Vermischen und Glühen mit kohlensaurem Kalk und Kohle in Soda überführt wird, es entsteht dabei durch Reduktion zunächst Schwefelnatrium (Na_2S). Daraus erklärt sich auch, daß durch das Eindampfen und Schmelzen der Schwarzlaugen wirksame neue Kochlaugen entstehen, die aber nicht mehr als 30 vH. Schwefelnatrium enthalten dürfen. Man könnte das nicht ohne Umbildung der Laugen zu Soda erreichen, da man den Salzverlust der Laugen in der Regel durch Sulfat ersetzt.

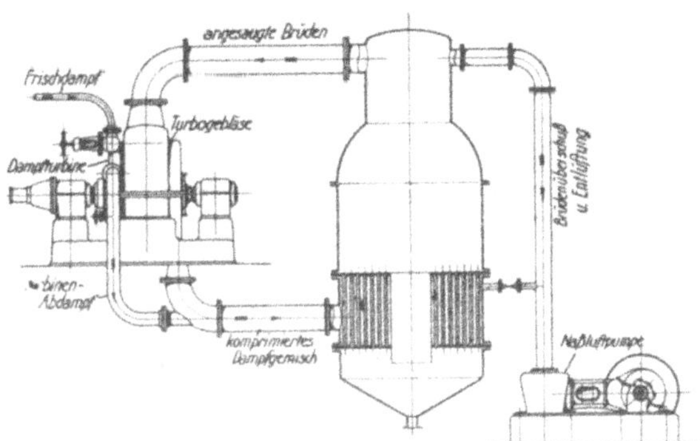

Abb. 37.
Verdampfer mit Dampfturbinenantrieb des Turbogebläses. Lurgi-Gesellschaft, Frankfurt a. M.

Eine gute Sulfatschmelze enthält etwa 20 bis 30 vH. Schwefelnatrium und 60 bis 70 vH. kohlensaures Natron, außerdem geringe Mengen von Ätznatron und bis zu 10 vH. kieselsaures Natron. Die Masse, die eine gelb- bis zinnoberrote Farbe hat, wird in die Kaustizierungsgefäße gebracht, in denen man die dem vorhandenen kohlensauren Natron entsprechende Menge Ätzkalk zuteilt. Da das Schwefelnatrium schon kaustisch ist, so ist der Kalkverbrauch geringer als beim Natronverfahren. Der Kalk bildet aber auch das kieselsaure Natron um, und der kohlensaure Kalk geht beim Kaustizieren in

Kreideschlamm über, der wiederholt ausgelaugt wird. Er bildet dann ein wertvolles Düngemittel. Die klare Sulfatlauge leitet man in Vorratsbehälter, aus denen man sie nach der Titration zum Kochen verwendet.

4. Beseitigung der Gerüche.

Wenn auch das Sulfatverfahren dem Natronverfahren gegenüber die bereits mehrfach erwähnten Vorteile bietet, so bringt doch die Herstellung der Sulfatlauge mancherlei Schwierigkeiten mit sich, da sie große Aufmerksamkeit und Gewissenhaftigkeit verlangt. Die erforderlichen Anlagen sind teurer und unterliegen auch dem Verschleiß mehr. Zusammensetzung und Verhalten der Laugen während des Eindickens und Schmelzens sind verschieden, da sie von dem Ausfall der Kochungen sehr abhängen. Als lästigster Übelstand ist aber die Geruchsbelästigung zu betrachten durch Gerüche, die sich sowohl beim Kochen, noch mehr aber beim Regenerieren der Lauge zeigen. Die Schwefelnatriumdämpfe, um die es sich dabei handelt, haben an und für sich wohl keinen belästigenden Geruch, sowie sie aber mit Wasser oder Luft in Berührung kommen, dann nehmen sie begierig Kohlensäure auf. Es entsteht dann durch Spaltung kohlensaures Natron und Schwefelwasserstoff, und zwar nach der Formel:

$$Na_2S + H_2O + CO_2 = H_2S + Na_2CO_3.$$

Es ist nun erklärlich, daß man durch geeignete Vorrichtungen diesen Übelstand zu beseitigen suchte, und zwar mit mehr oder minder großem Erfolg.

Viele berufene Fachleute haben nun dieser Aufgabe, die von größter Wichtigkeit für die Strohstoffabriken im allgemeinen und die nach dem Sulfatverfahren arbeitenden Fabriken im besonderen ist, ihre Aufmerksamkeit zugewendet [20]).

Das Ableiten der Abgase durch sehr hohe Schornsteine hat wohl bei klarem Wetter einen guten Erfolg, da durch die Einwirkung des Sonnenlichtes durch die großen Mengen von Luftsauerstoff eine Oxydation stattfindet, bei trübem Wetter versagt aber dieses Mittel, ganz abgesehen davon, daß auch bei sehr hohen Schornsteinen eine genügend feine Verteilung der Gase, die erforderlich ist, nicht eintritt, da sie eben in Gestalt einer Rauchfahne austreten. Eine bessere Verteilung und Vermischung hoffte man durch die sogenannten Dissipatorschornsteine zu erzielen, die in der Nähe des Schornsteinkopfes gitterartig Durchbrechungen aufweisen, welche die Rauchfahne in einzelne Fäden zerteilen sollen, aber auch dieses Mittel hat sich nicht bewährt.

---

[20]) Carl G. Schwalbe: Beseitigung der üblen Gerüche in Sulfat-Zellstoff-Fabriken. Zellstoff und Papier 1921, Heft 3, Seite 69—72.

Man ging dann von der Erwägung aus, daß die übelriechenden Abgase große Mengen von Wasser enthalten, und daß man durch die Kondensation dieses Wassers auch die riechenden Stoffe mit niederschlagen könne. Da aber die Löslichkeit dieser Stoffe nur sehr gering ist, so war auch dieses Mittel nicht geeignet, vollkommen Abhilfe zu schaffen. Auch das Waschen in Scrubbern änderte nichts an der Tatsache. Man kann wohl diese Wasch- und Kondensationswässer zum Ansetzen der Lauge verwenden, behält aber immer noch beträchtliche Mengen lästiger Gase über. Das Geruchlosmachen durch Hindurchleiten durch Oxydationsmittel ist unwirtschaftlich und muß deshalb ausschalten. Auf die Verwertung der Wasch- und Kondensationswässer beziehen sich mehrere Patente, so unter anderem von Dr. Max Müller [21]).

Man hat auch vorgeschlagen, die übelriechenden Gase durch den bei der Fabrikation abfallenden Kalkschlamm unschädlich zu machen [22]). Nach Schacht [23]) wird als Oxydationsmittel Luftsauerstoff verwendet. Dieses Verfahren ist schon als ein wesentlicher Fortschritt zu bezeichnen. Die Gase werden mit Wasser durch einen geeigneten Apparat, der sie zerpeitscht, in innige Berührung gebracht, so daß sie sich in dem entstehenden Wassernebel feinstens zerteilen. Der im Wasser gelöste Luftsauerstoff bewirkt dann die Oxydation der übelriechenden Stoffe, so daß man geruchlose Abwässer erhält. Schwalbe hat den Gasen Stickoxyde [24]) (besonders Stickstoffdioxyd) zugeführt, das Verfahren zeichnet sich aber ebenfalls durch Unwirtschaftlichkeit aus. Die Zellstoffabrik Mannheim-Waldhof schlägt vor, die Abgase den Generatoren zuzuführen, aber auch dieses Verfahren hat große Nachteile, da es fraglich erscheint, ob die stark flugstaubhaltigen Gase auf die Dauer im Generatorenbetrieb ohne Störung Verwendung finden können.

Am vorteilhaftesten ist das Verfahren nach W. Schacht, um nicht nur die üblen Gerüche zu beseitigen, sondern auch den Betrieb der Laugenregeneration wirtschaftlich zu gestalten [25]).

In diesem Aufsatze werden die in Frage kommenden Anlagen nach den Patenten 317 082 und 314 272 beschrieben (siehe Abb. 38 bis 41). In dem fraglichen Teile des Aufsatzes heißt es wörtlich:

Die vorteilhafte Fabrikations- und Betriebsarbeit der patentierten Ofenanlage wird durch die horizontale Verschiebbarkeit des Kalzinier-

[21]) D. R. P. 304 999.

[22]) D. R. P. 333 031.

[23]) D. R. P. 285 976.

[24]) D. R. P. 218 344.

[25]) Dr.-Ing. Willi Schacht: Sulfatstofferzeugung. Papierfabrikant, Festheft 1922, Seite 71—79.

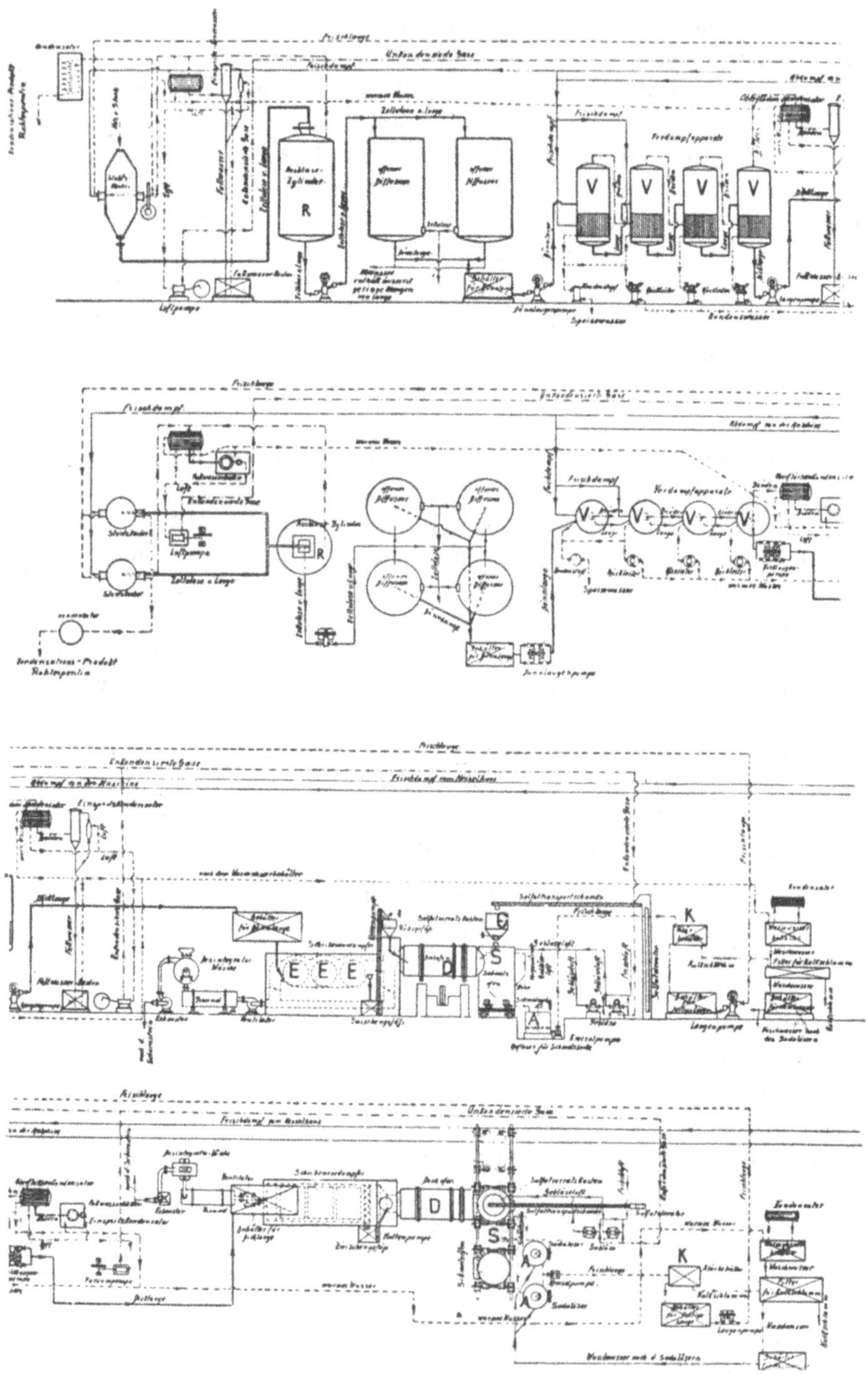

Abb. 38 bis 41.
Schematische Darstellung des Fabrikationsganges einer Sulfat-Strohzellstoff-Fabrik nach Schacht.

und Schmelzofens (S) nach zwei verschiedenen Richtungen erreicht. Sie beruht auf der dadurch erzielten, leichten und schnellen Auswechselbarkeit des Schmelzofens während des Betriebes und der ermöglichten dichten Zusammenkupplung desselben mit dem Drehofen (D).

Der Kalzinier- und Schmelzofen (S) ist jener Teil der gesamten Ofenanlagen, der im Betrieb stets dem schnellsten Verschleiß unterliegt, weil in ihm meist Temperaturen von 1500° C und darüber herrschen und sein Betrieb bei guter Wirkung und großer Leistung außerdem das Einpumpen von Luft für die Verbrennungsarbeit erfordert. Durch diese Betriebsverhältnisse wird das Bau- und Auskleidungsmaterial des Schmelzofens stark abgenutzt und dessen Erneuerung bzw. öftere Ausbesserung erforderlich.

Ist nun der Kalzinier- und Schmelzofen nicht verschiebbar, wie das bei den früheren Anlagen im allgemeinen der Fall war, d. h. ist dieser Teil der Ofenanlagen nicht leicht und schnell auswechselbar, sondern feststehend vor dem Drehofen (D) und Scheibenverdampfern (E) gebaut, so muß bei den öfters vorkommenden Reparaturen die ganze Ofenanlage stillgelegt werden. Bei den auswechselbaren Kalzinier- und Schmelzofen wird in solchen Fällen aber nur dieser selbst außer Betrieb gesetzt. Ein in Reserve stehender Kalzinier- und Schmelzofen läßt sich in kürzester Zeit ohne viel Arbeit vor den Dreh- und Scheibenverdampferofen vorfahren, sowie mit diesem gut und schnell verbinden. Die gesamte Anlage kann nach nur kurzer Unterbrechung wieder fortbetrieben werden. Wärmetechnisch bringt diese Betriebsweise große Vorteile, weil die Wärmemengen, die in dem Dreh- und Scheibenverdampferofen aufgestapelt sind, bei der kurzen Betriebsunterbrechung nicht durch Abkühlung verlorengehen. Störungen, Stillstände und Reparaturen im Dreh- und Scheibenverdampferofenbetrieb kommen bei der kurzen Unterbrechung so gut wie gar nicht vor. Es ist daher von großer Wichtigkeit, wenn die Fortführung des gesamten Ofenbetriebes möglichst wenig abhängig ist von den öfters vorkommenden Reparaturen des Kalzinier- und Schmelzofens. Dieser Vorteil ist bei der obigen Ausführung und Arbeitsweise der Ofenanlagen vollkommen erreicht.

Die zweiseitige Verschiebbarkeit des Schmelzofens verlangt dessen eiserne Ummantelung. Durch letztere wird die innere Ausmauerung vollkommen bandagiert. Beim Erhitzen des gemauerten und nur verankerten Ofens fängt das Mauerwerk im Betrieb naturgemäß immer an zu treiben, wodurch die Ofenmauerung in den Fugen sich weitet und lockert. Durch diese Vorgänge wird die Haltbarkeit des Ofens früherer Bauart naturgemäß stark beeinträchtigt, weil die feuerflüssigen Schmelzgase in die Fugen des Ofenmauerwerks eindringen und diese bald auswaschen. Diese Beeinträchtigung vollzieht sich bei den bisher üblichen Ofenanlagen mit den häufigeren, längeren Betriebsunterbrechungen schnell und in großem Maße, weshalb die Dauerhaftigkeit der Öfen auch stets zu wünschen übrig läßt und sowohl die Reparaturen dieser Anlagen wie die öftere totale Erneuerung dieser Öfen sehr große Kosten verursachen. Bei der vollkommen eisernen Ummantelung der vervollkommneten Ofenkonstruktionen können diese Übelstände nicht auftreten. Die Dauerhaftigkeit dieser gepanzerten Schmelzofen ist daher eine vielfache, wie bisher.

Die gute technische Wirkung der vorteilhaften Ofeneinrichtung erfordert eine möglichst vollständige Abdichtung zwischen Dreh- und Schmelzofen. Diese wird durch die Verschiebbarkeit des Schmelzofens parallel und senkrecht zur Längsachse erreicht und besteht darin, daß, wie schon ausgeführt, im laufenden Betrieb ständig große Wärmeverluste vermieden werden, wodurch sich sehr große Leistungen und beste chemische Arbeit, qualitativ hochwertige Schmelzsalze und geringste geruchliche Nebenerscheinungen gleichzeitig ergeben, wie wir das noch später erfahren werden.

Bei den bisher üblichen Ofenanlagen würde die von den Mehrkörperverdampfern (V) kommende Dicklauge in den Scheibenverdampfer (E) durch die Kohlensäure der Verbrennungsgase, die vom Drehofen abgehen und durch den Scheibenverdampfer streichen, nur in geringem Maße weitererhitzt, konzentriert und zersetzt, wobei die Dicklauge nur wenig in eine „krümelige Masse“ überging und als solche mittels Kolbenpumpe in den Drehofen (D) gefördert wurde, um daselbst völlig getrocknet zu werden. Am Ende des Drehofens wurde das Ofengut ins Freie abgegeben. Zu diesem Zwecke mußte ein Teil des Ofenquerschnittes freibleiben. Dieser freie Querschnitt des Drehofens, der das Ausfallen der getrockneten Ofenmasse ermöglichte, befand sich am tiefsten Punkte des Drehofenquerschnittes, während die Abgase der davor aufgebauten Schmelzofen durch den oberen Teil des Querschnittes in den Drehofen eintraten.

Der untere Teil des Querschnittes war also offen. Er mußte also auch im Betrieb offen sein und bleiben, weil er laufend das Ofengut getrocknet, ja meistens etwas brennend in die freie Atmosphäre ablieferte. Durch dieses Loch im Querschnitt des Ofens traten fortlaufend in hohem Überschuß sehr große Mengen atmosphärischer Luft in den Drehofen ein, wodurch die wärmetechnische Arbeit der ganzen Anlage stark beeinträchtigt wurde. Das an dieser Stelle ausfallende Ofengut wurde von Hand mit Sulfat gemischt und mußte ebenso von Hand mittels Schaufel nach Bedarf periodisch in den vor dem Drehofen liegenden Kalzinier- und Schmelzofen eingefüllt werden. Das Ofengut verlor beim Lagern an der Luft dauernd wieder Wärme, es brannte teilweise aus, wobei Brennstoff nutzlos verlorenging, z. T. verbrannten die Massen, ohne daß schon Sulfat zugesetzt war, was aber nicht nur wärmetechnische Verluste, sondern auch große chemische Beeinträchtigungen bedeutete, und wodurch die Einfüllarbeiten für die Arbeiterschaft sich besonders schwer und belästigend gestalteten. Auch hierbei entstanden im großen Maße die bekannten unangenehmen Geruchsübelstände für die weite Nachbarschaft der Fabrikanlagen.

Bei den vervollkommneten Ofenanlagen und Arbeitsverfahren D. R. P. 317 082 und 314 274 fallen die geschilderten Übelstände weg, die die Unterbrechung und periodische Fabrikationsarbeit zwischen Drehofen (D) einerseits und Kalzinier- und Schmelzofen (S) andererseits mit sich brachten, weil hierbei die trockenen Ofenmassen aus dem Drehofen automatisch ununterbrochen in den Kalzinierofen überrollen und durch die Beseitigung des offenen Teilausschnittes des Drehofens Eintritt von atmosphärischer Luft und alle sonstigen Wärmeverluste vermieden werden. Hierdurch wird auch besonders die Dicklauge in dem Scheibenverdampferofen vermehrt und stark erhitzt, hoch konzentriert und im weitgehendsten Maße zersetzt, so daß Mengen grobkrümliger Massen sich bilden.

Diese Dicklaugen lassen sich am vorteilhaftesten und sichersten mittels Kettenpumpen zum Drehofen fördern. Ebenso kommen bei der neuen Anlage und dem neuen Betrieb die schwere und belästigende Verarbeitung des ausfallenden Ofengutes mit dem zuzusetzenden Sulfat und die noch lästigeren ungesunden Einfüllarbeiten der Ofenmassen in den Schmelz- und Kalzinierofen in Wegfall, wodurch begreiflicherweise viel Arbeitspersonal im Betrieb gespart wird, und die erforderlichen wenigen Arbeitskräfte leichtere und angenehmere Arbeit bekommen.

Mit der Erreichung der vollkommensten Wärmewirtschaft in den Kalzinier- und Schmelzofen (S) wird automatisch auch gleichzeitig die beste Wärmeausnutzung in dem dahinter weiter folgenden Scheibenverdampferofen (E) erzielt, und ebenso stellen sich hierdurch bei diesen Vorgängen die chemischen Reaktionen in den gesamten Ofenanlagen in einem Grad hoher Vervollkommnung ein.

Für die beste chemische Tätigkeit der Anlagen kommt es darauf an, die dicke Ablauge in den Scheibenverdampfern (E) möglichst hoch zu erhitzen, möglichst weit einzudicken und auch möglichst stark zu zersetzen, damit die Dicklaugen nicht in dichter Pechform, sondern möglichst in stark krümliger Masse in den Drehofen (D) gelangen. Die Zersetzung der Ablauge wird durch die Kohlensäure, die sich als Endprodukt der Verbrennung ergibt, hervorgerufen. Die Kohlensäure fällt die in alkalischer Lösung befindlichen organischen Stoffe aus, ebenso auch die Harz- und Wachsverbindungen. Die gefällten Körper kleben zusammen und bilden Krümeln, Klunter, Schalen usw. Je vollkommener die Wärmewirtschaft ist, um so vollkommener vollzieht sich die Verbrennung in dem Kalzinier- und Schmelzofen, um so vollkommener und schneller gehen die chemische Zersetzung und weitere Trocknung des Ablaugemateriales im Drehofen (D) vor sich, und um so besser und schneller arbeitet auch chemisch und wärmetechnisch der Kalzinier- und Schmelzofen (S). Mit den neuen Einrichtungen werden daher die Ofenanlagen qualitativ und quantitativ sehr viel leistungsfähiger, so daß Natronsulfatstoffabriken mit 3 oder 2 Ofenaggregaten alten Stiles nach dem Übergang auf dieses vervollkommnete System bei den gleichen Leistungen mit einem einzigen Ofenaggregat an der Stelle auskommen und damit fabrikatorisch und betrieblich vorteilhaftest arbeiten. Daher läßt sich nicht nur im Betrieb, sondern auch in den Anlagekosten mit der Aufnahme des neuen Arbeitssystems sehr bedeutend sparen.

Wenn die Ofenmassen möglichst grobkrümlig am Ende aus dem Scheibenverdampfer und in den Drehofen gelangen, so bieten diese sehr viel vermehrte und bessere Angriffsflächen für die darüber ziehenden Rauchgase, als wenn die verdichtete Lauge pechartig, dickflüssig die Anlagen durchläuft. Die Einwirkungen der Kohlensäuregase lassen sich dann viel vollkommener gestalten, und die Ofenmassen selbst fangen in dieser Form sehr viel besser und schneller an zu zünden und zu brennen. Sie werden weiterhin schneller feuerflüssig und sind in diesem Zustand leicht flüssig und gut mischbar, so daß man damit dann auch Schmelzsalze erhält, die in ihrer chemischen Zusammensetzung für die Zellstoffabrikation hohen Wert haben und bestens geeignet sind. Gleichzeitig benötigt man für die Gewinnung dieser Schmelzsalze infolge der leichten und guten Brennbarkeit der Ablaugenmassen auch selbst in der Strohzellstoffabrikation sehr wenig oder gar kein neues Brennmaterial mehr, so daß irgendwelche besonderen Feuerungsanlagen, wie sie sonst gang und gäbe sind, bei dem neuen Ofensystem in Wegfall kommen können.

Infolge der guten äußeren Abschlüsse der Ofenanlagen können größere Mengen atmosphärischer Luft in die mit Unterdruck betriebenen Anlagen nicht eintreten. Großer Luftüberschuß läßt sich daher im Betriebe vermeiden, so daß die Alkalisalze der Ablaugen und des Sulfatzuschlages in den Ofenanlagen einerseits im weitgehendsten Maße karbonisieren und andererseits sich gut zu Schwefelalkali reduzieren lassen, womit Schmelzsalze für die Herstellung bester, brauchbarer Frischlaugen für einen guten Zellstoffaufschluß erreicht werden. Erfahrungsgemäß und nach eingehenden Untersuchungen werden diese chemischen Umwandlungen qualitativ und quantitativ nur bei vollkommener Verbrennung und gleichmäßig hoher Temperatur in den

Ofenanlagen erreicht. Bei dieser vollkommenen chemischen Arbeit wird auch das Auftreten der Gerüche in belästigender Weise in der Umgebung der Fabrik vermieden, da die Verbrennungsarbeit möglichst vollkommen und gleichmäßig wirkt, und Mercaptane und Methylsulfide größtenteils zerstört werden und nur in ganz geringen Mengen noch auftreten können. Die gesamten Verluste an Alkalisalzen (Ätznatron, inkrustensaures, kohlensaures, kieselsaures, schwefelsaures Natron, sowie Schwefelnatrium usw.) werden im Fabrikationsbetrieb größtenteils durch die billigen Rohsulfate (Sulfat und Bisulfat) ersetzt. Für den Zusatz der Sulfatsalze in den Zellstoffabriken bzw. in deren Salzwiedergewinnung sind bisher die verschiedensten Wege beschritten worden. Keiner hat bisher ganz befriedigt. Das weitaus am meisten geübte Verfahren, die Sulfatsalze dem aus dem Drehofen kommenden trockenen Ofengut von Hand aus zuzusetzen, hat verständlicherweise den Nachteil, daß eine gleichmäßige Durchmischung dieser Feinsalze mit der Drehofenmasse nicht möglich ist, da bei den ununterbrochen und periodisch arbeitenden Ofenbetrieben der Trockengrad der Ofenmasse starken Schwankungen unterlag, und eine Zumessung der Sulfate von Haus aus nicht in sicherer und gleichmäßiger Weise von Hand erfolgen kann, selbst wenn der Arbeiter den besten Willen hat, woran es aber bei der schweren und lästigen Handarbeit im heißen Drehofenbetrieb, besonders im heißen Sommer, meistens fehlt. Hierdurch leidet bisher die Durchführung vorteilhafter chemischer Vorgänge bei dieser Arbeitsart. Es ergeben sich aus diesem unvollkommenden Ofenbetrieb entsprechende Ungleichmäßigkeiten in dem Endprodukt der kalzinierten und geschmolzenen Soda.

Die Zugabe der Sulfate in die frischen Kochlaugen, wie sie auch noch geübt wird, ermöglicht zwar eine gute Durchmischung, hat aber den großen Nachteil, daß die Sulfatsalze bei den Koch-, Endlaugen und Wascharbeiten des Stoffes und in den Eindampflaugen der Ablaugen und Waschwasser nicht nur als unnützer Ballast hindurchgeschleppt werden müssen, sondern hierbei auch hindernd, störend und schädigend wirken. Der hergestellte Zellstoff wird in seiner Güte sowie Verarbeitung und auch die Ablaugen werden in ihrer Aufarbeitung durch stark sulfatsalzhaltige Frischlaugen ungünstig beeinflußt. Die vorzeitige große Anreicherung der Endlaugen an sauren Salzen setzt deren Gehalt an organischen Stoffen herab, zersetzt die Ablaugen zu frühzeitig und verursacht im erhöhten Maße deren schmierige und klebrige Beschaffenheit, wodurch die Aufarbeitung der Ablaugen selbst sich schwierig und recht kostspielig gestaltet.

Letztere Nachteile gelten auch von den bekannten Verfahren, die Sulfatsalze der eingedickten Ablauge zuzusetzen, sobald diese die Mehrkörperverdampfanlagen verläßt bzw. in die Ofenanlage eintritt. Auch bei dieser Betriebsweise entstehen erfahrungsgemäß ähnliche Schwierigkeiten und Störungen. Die Dicklaugen nehmen durch die hierbei eintretende Zersetzung an Klebrigkeit stark zu und erschweren den Scheibenverdampfer- und Drehofenbetrieb ungemein, da starke Anbackungen in diesen Ofenanlagen in kurzen Zeitperioden auftreten, die mit vielen schwierigen und lästigen Handarbeiten beseitigt werden müssen, was nicht nur umständlich ist, sondern beträchtliche Verluste an Wärme und an Material sowie Unregelmäßigkeiten in den Salzwiedergewinnungsanlagen selbst mit sich bringt.

Bei dem vervollkommneten Arbeitssystem (D. R. P. 314 274) werden die geschilderten Nachteile dadurch vermieden, daß die erforderlichen Sulfatmengen im letzten Stadium der Trockenarbeit des Drehofens (D) dem Ablaugengut, selbsttätig und gleichmäßig verteilt, zugeführt werden.

Für die neue Arbeitsweise ist oberhalb des Schmelzofens (S) ein Silo (G) errichtet, der für eine längere Arbeitszeit, z. B. 12 oder 24 Stunden, die zu verarbeitenden Sulfatmengen aufnimmt. Aus diesem Silo wird das Sulfat mittels Förderschnecke, Schüttelrinne oder ähnlichen Fördermitteln ununterbrochen in regelmäßig kleinen Mengen abgenommen. Die Abnahme ist in der Menge verstellbar und daher regelbar. Die Sulfatmengen gelangen in einen Abfallschacht mit kleinem Querschnitt, der sich im Deckengewölbe des Schmelzofens befindet und in schräg abfallender Richtung nach der Entleerungszarge des Drehofens liegt.

Die trockenen Sulfatsalze laufen mittels der Fördereinrichtung durch den abfallenden Schacht in den letzten Teil des Drehofens ab, wo die Ablaugen in die trockene Ofengutmasse übergehen. Hier findet nun von selbst ständig ein gutes Durchmischen des trockenen Ablaugenofengutes mit den zugeführten neuen Sulfatsalzen statt, und ununterbrochen rollen Anteile dieser Mischung vom Drehofen (D) durch die Verbindungszarge in den Kalzinier- und Schmelzofen (S), um hier zu verbrennen, zu kalzinieren und zu schmelzen.

Die kontinuierlich feuerflüssig ablaufenden Schmelzsalze können direkt in die Auflöseapparate (A) abgelassen werden, doch hat man diese Arbeit nach langen Jahren vielerwärts wegen Materialverlustes und gefährlicher Explosionen wieder verlassen und läßt die Schmelzsalze auf festgepflastertem Boden oder in Gußeisenschalen laufen, um die Schmelzen nach dem Erstarren zur Auflösung in die bekannten Apparate zu bringen.

Anstatt der kontinuierlich abfließenden Schmelzsalze kann man den Schmelzofen (S) auch periodisch betreiben. Hierbei wird die Ablauföffnung mit etwas Lehm verstopft und dieser Stopfen mittels Eisenstange von außen in 4 bis 6stündigen Perioden durchstoßen und dann wieder erneuert. Bei dem periodischen Abstich kann die sofortige Zuführung der Schmelzsalze in die Lösapparate nicht in Frage kommen, sondern die Schmelzen müssen, wie oben bereits angeführt, aufgefangen und nach dem Erstarren periodisch zur Lösung gebracht werden.

Das kontinuierliche Lösen der feuerflüssigen Schmelzen bringt erfahrungsgemäß laufend Salzverluste mit sich, die Wärme der feuerflüssigen Salze wird hierbei allerdings in weitgehendstem Maße nutzbar gemacht, doch ist die Explosionsgefahr auch eine beträchtliche, es sind schon manche Unglücksfälle hierbei eingetreten.

Der periodische Abstich der Schmelzsalze hat den Vorteil, daß man die großen Wärmemengen der feuerflüssigen Schmelzen längere Zeit im Schmelzofen (S) behält, und diese dort bei der Verbrennung der trockenen Ofengutmassen größtenteils mit nutzbar macht. Wärmetechnisch ist diese Arbeit im Ofenbetrieb selbst am vorteilhaftesten. Andererseits wird jedoch dabei der Schmelzofen in der Haltbarkeit der Ausmauerung mehr mitgenommen als bei der Arbeit mit kontinuierlichem Ablauf der feuerflüssigen Schmelze.

Für die Gefahr der geruchlichen Nebenerscheinungen ist der unterschiedliche Schmelzofenbetrieb, ob kontinuierlich laufend oder mit periodischem Abstich arbeitend, ohne wesentliche Bedeutung.

Die außerordentlich großen Leistungen derartiger Ofenanlagen und der Betrieb derselben mit Luftüberdruck im Schmelzofen und voller Ausnutzung der eingepumpten Luftmengen lassen geringsten Unterdruck im Abzug der Ofengase am Ende des Scheibenverdampfers zu. Der geringe Unterdruck und die feuchte Kammerarbeit der Scheibenverdampfer fangen erfahrungsgemäß alle Flugsalze aus den Abgasen der Dreh-, Kalzinier- und Schmelzöfen ab, wodurch Alkaliverluste vermieden werden und Geruchbildungen durch abziehende Flugsalze nicht entstehen können.

Die Luftsauerstoffwirkung in solcher vollkommen arbeitenden Anlage ist so günstig, daß auch bei ungünstigen Arbeitsperioden der Ofenarbeit und bei ungünstigen atmosphärischen Einflüssen von irgendwelchen wesentlichen Belästigungen der Nachbarschaft durch Geruchsübelstände keine Rede mehr sein kann. Langjährige Erfahrungen haben das bestätigt.

Die Betriebsverhältnisse lassen sich in den Verhältnissen noch geruchlich weiter verbessern, wenn man die gesamten Ofenabgase mit den Fuchsgasen des Dampfkesselhauses der Anlage zusammentreten läßt, diese unter weiterem Zusatz von Luft mittels Ventilatoren mischt und die Mischungen durch einen gemeinsamen Kamin abführt. Wird letztere in seinem oberen Aufbau mit einer Dissipatoranlage nach Wislicenus ausgestattet, so können die gemischten Abgase weiter bis um die 25fache Volumenmenge mit Luft verdünnt werden, was naturgemäß einen einwandfreien Betrieb jederzeit sichert. Beim Betrieb der Dampfkesselfeuerungen mit mulmiger Braunkohle wird allerdings bei Dissipatoranlagen in langen Perioden ein Reinigen des Gitterwerkes am Schornsteinkopf erforderlich.

Steht der Sulfatzellstoffabrik ein günstiger Vorfluter für Abwässer zur Verfügung, so können die gesamten Ofenanlagen auch ohne Schornstein betrieben werden, und man kann die Ofengase durch Desintegratorwäsche fast vollkommen aufarbeiten. Der im Wasser gelöste Luftsauerstoff oxydiert hierbei die riechenden Bestandteile der Gase in vollkommener Weise, so daß man alle Gerüche dadurch gänzlich loswerden kann. Die Desintegratorwäsche erfordert aber betrieblich viel Energie, da die Ofenabgase mit ihren riechenden Körpern schwer löslich sind und neben großer Reaktionsenergie auch viel Wasser erfordern, wie das Klason vor vielen Jahren schon experimentell zahlenmäßig nachgewiesen hat. Es empfiehlt sich deshalb, diese Aufarbeitung der Gase nur zeitweilig und bei ungünstigen Verhältnissen in Anwendung zu bringen.

Das Absorptionsverfahren von Professor Schwalbe mittels Hackspänen oder Sägemehl bietet auch Aussicht auf völlige Zersetzung der Riechkörper, denn eine durchgreifende Oxydationsarbeit ist dadurch zu erzielen. Das Aufarbeitungsverfahren riechender Abgase mit A-Kohle der Elberfelder Farbenfabriken vorm. Bayer & Co. in Leverkusen verspricht auch günstige Wirkungen, aber die Anwendung ist nicht einfach und wird kostspielig, ebenso erscheint die vorteilhafte Kohlenreinigung und Auswertung der zersetzenden Geruchskörper manche andere Erfahrungen vorauszusetzen.

In jüngster Zeit ist es gelungen, bei der Weiterverarbeitung der Kondensationsprodukte der Stoffkocherei und der Ablaugenverdampfstation die stark riechenden Stoffe als Dimethylsulfid und Natriummerkaptan abzutrennen und diese für pharmazeutische Zwecke zu verwenden. Es hat sich herausgestellt, daß diese organischen Schwefelverbindungen für besondere Zwecke äußerst wertvolle Körper darstellen. Es steht zu erwarten, daß bei einer vorteilhaften Auswertung der Körper die Abteilungen der Zellstofferzeugung zukünftig besonders darauf eingerichtet und dafür betrieben werden, daß diese leicht flüchtigen, stark riechenden wertvollen Stoffe möglichst verlustlos zu gewinnen sind.

Die Einwirkung der Kochlaugen auf Stroh und ähnliche grasartige Pflanzen ist nun ähnlich wie auf die Faserstoffe, die als Hadern verarbeitet werden. Es ergänzen sich hierbei Lauge, Dampfdruck und Dauer der Kochung in der Weise, daß man durch höheren Dampfdruck oder längeres Kochen an Lauge sparen kann. Beim Stroh sind nun die Stoffe, die durch die Laugen gelöst werden müssen, in größerer

Menge vorhanden als bei den Hadern, so daß man entweder stärkere Laugen verwenden oder länger oder bei höherem Dampfdruck kochen muß, wenn man reinen Strohzellstoff herstellen will, da ja beim Stroh die inkrustierenden Bestandteile auch stark verhärtet sind. Beim Stroh besteht die Hauptaufgabe der Lauge darin, die Kieselsäure und die Ligninstoffe zu lösen. Die Sulfide (Schwefelnatrium und andere geeignete Sulfitverbindungen) lösen wohl die Lignin- und Pektinstoffe leicht, nicht aber die Kieselsäure. Diese wird durch die Natronlauge gelöst. Diese löst auch die Ligninstoffe, muß dann aber stärker genommen werden und greift dann in die feinen und zarten Teile des Zellstoffes an, so daß diese geschwächt oder auch ganz zerstört werden. Beim Schachtschen Verfahren und beim Sulfatverfahren wird das dadurch vermieden, daß man schwächere Laugen mit geringem Ätznatrongehalt verwendet.

Die Kocher.

Die Arten der in der Strohstoffabrikation gebrauchten Kocher sind nun ziemlich mannigfaltig, wenn auch nicht zu verkennen ist, daß heute immer mehr Einheitlichkeit Platz greift und sich besondere Kocherarten herausgebildet haben, die für diesen Zweck sich als besonders geeignet erwiesen haben.

Mit der Vervollkommnung aller Herstellungsverfahren für die Halbstoffe der Papierfabrikation mußten notgedrungen auch die dazu verwendeten Apparate und Vorrichtungen eine Verbesserung erfahren, ganz besonders bezieht sich das also auch auf die Kocher. Eine Kochvorrichtung, die man immer noch in älteren Strohstoffabriken findet, welche gelben Strohstoff herstellen, besteht in den bereits erwähnten gemauerten Gruben[26]). Solche Kochvorrichtungen brauchen nun durchaus nicht als unmodern bezeichnet zu werden und haben sich bis heute in verschiedenen mit Erfolg arbeitenden Strohstoffabriken, die namentlich Strohpappen und Strohpapier aus gelbem Strohstoff herstellen, noch erhalten.

Wesentlich besser sind natürlich die stehenden Kocher aus Schmiedeeisen, wie sie besonders auch zum Kochen von Espartogras Verwendung finden (Abb. 42). Neuerdings verwendet man allerdings auch hier rotierende Zylinderkocher (Abb. 44 und 45), in welche das Espartogras in Bündeln eingegeben wird.

Alle diese Vorrichtungen usw. sind aber doch nicht in dem erwünschten Maße geeignet, die Kochung unter allen Umständen so durchführen zu können, wie es im Interesse eines guten und gleichmäßigen Erzeugnisses erforderlich ist. Namentlich bei den stehenden

[26]) siehe Seite 88.

Kochern zeigen sich diese Übelstände trotz aller möglichen Vorrichtungen, die eine gleichmäßige Verteilung der Lauge bezwecken. Am besten werden diese Übelstände noch durch die drehenden Kocher vermieden, da bei ihnen durch die langsam drehende Bewegung

Abb. 42.
Rotierender Zylinder- oder Sturtzkocher für Strohstoff- und Alfazellulose.
Maschinenfabrik A.-G. vorm. Wagner & Co., Cöthen i. Anh.

die Lauge mit allen Teilen des Kochgutes in Berührung gebracht wird und so ganz gleichmäßig einwirken kann. Das Kochgut ist dabei ständig in Bewegung und reibt sich aneinander. Das kann ja nun einen günstigen wie auch ungünstigen Einfluß haben. Ein weiterer

Vorteil der modernen Drehkocher besteht nun darin, daß sie auch für höhere Spannungen geeignet sind, also ermöglichen, daß man den Kochprozeß unter verschiedenem Druck durchführen kann.

Heute baut man für die Zwecke der Strohstoffabrikation aus-

Abb. 43.
Kugelkocher für Stroh.
Maschinenfabrik A.-G. vorm. Wagner & Co., Cöthen i. Anh.

schließlich die zylindrischen oder kugelförmigen Kocher aus Flußeisen. Das Flußeisen hat dem Schmiedeeisen gegenüber den Vorteil, daß es nicht so leicht blättert. Schmiedeeisen wieder ist zäher und elastischer. Die Bleche der Kocher sollten alle stark sein, weil dadurch nicht nur die Betriebssicherheit bedeutend erhöht wird, sondern sich auch die Wärmeausstrahlung vermindert. Diese starken Bleche haben auch noch den Vorteil, daß im Inneren der Kocher besondere Mitnehmer für das Kochgut überflüssig werden, da die hervorstehenden Enden der Bleche diese Arbeit übernehmen. Man kann auch bei diesen starken Blechen meist nur mit einer Nietreihe auskommen, da die Nieten dicht aneinander gesetzt werden können. Bei dünnen Blechen hingegen machen sich stets zwei Nietreihen erforderlich, einmal um die Verbindungen zu dichten, das andere Mal um dem Kocher genügende Festig-

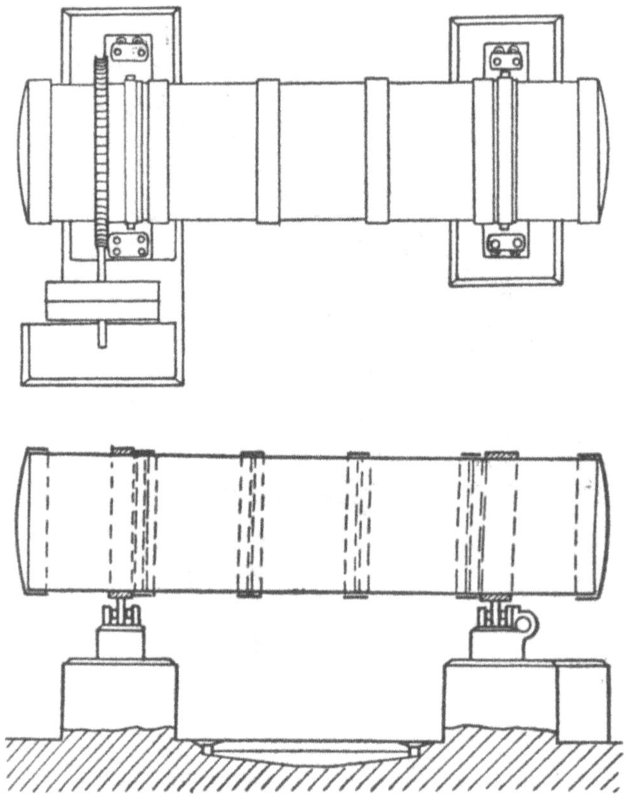

Abb. 44 und 45.
Liegender, zylindrischer Drehkocher.

keit zu geben. Die stärkeren Bleche bedeuten keine wesentliche Verteuerung des Kochers, wohl aber eine Erhöhung der Betriebssicherheit und eine Verminderung der Explosionsgefahr.

In älteren Strohstoffabriken findet man mitunter auch noch die liegenden Zylinderkocher (Abb. 44 u. 45). Diese Kocher können auch heute mitunter noch in Frage kommen, und zwar vor allen Dingen da, wo es sich um den Einbau in Fabriken handelt, deren Räume nicht genügend hoch sind, um Sturz- oder Kugelkocher einbauen zu können. Ein weiterer Umstand, der mitunter noch ausschlaggebend für ihre Wahl sein könnte, ist der, daß die Kugelkocher zur Bewegung mehr

Kraft brauchen als die liegenden Zylinderkocher. Beim Kugelkocher ist der Hebel von Mitte bis zum äußersten Ende des Kochers, wo sich das Kochgut befindet, länger, das Kochgut muß also höher gehoben werden als beim liegenden Zylinderkocher.

Man kann die Zylinderkocher sowohl durch ein Schneckenrad- als auch durch ein doppeltes Stirnradvorgelege in Umdrehung versetzen. Der Schneckenradantrieb hat den Vorteil, daß er beim Stillstellen des Kochers selbstsperrend ist, der Kocher also in seiner Lage bleibt und nicht zurückpendelt. Die Schnecke sollte aber dabei stets in einem Ölbad laufen, das vor Staub und Schmutz gut gesichert ist. Wenn man in letzter Zeit immer mehr den doppelten Stirnradantrieb vorgezogen hat, so hat das seinen Grund darin, daß nur einfache Räder nötig sind, die gegebenenfalls schnell und leicht ausgewechselt werden können. Bei dieser Antriebsart macht sich aber eine Sperrklinke erforderlich, die möglichst selbsttätig in Wirkung tritt, damit der Kocher nicht zurückpendeln kann, wenn der Riemen auf Leerlauf gestellt wird, oder wenn er einmal reißt oder abfällt.

Die Einfüllöffnungen werden nun bei den Zylinderkochern sehr verschieden angeordnet, meist findet man zwei, bei sehr langen Kochern wohl auch drei Mannlöcher, die mit Deckeln verschlossen werden. Diese können sowohl durch den Dampfdruck von innen gegen die Dichtungsflächen angepreßt werden, wie z. B. bei den Mannlöchern der Dampfkessel oder von außen durch Schraubendruck. Letztere Art findet man häufiger.

Will man bei Zylinderkochern eine gleichmäßige Kochung des Gutes erzielen, dann ist es erforderlich, daß beim Füllen sowohl das Gut wie auch die Lauge und andere Zusätze regelmäßig und auch gleichmäßig eingefüllt und verteilt werden. Die Zylinderkocher haben noch den Vorteil, daß man sie leichter als die Kugelkocher mit einer die Wärmeausstrahlung verhütenden Umhüllung versehen kann.

Es gibt nun auch Zylinderkocher, die sich nicht um ihre Längsachse, sondern um ihre Querachse drehen. Diese bezeichnet man als Sturzkocher (Abb. 42). In dieser Ausführung finden sie sich vielfach als Kocher zum Aufschließen von Stroh und anderen grasartigen Pflanzen, besonders auch von Esparto. Die Fasern leiden nämlich bei diesen Kochern wesentlich weniger als bei den Kugelkochern, da die Reibung an den Wänden des Kochers geringer ist. Schwache und dünnwandige Fasern ergeben aber festeres Papier, wenn sie weniger angegriffen und aufgerauht sind, außerdem neigen sie aus diesem Grunde viel weniger zu der lästigen Graupenbildung.

Die Sturzkocher brauchen nun wie die Kugelkocher sehr hohe Räume zur Aufstellung, sie haben aber den großen Vorteil, daß die Füllung wie auch die Entleerung sehr rasch vor sich geht, und zwar meistens ohne menschliche Nachhilfe. Der Antrieb der Sturzkocher erfolgt am besten durch doppelte Stirnradvorgelege, die aber unbedingt eine Selbstsperrung erhalten müssen, denn bei diesen Apparaten ist die Gefahr des Zurückschlagens und Pendelns in weit größerem Maße vorhanden als bei den Kugelkochern. Die zur Bewegung erforderliche Antriebskraft ist noch größer als bei den Kugelkochern, da die Last ganz ungleichmäßig verteilt ist. Man hat bei diesen Kochern auch mit einem sehr großen Verschleiß der Zahnräder zu rechnen, da der Gang

Abb. 46.
Geschweißter Sturtzkocher für Strohzellulose.
Julius Pintsch A.-G., Berlin.

unregelmäßig und ruckweise ist. Aus diesem Grunde eignet sich auch der Schneckenradantrieb nicht.

Neuerdings kommt auch der geschweißte Kocher immer mehr zur Anwendung, wie er in der Abbildung 46 als Sturzkocher von 45 cbm Inhalt in einer Ausführung der Firma Julius Pintsch, Aktiengesellschaft in Berlin, gezeigt ist. Es unterliegt keinem Zweifel, daß der sachgemäß geschweißte Kocher große Vorteile bietet, denn zunächst sind bei ihm alle innenliegenden Nietköpfe vermieden. Wenn auch bei der neuen Laschennietung (siehe Abb. 47, die den unteren Teil eines solchen Kochers zeigt), diese Nachteile nicht so stark in Erscheinung treten, und auch alle innenliegenden Blechkanten, Vorsprünge usw. in Wegfall kommen, so liegt doch die Gefahr der Anfressung immer noch näher als bei den geschweißten Kochern, die innen vollkommen glatt sind. Undichte Nietnähte können bei ihnen keinesfalls eintreten. Die geschweißten Kocher bieten den genieteten gegenüber ohne Zweifel den Vorteil der dauernden Dichtigkeit und der glatten, keine Angriffe bietenden Wandungen und des geringeren Gewichtes bei gleichen Blech-

Abb. 47.
Zellstoffkocher mit Laschennietung
der Maschinenfabrik A.-G. vorm. Wagner & Co. in Cöthen i Anh.

stärken, da Nieten, Überlappungen und Laschen wegfallen. Die genieteten Kocher, die wie alle Kocher stark wechselnden Festigkeitsbeanspruchungen und Temperaturänderungen ausgesetzt sind, erhalten an den Nietnähten so große Materialanhäufungen, daß die unvermeidlichen Temperaturzerrungen innerhalb der Niehtnähte nicht nur Undichtigkeiten zur Folge haben können, sondern auch die bekannten Loch- und Kantenrisse verursachen. Die Schweißung kennt nun solche Materialanhäufungen überhaupt nicht, es müssen demnach alle derartigen Mißstände wegfallen.

Die Kocher werden mit überlappter Naht mit Wassergas geschweißt. Die Bruchfestigkeit einer solchen Naht beträgt 90 bis 100 vH. der Festigkeit des vollen Bleches. Zu einer solchen Festigkeit gelangt man bei der Nietung nur unter Anwendung von doppelten Laschen, und zwar bis zu 85 vH. des vollen Bleches, während die alte Überlappungsnietung weit hinter dieser Festigkeit zurückbleibt. Tatsache ist, daß eine einwandfreie Schweißung der gleich sorgfältig ausgeführten Nietung bezüglich der Festigkeit mindestens ebenbürtig ist. Allerdings bietet nur die Verwendung von bestem SM-Flußeisen weichster Qualität (Feuerblech) mit einer Festigkeit von 43 bis 40 kg/qcm bei mindestens 25 vH. Dehnung volle Gewähr für eine sichere Schweißung. Da man aber auch für genietete Kocher ein anderes Material nicht verwendet, weil die abwechselnde und namentlich auch ungleichmäßige Erwärmung und Abkühlung der Kocher ein Zerreißen der Wandungen aus hartem Blech herbeiführen kann, so bedeutet das keinerlei Hindernis für die Anwendung der Schweißung. Die Schweißung ist wohl teurer als die Nietung, wird aber in letzter Zeit wegen der großen Vorteile immer mehr angewendet.

Es möge nun noch einiges über den Betrieb von Kochern aller Art gesagt werden, da derselbe eine große Zuverlässigkeit, Aufmerksamkeit und Sorgfalt verlangt. Zunächst sind eine ganze Reihe von Sicherheitsmaßnahmen erforderlich, und zwar in der Hauptsache Rückschlagventile, Sicherheitsventile, Dampfdruckregler und Entwässerungsvorrichtungen, die alle möglichst selbsttätig und unbedingt zuverlässig wirken und eine leichte und schnelle Nachprüfung auf sicheres Funktionieren gestatten müssen.

Die Rückschlagventile (Abb. 48 u. 49) sind erforderlich, da es beim Betrieb leicht vorkommen kann, daß im Dampferzeuger weniger Spannung herrscht als im Kocher, so daß der Dampf vom Kocher zurück nach dem Kessel strömen würde. Bei diesen Rückschlagventilen, für die grundsätzlich alle bekannten und bewährten Bauarten zulässig sind, ist nun darauf zu achten, daß immer die Gefahr besteht, daß sie durch Fasern, Schmutz, Lauge usw. versetzt oder verstopft und so am zuverlässigen Wirken verhindert werden. Sie müssen also sehr oft nachgeprüft werden, damit diese Übelstände gar nicht erst eintreten können. Vorteilhaft ist dabei, daß der Druck stets unter dem Kegel liegt und wenn dieser sich hebt, der Dampf ganz gleichmäßig durch einen geöffneten Dichtungsring strömt, sich oberhalb desselben teilt und dann durch zwei sich gegenüberliegende gleichgeformte Kanäle von gleichem Querschnitt und gleicher Länge der Austrittsöffnung zuströmt. Der Kegel kann also nicht einseitig beeinflußt werden, und das Ventil dichtet dauernd ab.

Die Dampfdruckregler. Heute, wo man mit hohen Dampfspannungen in dem Kessel arbeitet, ist es doppelt wichtig, daß zwischen diese und die Kocher ein zuverlässig wirkender Dampfdruckregler eingeschaltet wird, der es vor allen Dingen auch ermöglicht, den Druck unabhängig von der Bedienung für die Kochung einzustellen. Die Grundbedingung für solche Dampfdruckregler ist nun, daß sie einfach sind, und daß sie auch eine rasche, zuverlässige und bequeme Verstellung des Druckes in jeder gewünschten Weise ermög-

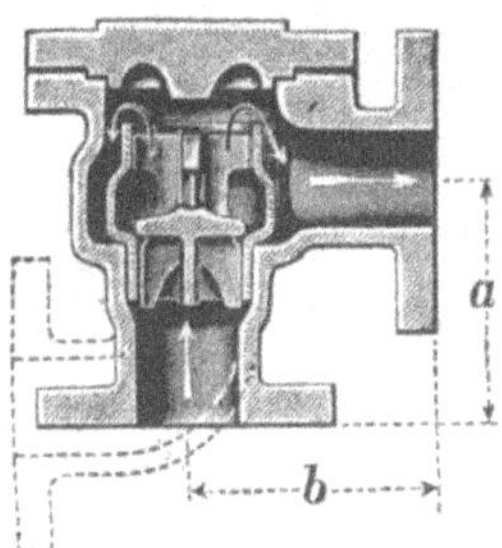

Abb. 48.
Rückschlagventil.
Dreyer, Rosenkranz & Droop, Hannover.

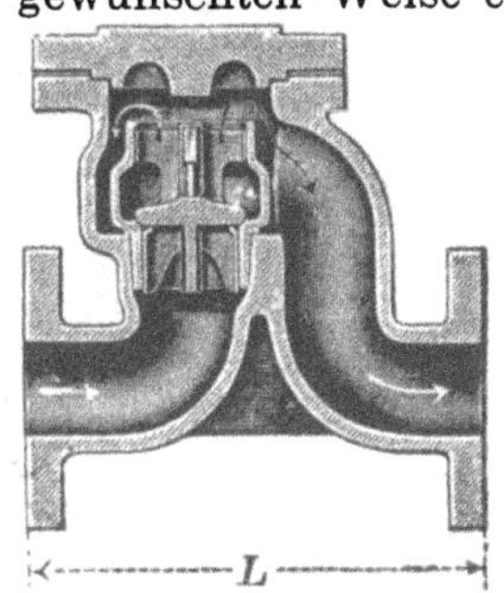

Abb. 49.
Rückschlagventil.
Dreyer, Rosenkranz & Droop, Hannover.

lichen. Solche Apparate dürfen keine allzu große Wartung verlangen und müssen sich auch überall an leicht zugänglichen Stellen anbringen lassen. Der einmal eingestellte Druck muß von ihnen immer gleich hoch gehalten werden, gleichviel, ob der Druck im Kessel steigt oder fällt.

Die Sicherheitsventile. Die Sicherheit gegen Explosionsgefahr, die durch ausreichende Güte und Stärke der Kesselbleche und durch zuverlässige Konstruktion der Kocher gegeben ist, genügt beim Betriebe von Dampfgefäßen nicht, da durch allerhand Nebenumstände ganz bedeutende Spannungszunahmen auftreten können, welche über eine zulässige Belastung der Bleche und Nietverbindungen hinausgehen und so zu Explosionen führen können. Wenn auch die Dampfdruckregler in gewisser Beziehung Sicherheitsvorrichtungen sind, so genügen sie doch nicht. Man muß bei allen Kochern unter allen Umständen noch besondere Sicherheitsventile einbauen, die ein Überschreiten der amtlich festgesetzten höchsten Spannung unbedingt und sicher verhüten, indem sie sich öffnen und den überschüssigen Druck abblasen. Durch das dabei entstehende Geräusch wird in den meisten Fällen die Bedienung aufmerksam gemacht werden und die Veranlassung zu dieser Drucksteigerung suchen und beseitigen.

Im allgemeinen ist ja die Explosionsgefahr bei den Kochern nicht allzu groß, wenn sie den Bedingungen entsprechen und wenn bei ihrer Beschickung nicht besonders schwere Fehler gemacht werden. In weitaus den meisten Fällen sind daher auch solche Explosionen auf Fehler in der Bedienung zurückzuführen. Solche Fehler können z. B. darin bestehen, daß infolge mangelhafter und unzureichender Schmierung die Zapfenlager einlaufen und dadurch geschwächt werden. Es ist daher erforderlich, daß man sein Augenmerk nicht nur auf gute Schmierung, sondern auch auf den äußeren und inneren Zustand der Kocher richtet. Die Schmierung ist an und für sich sehr leicht in ausreichender Weise durchzuführen, da die Kocher sich nur sehr langsam drehen, aber erfahrungsgemäß ist die Bedienung sehr leicht geneigt, gerade bei solchen Maschinen und Lagern, die schon an und für sich keine großen Anforderungen an die Schmierung und Lagerung stellen, auch diese geringe Arbeit noch zu vernachlässigen. Maschinen und Lager, die erfahrungsgemäß leicht warm laufen oder sonstwie hohe Anforderungen an Schmierung und Wartung stellen, werden stets besser beobachtet und bedient.

Die größte Gefahr einer Explosion der Kocher ist in der Betriebsweise zu suchen. Im gewöhnlichen Betrieb ist wohl im allgemeinen keine Gefahr vorhanden, es kann aber der Fall eintreten, daß man infolge des Dampfmangels die Kochung nicht beenden kann, sondern den Dampf abstellen muß, bis der Mangel behoben ist. Leitet man nun nach Behebung dieser Ursachen wieder Dampf ein, um die Kochung zu vollenden, dann kann es sehr wohl vorkommen, daß das Kondenswasser das sich in den Leitungen in erheblichen Mengen angesammelt hat, mit dem neu zugeführten Dampf zugleich in den Kocher gelangt. Das Wasser tritt dann plötzlich ein und wird mit einem Schlage in Dampf verwandelt, wenn im Kocher noch eine hohe Spannung vorhanden ist. Es bildet sich dann eine Dampfwelle, welche an die entgegengesetzte Kocherwand schlägt. Dieser Schlag ist um so heftiger, je größer die Spannung im Kocher und die Menge des eingeführten Dampfes war.

Bei den Kugelkochern und auch bei den modernen Kochern mit stark gewölbten Böden ist nun diese Gefahr nicht so groß, da die Dampfwelle gebrochen wird. Bei flachen Wänden, wie man sie bei älteren Zylinderkochern noch findet, wird der Boden aber meist herausgeschleudert werden, indem er aus seinen Nietverbindungen gerissen wird.

Um diese Gefahren nach Möglichkeit zu beseitigen, muß man Vorrichtungen treffen, welche eine zuverlässige und selbsttätige Ableitung des Kondenswassers ermöglichen. Man kann dazu alle gebräuchlichen und im Betriebe bewährten Kondenswasserableiter verwenden (Abbildung 50 u. 51).

Eine besondere Gefahr besteht auch darin, daß man in den noch heißen Kocher zwecks schnelleren Abkühlens kaltes Wasser einfüllt. Auf diese Weise ziehen sich die heißen Kesselbleche sehr schnell zu-

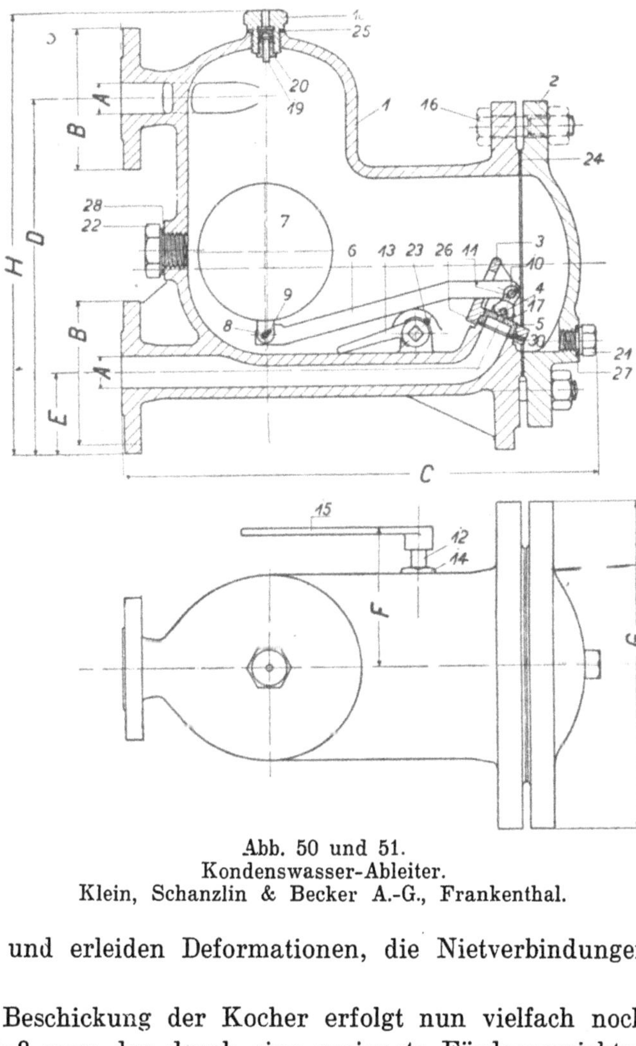

Abb. 50 und 51.
Kondenswasser-Ableiter.
Klein, Schanzlin & Becker A.-G., Frankenthal.

sammen und erleiden Deformationen, die Nietverbindungen werden undicht.

Die Beschickung der Kocher erfolgt nun vielfach noch auf die Weise, daß man das durch eine geeignete Fördervorrichtung eingebrachte Kochgut mit der Hand einstampft. Es ist das eine Handhabung, die nicht nur viel Zeit, Arbeitskräfte und Lohn beansprucht, sondern auch sehr lästig ist, da es meist bei noch heißem Kocher vorgenommen werden muß. In neuer Zeit hat man nun zu diesem Zwecke Preßluftstampfer verwendet, welche diese Arbeit nicht nur in viel kürzerer Zeit mit viel weniger Aufwand an Arbeitskräften und Lohn,

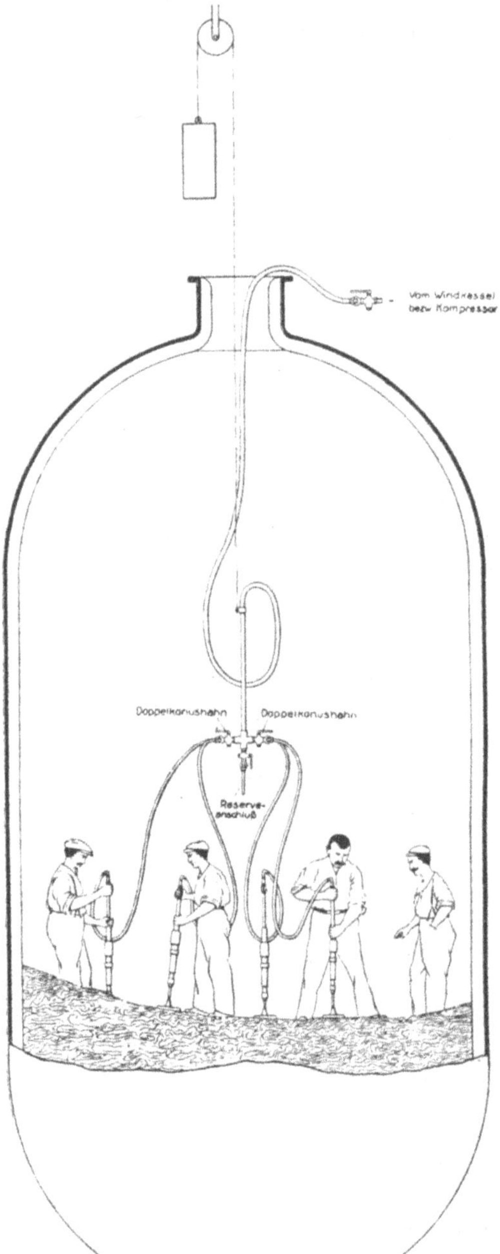

Abb. 52.
Preßluftstampfer für Zellstoffkocher der Frankfurter Maschinenbau-Aktiengesellschaft vorm Pokorny & Wittekind in Frankfurt a. M.

sondern auch in vollkommenerer Weise verrichten. Mit dem Einstampfen von Hand ist man nicht in der Lage, das elastische Gut ausreichend fest zu stampfen, da es die Bestrebung hat, sich stets sofort wieder auszudehnen (Abb. 52). Man hat wohl auch Vorrichtungen getroffen, welche diese Arbeit durch ein Fallgewicht vornehmen (Abb. 53). Wenn auch an und für sich die Wirkung eine ganz gute ist, so geht doch die Arbeit zu langsam vonstatten, und außerdem besteht auch die Gefahr, daß durch das Fallgewicht die Kocherwandungen beschädigt werden. Durch den Preßluftstampfer hingegen wird eine ausreichende Dichte der Kocherfüllung ohne schwere körperliche Arbeit auf einfachstem und schnellstem Wege erreicht. Durch die dem Preßluftstampfer eigene rasche Schlagfolge ist es möglich, nicht nur die elastischen Nachwirkungen des Kochgutes zu beseitigen, sondern auch wesentliche Ersparnis an Lauge und an Dampf durch die sich ergebende Dichte der Kocherfüllung zu erzielen und außerdem auch noch das Beschicken der Kocher in wesentlich kürzerer Zeit als bisher mit viel weniger Aufwand an Arbeitskraft und Lohn und dabei zuverlässiger auszuführen.

Durch die sich ergebende Ersparnis an Zeit, Arbeitslöhnen, Lauge

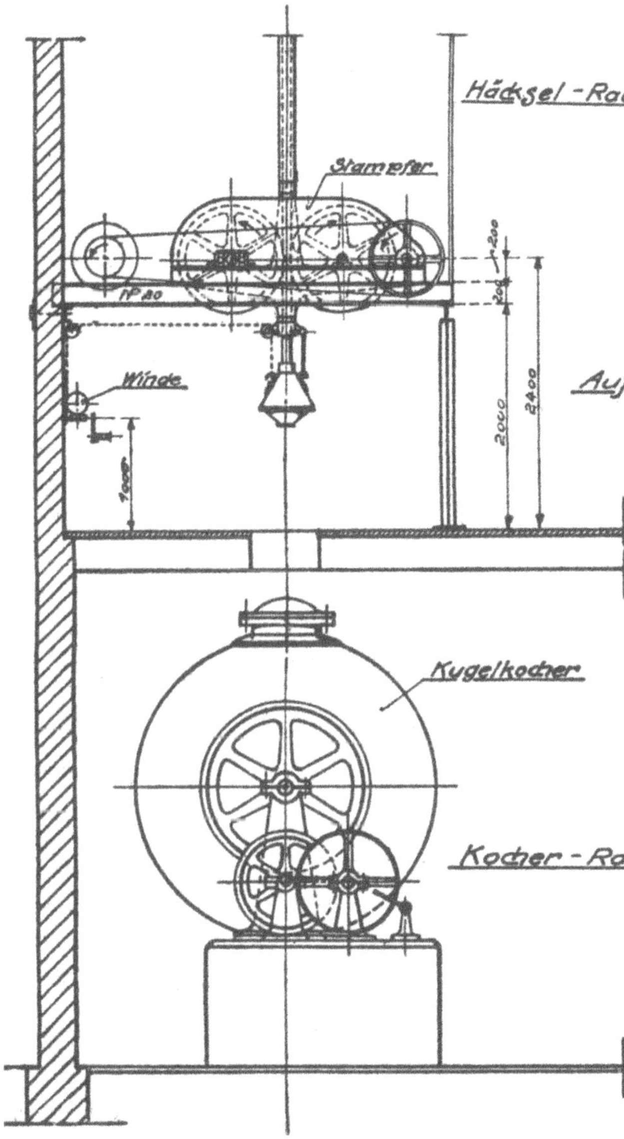

Abb. 53.
Stampfer für Kocherfüllung.
Fa. Ranft, Niedersedlitz.

und Dampf wird der Betrieb der Kocheranlage verbilligt; außerdem wird infolge der kurzen Beschickungszeiten und der durch die größere Dichte bedingten erheblich größeren Ausbeute die Kocherleistung nicht unbeträchtlich erhöht.

Graupenbildung beim Kochen.

Eine sehr lästige und schädliche Erscheinung beim Kochen von Stroh und Esparto ist nun die Graupenbildung, die um so schädlicher ist, als sie sich erst im Bleichholländer bemerkbar macht. Der Stoff zeigt hier eine krümlige Beschaffenheit und eine Menge kleiner Kügelchen, die aus um- und ineinander gerollten Fasern bestehen. Dieser Übelstand macht sich beim Bleichen noch wenig schädlich bemerkbar, da diese Kügelchen in ihrem Innern bereits durchgebleicht sind, ehe sich die Fasern zusammenballen. Beim Bürsten im Ganzzeugholländer verschwinden diese Graupen auch meist wieder, da die Fasern hier wieder auseinandergelöst werden. Bei schmieriger Mahlung des Stoffes oder der Vermischung mit anderen starren Fasern macht sich diese Graupenbildung im Papier auch kaum mehr bemerkbar. Bei rösch gemahlenem Stoff verschwindet sie ebenfalls im Ganzzeugholländer ganz, tritt aber in den Bütten, auf den Sand- und Knotenfängen wieder auf. Diese Graupen sind dann meist aber feiner, so daß sie die Schlitze der Knotenfänger passieren, diese aber mit der Zeit doch verstopfen.

Durch vorsichtiges Kochen kann man die Graupenbildung einschränken und auch ganz vermeiden. Beim gelben Strohstoff und bei schlecht ausgefallenen Kochungen zeigt sie sich nie. Begründet ist die Graupenbildung darin, daß sich aus der Faser Fibrillen ablösen, so daß diese aufgerauht wird und ihre natürliche Starrheit und ihren Halt verliert. Bei der schiebenden Bewegung in den Bleichholländern und Bütten umschlingen sich dann diese aufgerauhten Fasern und bilden diese Erscheinungen, die man als Graupen bezeichnet. Am meisten neigen dazu die dünnwandigen Fasern, also Stroh und Esparto, besonders aber bei der Kochung mit Ätznatronlauge, welche die Faser aufquellt und zerstört, so daß diese Fibrillenbildung begünstigt wird. Durch die Reibung an den Kocherwänden wird die Graupenbildung noch erhöht. Im Kocher selbst bilden sich allerdings keine Graupen, sie zeigen sich erst im Bleichholländer. Wenn man die Anwendung der Ätznatronlauge auf das unbedingt erforderliche Maß beschränkt und die Kocher nur gerade so schnell umlaufen läßt wie unbedingt erforderlich, damit sich der Häcksel gut und gleichmäßig mit der Lauge mischt, dann kann man die Graupenbildung auf ein erträgliches Maß einschränken und auch ganz verhindern.

Wärmewirtschaft beim Kochen.

Um nun die Wärmewirtschaft beim Kochen möglichst günstig zu gestalten, muß man darauf bedacht sein, die durch den Kocherbetrieb bedingten Schwankungen im Dampfverbrauch möglichst zu verhindern. Hierzu sind das beste Mittel die Wärmespeicher, von denen sich für die Zellstoffindustrie im allgemeinen und die Strohzellstoffabriken im besonderen am besten die Ruths-Speicher eignen, die heute auch bereits in einer großen Anzahl von Zellstoffabriken im Betrieb sind. Die Abbildung 54 zeigt einen solchen Speicher von der Maschinenfabrik Augsburg-Nürnberg gebaut, im Schaubild, die Abbildung 55 im Schnitt.

Abb. 54.
Wärmespeicher. Maschinenfabrik Augsburg-Nürnberg A.-G.

Kurz zusammengefaßt sind die Vorzüge dieser Wärmespeicher die folgenden: Gleichmäßigkeit der Kesselbelastung, des Dampfdruckes und der Dampftemperatur. Die Ausnutzung des Brennstoffes wird ver-

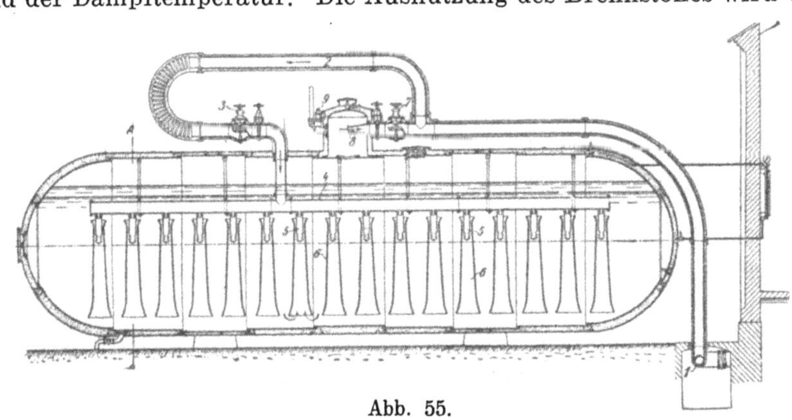

Abb. 55.
Ruths-Wärmespeicher im Schnitt.

bessert, und die Zahl der Kessel kann infolge der gleichmäßigen Belastung verringert werden. Daraus wieder ergibt sich eine Verminderung der Kosten für Wartung und Bedienung, in vielen Fällen wird auch eine Vergrößerung der Kesselanlage unnötig. Der Verlauf des Kochprozesses wird störungsfrei gestaltet, die Kocher und die anderen Dampfverbraucher werden mit Dampf von stets gleichbleibender Beschaffenheit versorgt. Die Betriebssicherheit wird erhöht, da die Wärmespeicher eine große Dampfbereitschaft gewährleisten. Die Zeit des Anwärmens, Ankochens und Dämpfens kann wesentlich abgekürzt werden, woraus sich eine Erhöhung der Erzeugung oder eine Verminderung der Kocherzahl bei gleicher Erzeugung ergibt. Trotz der durch den Betrieb bedingten starken Dampfschwankungen ist die Verwendung von Höchstleistungskesseln ermöglicht. Die Energieausbeute kann ebenfalls erhöht werden aus Entnahme- und Gegendruckdampf.

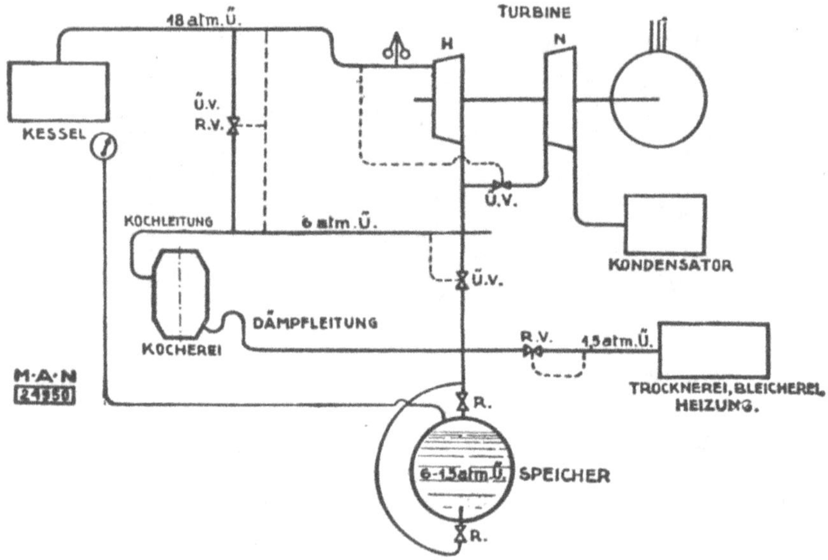

Abb. 56.
Schaltung eines Ruths-Dampfspeichers im Dampfnetz einer Strohzellstoff-Fabrik.
Maschinenfabrik Ausburg-Nürnberg A.-G.
ÜV Überströmventile.
H Hochdruckteil der Dampfturbine.
N Niederdruckteil der Dampfturbine.
RV Druckminderventile.

Die Dampferzeugung der Kessel bleibt stets gleich, die Kessel können also mit der günstigsten Belastung betrieben werden. Wenn weniger Dampf benötigt wird, als erzeugt wird, so geht der Überschuß unter Erhöhung des Speicherdruckes in den Speicher, um von ihm in den Zeiten des Mehrbedarfes wieder abgegeben zu werden, wobei der Druck im Speicher wieder sinkt. Durch die Möglichkeit, mit Hilfe des Speichers in kurzer Zeit große Dampfmengen abzugeben, wird nicht nur eine gleichmäßige Kesselbelastung erreicht, sondern auch bei Zellstoffkochereien eine Abkürzung der Dämpfungs- und Ankochzeit und damit eine entsprechende Steigerung der Erzeugung.

Die Schaltung eines Dampfspeichers im Dampfnetz einer Zellstofffabrik zeigt die Abbildung 56. Eine Anzahl selbsttätiger Überströmventile (ÜV) und Druckminderventile (RV) regeln die Dampfverteilung. Sie werden von geringen Druckschwankungen (0,1 bis 0,2 Atm.) in den Leitungen beeinflußt, mit denen sie durch die gestrichelt angedeuteten Leitungen (Manometerrohre) verbunden sind. Der Kesseldampf durchströmt zuerst den Hochdruckteil (H) der Turbine und dehnt sich dabei auf 6 Atm. Überdruck aus, worauf der Hauptteil dieses Dampfes in die 6 Atm.-Leitung eintritt. Eine geringe Dampfmenge geht, wenn nötig, durch den Niederdruckteil (N) der Turbine in den Kondensator, um die Maschinenleistung auf die jeweils erforderliche Höhe zu bringen. Die Zumessung dieser Menge geschieht durch den vom Druck in der Frischdampfleitung beeinflußten Flüssigkeitsregler. Sinkt nämlich der Leistungsbedarf, so sucht zuerst der Geschwindigkeitsregler den Dampfzufluß abzusperren. Die dadurch hervorgerufene geringe Drucksteigerung im Frischdampfnetz veranlaßt den Füllungsregler zu einer Schließbewegung, wodurch die Leistung der Maschine der neuen Belastung angepaßt wird, während der Geschwindigkeitsregler wieder der vollen Kesseldampfmenge den Weg durch die Hochdruckstufe freigibt. Auf diese Weise wird erreicht, daß möglichst aller Nutzdampf zuvor Arbeit leistet und möglichst wenig Dampf in die Kondensation abfließt, wodurch er für Wärmezwecke verloren wäre.

Der mit 6 Atm. Ü entnommene Dampf strömt zu den Kochern und außerdem durch das Überströmventil (ÜV) und das Druckminderventil zur Trocknerei, Bleicherei und Heizung. Der Überschuß wird vom Wärmespeicher aufgenommen. In Zeiten erhöhten Dampfbedarfes ist das Überströmventil mehr oder minder geschlossen, die Niederdruckverbraucher werden vom Speicher ganz oder teilweise mit Dampf versorgt.

Eine Umführungsleitung sorgt dafür, daß bei geringerer Maschinenbelastung den Nutzdampfverbrauchern gedrosselter Frischdampf selbsttätig zugeführt wird.

V. Das Waschen, Sortieren und Raffinieren des Strohstoffes.

Das Auswaschen des Strohstoffes.

Der Strohstoff muß zunächst gründlich entlaugt werden, man kann das im Kocher vornehmen oder auch besondere Vorrichtungen dazu verwenden, im allgemeinen handelt es sich dabei also um einen Spülvorgang unter Aufwendung von großen Wassermengen, den man oft auch im Holländer vornahm. Neuerdings kommt hingegen eine Maschine gerade in Strohstoffabriken immer mehr in Aufnahme, die geeignet ist, eine große Vereinfachung hervorzurufen.

Der Leitgedanke beim Entwurf der Spiralpresse war, eine Maschine zu schaffen, welche den Zweck der Entwässerung aller Arten von Zellstoffen in weit vollkommenerem Maße als die bisher gebräuchlichen Rund- oder Langsiebmaschinen erreicht, billig in der Anschaffung ist, wenig Kraft und Bedienung erfordert und die hohen Ausgaben für Siebe, Filze u. dgl. vermeidet. Es kam also darauf an, mit einfachen Mitteln eine möglichst energische Stoffauspressung zu erreichen.

Während z. B. die bisherigen Waschprozesse nur einen Spülvorgang unter Verwendung großer Wassermengen darstellten, ermöglicht die eigentümliche Form der Verdrängerschnecke sowohl ein kräftiges Auswringen des Stoffes von Waschwässern, Ablaugen u. dergl., wie auch ein gründliches Abscheuern der Fasern von den anhaftenden Inkrusten, Lösungsprodukten und Unreinheiten.

Die Maschine besteht aus einer horizontal angeordneten Verdrängerschnecke, welche in einem durch einen starken Mantel geschützten Feinsiebzylinder arbeitet, ferner einem aufmontierten Einlauftrichter mit Rührwerk, der gleichzeitig zur Vorentwässerung dient. Der Antrieb der Maschine erfolgt durch ein Schneckengetriebe mit fester und loser Riemenscheibe. Man ist dadurch in der Lage, eine beliebige Zahl von Maschinen in Reihenanordnung aufzustellen.

Die Aufstellung von zwei Pressen ist sowohl zum Entwässern von Zellstoff, wie auch zum Abpressen von laugenhaltigem Stoff, gleich gut geeignet. Es ist erforderlich, über den Pressen einen Sammelbehälter oder eine Rührbütte aufzustellen, die ein kräftiges Spiralrührwerk besitzt. Die Rührbütte hat den Zweck, sei sie nun stehend oder liegend angebracht, den auszupressenden Stoff in möglichst gleicher Beschaffenheit und großer Menge aufzunehmen. Das Rührwerk dient dazu, die Stoffmasse in Bewegung und gleicher Beschaffenheit, d. h. die Einzelteile des Stoffes schwebend in der Flüssigkeit zu erhalten. Es dürfen sich keine Stoffnester bilden, da diese nur den Durchgang der Flüssigkeit gestatten.

Die Anschlußstutzen der Stoffbrei-Ablaufleitungen erhalten in der Rührbütte zweckmäßig einen Innendurchmesser von 300 mm, falls der Abstand der Rührbütte von den Pressen gering ist, genügen hierfür auch 275 oder 250 mm. Die Rohrleitung am Einlauftrichter der Presse besitzt einen Innendurchmesser von 200 mm und wird durch einen Schnellschlußschieber mit Hebel und Zugstange betätigt. An der Rührbütte wird ein Schieber von 250 bis 300 mm vorgesehen, welcher Anschluß an eine Spülleitung von 50 mm Innendurchmesser erhält. Die Betätigung des oberen Schiebers erfolgt zweckmäßig durch ein Kettenrad und Handkette. Der Abfluß der Vorentwässerung am Einlauftrichter wird wiederum durch einen Absperrschieber mit Handrad geregelt.

Reinigungsöffnungen mit Knebelverschlüssen sowie Spüllucken in genügender Zahl ermöglichen eine bequeme Reinigung. Die ausgepreßten Flüssigkeiten aus der Vorentwässerung und dem Preßzylinder werden durch ein gemeinsames Rohr von etwa 125 mm Durchmesser aufgenommen. Will man die in dem Abwasser bzw. die in den Ablaugen enthaltenen Stoffasern fast restlos wiedergewinnen, so empfiehlt sich der Einbau eines Stoffangzylinders in die Abflußleitung. Die aufgefangenen Fasern fließen wiederum der Rührbütte zu. Der abgepreßte krümlige Stoff kann entweder durch mechanische oder pneumatische Vorrichtungen fortgeschafft werden, oder aber man ordnet vor den Pressen eine Misch- und Transportschnecke an, löst hier durch Zuführung von Heißwasser den Stoff auf und fördert ihn durch Pumpen zu den Verwendungsstellen. Für den Versand läßt sich der entwässerte Stoff leicht in Rollenform pressen.

Die Spiralpresse läßt sich nun ebenso gut als Entwässerungsmaschine verwenden wie auch zum Abpressen von laugenhaltigen Zellstoffen [27]). Auf die Verwendung als Entwässerungsmaschine soll in dem Abschnitt über Entwässerung des Strohstoffes ausführlich gesprochen werden.

Bei der Verwendung der Maschine zum Abpressen von laugenhaltigem Strohstoff ist die Anordnung von Rührbütten und Pressen die gleiche, nur verwendet man bei dem Verfahren eine Abteilung zum Abpressen der Dicklauge und eine zweite zum Abpressen der Dünnlauge.

Die Erfahrung hat gezeigt, daß auch beim Abpressen von laugenhaltigen Stoffen Endtrockengehalte des Preßgutes von 50 bis 60 vH. und darüber im Dauerbetrieb zu erhalten sind Erfordernis dabei ist, eine geeignete Konzentration des den Pressen zugeführten Stoffes, und zwar hat sich ein Trockengehalt von 5 bis 7 vH. als günstig erwiesen. Folgende Tabelle zeigt, welche Flüssigkeitsmengen des Kocherbreies im ausgepreßten Stoff zurückbleiben bei Annahme eines mittleren Trockengehaltes des Preßgutes am Austritt der Presse von etwa 55 vH.

Tabelle 14.

bei	4	vH.	Trockengehalt	des	zugeführten	Stoffes	etwa	3,4	vH.
„	6	„	„	„	„	„	„	5,2	„
„	8	„	„	„	„	„	„	7,1	„
„	10	„	„	„	„	„	„	9,1	„
„	12	„	„	„	„	„	„	11,2	„
„	16	„	„	„	„	„	„	15,6	„

[27]) Verfahren und Einrichtung nach D. R. P. 398041.

Man ersieht aus vorstehenden Zahlen, daß, je dicker der Stoff der Presse zugeführt wird, ein desto höherer Anteil der Ablaugen im ausgepreßten Stoff zurückbleibt, d. h. die Laugenverluste werden bei der Zuführung von dickerem Stoff immer größer, während an einer restlosen Wiedergewinnung außerordentlich viel gelegen ist.

Die Trockengehalte der nach dem Natronverfahren aufgeschlossenen Zellstoffe betragen nach beendeter Kochung im Kocher etwa 15 bis 16 vH. Der Kocherstoff ist daher durch Zuführen von warmen Dick- und Dünnlaugen (etwa 50 bis 60° C), welche direkt den Pressenabflußleitungen entnommen werden, so weit zu verdünnen, daß der Kocherinhalt einen Trockengehalt von etwa 5 bis 7 vH. und eine Laugenkonzentration von etwa 7,5 bis 8,5° Bé bei 75 bis 80° C gemessen, erhält. Die Verdünnung des Kocherstoffes nach beendeter Kochung erfolgt am besten im Kocher selbst. Bei Drehkochern muß man nach Zuführung der Verdünnungslaugen einige Male schwenken, bei feststehenden Kochern mit Laugenzirkulation muß der Laugenumlauf nach Beendigung der Kochung einige Zeit unter Zusatz der Verdünnungslaugen fortgesetzt werden, bevor die Entleerung erfolgt. Diese kann sowohl durch Ausblasen, wie auch durch Auspumpen erfolgen. Es ist auch zweckmäßig, die Preßanlage möglichst nahe an der Kocherei einzurichten, damit die Überführungsleitungen kurz und der verdünnte Kocherstoff den Pressen so heiß wie möglich (etwa 75 bis 80°) zugeführt wird. Die Gefäße, welche die zur Verdünnung des Kocherstoffes erforderlichen Dick- und Dünnlaugen aufnehmen, befinden sich auf dem Kochereiboden und werden mit Schwimmer- und Meßskala versehen, so daß auf einfachste Art stets die bestimmten Mengen Dick- und Dünnlauge entnommen werden können. Die Verdünnung kann auch in Rührbottichen über den Pressen vervollständigt werden.

Die Spiralpressen eignen sich vorzüglich zur Entlaugung des Strohstoffes. Während man z. B. bei dem früheren Waschverfahren ohne Pressen für Natron-Zellstoffe eine Ablauge von etwa 5° Bé erhielt, ist es bei der Verwendung des vorliegenden Verfahrens möglich, eine Ablauge von etwa 8° Bé zu erhalten, wobei man 3000 bis 4000 kg Wasser auf 1000 kg trocken gedachten Stoff weniger zu verdampfen hat. Gleichzeitig kann man mit etwa 10 vH. mehr zurückgewonnener Chemikalien rechnen, deren Wert die Dampfersparnis noch übertreffen.

Die Spiralpresse ist im praktischen Dauerbetrieb ausprobiert und hat sich gut bewährt. Das Abpressen der Dicklauge erfolgt in der ersten Pressenserie. Der vorentlaugte Stoff fällt in eine Transport- und Mischschnecke, wird hierin durch verteilte Zuführung von Heißwasser nur so weit aufgelöst, daß der Trockengehalt etwa 4 bis 7 vH. beträgt und durch eine Stoffpumpe nach der Rührbütte über den

Dünnlaugenpressen gefördert. Der Stoff ist nach der zweiten Auspressung als laugenfrei zu betrachten. Eine kleine Nachwaschung ist aus Sicherheitsgründen im Holländer bei höchsten Qualitätsansprüchen zu empfehlen. Arbeitet man bei der nachfolgenden Sortierung nur mit Frischwasser, so ist eine Nachwaschung unnötig.

Beim Abpressen von laugenhaltigem Strohstoff hat sich die Anordnung von Stoffangzylindern in die Laugenabflußleitungen der Pressen als günstig erwiesen. Die zurückgewonnenen Fasern fließen den Rührbütten über den Pressen zu.

Die ungefähren Umlaufzahlen der Pressenantriebsscheiben beim Entlaugen von Strohstoff sind:

a) Dicklaugen $n = 180$ bis 190
b) Dünnlaugen $n = 230$ bis 240

Abb. 57. Zellenfilter. R. Wolf A.-G., Magdeburg

Die Dünnlaugen können in Soda- und Sulfatfabriken auch zum Auswaschen des Kalkschlammes bei der Frischlaugenbereitung mit verwendet werden, soweit man dieselben nicht zur Verdünnung des Kocherinhaltes benötigt und die herzustellenden Fabrikate das qualitativ zulassen.

Für die Auslaugung und restlose Wiedergewinnung der Ablaugen sind auch die sogenannten Zellenfilter der Firma R. Wolf in Magdeburg-Buckau geeignet, wie sie in den Abbildungen 57 bis 60 gezeigt sind. Diese Zellenfilter-Saugtrockner sind vor allen Dingen auch in der Lage, den Stoff ohne vorherige Eindickung oder Verdünnung, sondern so wie er von den Kochern kommt, auf einen Trockengehalt von etwa 50 vH. zu bringen.

Der Zellenfilter-Saugtrockner besteht im wesentlichen aus der Filtertrommel, der Lagerung, dem Trog mit dem Rührwerk, dem

Steuerkopf, der Filterbespannung, der Abnahmevorrichtung und dem Antriebe. Die gußeiserne Filtertrommel (Abb. 58) ist bei den kleineren Apparaten ein Gußstück, während sie bei den größeren Apparaten aus zwei Gußstücken zusammengesetzt ist. Die Zellen dieser Filtertrommel sind, wie aus der Abbildung 58 ersichtlich ist, radial angeordnet und trichterförmig ausgebildet, wobei jeder Trichtermund seitlich in Kanäle ausläuft und durch den angeschraubten Lagerhals, der die gleiche Kasteneinteilung hat, mit dem Steuerkopf verbunden wird.

Abb. 58.
Trommel eines Zellenfilters.
R. Wolf A.-G., Magdeburg.

Die Lagerung der Filtertrommel besteht aus zwei kräftigen Lagerböcken mit angeschraubten Lagern, an denen sich die mit der Trommel verschraubten Lagerhälse drehen. Zwischen den Lagerböcken ist der fest und mit ihnen verstellbar verschraubte schmiedeeiserne Trog angeordnet, der mit einem verstellbaren Überlauf und mit einem Schlammablaßstutzen mit Absperrschieber versehen ist (Abb. 60). In diesem Troge liegt ganz nach der Größe des Apparates ein einfaches oder doppeltes Rührwerk, dessen Welle in Außenlagern läuft und vom Hauptantrieb durch eine Kette angetrieben wird.

Abb. 59.
Steuerkopf eines Zellenfilters.
R. Wolf A.-G., Magdeburg.

Der Steuerkopf hat in der Regel drei Kammern, an denen die Zellenmündungen der Filtertrommel vorbeistreichen. Die auf der Abbildung 59 links sichtbaren beiden Abschnitte stellen eine Kammer dar und bilden ein Ganzes. Im Uhrzeigersinn weiter folgt dann rechts oben die Kammer, die der Trocknung dient. An diese Kammer schließt sich eine kleine Kammer an, durch die Druckluft, Dampf oder Wasser den Zellen zwecks Auflockerung des Filterkuchens und Reinigung der Bespannung zugeführt wird. Diese Kammer läßt sich in zwei Teile teilen, so daß auch erst gelockert und dann gereinigt werden kann. Der Steuerkopf enthält ferner einen oder zwei Anschlüsse für die Auflockerungs- und Reinigungsmittel sowie zwei Anschlüsse für Vakuummeter, die zur Kontrolle des im Steuerkopf herrschenden Vakuums dienen.

Die Filterbespannung besteht aus Filz oder Drahtgewebe, die auf einer Siebunterlage ruhen, welche die Trommel bedeckt. Das Festspannen des Filtertuches erfolgt durch einen sinnreichen Apparat, der das Einreißen mit Sicherheit verhindert. Die Abnahmevorrichtung ist

Abb. 60.
Trog eines Zellenfilters. R. Wolf A.-G., Magdeburg.

ein Schabermesser, das an einem gußeisernen Balken befestigt ist, der sich in seitlichen Lagern bewegen kann und durch eine Spindel mit Handrad eingestellt wird.

Eine ähnliche Maschine, die dem gleichen Zweck zu dienen bestimmt ist, stellt die Abbildung 61 dar. Es ist das der Urfilter der Firma G. Polysius in Dessau. Der Urfilter besteht im wesentlichen aus einer Filtertrommel mit Trog und Abstreicher, einer Reinigungsvorrichtung für das Filtertuch, einem Rührwerk, einer Waschvorrichtung, dem Flüssigkeitssammler sowie dem Antrieb und ruht mit seinen Hauptwellen auf einer gemeinsamen Grundplatte. Die Filtertrommel sitzt auf einer Hohlwelle und wird mittels dieser in Umdrehung versetzt. Sie ist nur einseitig gelagert, so daß ihr Inneres leicht zugänglich ist. Mit der unteren Hälfte ragt sie in den Trog, dem durch einen Stutzen der verdünnte Stoff zugeführt wird und der außerdem mit einem Überlauf- und einem Ablaufstutzen versehen ist.

Aus diesem Trog saugt die in gleich große Zellen unterteilte Filtertrommel, die mit Tüchern bespannt ist, durch ein von einer Luftpumpe erzeugtes Vakuum auf ihrem Umfange ununterbrochen die Fasern an und entzieht ihnen die anhaftende Lauge. Der Abstreicher hebt getrocknete Masse ab und leitet sie der Auffangvorrichtung zu. Er trägt eine auswechselbare Glas- oder Stahlschneide und kann durch Hand-

Abb. 61.
Urfilter. C. Polysius, Dessau.

räder und Spindeln, die eine weitgehende Feineinstellung zulassen, in die vorteilhafteste Entfernung von der Trommelperipherie gebracht werden.

Die durch das Filtertuch in das Innere der Trommel eingesaugte Flüssigkeit und Luft gelangen in die Vorkammer derselben und werden von hier durch zwei Rohrleitungen getrennt voneinander dem Flüssigkeitssammler zugeführt, wodurch die Schwankungen der Luftleere im Filter außerordentlich vermindert werden, so daß ein ruhiges und stetiges Arbeiten gewährleistet ist. Diese Wirkungen erhöhen sich besonders noch dadurch, daß der Flüssigkeitssammler unmittelbar an die Vakuumleitung angeschlossen ist und außerdem die Flüssigkeit selbst an der tiefsten Stelle durch einen Ablaßstutzen ununterbrochen abfließen kann. Zur Steigerung der Leistungsfähigkeit ist das Urfilter mit einer Reinigungsvorrichtung versehen, die den Zweck hat, die Poren des Filtertuches nach Abgabe des entlaugten und entwässerten Stoffes, von festen Stoffen frei zu spülen, damit das Tuch stets im Zustande der größten Aufnahmefähigkeit bleibt. Diese Reinigung wird durch die schon erwähnte Zelleneinteilung der Trommel und die sinnreiche Ausbildung eines flachschieberartig wirkenden Zellenschalters erreicht, der die Möglichkeit gibt, den Teil des Filtertuches, der zwischen dem Abstreicher und der Flüssigkeitsoberfläche liegt, mit Druckluft oder Druckflüssigkeit rückläufig zu beschicken. Zugleich bewirkt dieser Zellenschalter die Absperrung der von der Schicht befreiten Zellen vom Vakuum, so daß der nicht zu unterschätzende Zustrom falscher Luft unterbunden und infolgedessen eine bedeutende Saugluftersparnis erzielt wird.

Will man aus Sicherheitsgründen aber dennoch eine gründliche Auswaschung des Stoffes vornehmen, so empfehlen sich dazu die Waschholländer. Vorteilhaft wird man dazu die Bleichholländer benutzen, die weiter unten näher beschrieben sind und die sich sehr leicht mit äußerst wirksamen Waschvorrichtungen versehen lassen und die lästige Graupenbildung ganz oder fast vollkommen vermeiden. Es ist auch vorteilhaft, diese Wasch- oder Bleichholländer mit Anschluß an eine Heißwasserleitung zu versehen, damit man das Auswaschen zunächst warm vornehmen kann. Das Waschen in diesem Holländer bringt auch noch den großen Vorteil, daß man darin den Stoff schon gut auflöst, so daß er keine größere Mengen ungelöster Faserbündel und dergleichen mehr enthält. Man kann den Stoff auch nach erfolgter Auswaschung sofort bleichen. Das Absitzenlassen des Stoffes nach dem Auswaschen im Holländer sollte man möglichst vermeiden, denn dadurch wird, wie auch beim Entwässern auf Entwässerungsmaschinen, der Stoff auf einen Trockengehalt von etwa 30 vH. gebracht und muß dann gekollert werden, wenn man ihn zu satinierten Papieren verarbeiten will. Selbst nach dem Bleichen finden sich oft noch Faserbündel, die aus Bastzellen bestehen. Diese Faserverbindungen bilden dann im fertigen Papier kleine Knötchen, die im Kalander zerdrückt werden und dann die bekannten transparenten Flecken bilden.

Das Sortieren.

Zum Sortieren des Strohstoffes verwendet man heute ausschließlich die Zentrifugalsortierer. Der früher viel gebräuchliche und auch mitunter in älteren und kleineren Strohstoffabriken noch zu findende Schüttelsortierer kann für moderne Strohzellstoffabriken nicht mehr in Frage kommen, nicht weil seine Sortierung nicht gut war, sondern weil seine Leistung viel zu geringe ist, um die in Frage kommenden großen Mengen zu bewältigen. Man müßte für moderne Strohzellstoffabriken eine so große Anzahl dieser Maschinen aufstellen, daß die Sortieranlage teuer und unübersichtlich würde. Es soll daher hier auch von diesen Sortierern vollkommen abgesehen werden und nur der moderne Zentrifugalsortierer Erwähnung finden. Es soll hier auch nicht auf die Entwicklung dieses wichtigen und leistungsfähigen Apparates näher eingegangen werden, obgleich man auch in manchen Betrieben noch die Vorgänger der heutigen Schleuder- oder Zentrifugalsortierer findet, wo sie immer noch gute Dienste tun und sich durch reine Sortierung auszeichnen, wenn auch die Leistung nicht mehr ganz den heutigen Anforderungen entspricht.

Entgegen den ursprünglihen Bauarten der Schleudersortierer, die mit stehender Welle ausgeführt wurden und infolgedessen zum Antrieb des Kegelradtriebes oder des geschränkten Riemens bedurften, baut man heute diese Apparate nur mit liegender Welle und hat dadurch nicht nur den Vorteil des einfacheren Antriebes, der leichteren Aufstellungsmöglichkeit, des geringeren Raumbedarfes und Verschleißes, sondern vor allen Dingen auch noch viele Vorteile, die auf dem Gebiete der eigentlichen Sortierung zu suchen sind. Als ganz besonderer Vorteil dieser Schleudersortierer, und zwar nicht nur der neueren mit liegender Welle, sondern auch der älteren mit stehender Welle ist zu betrachten, daß durch die Zentrifugalkraft die Faserbündel aufgeschlossen werden, was gerade beim Strohzellstoff von einer nicht zu unterschätzenden Bedeutung ist. Infolge der Arbeitsweise dieser Apparate ist eine feinere Sieblochung als bei den Schüttelsortierern nicht nur gut angängig, sondern sogar bei verlangter guter und feiner Sortierung nötig, da sonst durch die Zentrifugalkraft auch die gröberen Fasern mit durch die Sieblöcher gedrängt werden. Alle diese Sortierer müssen nun mit einer größeren Verdünnung des Stoffes arbeiten als die alten Schüttelsortierer, und hierin ist beim Strohstoff mitunter auch ein Vorteil zu erblicken, da man nämlich dann, wenn ausreichende Wassermengen zur Verfügung stehen, mit Frischwasser sortieren und so eine gründliche und wirksame Auswaschung und Nachentlaugung des Stoffes vornehmen kann, die vor allen Dingen auch in kürzerer Zeit wirkt als die Waschung in den besten Waschholländern. Die starke Stoffverdünnung ist auch schon deshalb erforderlich, weil sonst die Siebe verstopfen würden.

Die Zahl der in Frage kommenden Schleuder- oder Zentrifugalsortierer ist natürlich sehr groß. Es wird aber auch hier, wie in der

Sulfitzellstoffabrikation allgemein üblich, von großem Vorteil sein, wenn man den Sortierern Sandfänge vorschaltet und mitunter auch noch eine Grobsortierung durch ein Schüttelsieb einrichtet, das nach

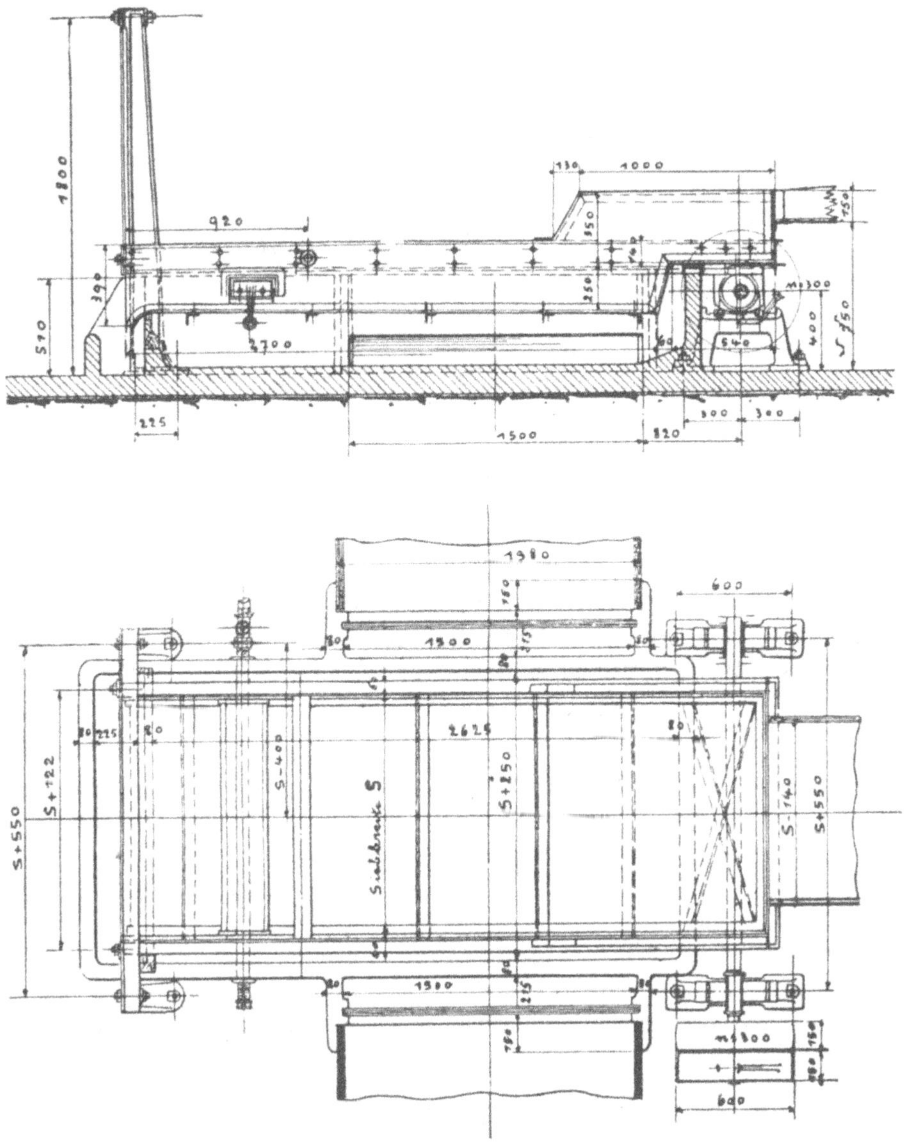

Abb. 62 und 63.
Schüttelsieb der Firma J. M. Voith in Heidenheim.

Art der in der Holzschliff- und Holzzellstoffabrikation gebauten Schüttelsiebe gebaut ist und dazu dient, grobe Teile, besonders aber die Knoten zurückzuhalten, damit sie nicht erst in die Sortierer gelangen und diese so entlastet werden.

Diese Grobsortierer oder Schüttelsiebe werden ebenfalls sehr unterschiedlich gebaut. Die Abbildungen 62 und 63 zeigen eine solche Vorrichtung in einer Ausführung der Firma J. M. Voith in Heidenheim. Dieses Schüttelsieb, das kräftig versteift ist, schwingt in einem mit Stauvorrichtung versehenen Betontrog, die Abdichtung erfolgt durch hochkantgestellte Filzstreifen. Durch Änderung der Stauhöhe wird die Schärfe der Aussortierung geregelt. Diese Vorrichtung besteht aus einem kräftigen Blechrahmen mit Siebboden aus Stahlblechlängsträgern aus Walzeisen und Querversteifungen, Aufhängevorrichtung mit Federn aus Flachstahl, zwei Exzentern, welche auf einer von zwei Ringschmierlagern getragenen Stahlwelle aufgekeilt sind und den erforderlichen Lagerböcken und Antriebsscheiben. Da der Zweck dieser Vorrichtungen in der Hauptsache darin besteht, die Knoten zurückzuhalten, so genügt für eine Anlage von 20 000 bis 40 000 kg Tagesleistung ein einziger Apparat von 1500 mm Siebbreite.

In den Sandfängen oder Schwemmrinnen, wie man sie in der Zellstoffabrikation bezeichnet, werden sehr viele Unreinigkeiten abgeschieden, so daß man eine wirksame Unterstützung der Sortierer und eine große Entlastung dieser Maschinen erzielen kann. Wenn der Stoff in der Verdünnung, wie sie auch für die Schleudersortierer erforderlich ist, über die Sandfänge geleitet wird, dann ist ihre Wirkung eine ganz hervorragende. Die vorteilhafteste Verdünnung liegt bei 1 : 400. Es ist das die Verdünnung, die auch im allgemeinen für die Schleudersortierer die vorteilhafteste ist.

Die Bemessung der Sandfänge sollte nun zweckmäßig unter Zugrundelegung einer Stoffgeschwindigkeit von etwa 0,25 m/sek. erfolgen. Es ist nun kaum möglich, für die Sandfänge bestimmte Vorschriften zu geben, da man sich mit ihrer Anlage meist nach den örtlichen Verhältnissen richten muß. Wenn irgend angängig, sollte man aber bei ihnen einen Richtungswechsel vermeiden, man sollte sie vielmehr möglichst nur in gerader Richtung führen und ihre Breite nicht zu groß machen, da sonst die Gefahr vorliegt, daß sich Stoffnester bilden. Als größte Breite dürften 3 m anzusehen sein. Nimmt man dabei eine Sandfanghöhe von 400 mm und eine Staubretterhöhe von etwa 250 mm an, so kann man mit einer höchsten nutzbaren Höhe über den Staubrettern von 100 mm rechnen (bei Holzzellstoffen geht man meistens nur bis 80 mm). Die Leistung eines solchen Sandfanges beträgt dann bei einer Stoffverdünnung von 1 : 400 und einer Stoffgeschwindigkeit von v = 0,25 in 24 Stunden:

$3.0 \times 0,1 = 0.300$ qm nutzbarer Fläche,
$0.25 \times 3600 \times 24 = 21\,000$ m Geschwindigkeit,
$21\,000 \times 0.300 = 6300$ cbm = rd. 16 000 kg Stoff.

Ein solcher Sandfang muß natürlich ausreichend lang sein, man wird dabei in der Praxis immer auf 20 bis 30 Meter Länge heraufgehen müssen.

Die Form und Anordnung der Sandfangbretter ist dabei natürlich sehr verschieden, wobei man sowohl die Ausführung in Holz als auch in Beton findet. Trotz der großen Vorzüge des Betons für diesen Zweck und besonders für die Sandfangkästen eignet er sich für die Sandfangleisten doch nicht so recht, man bevorzugt hier immer noch Holz. Es läßt sich auch das ganz gut durchführen, indem man die Kästen aus Beton herstellt und auch mitunter noch mit Porzellankacheln auskleidet, so daß sie eine schier unbegrenzte Haltbarkeit haben, während man die Leisten aus Holz, und zwar aus Kiefern-, Lärchen- oder Pitschpineholz herstellt. Von besonderer Bedeutung ist dabei die Form dieser Leisten und die Möglichkeit, diese zwecks Reinigung des Sandfanges schnell und bequem auswechseln zu können. Das ist auch der Hauptgrund, weshalb sich eine Herstellung des Sandfanges ganz aus Beton, also auch mit Leisten aus Beton nur wenig empfiehlt.

Von der Form der Sandfangleisten hängt die Reinigungswirkung nicht zum geringsten ab. Vor allen Dingen findet man sehr oft, daß die Sandfangleisten viel zu dicht aneinander stehen, so daß die im Stoff schwebenden Verunreinigungen, die man auf diese Weise aussortieren will, gar keine rechte Gelegenheit haben, sich abzusetzen. Es wird auch empfehlenswert sein, den Sandfang mit einem Magnetrechen zu versehen, der auf einfachste Weise etwa noch im Stoffe befindliche Eisenteile, die z. B. von der Drahtbindung herrühren können, herausfängt. Unbedingt erforderlich ist eine solche Vorrichtung wohl nicht, da sie aber keine großen Kosten verursacht und keinerlei betriebliche Erschwerungen mit sich bringt, so kann sie immerhin zu empfehlen sein.

Vor allen Dingen sorge man aber dafür, daß die Sandfänge, mögen sie nun aus Holz oder Beton sein, sich gut und schnell reinigen lassen. Bei den erforderlichen großen Längen ist es nicht möglich, die Sandfänge kippbar auszuführen, wie das bei den Sandfängen der Papiermaschinen meistens üblich ist. Man muß vielmehr durch andere Einrichtungen dafür sorgen, daß sie sich leicht reinigen lassen. Das ist z. B. zu erreichen, indem man die Sandfangleisten herausnehmbar einrichtet und die Tröge mit großen Bodenventilen von etwa 300 mm Durchmesser versieht. Man kann auch bei sehr langen Sandfängen an den Seitenwänden durch Schieber verschließbare Öffnungen anbringen, die das Abführen der Verunreinigungen erleichtern.

Die eigentliche Sortierung findet nun wie schon erwähnt durch Schleuder- oder Zentrifugalsortierer statt, da diese neben größerer

Leistung auch noch den Vorteil der besseren Sortierung haben und mitunter auch das Waschen des Stoffes überflüssig machen.

Die Abbildungen 64 und 65 zeigen einen solchen Apparat in einer Ausführung der Firma Winand Pitzler in Birkesdorf im Schnitt, der in vier verschiedenen Größen ausgeführt wird. Er besteht in der Hauptsache aus einer innerhalb eines feststehenden Siebmantels rotierenden Flügeltrommel, in deren Zentrum ein verzinktes Gasrohr zur Aufnahme des Verdünnungswassers festgegossen ist. Die Zufuhr des Frischwassers erfolgt von der einen Seite durch eine feststehende Armatur mit Regulierhahn, während auf der anderen Seite Voll- und Leerscheibe angebracht sind. Für Strohzellstoff besonders nach dem Sulfatverfahren empfiehlt es sich, den Siebmantel aus Kupfer und den Außenmantel aus Eisen zu wählen. Zum bequemen Auswechseln und Abnehmen besteht der Siebmantel aus 3 und der Außenmantel aus 2 Teilen. Die beiden Seitenständer haben Konsolen zur Aufnahme der beiden Ringschmierlager und sind durch den Einlauf und den Auslauf für den sortierten Stoff miteinander fest und steif verbunden. An dem einen Ständer befindet sich außerdem auch der Auslauf für den aussortierten groben oder Raffineurstoff.

Der zu sortierende Stoff fließt von oben tangential zu den Flügeln in der Drehrichtung der Sortiertrommel in den Apparat. Für besondere Fälle, d. h. wenn nur wenig Gefälle für die Stoffleitung zur Verfügung steht, wird der Einlauf in entsprechender Weise seitlich ungefähr auf Lagerhöhe angebracht. Der Zufluß des unsortierten Stoffes wird durch ein Staubrett geregelt, der Stoff ergießt sich nur auf die Flügel der größeren Abteilung der innerhalb des Siebmantels umlaufenden Sortiertrommel. Letztere ist nämlich in zwei verschiedene Abteilungen geteilt, von denen die eine ungefähr viermal so lang ist als die andere. Die lange Abteilung hat 4 und die kurze 6 Flügel von je verschiedener Form und Anordnung. Erstere sind abwechselnd schräg eingesetzt und nach dem Zentrum hin schief abgeschnitten, während letztere schräg eingesetzt sind und etwa bis 10 bis 15 vH. an den Siebmantel heranreichen.

Durch diese Konstruktion wird der Stoff in der langen Abteilung nicht nur auf die ganze Siebfläche derselben gleichmäßig verteilt, sondern es werden auch die zusammengeballten Fasern durch die abwechslungsweise Anordnung der Flügel so lange in dieser Abteilung zurückgehalten, bis sie vollständig aus ihrer Kreuz- und Querlage gebracht sind. Derjenige feine Stoff, der noch nicht durch das Sieb gedrungen ist, muß nun mit dem groben Stoff die kurze Abteilung mit der größeren Anzahl Flügel passieren, wobei durch die kräftige Wirkung der letzteren und durch Zufuhr einer größeren Menge von Frischwasser

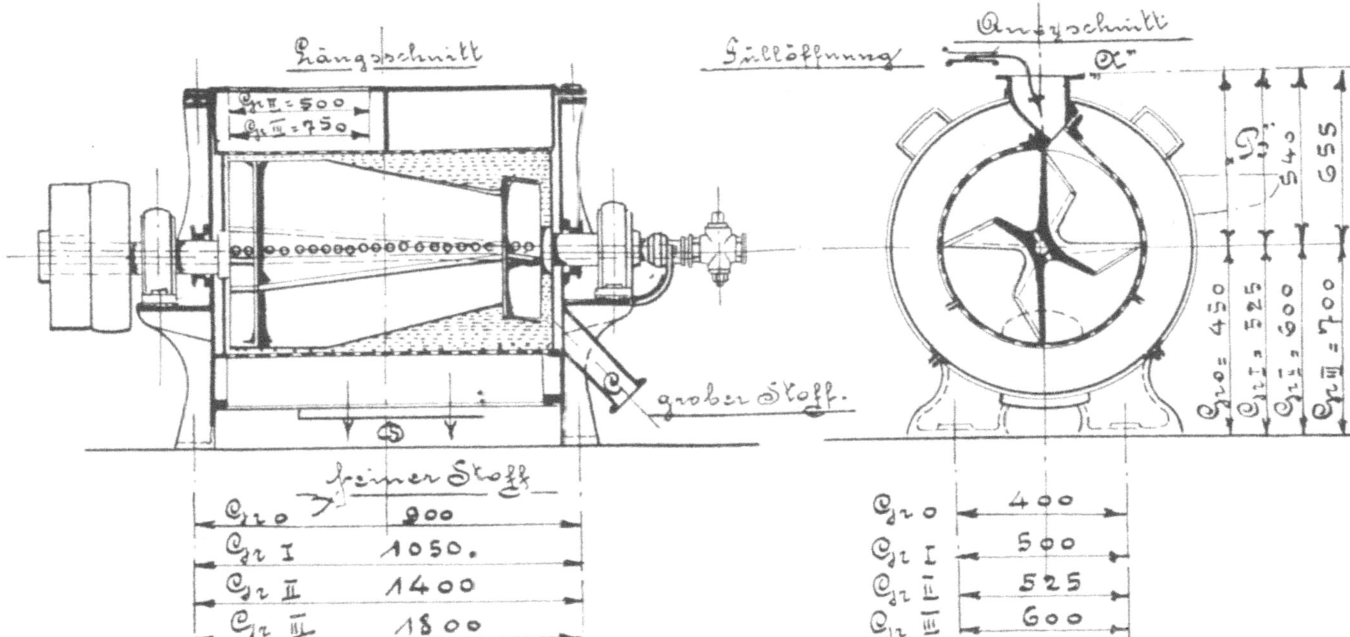

Abb. 64 und 65.

Schleudersortierer für Strohzellstoff. Winand Pitzler, Maschinenfabrik Birkesdorf bei Düren.

vom Zentrum aus die feinen Fasern vollständig von dem groben Stoff getrennt werden. Die Zufuhr des Spritz- und Verdünnungswassers ist durch einen Hahn regelbar und erfolgt durch die hohle Achse der Sortiertrommel. Zwischen jedem Flügelpaar ist eine Reihe von Spritzlöchern in der Weise angebracht, daß sich die Menge des erforderlichen Verdünnungswassers in der Richtung nach dem Auslauf für den groben Stoff vermehrt, während der Einlauf für den unsortierten Stoff so eingestellt ist, daß sich die Menge des Spritzwassers in derselben Richtung vermindert. Hierdurch ist das Verlegen oder Verstopfen der Siebe vollkommen ausgeschlossen. Diese Regulierung von unsortiertem Stoff und Frischwasser ist von ganz besonderer Bedeutung für eine richtige Sortierung und trägt viel dazu bei, die Leistung des Apparates in bezug auf Menge und Güte zu erhöhen. Außerdem erzielt man dadurch einen sehr niedrigen Kraftverbrauch für die Sortierung, da man mit etwa 0,4 PS für je 1000 kg trocken gedachten Stoffes in 24 Stunden auskommen kann.

Wird der Zufluß des Stoffes unterbrochen, so reinigt sich der Apparat ganz selbsttätig und schnell, indem das durch die hohle Welle strömende Frischwasser noch fortwährend gegen das Sieb geschleudert wird, bis der noch vorhandene Stoff vollkommen aussortiert ist und alle Fasern auf dem richtigen Weg entfernt sind. Hierdurch fällt eine Reinigung von Hand weg, und die Stoffverluste werden auf das geringste Maß beschränkt.

Die Abbildung 66 zeigt einen Schleudersortierer der Eisengießerei und Maschinenfabrik Aktiengesellschaft Bautzen, deren Apparate sich schon seit langer Zeit großer Beliebtheit in den Zellstoffabriken erfreuen, durch Verbesserungen in der Konstruktion sind auch diese Maschinen in letzter Zeit bedeutend leistungsfähiger, besonders auch in bezug auf die Feinheit der Sortierung, geworden. Es zeigte sich nämlich, trotz der bereits sehr feinen Sortierung, daß diese Apparate doch nicht voll den jetzigen hohen Ansprüchen gewachsen waren, da immer noch einige Unreinigkeiten, die namentlich aus kleinen Splittern bestanden, im Stoffe verblieben. Durch Versuche wurde nachgewiesen, daß diese Unreinigkeiten von dem strahlenförmig eintretenden Spritzwasser durch die Zone des Sortiersiebes gepeitscht wurden, die dem im Sortierer angeordneten Spritzring gegenüberliegt. Dieser Übelstand wurde dadurch beseitigt, daß der Spritzring nun als Düsenringe ausgeführt wird, der das Spritzwasser in einem feinen Regen zerstäubt dem Sortierer zuführt. Es kann nunmehr, wie sich auch in der Praxis bestätigte, ein Durchpeitschen der Unreinigkeiten nicht mehr erfolgen. Um aber die Wirkung noch zu erhöhen, wird der Siebkorb mit verschieden großer Lochung ausgeführt, und zwar dergestalt, daß die ersten 3 Siebsektionen eine größere Lochung zeigen als die vierte Sektion, welche dem Spritzring am nächsten liegt. Die nach diesen Überlegungen gebauten Sortierer haben bei Versuchen, die viele Monate hindurch fortgesetzt wurden, den Erfolg gezeigt, daß die zur Sortierung kommenden Stoffe nunmehr in allerfeinster Reinheit den Apparat verlassen.

Bei der Sortiermaschine der Firma Amme, Giesecke und Konegen A.-G. in Braunschweig besitzt der Einlauf keine Düsen, die oft zu

Abb. 66.
Schleudersortierer für Strohzellstoff.
der Eisengießerei und Maschinenfabrik A.-G., Bautzen i. Sa.

Verstopfungen und Überlaufen führen, sondern mündet ganz offen in das Flügelrad, durch dessen besondere Konstruktion eine sehr gleichmäßige Verteilung des Stoffwassers auf den Siebmantel und dadurch eine hohe Leistung und gleichmäßige Sortierung erreicht wird. Im letzten Teile der Maschine wird der Grobstoff nochmals nachsortiert, wodurch viele feine Fasern, die sonst in den Raffineur gelangen und dort tot gemahlen werden und den Kraftverbrauch erhöhen, durch den Siebmantel zum feinen Stoff treten.

Die Abbildungen 67 und 68 zeigen einen Schleudersortierer der Firma J. M. Voith in Heidenheim a. Brenz. Bei dieser Sortiermaschine ist der Einlauf zentral angeordnet und kann nicht durch Splitter usw. verstopft werden, was beim Strohstoff von großer Bedeutung sein kann, da namentlich bei der fast allgemein üblichen Verarbeitung von Preßstroh der Häcksel ziemlich lang ist, und somit auch die Knoten oft noch ganze Bündel von unaufgeschlossenen Fasern an sich haben, die natürlich sehr zur Verstopfung der Sortiermaschinen-Einläufe neigen. Diese Stoffbündel und Knoten werden, soweit sie nicht schon durch die bereits erwähnten Schüttelsiebe und Schwemmrinnen oder Sandfänge ausgeschieden sind, zurückgehalten. Durch diesen Einlauf wird das Stoffwasser gleichmäßig auf den Umfang und auf die Länge verteilt. In einer langen Nachsortierzone wird der Stoff durch eine besondere Verteilungstrommel nachsortiert. Diese Sortiermaschine zeichnet sich durch einfache Aufstellung und bequemen Antrieb aus, die Welle läuft

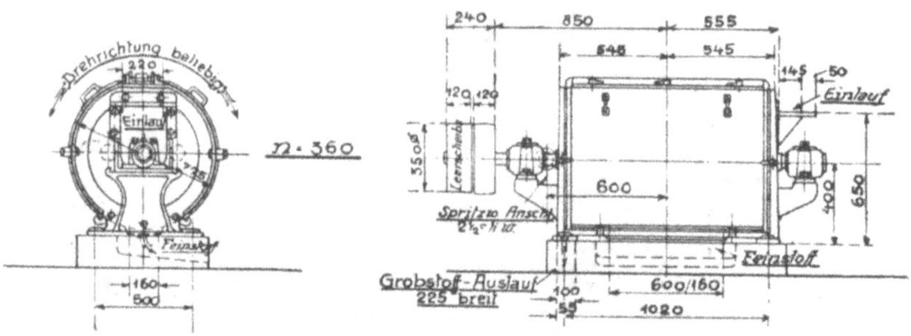

Abb. 67 und 68.
Schleudersortierer für Strohzellstoff. J. M. Voith, Heidenheim a. Brenz.

nur in zwei Lagern ohne Stopfbüchsen, die Reparaturkosten sind dadurch auf das geringste Maß beschränkt. Der feststehende Siebmantel ist leicht zugänglich und auswechselbar. Die Leistung ist sehr hoch und die Aufschließung ganz vorzüglich, so daß das Bleichen dadurch begünstigt wird. Bei bester Aussortierung läßt sich auch eine gute Regelung der Sortierfeinheit erzielen. Die Sortierer werden für Leistungen bis zu 35 000 kg lufttrockenen Strohzellstoffes in 24 Stunden gebaut. Für Zellstoff wählt man eine Sieblochung von 2,5 bis 2,75 mm. Der Kraftbedarf wächst auch bei diesen Maschinen mit der Stoffverdünnung und mit der Leistung. Je schärfer aussortiert wird, desto weniger Grobstoff fällt an, die Stoffgüte wird aber natürlich durch ein allzu scharfes Aussortieren nicht verbessert. Die Nachsortierung kann durch Regelung der Spritzwasserzugabe eingestellt werden. Man kann bei diesen Maschinen die Stoffgüte auf einfache Weise beeinflussen, die vorteilhafteste Verdünnung ist 1 : 400.

Es würde zu weit führen, die zahlreichen anderen Konstruktionen der Schleudersortierer hier noch ausführlich zu besprechen, zumal der Grundsatz bei allen Bauarten mehr oder weniger derselbe ist.

Das Raffinieren.

Der aussortierte Grobstoff, der die noch nicht vollkommen aufgeschlossenen Fasern und Faserbündel enthält, wird nun nach den

Raffineuren geleitet. Der heute gebräuchliche Vertikalraffineur, der also mit liegender Welle arbeitet, zeichnet sich gegenüber den alten

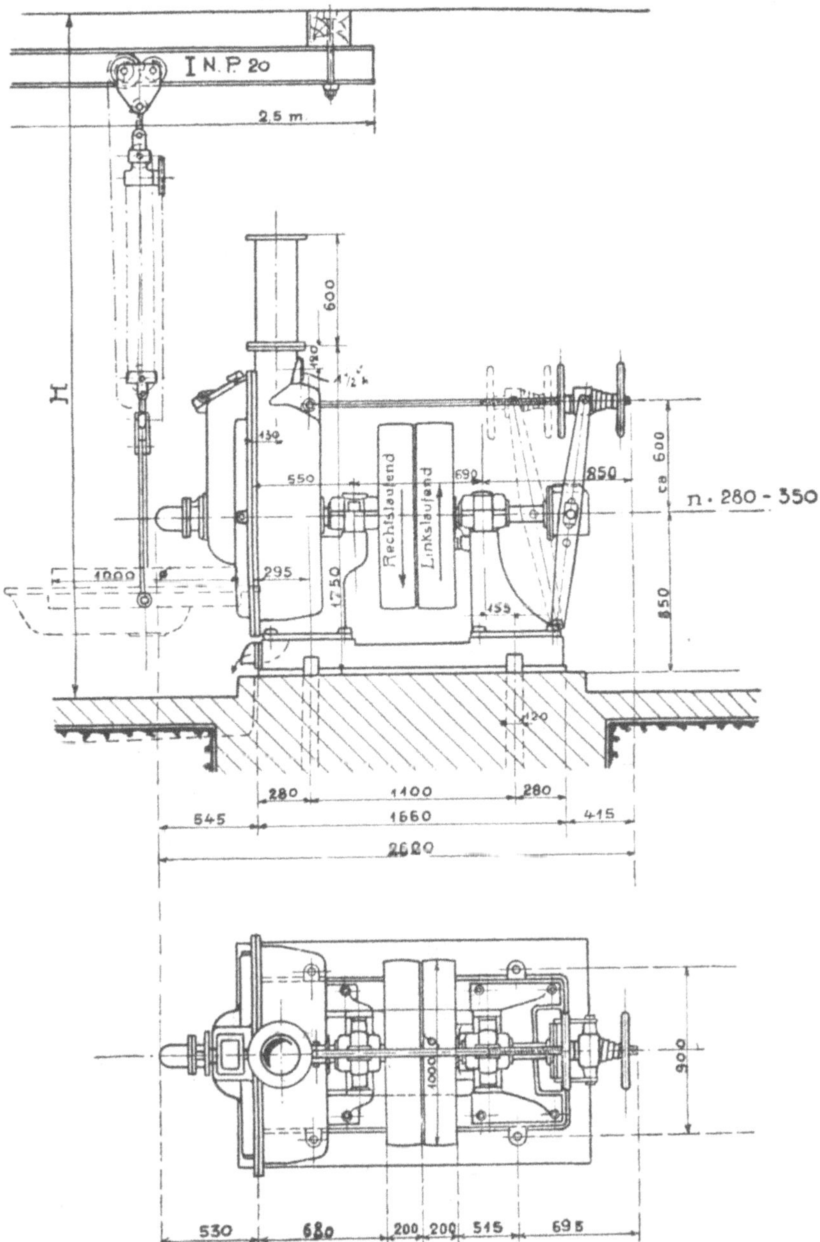

Abb. 69 und 70.
Raffineur für Strohzellstoff. J. M. Voith, Heidenheim a. Brenz.

Raffineuren, die mit liegendem Steine ausgerüstet waren, durch eine ganze Anzahl Vorzüge aus. Der Zweck des Raffinierens besteht bekanntlich nicht darin, den Stoff zu mahlen, sondern vielmehr darin, die zusammenhängenden Fasern voneinander zu trennen und die Faserbündel aufzulösen und zu quetschen. Es ergibt sich daraus, daß

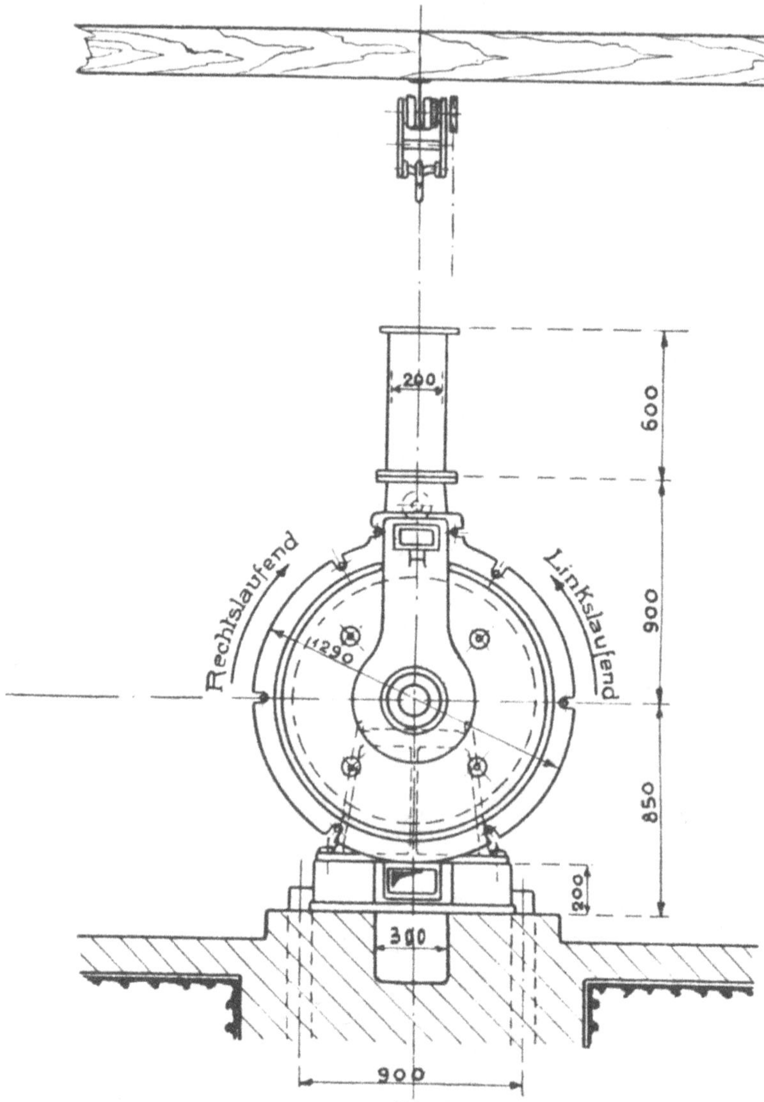

Abb. 71.
Raffineur für Strohzellstoff. J. M. Voith, Heidenheim a. Brenz.

ein Aufeinanderlaufen der Steine nicht eintreten darf, daß vielmehr zwischen ihnen immer ein freier Raum bleiben muß, in dem diese Behandlung des Raffineurstoffes stattfinden kann. Andererseits aber wieder ist ein gewisser Druck erforderlich, den die Steine auf den Stoff ausüben müssen, was man bei den modernen Raffineuren meistens durch einstellbare Feder erreicht. Gerade diese Vorrichtung ist von größter Bedeutung, weil man sich auf diese Weise dem zu behandelnden Stoffe anpassen kann.

Die Abbildungen 69, 70 und 71 zeigen einen solchen Raffineur der Firma J. M. Voith in Heidenheim, die schon frühzeitig den Bau der von der von Emil Nacke in Coswig in Sachsen erfundenen Vertikalraffineure aufnahm. Das Mahlgut läuft durch einen reichlich bemessenen Zulaufkanal in bester Führung den Steinen zu und wird den breiten Mahlflächen durch die in denselben eingehauenen Kanälen auf den ganzen Umfang zugeteilt; der Zulaufkanal ist mit einer leicht zu öffnenden Putztür versehen und so angeordnet, daß beim Steinwechsel die Stoffzuführung unberührt bleibt. Der Bodenstein ist fest in den Deckel eingelassen, während der Läufer mit Gehäuse leicht lösbar auf einem Konus der stählernen Welle sitzt und durch eine kräftige Mutter festgezogen wird. Das Anpressen der Steine erfolgt durch das Verschieben der in zwei Ringschmierlagern laufenden Welle. Zwei rechts und links von der Welle angeordnete Spindeln bewegen eine Traverse, welche auf ein am Ende der Feder angeordnetes Doppelstützlager drückt. Eine der beiden Spindeln ist am Ende mit einer kräftigen Feder versehen, welche sich gegen den hinteren Lagerbock abstützt. Ein zweites auf der Spindel mit Feder angeordnetes Handrad ermöglicht ein Zusammenpressen dieser Feder und dadurch eine rasche Verminderung des Druckes auf die Mahlfläche. Diese nur auf einer Seite des Apparates angeordnete Stellvorrichtung läßt nicht nur ein äußerst bequemes Einstellen des Mahldruckes zu, sondern ermöglicht auch den Steinwechsel in kürzester Zeit durch nur einen Mann, da die Demontage eines Gegendruckzapfens nicht erforderlich ist.

Abb. 72.
Strohzellstoff-Raffineur der Eisengießerei u. Maschinenfabrik A.-G., Bautzen i. Sa.

Die Abbildung 72 zeigt einen Raffineur der Eisengießerei und Maschinenfabrik Aktiengesellschaft Bautzen, der sich besonders durch seine gedrungene Bauart auszeichnet. Die Welle ist in zwei Ringschmierlagern geführt, welche auf Lagerböcken ruhen, die ihrerseits auf einer durchgehenden Grundplatte verschraubt und durch eine schmiedeeiserne Traverse in starrer Verbindung zusammengehalten sind. Von den beiden Basaltlavasteinen ist der Läuferstein durch ein Handrad verstellbar und kann mit einer Spindel und Feder in Verbindung mit einer zuverlässigen Feststellvorrichtung genau regulierbar angepreßt werden. Diese Feststellungsvorrichtung ist so konstruiert, daß beim Fehlen von Raffineurstoff ein Zusammenlaufen der

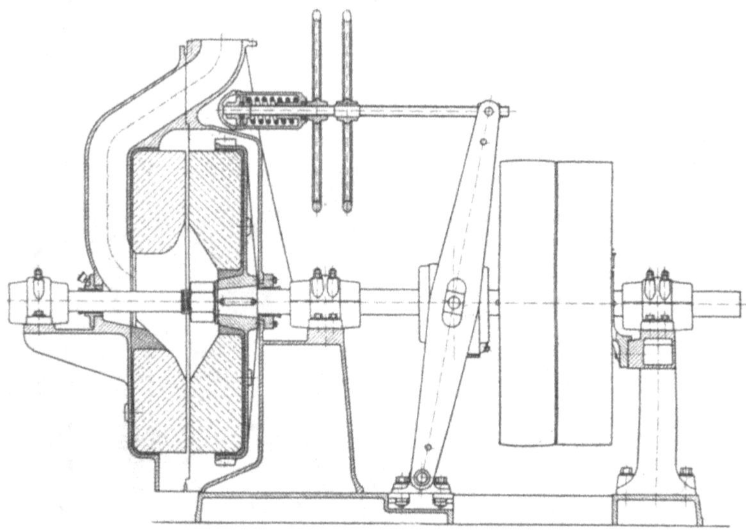

Abb. 73.
Raffineur für Strohzellstoff im Schnitt.
Amme, Giesecke und Konegen A.-G., Braunschweig.

Steine und eine daraus folgende Beschädigung der Steinschärfe verhindert wird. Der Einlauf ist so groß bemessen, daß der Durchgang des dicksten Stoffes ohne Störungen gewährleistet ist.

Die Abbildung 73 zeigt den Raffineur der Firma Amme, Giesecke und Konegen A.-G. in Braunschweig, bei dessen Konstruktion man von der Erkenntnis ausging, daß die Güte des Raffineurs in erster Linie von der Lagerung der Welle und besonders auch von der Konstruktion der Anpreßvorrichtung anhängig ist. Diese Anpreßvorrichtung muß nicht nur gewährleisten, daß ein sehr hoher Druck dauernd ausgeübt werden kann, sondern daß bei diesem Druck auch kein Heißlaufen und keine merkliche Abnutzung eintritt. Die ganze Lagerung und Einstellung muß daher auch möglichst unempfindlich sein und vom einfachsten Arbeiter leicht bedient werden können. Der erwähnte Raffineur entspricht nun diesen Anforderungen in jeder Weise. Auf der Welle sitzt ein großes Ringschmier-Kammlager, das mittels kräftiger schmiedeeiserner Hebel von oben liegender Druckfeder, Flachgewindespindel und großem Handrad einen sehr hohen Druck ausüben kann und infolge der großen, gut geschmierten Laufflächen selbst bei dauernd großem Druck nicht warm läuft, wie das Spurzapfen öfters zeigen. Für ganz besonders hohe Anforderungen ist ferner noch ein Anschluß für Wasserkühlung vorgesehen. Das Kammlager ist außer-

Abb. 74.
Strohzellstoff-Raffineur der Linke-Hofmann-Lauchhammer-Werke A.-G., Abt. Füllnerwerk, Warmbrunn i. Schlesien.

dem unempfindlich gegen die von den Steinen auf die Lagerung übertragenen Stöße, wohingegen Kugellager dadurch sehr leicht Defekte erleiden und bei nicht äußerst genauem Einbau in kürzester Zeit Störungen verursachen. Steingehäuse und Außenlagerbock sind auf einer gemeinschaftlichen Grundplatte aufgeschraubt, die Weißmetalllager besitzen Ringschmierung, auf die kräftige Stahlwelle ist die Läuferscheibe mit Bronzemuttern und Rundgewinde aufgeschraubt.

Der Raffineur der Linke-Hofmann-Lauchhammerwerke, Abt. Füllnerwerk in Warmbrunn, der in der Abbildung 74 gezeigt ist, zeichnet sich ebenfalls durch eine kräftige Bauart aus. Die Stahlwelle läuft in zwei Ringschmier- und einem Führungslager. Der Läuferstein sitzt durch einen eingeschliffenen Konus mit Federkeil und Rotguß-Gegenmuttern fest auf der Stahlwelle, welche durch ein Doppeldrucklager mit Kugelring und Pufferfeder elastisch gegen den im Gehäusedeckel festsitzenden Bodenstein gepreßt wird. Das Einstellen der Steine erfolgt nur von einer Seite und kann während des Betriebes vorgenommen werden. Diese Einstellvorrichtung verhindert das Aufeinanderlaufen der Steine beim Ausbleiben des Stoffes, so daß die Schärfe der Steine nicht angegriffen werden kann.

Von großer Bedeutung für die Wirkung und Leistung der Raffineure ist natürlich außer deren sachgemäßer Konstruktion auch die Art des zu den Steinen verwendeten Materiales und die Schärfe. Man verwendet hierzu nicht nur die natürlichen und künstlichen Sandsteine, sondern in letzter Zeit auch immer mehr den Basaltlavastein, der aus der Eifel stammt. Der Basaltlavastein besitzt vor dem Sandstein den Vorzug, der ihn besonders als Raffineurstein geeignet macht, daß er eine größere Härte aufweist und sich deshalb im Betriebe weniger schnell abnützt, sich sogar im gewissen Sinne selbst schärft. Hierin ist natürlich ein großer Vorteil zu erblicken, da die Arbeitsleistung der Maschine gleichmäßiger gestaltet und gehalten werden kann. Die Selbstschärfung beruht auf der eigentümlichen Beschaffenheit des Basaltlavasteines, der eine gewisse Porosität besitzt und gewissermaßen mit unendlich vielen scharfen Schneiden besetzt erscheint. Selbst wenn sich die Steine abnutzen, dann bleibt die rauhe und schneidende Oberfläche zum größten Teil erhalten. Anstelle des Basaltlavas hat man in letzter Zeit auch vielfach künstliche Steine einzuführen versucht, über die aber ein abschließendes Urteil noch nicht gefällt werden kann, da noch sehr wenige und vor allen Dingen keine langjährigen Betriebserfahrungen damit vorliegen. Diese Steine sind grundsätzlich nach Art der künstlichen Holzschleifersteine hergestellt. In der Höhe der Abnutzungszone des Steines werden geeignete Holzbrettchen einbetoniert, welche, um die Mahlfurchen oder die Schärfe des Steines zu bilden, mittels eines Kehlhobels ausgespant und, wenn erforderlich, auch nachgespant werden, was natürlich an und für sich eine einfachere und leichtere Arbeit als das Nachschärfen der Steine ist und auch von ungeübten Arbeitern vorgenommen werden kann. Das Nachschärfen der bisher gebräuchlichen Steine verlangt bekanntlich eine große Sachkenntnis und Gewissenhaftigkeit, wenn man heute auch zur Erleichterung der Arbeit geeignete Vorrichtungen geschaffen hat. Bei den neuen künstlichen Raffineursteinen erhält man auf diese Weise ganz glatte, gradlinige und gleichmäßig halbrunde Mahlfurchen. Alle Unregelmäßigkeiten, die namentlich durch das Bearbeiten mit Mühlpicken entstehen, und vor allen Dingen auch das Ausspringen der Kanten sollen dadurch vermieden werden. Man erwartet von diesen Steinen weiter den Vorteil, daß der Stoff nicht durch die scharfen Mahlkanten zerschnitten wird, da vor jeder Mahlkante eine Holzkante sitzt. Die Praxis muß nun erst zeigen, ob dieser neue Stein die in ihn gesetzten Erwartungen erfüllen wird.

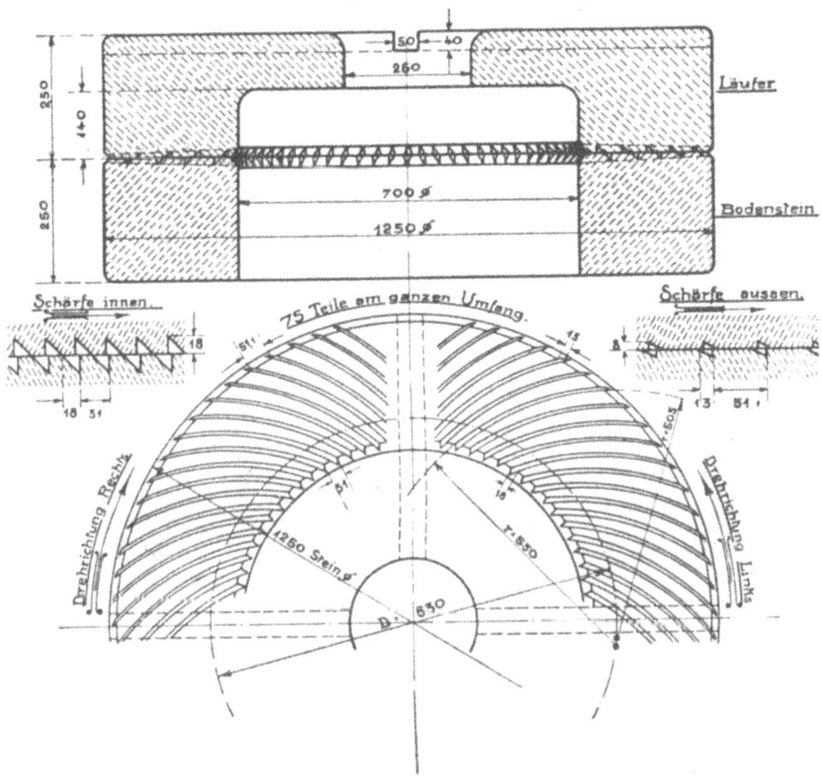

Abb. 75 und 76.
Schärfung der Raffinieursteine.

Die Schärfe des Raffineursteines, die ja einen bestimmenden Einfluß auf die Güte und Menge der Raffinierarbeit hat, läßt sich schwer bestimmen, da einmal die meisten Strohstoffabriken hier ihre eigenen Erfahrungen haben und verwerten, andernfalls aber die Maschinenfabriken für ihre Raffineure bestimmte Schärfungsarten vorschreiben, mit denen die Maschinen am günstigsten arbeiten. Das Schärfen von Hand mittels der Mühlpicken kommt nur noch in älteren Betrieben in Anwendung, da es einmal sehr umständlich, zeitraubend und schwer ist und gewissenhafte und geschulte Schärfer verlangt, die heute nicht mehr überall zu finden sind, und das andere Mal auch gar nicht so recht in einen modernen Betrieb paßt, indem man alle Handarbeit durch die billigere, gleichmäßigere und meistens auch bessere mechanische Arbeit ersetzt. Die Schärfung mittels der besonderen Apparate hat den Vorteil, daß sie sehr einfach ist, sehr schnell vonstatten geht und keine geschulten Arbeiter, wie die Handschärfung, verlangt. Die Abbildungen 75 u. 76 zeigen eine Schärfung, wie sie z. B. die Firma J. M. Voith für ihre Raffineure vorschreibt.

Um das Auswechseln der Raffineursteine, besonders aber der Bodensteine zu erleichtern, benutzt man mit Vorteil Steinkrane, wie sie in der Abbildung 77 gezeigt sind. Diese Steinkrane bestehen, wie sich aus der Abbildung zeigt, aus einer Zange, die an einem Laufwagen hängt, der mit vier Rollen auf Laufschienen läuft. Diese Laufschienen werden aus U-Eisen gebildet und sind vorteilhaft so lang, daß man mittels eines solchen Steinkranes alle vorhandenen Raffineure bedienen kann, vorausgesetzt, daß diese in einer Richtung aufgestellt sind, was man in einer modern angelegten Fabrik allerdings erwarten sollte.

Abb. 77.
Steinkran für Raffineursteine.
Maschinenfabrik Germania
vorm. J. S. Schwalbe & Sohn, Chemnitz.

VIII. Das Bleichen des Strohzellstoffes.

Die Bleichfähigkeit eines Papierstoffes ist von den Bestandteilen abhängig, die entweder von Haus aus oder auf künstlichem Wege die Fasern umhüllen. In erster Linie sind das die Ligninstoffe, deren Gehalt bei den einzelnen Faserstoffen verschieden groß ist. Durch die Aufschließung der Rohstoffe, also besonders das Kochen des Strohs, werden diese Ligninstoffe zum größten Teile entfernt. In allen Fällen ist es erforderlich, daß man die Stoffe vor dem Bleichen gut auswäscht und daß das verwendete Wasser nicht eisenhaltig ist, denn sonst bilden sich andere Verbindungen, welche den Stoff gelblich machen. Dasselbe gilt natürlich auch im ganz besonderen Maße vom Strohzellstoff, den man bekanntlich erst bleicht, nachdem er eine Vorsortierung und eine Raffinierung durchgemacht hat. Beim Raffinieren lösen sich noch allerlei Inkrusten des Strohs, die der Bleiche hinderlich sind, so daß hier eine Auswaschung von ganz besonderem Vorteil ist.

Für das Bleichen des Strohstoffes sind nun grundsätzlich die gleichen Regeln in Geltung wie für das Bleichen der Hadern. Die Menge des erforderlichen Chlors ist nun natürlich nach der Art des Rohstoffes, nach dem Ausfall der Kochung und nach der mehr oder minder guten Auswaschung und Entlaugung sehr verschieden. Aber auch die Bleicheinrichtungen können hier einen großen Einfluß ausüben. Genau wie bei den Hadern so empfiehlt es sich beim Bleichen des Strohstoffes etwas Säure zuzusetzen, aber nur dort, wo es darauf ankommt, die Bleiche schnell zu entwickeln und zu fördern, um den Stoff bald zu Papier verarbeiten zu können. Vorteilhafter ist es aber, wo angängig, den gebleichten Stoff nach einer Auswaschung, die ihn nicht ganz chlorfrei machen soll, und in noch warmem Zustande in die bekannten Absitzbecken zu entleeren. Der Stoff bleicht dann noch nach, wenn das chlorhaltige Wasser etwa 24 Stunden auf die Faser einwirken kann.

Man hat nun grundsätzlich in Naßbleiche und Gasbleiche zu unterscheiden, die Naßbleiche kann wieder als Chlorkalkbleiche oder als sogenannte elektrische Bleiche ausgeführt werden.

Die Chlorbleichlaugen der Naßbleiche sind Bleichflüssigkeiten, welche Lösungen von unterchlorigsauren Salzen, besonders Calcium- und Natriumchlorit, enthalten. Die Bleichwirkung des Chlors beruht nun in der Hauptsache darauf, daß es sich mit Wasser zersetzt und dann Sauerstoff abscheidet. Dieser Sauerstoff ist das eigentliche bleichende Agens. Die unterchlorige Säure ist nun eine sehr unbeständige und auch schwache Säure. Wenn sie durch stärkere Säuren (Kohlensäure der Luft, Salzsäure oder Schwefelsäure) aus ihrer Verbindung mit Kalk freigemacht wird, dann zerfällt sie sofort unter Bildung von Salzsäure und bleichendem Sauerstoff. Es wird also bei dem Chlorkalk infolge der Bindung an Kalk nicht Salzsäure, sondern Chlorkalzium frei, wenn Salzsäure zur Entwicklung genommen wurde, oder es entsteht ein Gemenge von Chlorkalzium und kohlensaurem oder schwefelsaurem Kalk, neben dem freiwerdenden Sauerstoff, wenn die Entwicklung durch Kohlensäure oder Schwefelsäure hervorgerufen wurde. Wenn der bleichende Sauerstoff die Entfärbung durchgeführt hat, dann kann ein recht nachteilig wirkender Einfluß eintreten, den der erübrigte Sauerstoff ausübt, indem die Zellulose, die eine organische Faser darstellt, brüchig und spröde wird, es bildet sich Hydrozellulose, die aber auch Folge der im Übermaß entwickelten Säure sein kann. Der Papiermacher bezeichnet diese Anreicherung des Stoffes an ungebundener Säure als „Überbleichen“.

Erklärlicherweise ist nun nach dem bisher Gesagten das Bleichen ein Oxydations- (Verbrennungs)-vorgang. Die Zersetzung der Chlorkalklösung erfolgt beim Bleichen nach folgender Formel:

$$Ca(OCl)2 \text{ (unterchlorigsaures Calcium)} + H_2O \text{ (Wasser)}$$
$$+ CO_2 \text{ (Kohlensäure)} = CaCO_3 + 2\,HClO$$
$$2\,HClO = HCl + O_2.$$

Die in der Luft und im Wasser enthaltene Kohlensäure wirkt also indirekt ein, indem zuerst freie unterchlorige Säure gebildet wird, die sich dann in Salzsäure und wirksamen Sauerstoff zersetzt. Das anfangs entstehende Calciumkarbonat wird von der Salzsäure unter Bildung von Chlorkalzium und Kohlensäure angegriffen. Je mehr Kohlensäure dem Stoff zugeführt wird, desto besser und auch rascher wirkt die Bleiche. Es wird bei diesem Bleichverfahren gleich wie bei der Rasenbleiche eine Art Ozon gebildet, reiner natürlicher Sauerstoff hat keine Bleichwirkung, er wird aber durch verschiedene Einwirkungen (Elektrizität, Sonnenlicht und Wärme) in der Luft und auch im Wasser in seiner Natur verändert und erhält so die besonderen Eigenschaften, die auch seine Bleichwirkung ausmachen. Durch Einwirkung der Wärme und kräftiger Säuren kann man die Zersetzung der Chlorkalklösung und somit die Bleiche fördern. Zu schnell erfolgende Erwärmung oder das unverdünnte Zusetzen zu starker Säuren wird aber die Arbeiter belästigen, die Maschinen verderben und die Bleiche benachteiligen. Die Bleiche wirkt aber nicht nur auf die Umhüllungen der Fasern, sondern greift auch die Zellstoffe selbst an, wenn die Verunreinigungen entfernt sind und noch bleichende Masse vorhanden ist. Man muß das verhindern, indem man nur so viel Bleichflüssigkeit zusetzt, wie nach der Erfahrung zur reinen Bleiche des Stoffes erforderlich ist. Wenn man durch vermehrten Zusatz von Chlorkalk die Bleiche beschleunigen will, so muß man entweder die Bleichlauge nach Erreichung des angestrebten Zweckes auswaschen, oder man muß Antichlor zuteilen, da sich sonst Hydrozellulose bildet. Ein gut gekochter Zellstoff verliert durch die Bleiche im allgemeinen nur sehr wenig, der Gewichtsverlust ist hauptsächlich von der mehr oder minder guten Auswaschung des Stoffes abhängig. Man kann beim Strohstoff mit einem Bleichverlust von etwa 6 bis 10 vH. rechnen. Man rechnet auf 100 kg Strohzellstoff im allgemeinen 18 bis 22 kg Chlor.

Chlorkalkbleiche.

Über die Bereitung und Prüfung des Chlorkalkes wurde bereits weiter vorn ausführlich gesprochen [28]), so daß hier nur noch auf die Bereitung der Chlorkalklösung näher einzugehen sein wird.

---

[28]) siehe Seite 33.

Da die Chlorkalkbleiche als Naßbleiche durchgeführt wird, so muß der Chlorkalk in wässerigen Lösungen zur Verwendung kommen, wobei man gewöhnlich auf 1 kg Chlorkalk 20 Liter Wasser rechnet. Bei einem guten Chlorkalk, wie er handelsüblich ist, ergibt sich dann eine Lösung von etwa 4° Bé. Die Bereitung des Chlorwassers muß nun in einer modernen Fabrik auch nach neuzeitlichen Grundsätzen

Abb. 78.
Chlorkalkraffineur.
Gebr. Bellmer, Maschinenfabrik, Niefern i. Baden.

und unter Beachtung hygienischer und wirtschaftlicher Gesichtspunkte erfolgen. Man verwendet nun für diesen Zweck die verschiedensten Maschinen, Apparate und Vorrichtungen, die geeignet sind, die gesundheitsschädliche Wirkung dieser Handhabung möglichst zu vermeiden und das Auflösen wirtschaftlich und verlustfrei zu machen.

Die Abbildung 78 zeigt einen sogenannten Chlorkalkraffineur der Firma Gebr. Bellmer in Niefern in Baden. Um eine möglichst vollständige und intensive Ausbeutung des im Chlorkalk enthaltenen Chlors zu erreichen, ist es unbedingt erforderlich, den aus dem Faß entnommenen Chlorkalk gründlich zu zermahlen. Für diesen Zweck dient besonders auch der vorstehende Apparat. Er besteht aus zwei übereinander laufenden geschärften Basaltlavasteinen, die eine genaue Einstellvorrichtung erhalten. Auf dem die Steine umgebenden Mantel liegt ein Holzdeckel mit einem Fülltrichter, durch den der Chlorkalk nach Belieben eingeleert werden kann. Für große Füllungen setzt man noch einen mit Schieber versehenen Trichter darüber, der die Möglichkeit bietet, den Inhalt eines Fasses mit einem Male zu entleeren und nach und nach zwischen die Mahlsteine zu führen, wo der Chlorkalk unter Zulauf von Wasser vollständig aufgelöst und zerrieben wird. Er fließt dann als eine milchige Masse durch die unten ersichtliche Abflußöffnung nach dem Absitzbassin. Der untere oder

Abb. 79.
Muldenförmiger Chlorkalkauflöser aus Eisenblech.
G. D. Bracker Söhne, Hanau a. M.

der Bodenstein ist fest in einem Gestell gelagert, während der obere oder der Läuferstein durch ein Tragkreuz von einer senkrechten Welle getragen wird, die durch ein Halslager geführt in einer Spurpfanne läuft und mittels Hebevorrichtung durch Spindel und Handrad nach Bedarf gehoben und gesenkt werden kann. Der Antrieb dieses Läufersteines erfolgt durch eine Vorgelegewelle, die die Bewegung mittels eines konischen Räderpaares überträgt. Damit sich im Gehäuseinnern der Mühle kein Schlamm absetzen kann, werden rotierende Abstreicher vorgesehen, die den freien Raum zwischen Mantel und Stein ausfüllen.

Nach dem gleichen Grundsatz sind noch eine ganze Reihe anderer Fabrikate gebaut, es erübrigt sich also, näher darauf einzugehen.

Die Abbildung 79 zeigt einen Chlorkalkauflöser der Firma G. D. Bracker Söhne in Hanau a. Main. Der Apparat besteht aus einem muldenförmig gebauten, schmiedeeisernen Apparat mit gußeisernen Seitenwänden, in welchem sich eine schmiedeeiserne Welle langsam dreht. Diese Welle ist mit gußeisernen Rührarmen schraubenförmig besetzt. Ein Ablagern und Ansetzen des Chlorkalkes wird dadurch vermieden, daß die Arme des Rührers die Wände des Gefäßes fast an

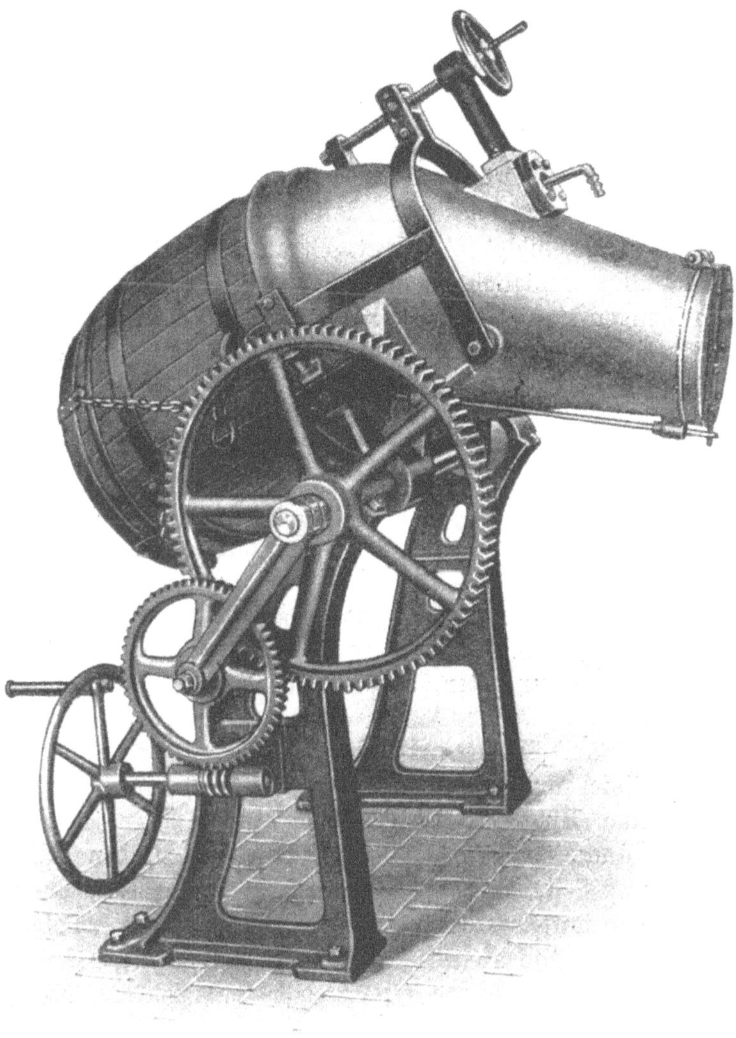

Abb. 80.
Chlorkalkfaß-Entleerer. Gebr. Bellmer, Niefern i. Baden.

jeder Stelle berühren. An einer Seite ist diese Rührerwelle in einer geschlossenen Büchse gelagert, während die andere Seite in einer Stopfbüchse läuft. Beide Lagerungen bestehen aus Hartholz. Die Auflösung erfolgt in kurzer Zeit und durch einen nahe des Bodens angeordneten Hahn kann man dann die Lösung nach dem Absitzgefäß ablassen.

In der Abbildung 80 ist ein Chlorkalkfaßentleerer gezeigt, der von der Firma Gebr. Bellmer, Maschinenfabrik in Niefern in Baden gebaut wurde. Solange der Chlorkalk in der heute handelsüblichen Form zum Ansetzen der für die Bleichzwecke erforderlichen Chlorlauge Verwendung findet, wird die lästige und gesundheitsschädliche Staubentwicklung, welche beim Öffnen und Entleeren der Chlorkalkfässer entsteht, ein Übelstand bleiben, unter dem in erster Linie diejenigen zu leiden haben, denen die Bereitung der Bleichlauge obliegt. Um die vielen Unannehmlichkeiten und schädlichen Wirkungen, welche das bisherige Entleeren der Fässer im Gefolge hatte, zu beseitigen, wurde der vorstehend abgebildete Apparat gebaut, der sich überall sehr gut bewährt hat. Er ermöglicht es, den Chlorkalk faßweise oder auch in kleineren Mengen staubfrei in die zur Aufnahme bestimmte Bütte oder in den Vorrats- und Ansetzbehälter, in den Fülltrichter des weiter vorn erwähnten Raffineurs usw. zu entleeren.

Wie aus der Abbildung ersichtlich ist, besteht dieser Faßentleerer in der Hauptsache aus einem gußeisernen konischen Trichter, der auf einer Stahlachse festgekeilt und in zwei kräftigen Seitenständern drehbar gelagert ist. Das vordere Ende des Trichters ist mit einem Klappdeckel versehen, welcher erst dann geöffnet wird, wenn der Trichter in die für die Aufnahme des Chlorkalkes bestimmte Bütte oder in den Vorratsbehälter eintaucht. Am hinteren Dichtungsring ist ein den Faßdimensionen angepaßter auswechselbarer Dichtungsring angebracht, in welchen der Faßhals eingepreßt wird, nachdem dessen Deckel entfernt ist. Eine praktische Vorrichtung mit Bügeln, Zugbändern, Spindel und Handrad ermöglicht es, das durch einen schmiedeeisernen Ring mit Ketten angehängte Faß in jeder Lage in innige Verbindung mit dem Entleerungstrichter zu bringen. Durch Stirnbänder und Schneckenradübersetzung kann der Trichter mit dem Faß ohne Mühe mittels Handrad gedreht und in jede beliebige Lage gebracht werden. Die an den Faßwänden anhaftenden Rückstände von Chlorkalk werden durch ein nach jeder Richtung bewegliches Spritzstück mit Kugelbewegung durch kräftigen Wasserstrahl entfernt und in die Bütte hineingespült. Nach erfolgter Leerung und Reinigung des Fasses wird der Trichter aus der Bütte zurückgedreht, wodurch das angehängte Faß wieder in seine ursprüngliche Lage auf dem Boden oder Rollwagen zwischen den beiden Ständern einnimmt und durch Nachlassen der Spannvorrichtung bequem aus dem Trichter herausgenommen werden kann. Das Anhängen, Öffnen und Leeren und das Reinigen der Fässer kann ohne Mühe von einem Mann besorgt werden, der noch dazu den Vorteil hat, nicht den schädlichen Staubentwicklungen des Chlorkalkes ausgesetzt zu sein.

Die Abbildung 81 zeigt einen solchen Chlorkalkfaß-Entleerer in Verbindung mit einer Rührbütte mit Rührgarnitur der Firma J. M. Voith in Heidenheim a. Brenz. Die Schale dieser Rührbütte wird aus Beton an Ort und Stelle hergestellt und ist vollständig geschlossen, so daß eine Belästigung der Bedienung nicht eintreten kann. Am Boden befindet sich eine Entleerungsklappe zum Abziehen der Lauge. Nachdem dann der Chlorkalk auf diese Weise aufgelöst ist, gelangt er durch das Entleerungsventil der Auflösebütte in eine sogenannte

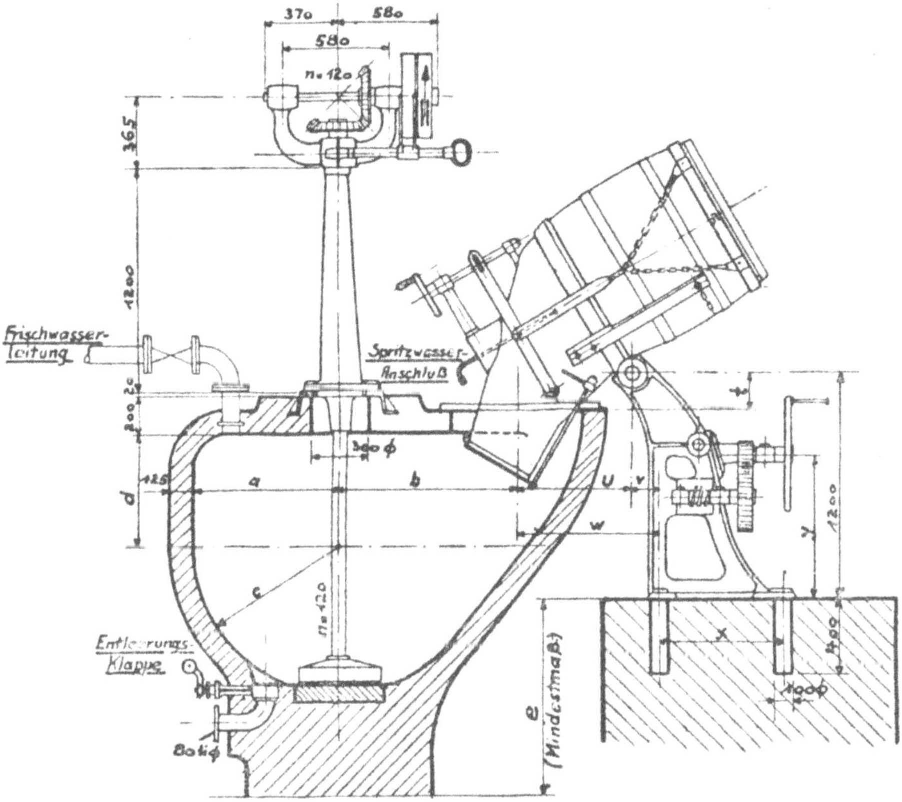

Abb. 81.
Auflösebütte mit Chlorkalkfaß-Entleerer.

Pendelbütte, wie sie in der Abbildung 82 in einer Ausführung der Firma J. M. Voith in Heidenheim a. Brenz dargestellt ist. Nachdem diese Bütte mit Frischwasser aufgefüllt ist, wird etwa 4 Stunden gerührt und dann die Lauge nach dem Stillsetzen des Rührwerkes etwa 3 Stunden geklärt, worauf die klare Bleichlauge durch Schwenkrohre in die Vorratsbehälter abgelassen wird. Dann füllt man die Bütte wieder mit Frischwasser auf und rührt den Rückstand nochmals durch, um den Schlamm vollständig auszulaugen. Diese Dünnlauge wird dann der Starklauge in der zweiten Pendelbütte zum Verdünnen zugesetzt, die dann ebenfalls nach dem Vorratsbehälter abgelassen wird und so fort. Man benötigt also zu diesem Verfahren vier Pendelbütten, um ununterbrochen arbeiten zu können.

Für großen Bedarf an Bleichlauge kann man vorteilhaft auch nachstehend beschriebene einfache Anlage verwenden. Das Auflösen des Chlorkalkes erfolgt in großen gemauerten oder betonierten zylin-

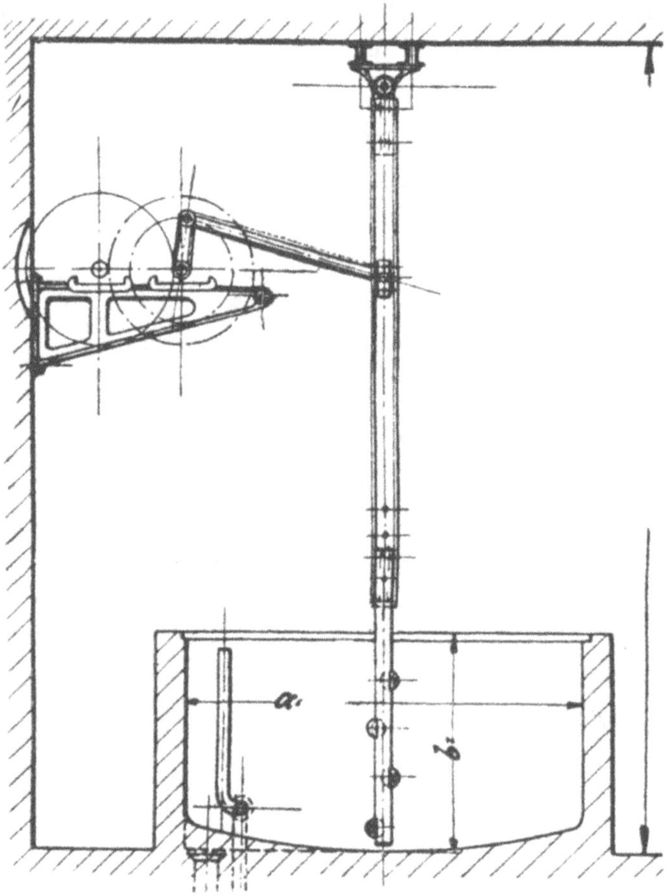

Abb. 82.
Pendelbütte. J. M. Voith, Heidenheim a. Brenz.

drischen Behältern, ähnlich den stehenden Bütten der Papiermaschinen, die mit einem gründlich wirkenden Planetenrührwerk versehen sind. Je nach der Größe und dem Fassungsvermögen dieser Bütten entleert man mit einem Male mehrere Faß Chlorkalk in sie, wobei man sich vorteilhaft auch der erwähnten Chlorkalkfaß-Entleerer bedienen kann, um die Arbeit staubfrei zu machen. Die Bütten werden dann der Menge des eingefüllten Chlorkalkes entsprechend mit Wasser gefüllt, um schon von Anfang an gleich starke Laugen zu erhalten. Es empfiehlt sich auch hier, mindestens 4 Bütten aufzustellen, von denen zwei zur Bereitung der frischen Lauge, die anderen zwei zur Auslaugung des Kalkschlammes dienen, die erforderlich ist, um Verluste an Chlorkalk zu vermeiden. Bei der ersten Auflösung läßt man nämlich das Rührwerk nur etwa eine halbe Stunde drehen, damit sich der Chlorkalk nicht zu fein löst, denn sonst erfordert das Absetzen des Kalkes viel längere Zeit. Bei nur kurzem Rühren hat man schon innerhalb weniger Stunden eine klare und gebrauchsfertige Lösung, die man nach den Sammelbehältern oder Reservoirs ablassen oder abpumpen kann. Den Bodensatz rührt man dann durch Inbetriebsetzung des Rührwerkes auf und pumpt ihn nach einer der anderen Bütten, in der man die Bodensätze mehrerer Auflösungsbütten sammelt, die man dann unter Zugabe von frischem Wasser etwa 4 Stunden lang rührt, wodurch man eine vollkommene Auslaugung des Schlammes erzielt. Da in dieser Lösung der Kalk sehr fein verteilt ist, so braucht er zum Absetzen bis zu 18 Stunden, ehe die Lösung abgezogen werden kann.

Man kann mit dieser an und für sich einfachen Einrichtung sehr große Mengen von Chlorkalklösung in ziemlich kurzer Zeit herstellen, muß aber den verwendeten Chlorkalk dauernd auf seinen Gehalt an Chlorkalk untersuchen, um die entsprechende Menge an Wasser zusetzen zu können, da man sonst keine gleichmäßig starken Laugen erzielen würde.

So wenig sich nun, wie schon erwähnt, der Chlorkalk lange aufbewahren läßt, wenn er nicht unter dem Einfluß von Luft und Feuchtigkeit seine Bleichkraft verlieren soll [29]), so wenig ist das auch bei der fertigen Bleichlauge möglich. Wenn man sie nämlich in offenen Gefäßen aufbewahrt, dann verwandelt sich der unterchlorigsaure Kalk zum Teil in Chlorkalzium und zum anderen Teil in kohlensauren Kalk. Die Flüssigkeit verliert also die bleichende Wirkung. Bringt man die Lösung in offene Gefäße, dann bildet sich auf der Oberfläche in kurzer Zeit eine dichte Kruste aus Kalk, welche die Luft von der darunter befindlichen Flüssigkeit ziemlich dicht abschließt. Man muß nun bei den Vorratsbehältern dafür sorgen, daß diese Kalkkruste nicht zerstört wird, damit die Luft nicht in Berührung mit der Bleichflüssigkeit treten kann, weil sie sonst an Bleichkraft einbüßt, diese mitunter sogar ganz verliert. Man kann das sehr gut erreichen, indem man die Ein- und Auslaufrohre nur wenig über dem Boden der Gefäße anbringt und dafür sorgt, daß der Flüssigkeitsspiegel niemals ganz unter die Öffnungen dieser Rohre sinkt.

---

[29]) siehe Seite 34.

Es möge an dieser Stelle aber noch davor gewarnt werden, zur Auflösung des Chlorkalkes die ablaufenden Bleichwässer von den Bleichholländern und den Absitzkästen zu verwenden. Wenn sich in diesem Wasser auch durch das Areometer und auch durch Reagenzien (Jod-Kali-Stärkelösung) nennenswerte Mengen aktiven Chlors nachweisen lassen, so hat doch die Praxis erwiesen, daß die Verwendung solchen Wassers zur Bereitung frischer Chlorkalklösungen (um den Chlorgehalt der Bleichwässer nicht verlorengehen zu lassen) keinen Nutzen bringt, sondern daß solche Chlorkalklösung eine wesentlich geringere Bleichwirkung hat. Die nähere Untersuchung zeigt nämlich, daß solches Bleichwasser, besonders aber das aus den Abtropfkästen stammende, sehr viel Harz und Kalk enthält. Zur Bereitung der Bleichlaugen soll vielmehr nur reines Wasser verwendet werden, aus dem das Chlor auch die erforderlich und allein wirksamen Mengen Sauerstoff entwickeln kann.

Chlorgasbleiche.

Es ist nun erwiesen, daß bei der Verwendung von Chlorkalk immer mit Verlusten an Chlor zu rechnen ist, sei es auf dem Transport, sei es bei der Lagerung, selbst wenn man alle dafür in Frage kommenden Vorschriften beachtet. Es liegt daher nahe, daß man auf den Gedanken kam, die erforderliche Bleichlauge dadurch herzustellen, daß man Chlorgas in Kalkmilch einleitete. Es ist nun eine ausgesprochene Preisfrage, welches der beiden Verfahren — bezug fertigen Chlorkalkes oder Herstellung der Bleichlösung aus Chlorgas — vorzuziehen sein wird. Man muß dabei nicht nur die Transportfrage in Betracht ziehen, sondern auch den Umstand, daß Chlorkalk in gewisser Beziehung Nebenprodukt ist, indem er nämlich ein Abfallstoff der nach dem Leblancsodaverfahren arbeitenden Sodafabriken ist, Bei der Herstellung der Bleichlösung aus Chlorgas ist es außerdem von größter Bedeutung, daß der verwendete Kalk frei von schädlichen Fremdstoffen, besonders Eisen, und gut gebrannt ist. Er muß weiter gut gelöscht sein und als Kalkbrei im Vorrat gehalten werden, damit in der Masse keine ungelöschten Kalkteile mehr vorhanden sind. Mit den bereits erwähnten Einrichtungen läßt sich diese Forderung nun allerdings in vollstem Maße erreichen [30]).

In neuerer Zeit hat nun die Verwendung des Chlorgases wieder eine größere Bedeutung gewonnen, und zwar dadurch, daß man es in verflüssigter Form erhält. Das sogenannte flüssige Chlor wird in stählernen Zylindern oder Flaschen, die auf 50 Atm. Druck geprüft sind und je 60 kg Chlorgas enthalten, in den Handel gebracht. Es

---

[30]) siehe Seite 81.

ergeben sich da, wo der Bezug dieses flüssigen Chlors frachtgünstig erfolgen kann, allerlei Vorteile, die auch die Herstellung der Bleichlauge auf diesem Wege vorteilhaft erscheinen lassen. Neuerdings bringt man das flüssige Chlor auch in Kesselwagen zum Versand, die natürlich den Anforderungen und Bedingungen entsprechen müssen. Dadurch wird in vielen Fällen die Verwendung sehr wirtschaftlich, besonders, wenn man noch die anderen Vorteile in Betracht zieht. Dieses flüssige Chlor wird heute in großen chemischen Fabriken nach dem Chlorkaliprozeß gewonnen und läßt sich bei gewöhnlicher Temperatur durch einen Druck von 6 Atm. verflüssigen. Nach Lange hat das flüssige Chlor folgende Eigenschaften:

Tabelle 15.

°C	Spez. Gew.	Dampfdruck Atm.
0	1,469	3,7
15	1,426	5,8
30	1,381	8,7

Bei 0° und 760 mm Druck entspricht 1 kg flüssiges Chlor einem Gasvolumen von 316 Litern. Wenn das flüssige Chlor absolut trocken, also wasserfrei ist, dann greift es Gußeisen, Schmiedeeisen, Messing, Phosphorbronze, Blei, Kupfer und Zink nicht an, sowie aber die geringste Menge von Wasser vorhanden ist, folgt die Zerstörung dieser Metalle. Man kann mit 1 kg flüssigem Chlor 3,5 bis 4 kg Chlorkalk ersetzen, woraus sich schon bei einigermaßen frachtgünstiger Lage der chemischen Fabrik ein großer Vorteil gegenüber dem Chlorkalk ergibt. Ein weiterer Vorteil besteht darin, daß das flüssige Chlor chemisch rein ist und somit nicht der Zersetzung ausgesetzt ist wie Chlorkalk.

Nach den Vorschriften der Badischen Anilin- und Sodafabriken in Ludwigshafen, die mit zu den Haupterzeugern von flüssigem Chlorgas zu rechnen sind, wird die Kalziumhyperchloridlösung durch das Einleiten von Chlor in Kalkmilch auf folgende Weise hergestellt:

Man verwendet Bottiche, die wohl aus Eisen (verbleit) sein können, natürlich bei der erforderlichen Größe vorteilhaft aus Beton gebaut werden und mit einem zuverlässig und gründlich wirkenden Rührwerk versehen sind. Um eine gute Absorption des Chlorgases zu erzielen, sollen diese Bottiche nicht zu klein und mehr hoch als breit sein. Es ergibt sich also unter Berücksichtigung der erforderlichen Rührwerke die aufrechtstehende Zylinderform als die günstigste. Die Einleitung des Chlorgases erfolgt durch Steinzeug-, Blei- oder auch Glasrohre, die tief in die Bottiche eintauchen und eine gute Verteilung des Gases gewährleisten sollen. Um nun Kalziumhyperchlorid zu bilden, sind theoretisch 70,9 kg flüssiges Chlor auf 51,6 kg 100teiligen

Ätzkalk erforderlich. In der Praxis muß man nun in Betracht ziehen, daß der gebrannte Kalk etwa 95 vH. Ätzkalk enthält, von denen ein Teil noch für die Haltbarkeit der Lösung ungesättigt bleiben muß, man muß also praktisch auf 100 kg Ätzkalk nicht mehr als 117,5 kg flüssiges Chlor rechnen oder auf 100 kg flüssiges Chlor mindestens 85,2 kg gebrannten Kalk. Bei abgelöschtem Kalk kann man im Mittel rechnen, daß 1 kg des stechbaren Kalkes etwa 0,4 kg gebranntem Kalk entsprechen. Die Verdünnung des Kalkbreies zu Kalkmilch muß mit möglichst kaltem Wasser erfolgen, da die Kalkmilch so kalt als möglich sein soll. Diese Kalkmilch wird nun in den erwähnten Gefäßen durch die Rührer gleichmäßig aufgerührt und dann bei einer Temperatur, die unter 30° liegen muß, mit dem Einleiten des Chlorgases begonnen. Anfangs ist die Absorption sehr träge, nimmt aber bald zu, so daß man den Zufluß des Chlors verstärken kann. Die Temperatur darf nicht über 35° steigen, da sonst das gebildete Hyperchlorid zu Chlorat oxydiert, das keine bleichende Wirkung hat. Wenn diese Temperatur nicht überschritten wird, so kann man alles Chlor verlustlos in Kalziumhyperchlorid umwandeln. Die Einleitung des Chlorgases erfolgt so, daß mindestens 2 vH. des Ätzkalkes nicht gesättigt sind. Die Beendigung der Reaktion ist daran erkennbar, daß ein Tropfen der auf rotes Lackmuspapier gebrachten Lauge dieses einen Augenblick blau färbt und es dann sofort weiß bleicht. Wenn das Papier längere Zeit blau bleibt, dann ist das ein Zeichen, daß zu wenig Chlor eingeleitet wurde, erfolgt sofort eine Bleiche, dann ist das ein Zeichen, daß die Menge des absorbierten Chlors zu groß ist. Die fertige Bleichlauge soll im allgemeinen nicht über 60° aktives Chlor enthalten, da man bei dieser Konzentration ohne Kühlung der Laugen auskommen kann.

Die Abb. 83 und 84 zeigen eine schematische Darstellung einer modernen Anlage zur Verarbeitung von flüssigem Chlor. Das flüssige Chlor wird vorteilhaft in großen Eisenblechbehältern von zylindrischer Form (A) aufbewahrt, die in einem Raum liegen, dessen Temperatur möglichst von der Außenluft wenig beeinflußt wird. Die Wände dieses Raumes sind daher stark genug zu wählen. Man kann diese Chlorbehälter auch auf Wagen unterbringen, die ein genaues Feststellen der entnommenen Gasmengen gestatten. Die Kalkmilch fließt von den Auflösetrommeln usw. durch Siebe, welche Unreinigkeiten zurückhalten, in Vorratsbottiche mit Rührwerken (E). Von hier wird die Kalkmilch durch eine Rinne (F) in die mit Rührwerk versehenen Mischbottiche (G) abgelassen, in denen durch das Einleiten des Chlors die fertige Lösung hergestellt wird. Durch eine Pumpe (H) wird diese Lösung in die Klärbottiche (I) befördert, während sie die Pumpe (K) zum Druckgefäß (L) für die Filter (M) schafft. Dieses Druckgefäß wird zweckmäßig mit einem Überlauf nach einem jeden Klärbottich versehen. Die fertige Lauge läuft von den Filtern nach den Vorratsbottichen (N). Absatz- und Vorratsbottiche werden mit schrägem Boden versehen, der sich absetzende Kalk wird durch einen Kanal der Pumpe (O) zugeführt, die ihn wieder in die Mischbottiche bringt. Die

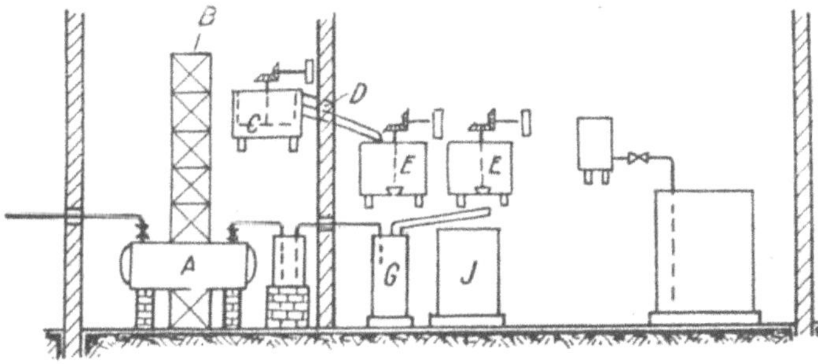

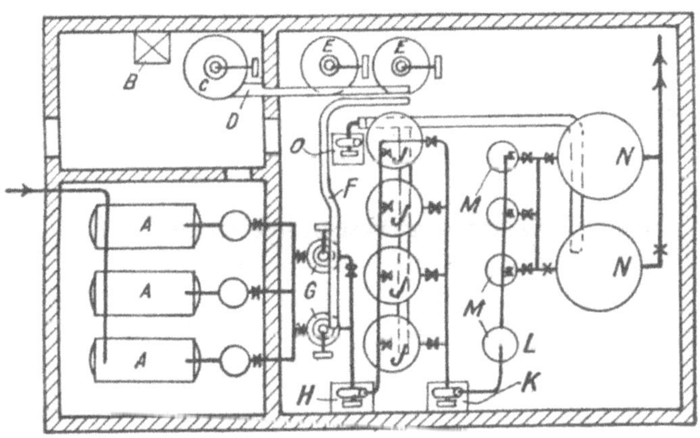

Abb. 83 u. 84.
Schematische Darstellung einer Chlorgasanlage.

A Chlorgasbehälter	H Pumpe
B Aufzug	I Klärbottiche
C Kalkauflöser	K Pumpe
D Rinnen	L Druckgefäß
E Vorratsbottiche	M Filter
F Rinne	N Vorratsbottiche für fertige Laugen
G Mischbottiche	O Pumpe

fertige Lauge wird aus den Vorratsbottichen zur Verwendung entnommen.

Man arbeitet dabei am vorteilhaftesten, indem man die aus den Kalkmilch-Vorratsbehältern in einer Stärke von 15° Bé angesetzte und gründlich durchgerührte Kalkmilch in die Mischerbottiche abläßt. Wenn man rechnet, daß man in einen solchen Mischbottich 3100 Liter Kalkmilch eingibt, dann läßt man 4275 Liter frisches Wasser geeigneter Beschaffenheit hinzu und führt von den Vorratskesseln

Chlor ein. Man hat dann eine annähernde Vermehrung des Volumens auf 11 075 Liter, die schon ungefähr die Beendigung der Reaktion anzeigt, in deren Lösung hat man dann etwa 60 g aktives Chlor im Liter.

Die Herstellung der Bleichlauge auf diesem Wege ist durchaus nicht umständlicher als die aus Chlorkalk und hat den Vorteil, weit weniger anstrengend zu sein. Man muß nur bei der Zuführung des flüssigen Chlors achtgeben, daß die Reaktion nicht sauer wird, aber auch nicht zu weit davon entfernt ist. Man kann das, wie schon erwähnt, durch die Prüfung mit Lackmuspapier genau beobachten und verfolgen. Wenn diese Anlagen gut durchkonstruiert sind und zuverlässig gewartet werden, dann fällt jede Geruchsbelästigung weg, so daß viele Unannehmlichkeiten der Bereitung der Bleichlauge aus Chlorkalk wegfallen. Immerhin sorge man für gute Lüftung der Räume und halte Gasmasken bereit, da undichte Leitungen und Ventile mitunter doch vorkommen können, das Betreten der Räume ohne solche Gasmasken ist dann nicht ohne Gefahr möglich.

Elektrische Bleiche.

Eine große Rolle spielt nun heute auch in den Großbetrieben die sogenannte „elektrische Bleiche“, die auf der Zersetzung einer Kochsalzlösung durch den elektrischen Strom beruht, wobei das Kochsalz zum Teil in unterchlorigsaures Natron verwandelt wird. Die Bleichwirkung des unterchlorigsauren Natrons beruht nun ebenfalls darauf, daß sich in Gegenwart von bleichfähigen Stoffen und Wasser aktiver Sauerstoff entwickelt, also wie bei dem unterchlorigsauren Calcium. Im ersteren Falle wird Kochsalz zurückgebildet, im letzteren Falle dagegen Chlorkalzium. Das Kochsalz hat nun auf die Faser nicht die nachteilige Einwirkung wie das Chlorkalzium, es muß aber gleichfalls ausgewaschen werden, da es das Papier hygroskopisch macht.

Die Zahl der verschiedensten Apparate zur Herstellung elektrolytischer Bleichlaugen ist nun sehr groß, es können naturgemäß nur die hauptsächlichsten zur Erwähnung kommen. Als Elektroden dienen verschiedene Materialien, die auch zum Teil kennzeichnend für die verschiedenen Systeme sind.

Der Bleichelektrolyseur System Haas und Dr. Oettel von der Firma Elektrolyseur-Bau Artur Stahl in Aue in Sachsen besitzt Kohleelektroden, die sich durch große Haltbarkeit und billigen Preis auszeichnen, jederzeit sofort zu beschaffen sind und nur ganz unwesentlichen Preisschwankungen unterliegen. Eine nach langer Arbeitsdauer erforderlich werdende Einsetzung neuer Elektroden-Platten kann von jedem Arbeiter ausgeführt werden und verursacht kaum eine Unterbrechung des normalen Betriebes. Als Schaltungsweise wurde bei diesen Elektrolyseuren von Anfang an die bipolare oder doppelpolige gewählt, weil sie die große und für den praktischen Betrieb sehr wichtige Annehmlichkeit bietet, daß man an dem ganzen Apparat nur zwei Kontakte in Ordnung zu halten hat. Diese Schaltungsweise hat sich sehr gut bewährt. Ebenso praktisch wie die gesamte Anordnung dieser Apparate (siehe Abb. 85) ist die ganze Betriebsführung einer mit solchen Elektrolyseuren ausgerüsteten Anlage.

Die Abbildung 86 zeigt die schematische Anordnung einer elektrolytischen Bleicheinrichtung nach System Haas und Dr. Oettel. Die Anlage besteht im wesentlichen aus dem Salzauflöser und dem elektro-

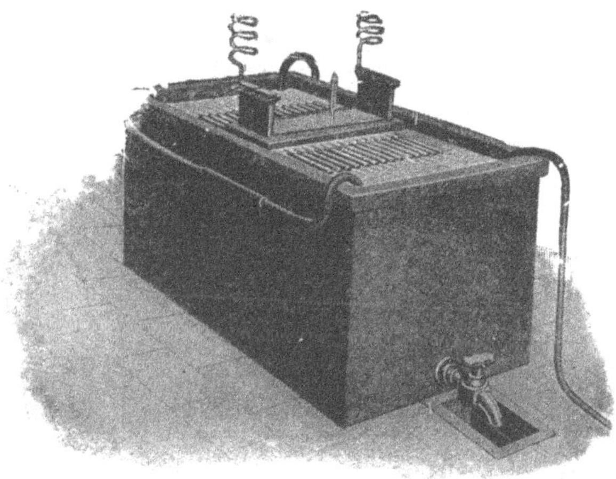

Abb. 85.
Bleich-Elektrolyseur.
Elektrolyseur-Bau A. Stahl, Aue i. Sa.

lytischen Apparat. Die Sammelbassins für die fertige Bleichlauge kann man ganz beliebig und den örtlichen Verhältnissen entsprechend aufstellen. Als Salzauflöser verwendet man am besten einen gut geteerten, massiven Holzbottich, in dem ein Rührwerk mit Holzflügeln eingebaut ist, die ein kräftiges Durchrühren der Lösung gestatten. Den Abfluß vermittelt ein Ablaßhahn, welcher etwas über dem Innenboden angebracht ist, damit sich am Boden des Gefäßes aus dem Wasser oder Salz entstammende Unreinigkeiten ablagern können und nicht mit in den Elektrolyseur gelangen. Ein Ventil von genügender Weite im Boden dient dazu, den abgesetzten Schlamm oder Schmutz von Zeit zu Zeit bequem auszuspülen. Das für die Elektrolyse günstigste Salz ist das mit ¼ vH. Petroleum denaturierte Steinsalz von 98 vH. NaCl. Nach dem Abschöpfen des Schmutzes wird die Salzlösung in den Elektrolyseur eingelassen, in dem sie unter der Einwirkung des elektrischen Gleichstromes in eine Natrium-Hypochlorit-Lösung zersetzt wird. Wenn die gewünschte Menge Lauge erreicht ist, dann wird der elektrische Strom ausgeschaltet, und die fertige Bleichlauge kann in die Bassins abgelassen werden. Diese Anlagen ergeben nun allerdings nur Laugen von höchstens 12 g aktiven Chlors im Liter, sind also für die Zwecke der Zellstoffbleiche im allgemeinen zu schwach, können aber in besonderen Fällen doch in Anwendung kommen.

Der Grundsatz der elektrolytischen Erzeugung von Bleichflüssigkeit (Natriumhypochlorit, NaOCl) beruht nun auf folgendem Vorgang:

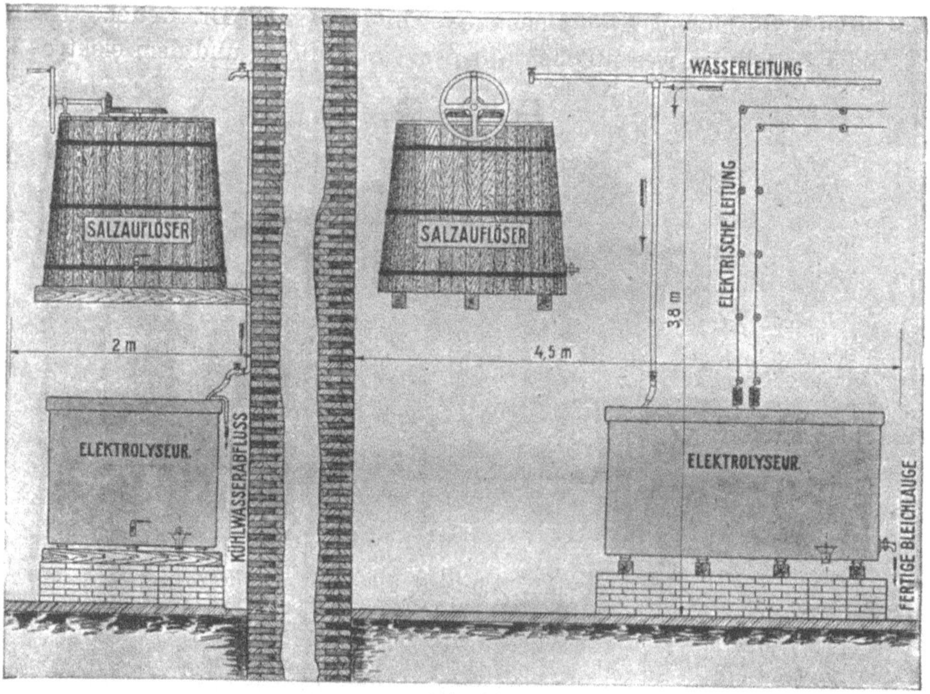

Abb. 86.
Schematische Darstellung einer Anlage zur Herstellung von „Elektrischer" Bleichlauge
Elektrolyseur-Bau A. Stahl, Aue i. Sa.

Bei der Elektrolyse von Salzlösung wird das Chlornatrium in Chlor und Natrium zerlegt, und zwar nach der folgenden Gleichung:

$$2\,NaCl = 2\,Na + Cl_2.$$

Das am negativen Pol (Kathode) gebildete Natrium reagiert mit dem Wasser der Salzlösung unter Bildung von Natriumhydroxyd, wobei Waserstoff frei wird, nach der folgenden Gleichung:

$$2\,Na + 2\,H_2O = 2\,NaOH + H_2.$$

Das am positiven Pol (Anode) gebildete Chlor gibt mit dem an der Kathode entstandenen Natriumhydroxyd unterchlorigsaures Natron (Natriumhypochlorit) nach folgender Gleichung:

$$Cl_2 + 2\,NaOH = NaCl + H_2O + NaOCl.$$

Die Vorteile der elektrischen Bleiche bestehen nun in der Hauptsache in den nachstehenden Gesichtspunkten:

I. Chlorersparnis, und zwar:
   1. Durch bessere Chlorausnützung im Vergleich zu der beim Lösen des Chlorkalkes möglichen.
   2. Durch höhere Wirksamkeit des Elektrolytchlors.

II. Vereinfachung und Verbilligung des Säurungs- und Waschprozesses.

III. Verminderung des Gewichtsverlustes und größere Schonung der Fasern.

IV. Schnellere Bleichwirkung.

V. Gleichmäßigere Bleichung.

VI. Günstigere Gestaltung des Betriebes im allgemeinen.
   1. In sanitärer Hinsicht:
      a) Fortfall des beim Lösen des Chlorkalkes auftretenden schädlichen Staubes.
      b) Fortfall der Löserückstände des Chlorkalkes.
   2. Hinsichtlich der Reinlichkeit:
      a) Vollkommen klare Bleichlauge.
      b) Vermeidung des langwierigen Abklärens der Chlorkalklaugen.
   3. Hinsichtlich der Sicherheit des Betriebes:
      a) Vermeidung örtlicher Oxydationen, wie sie durch schlecht aufgelösten Chlorkalk hervorgerufen werden können.

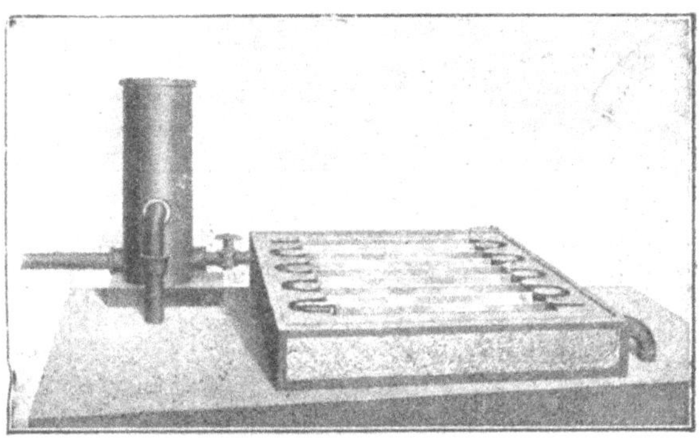

Abb. 87.
Bleichelektrolyseur System Siemens & Halske.
Siemens & Halske, Berlin.

Die Elektrolyseure nach dem System Siemens & Halske (Abbildung 87) bestehen nun aus Sandsteingefäßen, die durch senkrechte Glaszwischenwände in eine Anzahl von Zersetzungszellen unterteilt sind. Diese werden stufenweise derart nebeneinander angeordnet, daß die Salzlösung bzw. Bleichlauge sämtliche Zellen nacheinander in wagrechter Richtung auf schlangenförmigem Wege durchfließen muß und in jeder Zelle der Einwirkung des elektrischen Stromes ausgesetzt wird Die Elektroden sind als Platin-Iridium-Drahtnetze wagrecht so eingebaut, daß sich die Anode (positive Elektrode) stets unterhalb der Kathode (negative Elektrode) befindet. Die Elektroden sind bipolar geschaltet, d. h. es sind innerhalb des Apparates zwischen den einzelnen Elektroden keine Verbindungen erforderlich; es sind also nur die Anschlußkontakte notwendig, die so ausgebildet und in den Apparat eingebaut werden, daß eine Zerstörung durch Einwirkung des elektrolytischen Prozesses ausgeschlossen ist. Die Elektroden, Glasteile usw. können jederzeit zwecks etwaiger Kontrolle leicht aus dem Apparat entfernt und rasch wieder eingesetzt werden. Für die Zuleitung der Salzlösung und Ableitung der Bleichlauge verwendet man kräftige Rohre und Hähne aus Steinzeug von reichlichem Querschnitt, so daß ein Verstopfen dieser Teile nicht eintreten kann. Die Elektrolyseure System Siemens-Schuckert (Abb. 88) bestehen in der Regel aus zwei glasierten Steinzeugwannen mit den einzelnen leicht herausnehmbaren Elektrolyseurelementen. Die Wannen sind durch Glaszwischenwände in eine Reihe von Zellen unterteilt. Die Salzlösung durchfließt sämtliche Zellen nacheinander. Die Elektroden mit Ausnahme der in jeder Wanne befindlichen Anschlußelektroden bestehen aus Platin-Kohle-Elementen, die in Tonrahmen eingebaut sind. Die für jede Anlage erforderliche Kühleinrichtung befindet sich innerhalb der Wannen. Jede Wanne erhält nur eine Zu- und eine Ableitung für den Strom.

Abb. 88.
Bleichelektrolyseur System Simens-Schuckert von Siemens & Halske A.-G.

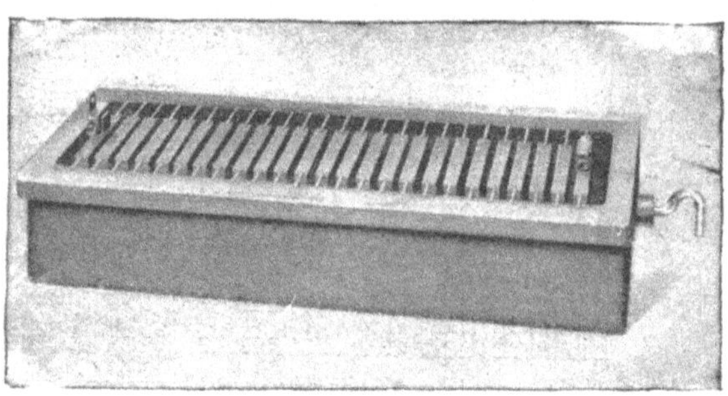

Abb. 89.
Bleich-Elektrolyseur Siemens & Halske, Type Kohle.

Die Abbildung 89 zeigt einen Elektrolyseur Siemens & Halske, der mit Kohleelektroden ausgerüstet ist. Auch diese Apparate bestehen aus einer glasierten Tonwand, besitzen aber als Elektroden Graphit- oder Kohleplatten. Die Salzlösung fließt wie bei dem vorhergehenden Apparat durch sämtliche Zellen nacheinander. Die kleinen Typen erfordern keine Kühlung, die großen machen eine solche erforderlich. Stromzu- und -abführung erfolgt nur am Ende der Wanne.

Die Abbildung 90 zeigt nun eine vollständige elektrische Bleichanlage nach dem System Siemens & Halske. Hierzu sind erforderlich:

a) Ein Salzlösegefäß, das vorteilhaft aus Beton hergestellt wird, mit einem oder zwei Klärbassins zur Herstellung der für die Elektrolyse erforderlichen klaren Salzlösung, ein Kühlgefäß aus Beton, in das die Kühlschlangen eingelegt werden und dessen Decke

Abb. 90.
Elektrische Bleichanlagen nach System Siemens & Halske.

gleichzeitig als Auflage für den Bleich-Elektrolyseur dient, mit den erforderlichen Ablaßhähnen aus Steinzeug usw.

b) Die Kühlschlangen aus Hartbleirohr mit Wasserleitungsanschluß, durch die man Leitungswasser fließen läßt, um die Temperatur der Lauge im Elektrolyseur auf etwa 23 bis 25° C zu halten, nebst den erforderlichen Armaturen.

c) Der eigentliche Bleichelektrolyseur nebst Rohrleitungen und Hähnen aus Steinzeug, zum Verteilen der zufließenden Lauge.

d) Eine Zentrifugalpumpe, von der die Flüssigkeit kräftig und gleichmäßig durch die Elektrolyseure getrieben wird, nebst Bleirohrleitungen und Armaturen für die Zuführung zum Druckregler, für den Anschluß der Pumpe an das Kühlgefäß sowie zum Fortleiten der fertigen Bleichlauge nach dem Vorratsgefäß oder Bleichgefäß.

Abb. 91.
Bleich-Elektrolyseur-Anlage System Siemens-Schuckert-Werke.

e) Eine Sicherheitsvorrichtung für den Bleichelektrolyseur, die vollkommen sicheres und zuverlässiges Arbeiten des Elektrolyseurs gewährleistet.

f) Eine Schalttafel mit Strom- und Spannungsmesser, doppelpoligem Umschalter, Automaten und Sicherungen.

g) Die nötigen elektrischen Verbindungsleitungen zwischen Schaltbrett und Elektrolyseur.

Die Abbildung 91 zeigt schematisch eine Anlage nach dem System Siemens-Schuckert, die in der Hauptsache aus folgenden Teilen besteht:

a) Ein oder zwei Salzlösegefäßen, aus Holz oder aus Beton.

b) Dem Elektrolyseur nebst Zuflußleitung für die Salzlösung.

c) Einem Untergestell aus Holz für die Salzlösegefäße und einem Gestell aus Holz oder Beton für den Elektrolyseur.

d) Einer Schalttafel mit Strom- und Spannungsmesser, Sicherungen und Ausschalter.

e) Den elektrischen Verbindungsleitungen und den Wasserleitungen für den Kühlwasseranschluß.

Eine Anlage nach Siemens & Halske mit Kohleelektroden zeigt die Abbildung 92. Sie besitzt hauptsächlich folgende Teile:

a) Ein oder zwei Salzlösegefäße aus Holz oder Beton.

b) Den Elektrolyseur nebst Zuflußleitung für die Salzlösung.

c) Ein Holzgestell für die Salzlösegefäße und den Elektrolyseur.

d) Eine Schalttafel mit Strommesser, Schalter und Sicherungen.

e) Die elektrischen Verbindungsleitungen und die Wasserleitung.

f) Ein Steinzeug- oder Betongefäß für die fertige Bleichlauge.

Abb. 92.
Bleichanlage Siemens & Halske, Type Kohle.

Für den Betrieb von Bleichelektrolyseuren kann nun nur Gleichstrom verwendet werden. Die in der umstehenden Zahlentafel enthaltenen Normaltypen sind für den Anschluß an 110 Volt Spannung bestimmt. Für 220 Volt Betriebsspannung werden zwei Normalelektrolyseure hintereinander geschaltet. Es können aber Apparate für jede andere Spannung geliefert werden. Für größeren Chlorbedarf oder für eine größere Tagesleistung kann man zwei oder mehrere Normal-Elektrolyseure parallel schalten. Der Strombedarf in elektrischen Bleichanlagen ist abhängig von der verlangten Leistung.

Die Stromstärken der Bleichelektrolyseure entsprechen der normalen durchschnittlichen Belastung. Der Energiebedarf gilt gemessen an den Elektrodenklemmen. Die Konzentration der Bleichlaugen beträgt für die reinen Platin-Apparate 20 g, für Platin-Kohle-Apparate 18 g und für die reinen Kohle-Apparate 4 bis 5 g wirksames (aktives)

Chlor im Liter. Der Salzverbrauch gilt für entsprechend reines Salz mit mindestens 97 vH. NaCl.

Tabelle 16.

Normale Typen zum Anschließen an Gleichstrom von 110 Volt.

System Siemens & Halske.

Type	Stromstärke Amp.	Energie kW	Produktion Lauge Liter	Produktion Chlor kg	Salzverbrauch kg	Produktion Lauge Liter	Produktion Chlor kg	Salzverbrauch kg
Bei einer Betriebsdauer von			10 Stunden			22 Stunden		
2 ESn 20/9	30	3,3	275	5,5	42	600	12	90
2 ESn 30/9	45	4,95	410	8,2	62	900	18	135
2 ESn 40/9	60	6,6	550	11,0	83	1200	24	180
2 ESn 50/9	75	8,25	685	13,7	103	1500	30	225
2 ESn 60/9	90	9,9	820	16,4	123	1800	36	270
2 ESn 70/9	105	11,55	960	19,2	144	2100	42	315
2 ESn 80/9	120	13,2	1100	22,0	165	2400	48	360
System Siemens-Schuckert.								
C 20	20	2,2	160	2,9	18	320	5,8	36
C 30	30	3,3	245	4,4	27	490	8,8	55
C 40	40	4,4	340	6,1	38	680	12,2	76
C 50	50	5,5	420	7,6	47	840	15,2	94
C 70	70	7,7	600	10,8	66	1200	21,6	132
C 90	90	9,9	760	13,7	85	1520	27,4	170
C 110	110	12,1	930	16,8	103	1860	33,5	205
C 130	130	14,3	1100	19,8	120	2200	39,6	240
C 150	160	16,5	1270	22,9	140	2540	45,7	280
System Siemens & Halske (Kohle).								
Kn 10	8	0.88	300	1,35	15	600	2,7	30
Kn 16	18	2,00	700	3,0	35	1400	6,0	70
Kn 25	30	3,30	1000	5,0	60	2000	10,0	120

Als wesentlicher Fortschritt auf dem Gebiete der elektrolytischen Zerlegung der Chloralkalien ist das Siemens-Billiter-Verfahren zu bezeichnen, genannt nach dem Privatdozenten an der Universität Wien Dr. Jean Billiter und der Firma Siemens & Halske. Das ursprüngliche Verfahren ist ein Glockenverfahren (siehe Abbildungen 93 u. 94). Die Glocke (a), die den Anodenraum bildet, steht in einem Beton- oder Steinzeugkasten (b), dessen Boden von einem Eisendrahtnetz (c) gebildet wird. Auf dem Boden liegt ein Asbesttuch (d), welches wieder als Träger für das Diaphragma (e) dient. Das Eisendrahtnetz steht einige Zentimeter über dem Boden eines Kastens (f), der an den negativen Pol der Stromquelle angeschlossen wird, während der positive Pol mit den Anoden (g), die im Deckel befestigt sind, verbunden wird, (h) ist ein Heizrohr, das wagrecht zwischen zwei Elektroden liegt.

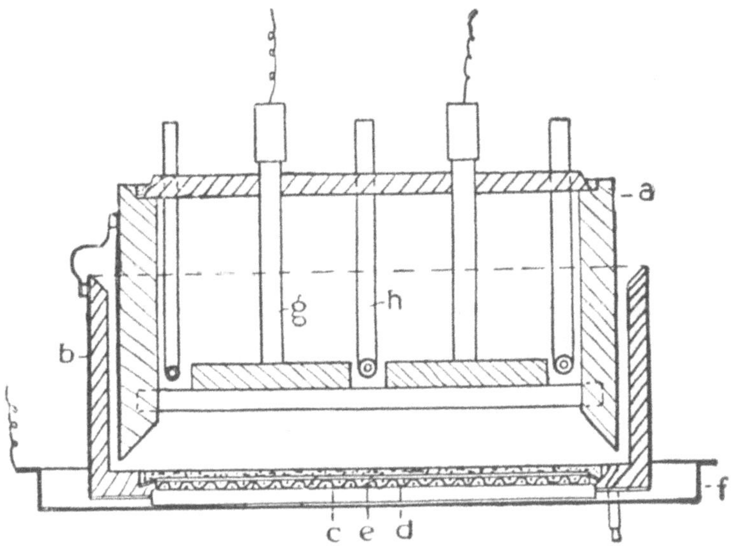

Abb. 93.
Siemens-Billiter-Bad zur Gewinnung von elektrischer Bleichlauge.

a Glocke
b Steinzeugkasten
c Eisendrahtnetz
d Asbesttuch
e Diaphragma
f negativer Pol
g Anoden
h Heizrohr

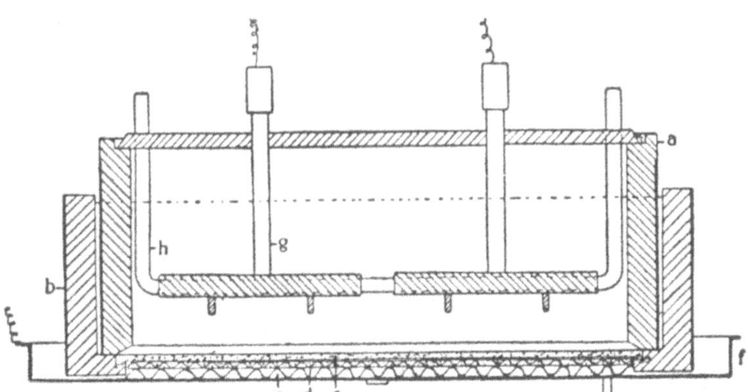

Abb. 94.
Siemens-Billiter-Bad, zweite Ausführung.

Diese Ausführungsform wurde im Laufe der Zeit erheblich vereinfacht und verbessert. Gegenwärtig wird die Glocke weggelassen, was für die Konstruktion und den Preis von wesentlicher Bedeutung ist. Das Siemens-Billiter-Bad (Abbildung 95) ist ein flacher Kasten aus innen betoniertem Eisenblech, der von einem Beton- oder Steinzeugdeckel, in dem die Anoden befestigt sind, abgeschlossen wird. Im Deckel befinden sich ein Steinzeugkrümmer, durch den das Chlorgas abzieht, ein Glas- oder Tonrohr, durch das die frische Salzlösung zugeführt wird, Manometer und Thermometer. Einige Zentimeter über dem Boden, leitend mit diesem verbunden, ist wieder ein Eisendrahtnetz wagrecht gelagert, das als Träger für ein Asbesttuch und gleichzeitig als Kathode dient. Auf das Asbesttuch wird als Diaphragma eine Paste von Bariumsulfat und Asbest in dünner Schicht aufgeschlämmt. Dicht unterhalb des Eisendrahtnetzes liegt wagrecht ein Eisenrost, das den Wasserstoff ins Freie führt, während die Kathoden-

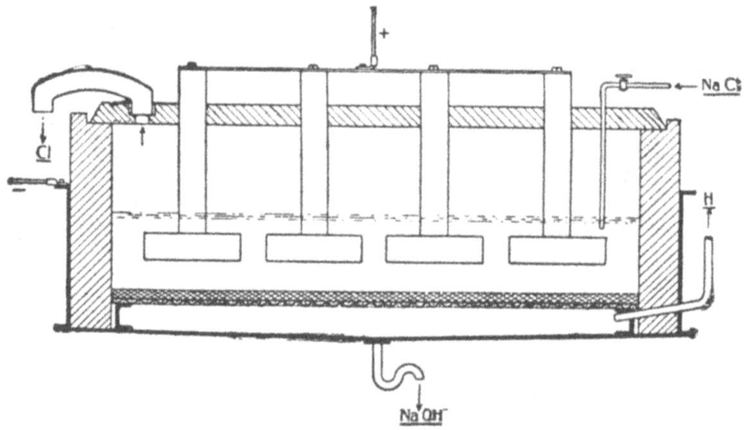

Abb. 95.
Siemens-Billiter-Bad, neueste Ausführung, schematisch.

lauge durch ein am Boden der Wanne angebrachtes Syphonröhrchen beständig abfließt.

Der Arbeitsvorgang ist nun folgender: Die über dem Diaphragma befindliche Salzlösung füllt alle Poren desselben an und benetzt das Asbesttuch und das Eisendrahtnetz. Damit ist der elektrische Kontakt für die Elektrolyse der Salzlösung hergestellt. An der Drahtnetz-Kathode bildet sich NaOH unter Wasserstoffentwicklung, während an den Anoden das Chlorgas entbunden wird. Dieses füllt den Raum über den Anoden an und wird ununterbrochen durch den im Deckel befindlichen Tonkrümmer abgesaugt, während die an dem Drahtnetz anhängenden Tropfen stark alkalischer Salzlösung beständig von frisch nachströmender Lauge abgespült werden und durch den im Boden befindlichen Syphon abfließen. Der nur wenige Zentimeter tiefe, unten durch den Boden des Eisenkastens abgeschlossene Raum unter dem Drahtnetz füllt sich mit Wasserstoff, der ebenfalls beständig durch das unter dem Drahtnetz wagrecht gelagerte Eisenrohr abzieht. Ein neues Patent von Siemens & Halske sieht eine Drosselung des abziehenden Wasserstoffes vor. Hierdurch wird erreicht, daß die auf dem Asbestgewebe liegende Diaphragmaschicht dünner genommen oder unter Umständen ganz weggelassen werden kann. Hierdurch wird der elektrische Widerstand vermindert und somit an Spannung bzw. an Kraft gespart.

Der Vorgang ist kurz folgender: Durch den Deckel tritt beständig frische Salzlösung in das Bad ein, unten fließt die NaOH-Lösung dauernd ab. Durch die Abwärtsbewegung des Elektrolyten wird die sonst so gefürchtete Wiederzersetzung des gebildeten Alkalis fast vollständig verhindert. Die wenigen OH-Ionen, die trotzdem die Wanderung nach den Anoden hin antreten, werden unterwegs unschädlich gemacht. Es bilden sich nämlich bei der Elektrolyse drei Schichten, die sich infolge ihres verschiedenen spezifischen Gewichtes übereinander legen. Ganz unten liegt eine alkalihaltige Schicht, dann kommt eine fast neutrale Schicht, und in der Nähe der Anoden befindet sich die leichteste saure chlorhaltige Schicht. Die ruhige Schichtenbildung verhindert die Abscheidung der OH-Ionen an der Anode, die wie bereits erwähnt, eine Wiederzersetzung des gebildeten Alkalis unter Sauerstoffentwicklung zur Folge haben würde. Der Sauerstoff verbrennt die Kohlenanoden zu CO_2, so daß man aus dem CO_2-Gehalte des Chlorgases auf die Größe der Wiederzersetzung schließen kann. Tatsächlich beträgt der CO_2-Gehalt beim Billiter-Verfahren kaum 2 vH. Da infolgedessen nur wenig Alkali verlorengeht, ist auch die Stromausbeute sehr hoch. Für die Güte eines Verfahrens ist nun aber nicht allein die Stromausbeute, sondern auch die Energieausbeute maßgebend. Die elektrische Energie ist ein Produkt aus Stromstärke und Spannung. Also ist auch die Spannung ein wesentlicher Faktor. Im allgemeinen kommt bei dem elektrolytischen Chloralkaliverfahren die Badspannung im Großbetrieb nicht unter 4 Volt herunter. Meist muß man mit Spannungen von 5 bis 6 Volt rechnen. Die Quecksilberverfahren arbeiten mit noch höheren Spannungen, und zwar mit 6 bis 7 Volt. Das Siemens-Billiter-Verfahren weist im Großbetrieb auch nach längerer Betriebsdauer eine Spannung von 3,7 bis 4 Volt auf. Nun gibt es Fabriken, bei denen der Preis für die elektrische Energie sehr gering ist, eine höhere Spannung daher nicht ins Gewicht fällt. In diesem Falle kann man die Siemens-Billiter-Bäder ohne weiteres mit größeren Stromstärken arbeiten lassen. Für die Güte des Verfahrens sind außerdem die Kosten für Unterhaltung und Wartung von ausschlaggebender Bedeutung. Bei dem Siemens-Billiter-Verfahren kommen eigentlich nur die Kosten für das Auswechseln der Anoden und Diaphragmen in Betracht, da andere Reparaturen an den Bädern nicht nötig sind. Die Kohlenanoden (Graphit) halten bei guter Stromausbeute natürlich auch lange, im allgemeinen eineinhalb bis zwei

Jahre. Das gleiche gilt von den Diaphragmen, die nur von Zeit zu Zeit gereinigt werden müssen, falls sich zu viel Schlamm niedergeschlagen haben sollte. Das tritt aber nur bei der Verwendung unreiner Salzlösungen ein.

Die Abbildungen 96—99 zeigen ein Siemens-Billiter-Bad. Es bedeuten auf dieser Zeichnung: 1 die Eisenwanne mit der Kathode, 2 den Ätznatronabfluß, 3 den Wasserstoffabzug, 4 den Wasserstoff-Gegendruckregler, 5 den Chlorabzug aus Steinzeug, 6 die Zuleitung für die Salzlösung, 7 die Graphit-Elektroden, 8 ein Schutzrohr für die Elektroden, 9 die Kupfer-Kontaktverbindung, 10 eine Asbestdichtung, 11 die Kupferstromschiene, 12 Isolatoren mit Gabel, 13 einen Wasserstand mit Schutzvorrichtung, 14 den Deckel des Bades, 15 ist die Kachelauskleidung der Wanne, 16 ist die Betonauskleidung der Eisenwanne, 17 ist das Diaphragmatuch, 18 die Diaphragmamasse, 19 ist Ton-Teerkitt zur Abdichtung, 20 ein Thermometer, 21 ein Manometer, 22 sind Betonpfeiler, 23 sind die Tragisolatoren für die Wanne, 24 Kupferstromschienen, 25 Stützisolator und 26 Tragstäbe.

Das Chlorgas kann man nun auf die verschiedenste Weise verwenden und zwar:

a) Unmittelbar, d. h. als Gas, wie es aus den Apparaten kommt, z. B. für die Gasbleiche.
b) Das Chlorgas kann verdichtet (verflüssigt) und dann wie weiter vorn beschrieben verwendet werden.
c) Man kann das Chlorgas über Ätzkalk leiten und so den handelsüblichen Chlorkalk herstellen.

Das Siemens-Billiter-Verfahren eignet sich genau so gut zur Elektrolyse von Natriumchlorid wie von Kalziumchlorid. Zu beachten ist allerdings, daß diese Anlagen nur da verwendbar sind, wo ein ununterbrochener 24stündiger Tag- und Nachtbetrieb möglich ist. Ein Hauptvorzug der Apparate ist das wagrechte Diaphragma, das auf einem gespannten Drahtnetz ruht und somit eine betriebssichere Stabilität und Dauerhaftigkeit besitzt, die durch die Einwirkung der Elektrolyse in keiner Weise gestört wird. Die Verwendung wagrechter Diaphragmen gestattet die Schichtung der Flüsigkeit und eine vollständige Trennung von Anoden- und Kathodenprodukt, es wird somit ein Arbeiten mit höherer Konzentration und höheren Ausbeuten ermöglicht. Ein anderer großer Vorzug dieser Konstruktion ist, daß das Diaphragma beiderseits mit alkalischer Lösung in Berührung steht und daher lange Zeit porös und widerstandsfähig bleibt. Im Gegensatz hierzu werden lotrechte Diaphragmen auf der einen Seite von der schwachsauren Anodenlösung und auf der anderen Seite von der alkalischen Kathodenlösung bespült, was keines der durchlässigen Dia-

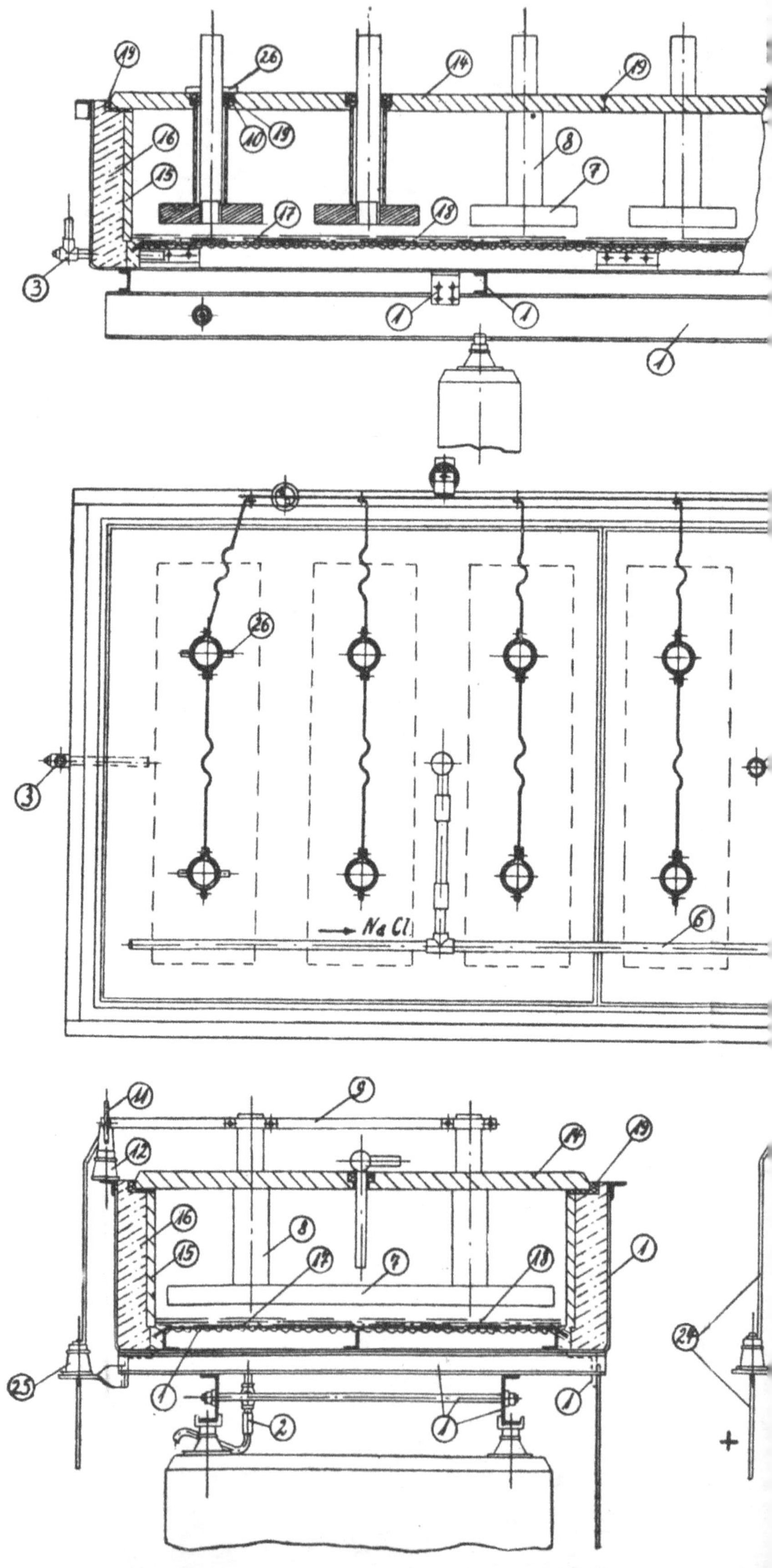
19
26
14
19
16
10
19
15
8
7
17
18
3
1
1
1
26
3
Na Cl
6
11
9
12
14
19
16
8
15
17
7
18
1
24
25
1
1
2
1
+

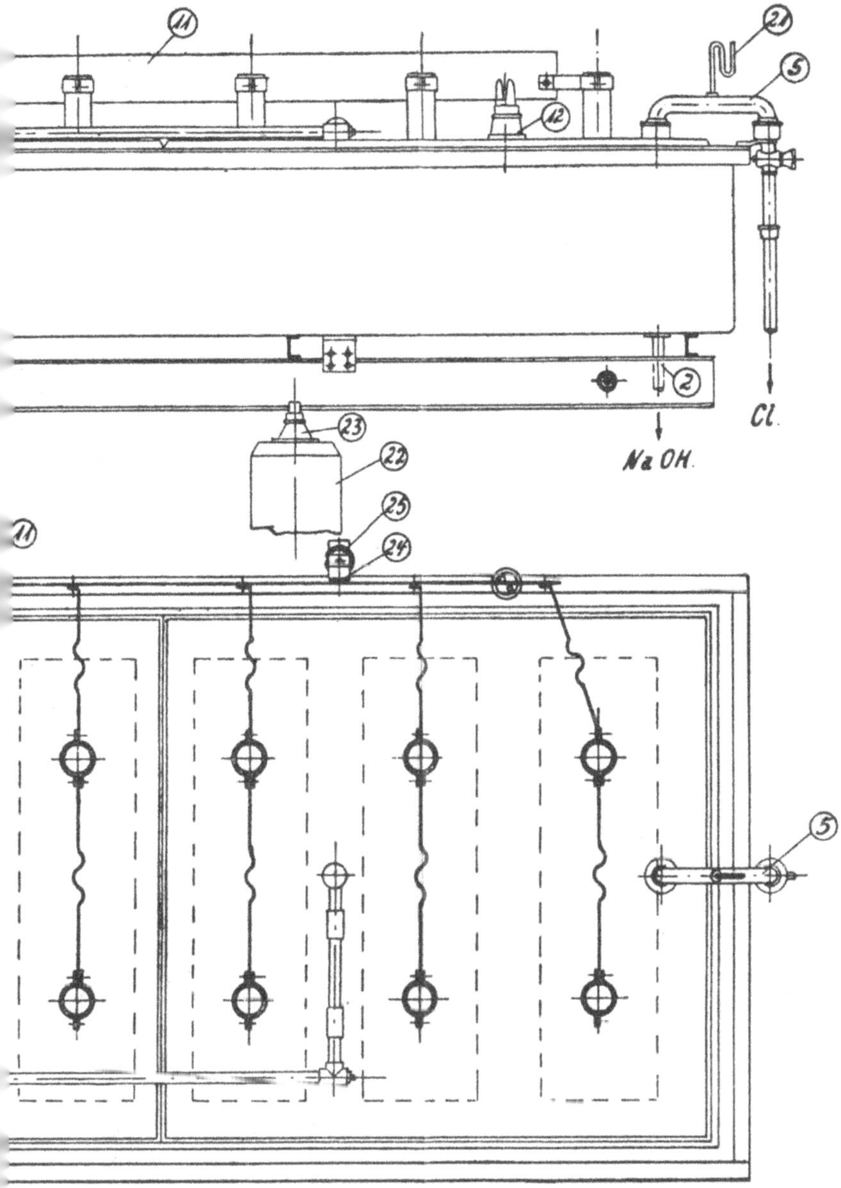

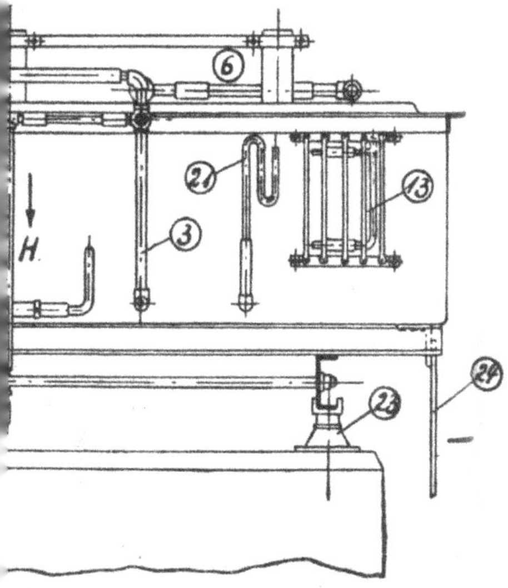

Abb. 96—99.
Siemens-Billiter-Bad.

1. Eisenwanne mit Kathode
2. Ätznatronabfluß
3. Wasserstoffabzug
4. Wasserstoff-Gegendruckregler
5. Chlorabzug
6. Zuleitung für Salzlösung
7. Graphit-Elektroden
8. Schutzrohr für die Elektroden
9. Kupfer-Kontaktverbindung
10. Asbestdichtung
11. Kupfer-Stromschiene
12. Isolatoren mit Gabel
13. Wasserstand mit Schutz
14. Deckel des Bades
15. Kachelauskleidung
16. Betonauskleidung
17. Diaphragmatuch
18. Diaphragmamasse
19. Ton-Teerkitt
20. Thermometer
21. Manometer
22. Betonpfeiler
23. Tragisolatoren
24. Kupfer-Stromschiene
25. Stützisolator
26. Tragstäbe

phragmen lange aushalten kann, sie werden daher oft schadhaft, sind oft auszuwechseln und verursachen Betriebsstörungen.

Der Vorteil des geringen Platzbedarfes, den die Apparate mit lotrechten Diaphragmen haben, wird durch die Vorteile der Apparate mit wagrechten Diaphragmen unbedingt aufgehoben. Die Betriebskosten setzen sich zusammen aus den Kosten für den Kraftverbrauch, dem Verbrauch an Rohstoffen (Salz, Kalk, Dampf, Kohle), den Kosten für Erneuerung und Unterhaltung, Arbeitslöhne, Tilgung und Verzinsung der Anlagekosten. Dabei ist zu bemerken, daß man die Amortisationsquote niedrig halten kann, da die Erneuerungskosten für die einem Verschleiß unterliegenden Teile bereits in den Erneuerungs- und Unterhaltungskosten berücksichtigt sind. Die einzelnen Faktoren der Betriebskostenberechnung hängen natürlich ab von der Art, wie die gewonnenen Erzeugnisse verwendet werden.

Auf die Gasbleiche näher einzugehen hat hier keinen Wert, da sie für die Strohzellstoffabrikation nicht in Frage kommt. Man findet sie wohl noch vereinzelt in einigen Spezialfabriken, die besondere Faserstoffe für einen ganz besonderen Zweck bleichen müssen und bei denen man mit den üblichen Bleichverfahren nicht mehr durchkommt.

Bleichholländer.

Das Bleichen des Strohstoffes muß nun in besonderen Einrichtungen erfolgen, den Bleichholländern. Es hat nun für den vorliegenden Zweck, eine Darstellung der modernen Strohstoffabrikation zu geben, wenig Wert, auf ältere Bleicherbauarten einzugehen, wie man sie in älteren Fabriken noch mitunter findet. Diese Bleicher sind in vielen Fällen weiter nichts als für diesen Zweck eingerichtete Holländer und ähneln diesen oft sehr genau. Hier ist es von Bedeutung, moderne und zweckentsprechende Einrichtungen zu beschreiben und näher auf ihre Eignung einzugehen.

Auch auf diesem Gebiete ist die Firma Nacke in Coswig bahnbrechend vorgegangen, die wohl als erste einen Bleichholländer baute, der sich durch sein großes Fassungsvermögen, die Anordnung der Stoffbewegung und durch seine vorzügliche Eignung für diesen Zweck auszeichnete. Abb. 100—101 zeigen einen solchen Nacke-Bleicher. Der Trog wird aus Beton gebaut und am besten mit Kacheln ausgekleidet, auch Glasplatten haben sich gut bewährt. Die Bewegung des Stoffes erfolgt durch ein mittels stehender Welle angetriebenes Turbinenrad, das aus Phosphorbronze gebaut wird und im Boden der Holländer liegt. Es macht in der Minute etwa 2000 Umdrehungen. Wenn nach der Füllung des Holländers mit Bleichgut das Turbinenrad in Betrieb gesetzt wird, dann wird der Stoff von unten nach oben auf die andere Seite des Holländers getrieben, was durch den Stoffhöhenunterschied vor und hinter der Turbine sehr begünstigt wird. Da Ecken und Winkel vollkommen vermieden sind, so ist die Mischwirkung dieses

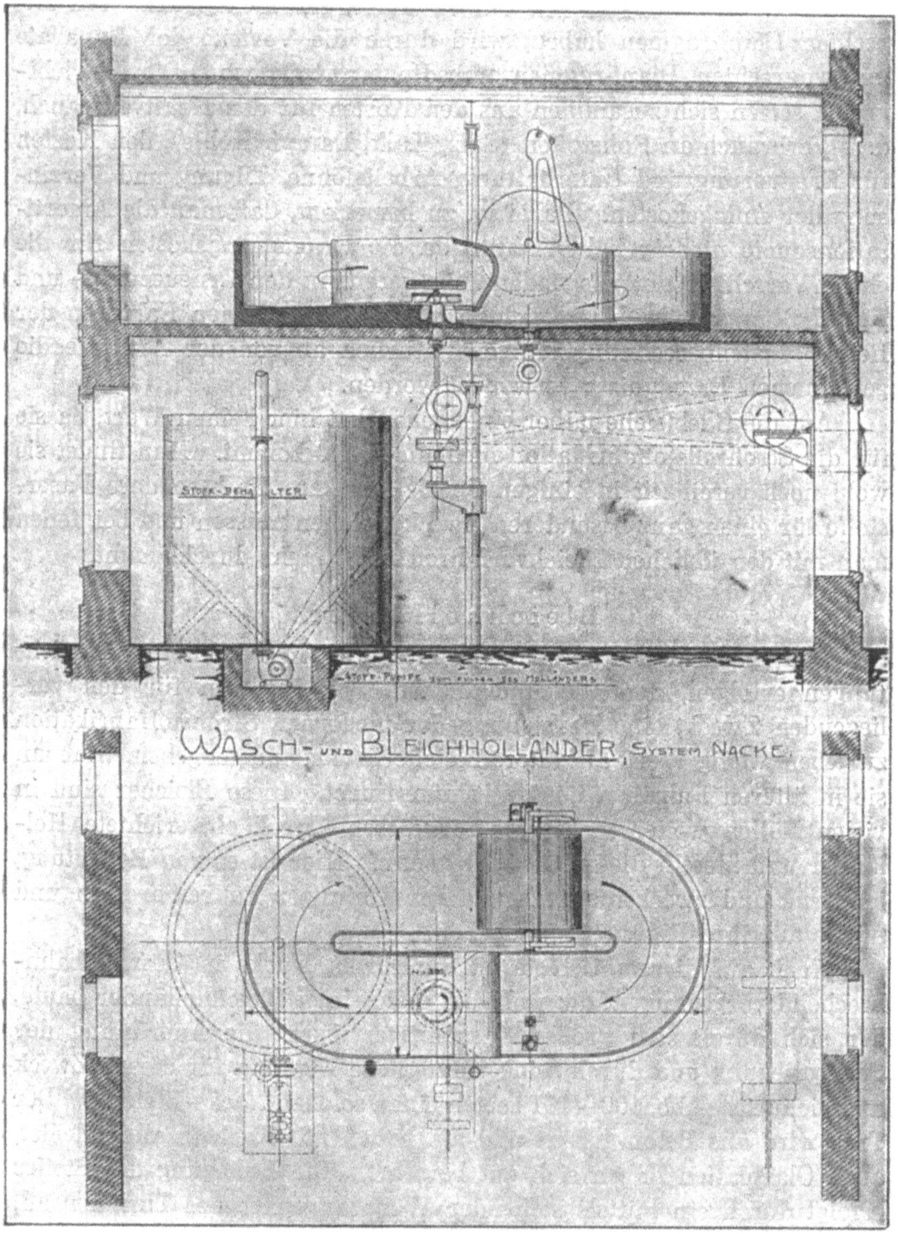

Abb. 100 und 101.
Bleichholländer, System Nacke.

Bleichers ganz vorzüglich. Der fertig gebleichte Stoff wird in üblicher Weise durch ein Bodenventil abgelassen.

Die Waschvorrichtung besteht aus einer Saugwaschtrommel, die mit feinem Metalltuch (etwa Nr. 70) bespannt ist. Die Trommel hat im Inneren drei nacheinander in den Stoff eintauchende Saugrohre, die an einem gleichzeitig als Welle dienenden Rohr gleichmäßig verteilt angeordnet sind. Diese Hohlwelle endet in ein Fallrohr und wird in einen außerhalb des Holländers befindlichen mit Scheidewand versehenen Überfallkasten geführt. Die Scheidewand dieses Kastens ist durch Bretter in der Höhe verstellbar, so daß man die abzusaugende Wassermenge bzw. die Saugwirkung regeln kann. Je weniger Wasser überlaufen kann, desto geringer ist die Saugwirkung und umgekehrt. Man muß aber das Wasser erst ansaugen, um das Rohr zum Saugen

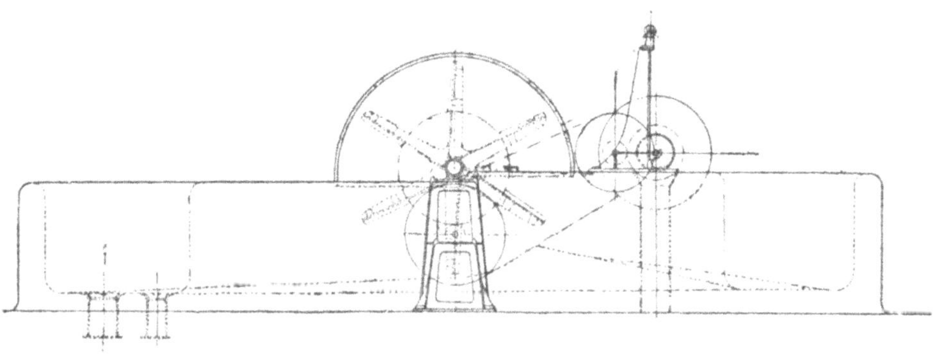

Abb. 102.
Bleichholländer mit Schaufelrad und Waschtrommel.
A.-G. der Maschinenfabriken Escher Wyss & Cie., Ravensburg.

zu bringen, was durch eine kleine Wasserstrahlpumpe erfolgt. Die Waschtrommel kann durch eine geeignete Vorrichtung gehoben und gesenkt werden.

Für die großen Leistungen der modernen Fabriken genügen nun diese Holländer mit verhältnismäßig geringem Fassungsraum nicht mehr, man geht immer mehr und mehr dazu über, sehr große Bleicher zu bauen, die eine ganze Kochung oder auch mehrere fassen und mit einem Male bleichen können. Die Vorteile, die besonders für die Gleichmäßigkeit des Stoffes daraus erwachsen, liegen auf der Hand.

Die Abbildung 102 zeigt einen solchen modernen Bleichholländer der Aktiengesellschaft der Maschinenfabriken Escher & Co. in Ravensburg. Der mit Schaufelrad ausgerüstete Bleicher hat einen Fassungsraum von etwa 100000 Liter. Der Trog aus Beton unterscheidet sich von der bei Mahlholländern sonst üblichen Form nur wenig. Das Bleichgut wird durch Schaufelräder befördert, die ähnlich den Schaufelrädern der Raddampfer gebaut sind und wirken. Durch sie wird der Stoff über den verhältnismäßig niedrigen Kropf gehoben. Die Bleicher zeichnen sich durch einen flotten Zug und eine schnelle und gute Durchmischung aus. Zum Auswaschen des Stoffes sind die üblichen Waschtrommeln vorgesehen.

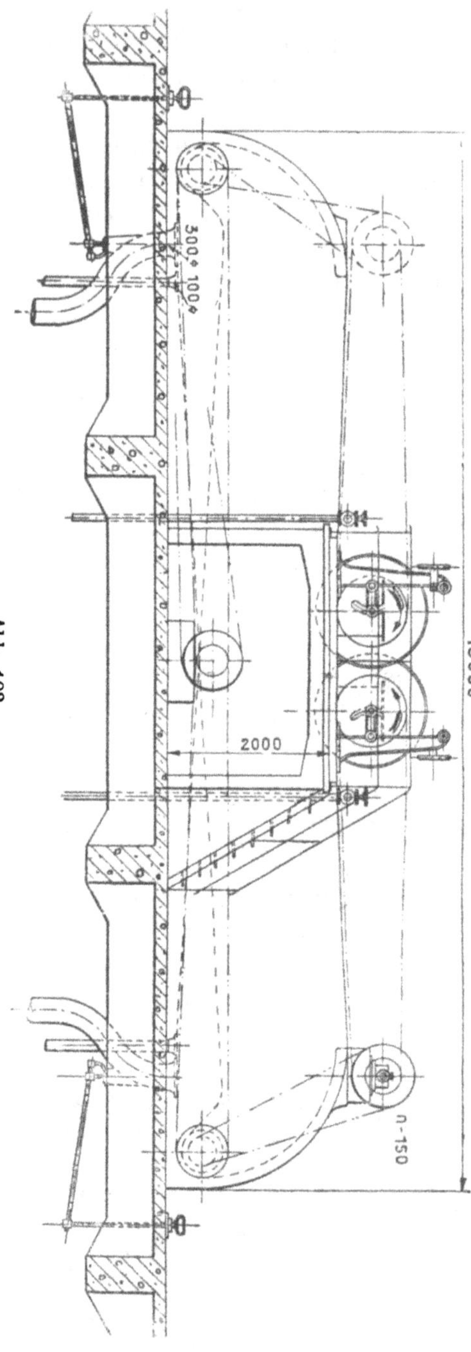

Abb. 103.
Bleichholländer mit Stoffbewegung durch Propeller.
A.-G. der Maschinenfabriken Escher Wyss & Cie., Ravensburg.

Einen anderen Bleicher der gleichen Firma zeigt die Abb. 103. Der Trog besitzt ein Fassungsvermögen von 50 000 Liter oder 3500 kg Stoff. Der Betontrog dieses Holländers weicht von der allgemein üblichen Bauart vollkommen ab. Zur Bewegung und innigen Durchmischung des Bleichgutes kommen hier Propeller in Anwendung, und zwar zwei Stück, die je an einem Ende des Troges angeordnet sind. In jedem Kanal des Holländers befindet sich ein großes Stoffleerventil, so daß eine rasche Entleerung gesichert ist. Das Auswaschen des Stoffes erfolgt auch hier durch Waschwalzen, und zwar ist in jedem Kanal eine solche angeordnet.

In den Abbildungen 104 und 105 hingegen ist ein Bleichholländer derselben Firma gezeigt, der ein Fassungsvermögen von etwa 100 000 Liter hat. Natürlich ist auch dieser Bleicher mit einem Betontrog ausgerüstet und mit einem Propeller, wie er näher auch in der Abbildung 115 allerdings in einer Ausführung einer anderen Firma gezeigt und beschrieben ist.

Diese Art von Bleichern eignet sich besonders gut für große Strohstofffabriken, da sie nicht nur eine große Leistung, sondern auch eine sehr gute Wirkung aufweisen. Das Waschen des Stoffes nach erfolgtem Bleichen geschieht ebenfalls mittels Waschwalzen, die in die schmalen Seitenkanäle eingelegt werden.

Von ganz bedeutender Wichtigkeit ist bei den Bleichholländern so großer Leistungen und Abmessungen die Aufhelfung der Waschtrommeln. Der Aktiengesellschaft der Maschinenfabriken Escher Wyß & Co. in Ravensburg ist eine besondere Vorrichtung dieser Art geschützt. Der Antrieb der Waschtrommeln erfolgt dabei durch ein auf deren Achse sitzendes Stirnrad, welches in ein verschiebbares Ritzel der Hauptwelle eingreift. Es hat sich nun sehr gut bewährt,

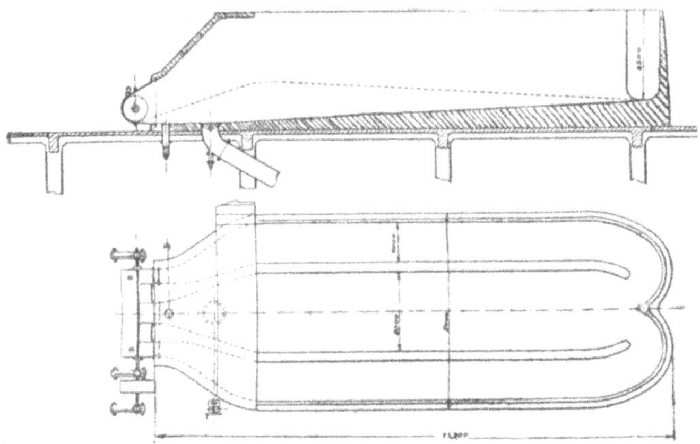

Abb. 104 und 105.
Bleichholländer mit Propeller.
A.-G. der Maschinenfabriken Escher Wyss & Cie., Ravensburg.

daß dieses Ritzel durch eine Federbandkupplung aus- und eingeschaltet werden kann, da diese Kupplung nicht plötzlich wirkt, sondern nur langsam anpackt und dadurch die Verzahnung schont. Voll- und Leerscheibe sind als Antrieb für diesen Zweck ungeeignet. Das mechanische Heben der Waschtrommeln erfolgt dann auf folgende Weise:

Zunächst wird ein Schalthebel nach rechts herum gelegt, sodann ein Steuerhebel nach unten gedrückt, wodurch das an der Innenseite der Antriebsscheibe befindliche Keilrillenrad in Eingriff kommt, ein Stirngetriebe und dieses die Winkelräder und somit die Parallelaufhelfung der Waschtrommel in Bewegung setzt. Ist die Trommel in der Höchstlage angekommen, so wird durch eine am Trommellager befestigte Schaltstange mit verstellbarem Mitnehmer der Steuerhebel automatisch in die Ruhestellung gebracht. Durch das Umlegen des Schalthebels nach links und Drücken des Steuerhebels nach oben kommt das an der Außenseite befindliche Keilrillenrad der Antriebsscheibe in Eingriff und bewirkt nunmehr ein Senken der Trommel. Hierbei ist besonders darauf zu achten, daß das Ritzel des Hauptantriebes vor dem Senken der Trommel ausgerückt bzw. seitlich verschoben wurde, um ein Abbrechen der Zähne des Waschtrommelantriebes zu verhüten. Ein Stillsetzen der Waschtrommel während der Auf- bzw. Abwärtsbewegung kann in jeder beliebigen Lage dadurch erfolgen, daß man den Steuerhebel von Hand in die Ruhestellung zurückführt. Um einen Schlag der Keilrillenräder auf die mit Rillen versehene Hauptantriebsscheibe zu vermeiden, ist das Gewicht des Schalthebels beweglich angeordnet und vor dem Umlegen möglichst nahe an den Drehpunkt heranzuschieben und erst später in die Druckstellung, d. h. nach außen zu bringen. Die Aufhelfespindeln der Waschtrommeln sind in Kugellagern aufgehängt und im unteren Teil in soliden Lagern geführt.

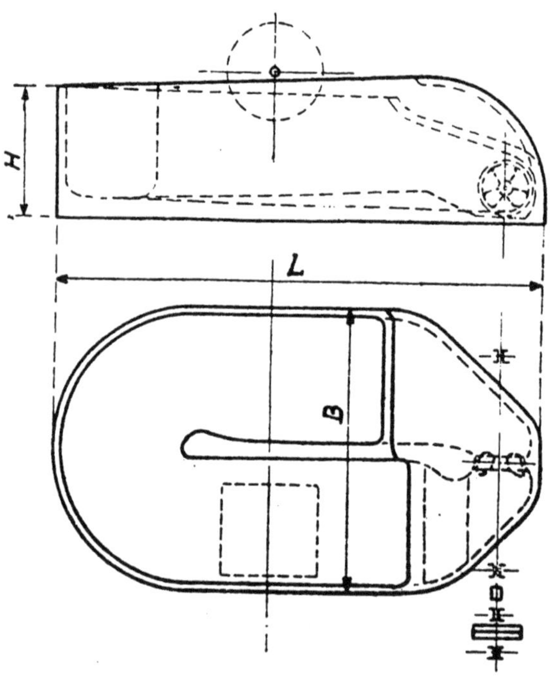

Abb. 106 und 107.
Bleichholländer mit Propeller.
J. M. Voith, Heidenheim a. Brenz.

In den Abbildungen 106 und 107 ist ein Bleichholländer der Firma J. M. Voith in Heidenheim an der Brenz gezeigt. Der Trog des Bleichers wird ebenfalls wie bei solchen Holländern heute üblich aus Beton ausgeführt und mit Kacheln oder Glasplatten ausgelegt. Die Bewegung des Bleichgutes erfolgt durch einen Propeller von 950 bis 1000 mm Durchmesser aus Gußeisen oder Bronze. Dieser Propeller ist mittels eines Mauerringes, wie ersichtlich, in die Mittelwand des Troges eingelassen. Die Ausführung dieser Holländer erfolgt mit einem Fassungsraum von 80, 120, 150 und 200 cbm.

Die Abbildungen 108 und 109 zeigen einen anderen Bleichholländer der Firma J. M. Voith in Heidenheim a. Brenz, der ebenfalls mit Propellern ausgerüstet ist. Die Propeller besitzen die gleichen Abmessungen wie bei dem oben genannten Einfachpropellerholländer, also 950/1000 mm Durchmesser, aus Gußeisen oder Bronze. Diese Holländer werden mit zwei (wie in der Abbildung) oder vier solcher Propeller ausgerüstet, die Betontröge haben ein Fassungsvermögen von 120, 150, 180, 250 und 400 cbm.

Die Abbildung 110 zeigt einen solchen Bleichholländerpropeller mit direktem elektromotorischen Antrieb, wie er von der Firma Gebr. Bellmer in Niefern ausgeführt wird. Diese Propeller haben sich gerade für Bleichholländer besonders bewährt, so daß fast alle Firmen dazu übergegangen sind, solche zur Bewegung des Bleichgutes zu verwenden. Die Holländertröge stehen in direkter Verbindung mit diesen Propellern, die mittels rotierender Schnecken den Stoff einziehen, aufschlagen, mischen und vorwärts bewegen. Die eigenartige Bauart der Holländer bewirkt nicht nur eine horizontale Vorwärtsschiebung des Stoffes, sondern verursacht auch gleichzeitig eine Veränderung der Stofflagen in vertikaler Richtung, wodurch die Mischung mit der Bleichlauge rasch und intensiv vor sich geht. Der dazugehörige Holländertrog wird, wie sich aus den vorhergehenden Beschreibungen zeigt, als Monierwanne ausgeführt und im Innern mit glasierten Ton- oder Glasplättchen ausgelegt, welche nicht nur eine leichte Reinigung gestatten, sondern auch die Trogwände vor schädlicher Einwirkung der Bleichflüssigkeit schützen. Diese Auskleidung vermindert nicht nur die Reibung der Stoffmassen an den Wänden und am Boden und trägt nicht unwesentlich zur Reinhaltung des Stoffes bei. Die Tröge werden unter Vermeidung aller toten Punkte meistens offen gebaut und mit reichlichem Bodengefälle versehen. Länge, Breite und Höhe kann man leicht den örtlichen Verhältnissen anpassen. Der Propeller wird auch vielfach außerhalb des Holländers auf einer gemeinsamen Grundplatte montiert und ist mit demselben durch in die Stirnseite eingemauerte konische Trichter verbunden. Die Bewegungs-

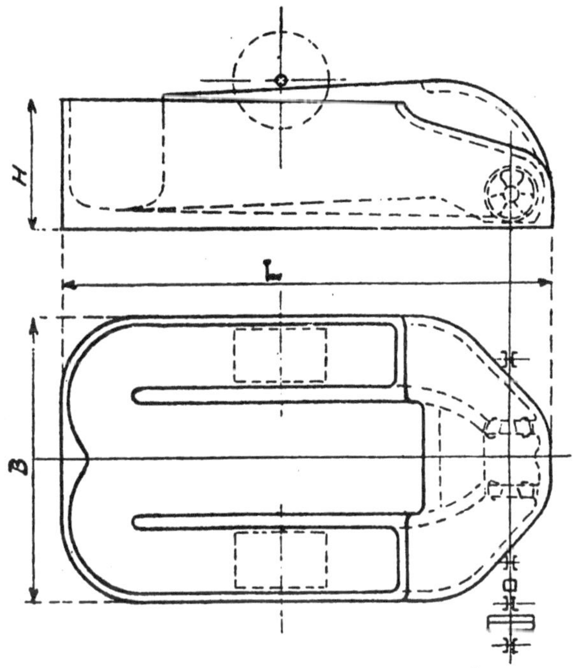

Abb. 108 und 109.
Bleichholländer mit zwei Propellern.
J. M. Voith, Heidenheim a. Brenz.

schnecken sind auf einer kräftigen mit einem Bronzemantel überzogenen Stahlachse festgekeilt, die in Ringschmierlagern läuft und wird in den Stirnwänden des Propellergehäuses durch nachstellbare Stopfbüchsen abgedichtet.

Abb. 110. Propeller für Bleichholländer, direkt gekuppelt mit Elektromotor. Gebr. Bellmer, Niefern i. Baden.

Diese Vorrichtung ist mit Voll- und Leerscheibe sowie mit Riemenausrücker versehen und wird auf einfachste Weise durch einen Riemen angetrieben. Beim direkten elektrischen Antrieb, wie er in der Abbildung 110 gezeigt ist, wird die Propellerachse durch eine isolierende Bandkupplung mit dem Elektromotor verbunden.

Man baut diese Propeller einfach und doppelt wirkend. Der einfach wirkende Propeller wird in der Hauptsache dort verwendet, wo es sich um den Anschluß an einen schon vorhandenen Holländertrog gewöhnlicher Form mit nur einer Mittelwand handelt, er läßt sich sehr leicht zur Abänderung bestehender Holländer älterer Konstruktionen mit eingebauten Stofftreibern, Schaufel- und Tagentialrädern verwenden und bewährt sich auch als ein vorzüglicher Ersatz für solche Bewegungsorgane. Der doppelt wirkende Propeller mit drei Laufkanälen wird vorzugsweise bei Neuanlagen verwendet und immer da ausgeführt, wenn die zu bewegende Stoffmasse über 3000 kg beträgt.

Um jede Verunreinigung des gebleichten Stoffes zu vermeiden, empfiehlt es sich, die Propeller in Phosphorbronzeausführung zu wählen, da bei dieser Ausführung Gehäuse, Bewegungsflügel und alle mit dem Stoff in Berührung kommenden Teile säurebeständig sind.

Die nicht unbedeutenden Vorteile, die diese Propellerholländer bieten, bestehen zunächst in der innigen Mischung des Stoffes mit der Bleichlauge, durch welche bei geringstem Chlorverbrauch und kurzer Bleichdauer eine reine und gleichmäßige Ware erzeugt wird. Hierbei ist es vollständig gleichgültig, ob der Stoff mehr oder weniger stark entwässert in den Holländer kommt. Der Propeller löst die Stoffe in allen Fällen vollkommen auf und bewegt dieselben unter geringem Kraftverbrauch noch mit vorteilhafter Geschwindigkeit, wenn sie auf 70 bis 80 kg auf den cbm Rauminhalt ausgewaschen sind.

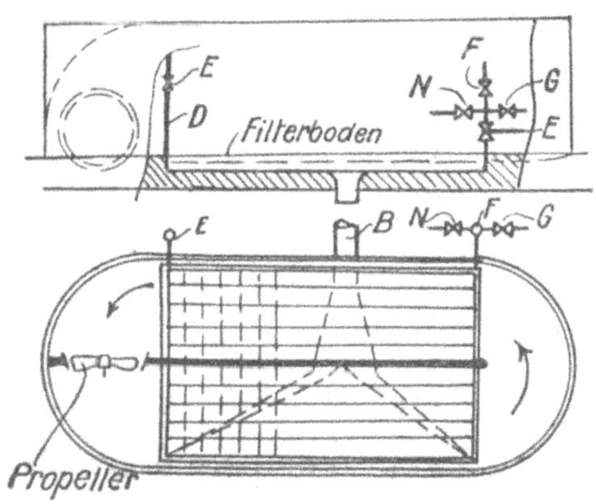

Abb. 111 und 112.
Bleichholländer mit Filterboden.

Es ist nun nicht zu verkennen, daß die Waschwirkung der Waschtrommeln durchaus nicht als vollkommen bezeichnet werden kann und außerdem noch den Nachteil hat, daß diese Handhabung sehr viel Zeit in Anspruch nimmt. Man hat daher auch schon den Vorschlag gemacht, den Boden des Bleichers aus Filtersteinen herzustellen und das Waschwasser mittels einer Vakuumpumpe abzuziehen. Diese Holländer haben aber wieder den Nachteil, daß sich der Stoff erklärlicherweise bei der Entwässerung auf dem Filterboden festsetzt. Man hat deshalb unterhalb des Filterbodens zwei getrennte Rohrsysteme angeordnet, die aus feingelochten Rohren bestehen. Durch diese Rohre kann man nun einerseits Wasch- oder Bleichflüssigkeit oder Druckwasser, auch Preßluft, und andererseits Dampf über die ganze Fläche des Filterbodens verteilt einführen (siehe Abb. 111 u. 112).

Wenn dieser Holländer gefüllt wird, dann zieht das Verdünnungswasser ganz oder auch nur teilweise durch den Filterboden und den geöffneten Schieber (B). Dabei legen sich die unteren Stoffschichten sofort auf den Boden und bilden so eine Filterschicht, die einen Faserverlust verhütet. Wenn der Holländer voll und alles Verdünnungswasser abgezogen ist, dann wird der Schieber (B) geschlossen und durch das Öffnen des Ventiles (N) durch das Rohrsystem (C) heißes Wasser unter Druck in die Stoffmasse geleitet. Diese wird dadurch verdünnt und rasch und gleichmäßig angewärmt und dabei vom Filterboden abgehoben. Nachdem das Ventil (N) abgesperrt ist, wird durch das Öffnen des Ventiles (G) die erforderliche Bleichlauge gut verteilt in den Bleicher eingelassen und durch Ventil (E), wenn erforderlich, durch das Rohrsystem zugeführt. Beim Zuleiten der Bleichlauge wird die Stoffmasse durch das in den Holländer eingebaute Schaufelrad oder durch Propeller umgetrieben, wenn Dampf eingeleitet wird, dann findet eine gleichmäßige Erwärmung statt, welche den Bleichvorgang sehr begünstigt. Nachdem die Bleichlauge verbraucht ist, wird durch das Öffnen des Schiebers (B) das Stoffwasser abgelassen und warmes Wasser durch das Rohrsystem (C) von unten her zugeleitet. Wenn der Stoff genügend verdünnt ist, dann wird das Ventil (N) geschlossen und Preßluft eingeleitet, so daß das Bleichgut in Wallung gerät und gut gemischt und gewaschen wird. Dann läßt man das Wasser ablaufen, verdünnt, gibt Bleichlauge für die Nachbleiche zu und wäscht nach dem Ausbleichen auf die gleiche Weise, worauf der Stoff abgesäuert und abgelassen wird.

Es unterliegt nun keinem Zweifel, daß diese Anordnung viele Vorteile in sich birgt, es muß sich aber in der Praxis erst noch zeigen, ob sie den Erwartungen entspricht, was allerdings wohl anzunehmen ist.

IX. Das Entwässern des Strohzellstoffes.

Absitzkasten.

Die Entwässerung des Strohzellstoffes kann nun nach verschiedenen Gesichtspunkten erfolgen. In sehr vielen Fällen verwendet man dazu noch die sogenannten Absitzkasten, die man heute nur noch aus Mauerwerk mit Zementverputz oder besser noch aus Beton baut. Es ist natürlich dabei von größter Bedeutung, daß der Zementverputz aus bestem Material besteht und sehr sorgfältig hergestellt wird, da er sonst abblättert und den Stoff verunreinigt. Der Zementverputz löst sich unter dem Einfluß von Chemikalien, die im Stoff enthalten sind, sehr leicht auf, besonders aber dann, wenn in ihm Kalk vorhanden ist. Ganz besonders ist das bei den unteren Teilen der Absitzkästen der Fall, wo der Verputz stets feucht bleibt, er wird sich dann stets auflösen, wenn darin Kalk enthalten ist, der nach seiner Verhärtung einen Gehalt an kohlensaurem Kalk aufweist. Man kann daher für solche Zwecke nur einen Zement verwenden, der nach seiner Abbindung säurebeständige Kalkverbindungen enthält, die der Einwirkung der verdünnten Säuren, die im Stoff noch enthalten sind, widerstehen können. Es ist daher in allen Fällen, wo man erstklassigen Stoff herstellen will, von größter Bedeutung, daß man diese Absitzkästen mit Kacheln auslegt, ähnlich wie das bei den Bleichholländern der Fall ist. Es ist hierbei zu berücksichtigen, daß sich eine solche allen Einflüssen gewachsene Auskleidung kaum teurer stellt als ein guter und gewissenhaft angelegter Zementverputz, vorausgesetzt, daß sie gleich bei der Anlage der Absitzkästen ausgeführt wird.

Von weiterer Bedeutung sind bei diesen Absitz- oder Entwässerungskästen die Filterböden, die zweckmäßig eingerichtet sein müssen, wenn die Wirkung der Kästen gut sein soll. Der Boden des Kastens erhält zunächst eine geeignete Lage, so daß das Wasser von allen Seiten nach der Mitte hin abfließen kann (Abb. 113 und 114).

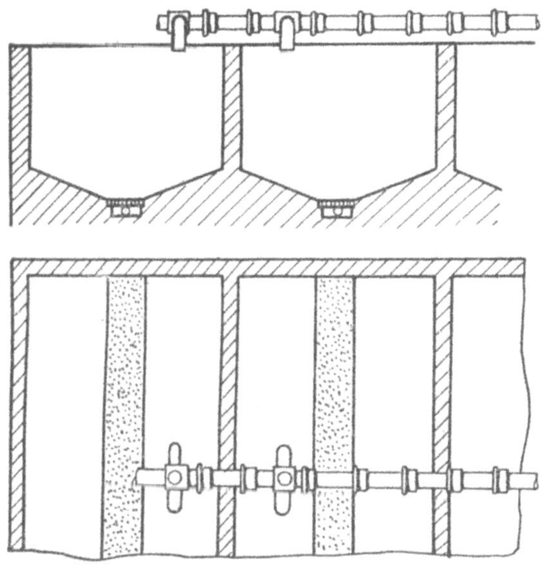

Abb. 113 und 114.
Absitzkasten für gebleichten Strohstoff.

Die früher gebräuchlichen Holzhürden, Filtertücher und ähnlichen Einrichtungen sollte man vermeiden, da sie bei bester Instandhaltung doch Anlaß zu Verunreinigungen usw. geben können. Außerdem erfordern sie einen dauern-Ersatz, da sie natürlich wenig widerstandsfähig sind. Es können für diesen Zweck nur noch die Filtersteine in Betracht kommen, die aus Steingut, Ton oder auch Porzellan hergestellt werden. Vorsicht ist bei Filtersteinen aus Zement am Platze, da bei ihnen die Zusammensetzung des Zementes eine große Rolle spielt, denn es können hier leicht ähnliche nachteilige Erscheinungen auftreten, wie bei dem eingangs erwähnten Zementverputz. Man sollte sie nur in solchen Fällen verwenden, wo eine genaue Prüfung ergibt, daß sie säurebeständig sind. Die erwähnten Ton-, Steinzeug- und Porzellanfiltersteine haben diese Eigenschaft unter allen Umständen und sind kaum teurer als die Zementsteine. Außerdem bieten diese zuletzt genannten Steine auch noch den Vorteil, daß sie infolge ihrer präzisen Arbeit sich fugenlos zusammensetzen lassen, was natürlich von größter Bedeutung ist, schief geformte und ungleichmäßige Steine kann man infolgedessen nicht verwenden, denn diese würden einen undichten Filterboden mit vielen Fugen ergeben. Man muß dann solche Filtersteine in Zement verlegen, um die Fugen zu beseitigen, was aber nicht zu empfehlen ist, da man beschädigte Steine nur schwer auswechseln kann. Tadellose Filtersteine können ohne Zement genügend dicht verlegt werden. Man hat also nicht nur die Möglichkeit, einzelne Steine rasch auszuwechseln, sondern kann auch im Bedarfsfalle ohne Mühe den ganzen Filterboden entfernen und ohne Verlust an Steine wieder einlegen.

Eine besondere Art der Abtropfkästen, die sich sehr bewährt hat, ist in den Abbildungen 113 und 114 gezeigt. Es ist nun auch von Vorteil, wenn man die Entleerungsöffnungen und den Wasserabfluß so einrichtet, daß man die Bleichflüssigkeit längere Zeit zurückhalten kann, um eine Nachbleiche durchzuführen. Die Abtropfkästen sollte man auch nur in solchen Räumen unterbringen, die man frei von Staub und Schmutz halten kann, um eine Verunreinigung des Stoffes zu verhüten. Am besten versieht man sie mit einer massiven Decke, Holzdecken sind zu verwerfen, da ein Faulen des Holzes bei der dauernden Einwirkung der Feuchtigkeit nicht ausbleiben wird und so die Verunreinigung des Stoffes dadurch eintreten kann.

Stoffpressen.

Ein anderes Mittel zur Entwässerung von Strohzellstoff sind die bereits beim Auslaugen erwähnten Mosebach-Pressen[31]). Der zu entwässernde Stoff wird mit einem Trockengehalt von etwa 4 bis 6 vH. nach den Rührbütten über die Pressen geleitet. Nach dem Öffnen der Absperrschieber in der Zuflußleitung wird die Presse bei geschlossenem Schieber der Vorentwässerung in Betrieb genommen. Die Umlaufszahl der Antriebsscheibe schwankt zwischen 130 und 280 in der Minute und ist jeweils entsprechend der Entwässerungsmöglichkeit des Stoffes nach den Verhältnissen festzustellen. Für Strohzellstoff betragen die Mittelwerte 160 bis 240 in der Minute.

Wenn der Trockengehalt des abgepreßten Stoffes zu gering ist, dann muß die Vorentwässerung in Tätigkeit gesetzt werden. Wenn das noch nicht genügt, muß eine Änderung in der Umlaufzahl der Preßschnecke erfolgen, und zwar muß bei zu nassem Stoff die Presse langsamer, bei zu trockenem Stoff schneller laufen. Im letzteren Falle ist die Vorentwässerung zu verringern und gegebenenfalls ganz zu schließen. Man ist dadurch in der Lage, durch die Spülleitung zusätzliche Flüssigkeitsmengen dem Stoff vor Eintritt in die Presse zuzuführen, um den gewünschten Endtrockengehalt des Preßgutes zu erreichen. Eine Verminderung des Trockengehaltes erfolgt endlich durch Vergrößerung des Zwischenraumes zwischen Preßschnecke und Siebzylinder, was man leicht durch eine achsiale Verstellung der Preß-

[31]) siehe Seite 133.

schnecke erreichen kann. Falls ein Verstopfen der Zuflußleitung eintreten sollte, dann wird der Absperrschieber an der Rührbütte geschlossen und der Inhalt der Leitungen durch Öffnen der Spülleitung durchgespült. Bei längerem Stillstand ist es erforderlich, die Siebeinsätze gut auszuwaschen.

Normal entwässerte Stoffe verlassen die Maschinen mit etwa 50 bis 60 vH. Trockengehalt, die Leistung schwankt zwischen 6000 und 11 000 kg trocken gedachten Stoffes in 24 Stunden bei einem Kraftbedarf von 4 bis 5 PS. Ein Mann kann dabei bequem mehrere solcher Maschinen bedienen.

Zellenfilter.

Auch die bereits bei der Entlaugung des Stoffes erwähnten Zellenfilter usw. [32]) können diesem Dienste nutzbar gemacht werden. Es ist aber gerade beim Strohstoff hier eine gewisse Vorsicht am Platze, da zu befürchten ist, daß sehr viele feine Fasern, wie sie der Strohzellstoff aufweist, mit durch das Filtertuch gesaugt werden und so verlorengehen. Bei der Entwässerung von Holzschliff hat sich dieser Nachteil in der Praxis bereits gezeigt, so daß zu erwarten steht, daß beim Strohzellstoff ähnliche Nachteile eintreten.

Diese Entwässerungsvorrichtungen haben nun alle den Nachteil, trotz der Vorzüge der hohen Entwässerung in einem Arbeitsgang, daß sie den Stoff in Form von Brocken liefern, er ist also nicht so ohne weiteres versandfähig, wie das bei den bisher üblichen Entwässerungsmaschinen der Fall war. Wo man also für den Verkauf arbeitet, wird es vorteilhafter sein, die bisher üblichen Rund- und Langsieb-Entwässerungsmaschinen anzuwenden.

Entwässerungsmaschinen.

Eindickzylinder und Rundsieb-Entwässerungsmaschine.

Wo es darauf ankommt, den Stoff nur auf Holländerkonsistenz einzudicken, also da, wo er in der eigenen Papierfabrik verarbeitet werden soll, wird man die in der Halbstoffabrikation sonst üblichen Eindickzylinder mit Rundsieben als am vorteilhaftesten zu bezeichnen haben, wie sie z. B. die Abbildungen 115 und 116 in einer Ausführung der Firma J. M. Voith in Heidenheim a. d. Brenz zeigen. Diese Maschinen bestehen aus einem kräftig gebauten Rundsieb mit Untersieb und feinem Obersieb, einem Stoffkasten mit gußeisernen Seitenwänden und Boden aus Eisenblech. Die Lagerung des Zylinders liegt

---

[32]) siehe Seite 137.

außen und kommt so mit dem Stoffe nicht in Berührung. Es ist in dieser Lagerung ein großer Vorteil zu erblicken, da man die Lager genau überwachen und auch gut schmieren kann, wozu sich die Fettschmierung besonders eignet. Infolge dieser zuverlässigen Schmierung und der leichten Überwachungsmöglichkeit besteht auch weit weniger Gefahr, daß die Zapfen der Rundsiebzylinder spitz laufen, infolgedessen ist auch die Arbeit zuverlässiger und die Entwässerung besser. Weiter sind die Eindickzylinder noch ausgerüstet mit einer Abgautschwalze mit Federentlastung und Stoffschaber. Der Antrieb der Rundsiebzylinder erfolgt hier nicht wie bei den Rundsieb-Entwässerungsmaschinen, indem sie durch den Entwässerungsfilz mitgenommen werden, sondern, wie aus den Abbildungen ersichtlich, durch einen Stirnräderantrieb und Voll- und Leerscheibe.

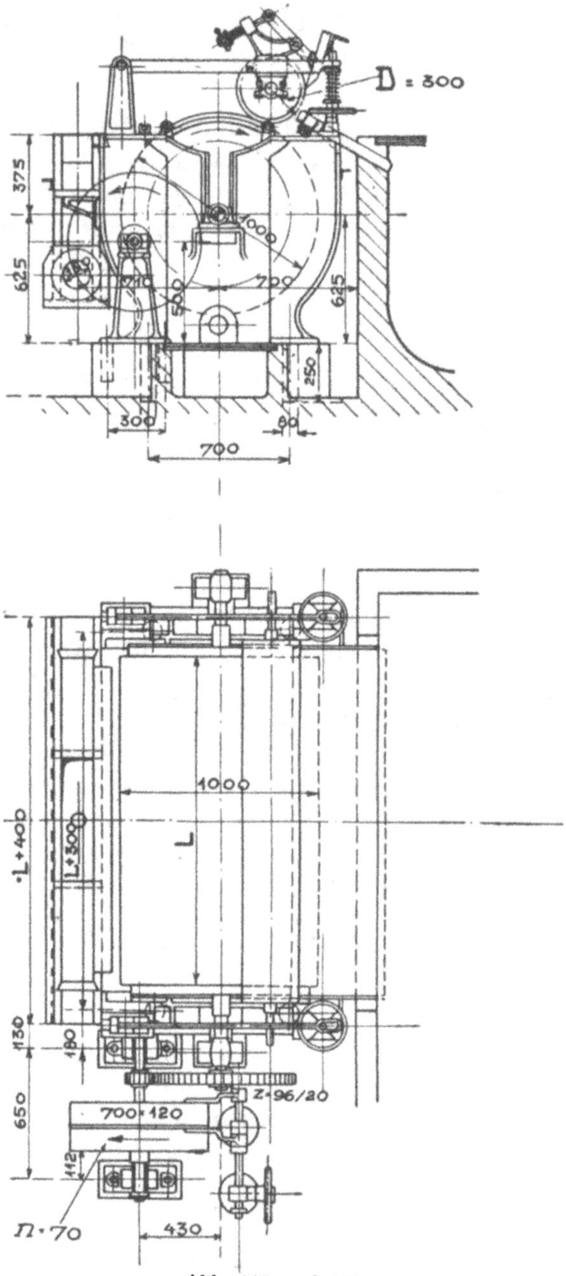

Abb. 115 und 116.
Eindickzylinder für Strohzellstoff.

Die Abb. 117 zeigt einen doppelten Eindickzylinder für Strohzellstoff, ausgeführt von der Maschinenfabrik Germania in Chemnitz. Grundsätzlich sind die beiden Eindickzylinder dieser Maschine wie bei der vorbeschriebenen Konstruktion ausgeführt, der Antrieb der beiden Siebzylinder erfolgt hier aber von einem gemeinsamen Vorgelege aus durch Schneckenrad und Schnecke.

Für versandfähigen Strohzellstoff in Pappenform kann man natürlich auch mit bedingtem Vorteil die in der Holzschliffentwässerung üblichen Rundsieb-Entwässerungsmaschinen verwenden, wie sie die Abbildungen 118 u. 119 in einer Ausführung der Firma J. M. Voith in Heidenheim zeigen. Wie sich aus den Bildern ergibt, besteht diese Entwässerungsmaschine ebenfalls aus einem Siebzylinder in kräftigster

Abb. 117.
Doppelter Eindickzylinder mit gemeinsamem Antrieb durch Schneckenräder von einem Vorgelege aus.
Maschinenfabrik Germania vorm. J. S. Schwalbe & Sohn, Chemnitz.

und widerstandsfähigster Bauart mit Messinghochkantstäben, der überschliffen wird, so daß er genau rund läuft. Auf diesen Hochkantstäben liegt ein grobmaschiges Untersieb, das wieder das feinmaschige Unter- oder Entwässerungssieb trägt. Der Siebzylinder läuft wie bei dem bereits erwähnten Eindickzylinder der genannten Firma in einem Stoffkasten mit eisernen Stirnwänden und einem Boden aus Eisenblech, er ist ebenfalls mit Außenlagern ausgerüstet, deren Vorteile bereits erwähnt wurden, und wird gegen die Stoffkastenwände durch eine geeignete Banddichtung abgedichtet. Die gußeiserne Abgautschwalze hat Federbelastung. Der Siebzylinder ist in diesem Falle natürlich nicht besonders angetrieben, sondern wird durch den Entwässerungsfilz mitgenommen, so daß seine Lagerung, die einen leichten Lauf ermöglichen muß, von großer Bedeutung ist. Das gußeiserne Preßgestell trägt die Preßwalzen, die ebenfalls aus Gußeisen bestehen. Die obere dieser Preßwalzen hat eine Hebelpressung und eine Aufhelfung mittels

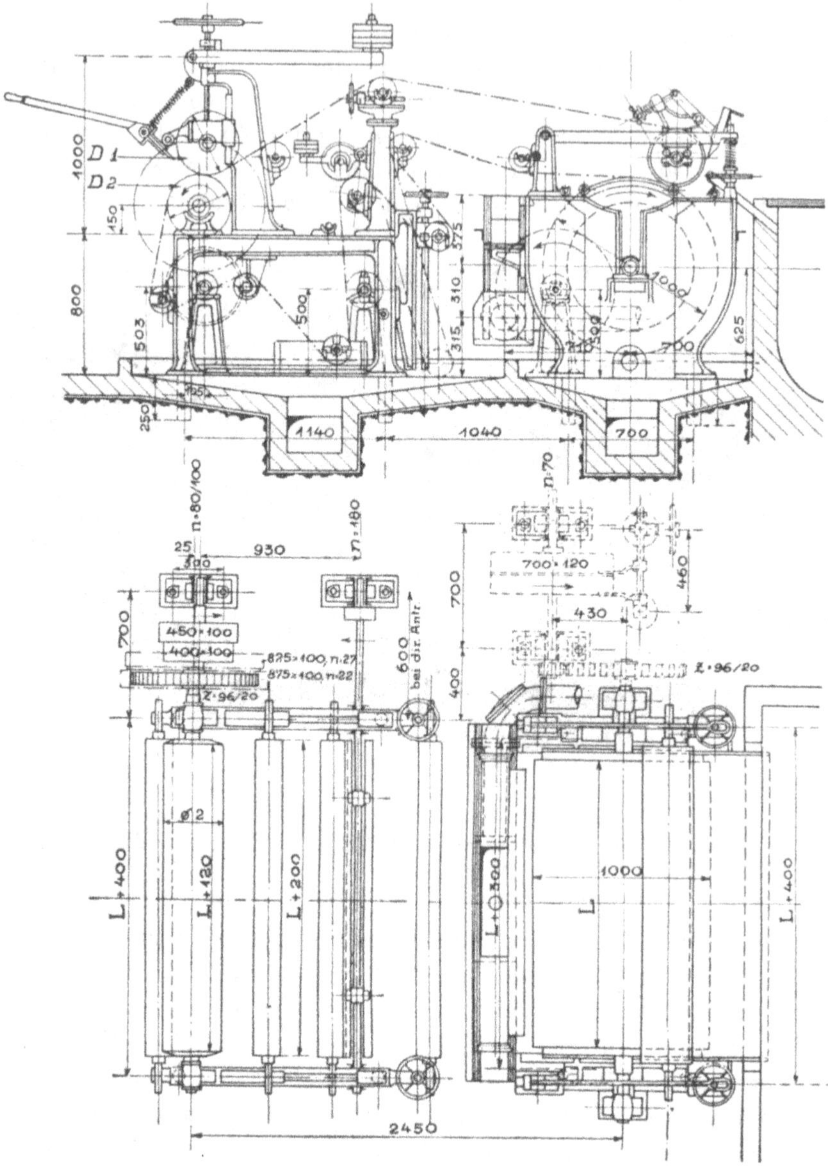

Abb. 118 und 119.
Rundsiebentwässerungsmaschine. J. M. Voith, Heidenheim a. Brenz.

Spindeln und Handrädern. Der Entwässerungsfilz wird durch sechs Filzleitwalzen geführt, außerdem besitzt der Pressenteil der Maschine noch zwei Filzpreßwalzen für die Filzwäsche. Alle diese Walzen bestehen aus Holz und haben durchgehende Stahlachsen. Sämtliche

Walzenlager sind halbbeweglich und werden mit Fettschmierung ausgerüstet, die sich für diesen Zweck besonders bewährt hat. Filz und Sieb erhalten je ein Spritzrohr zur Reinigung. Der Antrieb der Maschinen erfolgt bei einer Arbeitsbreite bis zu 1600 mm durch eine Stufenscheibe auf die Welle der unteren Preßwalze, bei größeren Zylinderlängen durch Stufenscheibe und Stirnradvorgelege. Man kann diese Maschinen auch als Eindickmaschinen einrichten, muß aber dann den Siebzylinder noch mit einem geeigneten Antrieb versehen, wie er bei dem Eindickzylinder der Firma Voith bereits beschrieben wurde.

Man kann diese Maschinen auch mit einer Stoffaufrollvorrichtung versehen, die den entwässerten Stoff nicht in Pappenform, sondern in Rollen liefert. Die Entwässerung der Rundsiebmaschinen ist kaum höher als etwa 30 vH. Trockengehalt zu erreichen, wo das nicht genügt, wird man den Stoff noch auf hydraulischen Pressen weiter entwässern müssen und kann dann einen Trockengehalt von etwa 50 vH. erzielen, was besonders bei Strohzellstoff, der für den Versand bestimmt ist, von Bedeutung ist. Diese Rundsieb-Entwässerungsmaschinen haben aber noch den anderen Nachteil, daß ihre Leistung verhältnismäßig gering ist, so daß sie für große Leistungen nicht in Frage kommen können, da diese zwischen 6000 und allerhöchstens 8000 kg trocken gedachten Stoffes in 24 Stunden liegt. Für große Zellstofffabriken ist das nicht ausreichend, man wird hier besser fahren, wenn man Langsieb-Entwässerungsmaschinen aufstellt, die man wie bei der Holzzellstoffabrikation mitunter auch noch mit Trockenpartien versieht. Vorteilhaft wird man dann diese Maschinen so einrichten, daß man den Strohzellstoff sowohl trocken als auch naß liefern kann.

Stoffabpreßmaschinen.

Diese Langsieb-Entwässerungsmaschinen werden oft auch hier als sogenannte Abpreßmaschinen gebaut, wie sie z. B. in den Abbildungen 120 u. 121 gezeigt sind. Grundsätzlich handelt es sich dabei also um die Naßpartie einer Langsiebpapiermaschine. Natürlich wird man verschiedene Organe, die bei diesen erforderlich sind, hier als überflüssig fortlassen. Die Siebe arbeiten z. B. ohne Schüttlung, da diese bei Entwässerungsmaschinen ja vollkommen entbehrlich ist. Im übrigen ist aber das Sieb mit allen Organen einer Langsiebpapiermaschine ausgerüstet, es besitzt also Brustwalze, Registerwalzen, drei Sauger, Gautsche, Filzleit- und Regulierwalzen, Niveauwalzen usw., erhält aber vor jedem Sauger eine Vordruckwalze, die die Entwässerung des dick auflaufenden Stoffes nicht nur begünstigen soll, sondern auch den Zweck hat, ein Verdrücken der Stoffbahn zu verhüten. Die Naßpressen haben den Zweck, den Stoff weiter zu entwässern, und

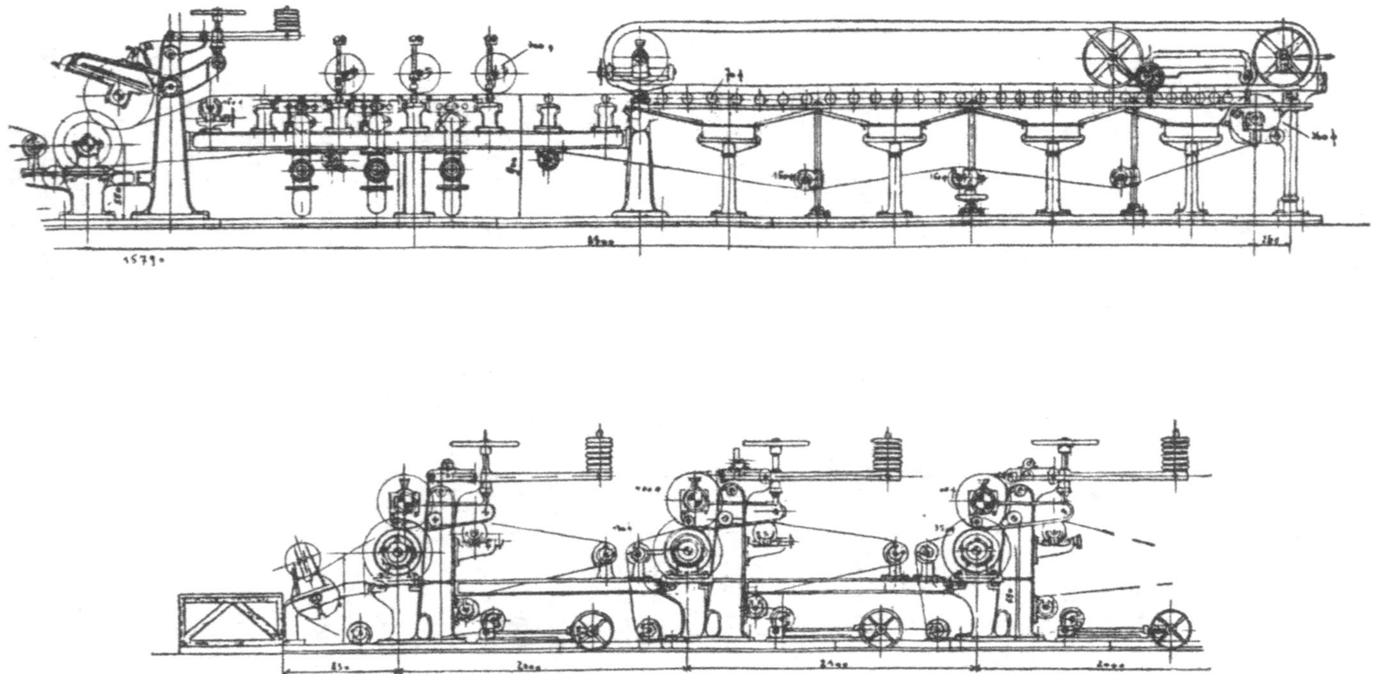

Abb. 120 und 121.
Naßabpreßmaschine für feuchten Strohzellstoff.

zwar kann man einen Trockengehalt von 40 bis 50 vH. erreichen. Hinter der dritten Naßpresse wird ein Querschneider angeordnet, der die in Pappendicke ablaufenden Stoffbahnen in einzelne Bogen teilt, die man dann in Ballen packen kann. Man kann hier auch einen Bogenableger anordnen, der den Vorteil hat, daß er automatisch die abgeschnittenen Bogen gleichlegt, so daß dann nur das Packmaterial darum geschlagen werden muß.

Trockenvorrichtungen.

Man kann aber diese Pappen dann auch noch in besonderen Vorrichtungen trocknen, wozu sich am besten die Trockenkanäle eignen, auf die weiter unten noch zurückzukommen sein wird. Die Leistung solcher Abpreßmaschinen für feuchten Stoff ist natürlich wesentlich größer als die der Rundsieb-Entwässerungsmaschinen, sie reicht oft aus, um mit einer Maschine die Erzeugung einer großen Strohzellstoffabrik zu entwässern.

Wenn auch in der Regel der Strohzellstoff in feuchtem Zustande, und zwar mit einem Trockengehalt von 40 bis 50 auch 55 vH. versandt wird, wie ihn diese Langsieb-Abpreßmaschinen liefern, so ist es doch in besonderen Fällen wünschenswert, ihn auch vollkommen trocknen zu können, da das verschiedene Vorteile bietet. Zunächst muß in Betracht gezogen werden, daß bei einem zu etwa 50 vH. entwässerten Strohstoff immer für die Hälfte der Ware die Fracht für das noch darin enthaltene Wasser bezahlt werden muß, was bei weiten Entfernungen und auch beim Export sehr nachteilig wirken kann. Ein anderer Nachteil, den der feuchte Stoff besitzt und der viel größer werden kann, liegt aber darin, daß der feuchte Stoff sehr zur Pilzbildung neigt. Namentlich im Sommer können auf diese Weise große Verluste und Wertverminderungen entstehen, so daß in diesem Falle eine Trocknung, welche die Fäulnis verhindert, wünschenswert ist. Es ist in Betracht zu ziehen, daß diese Fäulnisbildung beim Strohzellstoff viel schneller auftritt als bei Hadernhalbstoffen und bei Holzzellstoffen.

Man besitzt zwar einige chemische Mittel, um das zu verhüten, diese wirken aber gerade beim Strohzellstoff nicht so zuverlässig wie beim Hadernhalbstoff und verteuern außerdem die Ware. Da aber der Strohzellstoff in Zukunft zweifellos berufen sein wird, mehr als bisher bei der Papierfabrikation verwendet zu werden und sogar geeignet ist, ein besserer und preiswerter Ersatz für den Holzschliff zu sein, so muß jede Verteuerung vermieden werden. Da diese chemischen Mittel für den Strohzellstoff nicht in Frage kommen können, so soll hier auch nicht weiter darauf eingegangen werden.

Der zuverlässigste Schutz gegen alle Fäulniserscheinungen ist die vollkommene Trocknung des Stoffes. Wie schon erwähnt, kann das Trocknen nun auf Trockenpartien erfolgen, die man den Abpreßmaschinen angliedert. Hierbei muß man aber auch mit gewissen Nachteilen rechnen, die sich allerdings bei sachgemäßer Trocknung vermeiden lassen. Es ist nun eine erwiesene Tatsache, daß die Bezieher von Strohzellstoff nicht sehr gern diesen trockenen Stoff kaufen, da er bei unsachgemäßer Behandlung bei der Trocknung zum Teil seine frischweiße Farbe und auch seine Festigkeit verliert. Da der Stoff leicht vergilbt, wenn er vollkommen chlorfrei ist, so entwässert man denselben oft mit einem leichten Chlorgehalt, was wohl bei dem feuchten Stoff nicht viel schadet, ihn vielmehr noch nachbleicht und eine Pilzbildung vermeidet. Wenn man diesen Stoff aber auf stark geheizten Zylindern trocknet, dann wird durch das noch darin enthaltene Chlor oder richtiger die Chlorwasserstoffsäure die Bildung von Hydrozellulose eingeleitet, zu der der Strohzellstoff ganz besonders neigt. Die Faser werden dadurch teilweise aufgeschlossen und zerreiblich gemacht.

Dieser Uebelstand zeigt sich nie bei Strohzellstoff, der an der Luft getrocknet wurde. Es ergibt sich daraus, daß man den Strohzellstoff nur bei mäßigen Temperaturen trocknen darf. Dieses läßt sich nun auch bei der Trocknung durch Dampf durchführen, indem man die Trockenzylinder nur schwach heizt oder Trockenkanäle verwendet. Im ersteren Falle muß man natürlich die Trockenpartie ausreichend groß wählen, was immerhin eine nicht unwesentliche Verteuerung der Maschine zur Folge hat, im zweiten Falle kann man aber wesentlich billiger zum Ziele gelangen, da unsere Spezialfabriken heute Trockenkanäle bauen, die in ihrer Wirkung der Lufttrocknung nicht nachstehen und die trotzdem eine große Leistung aufweisen und eine große Anpassungsfähigkeit an den Stoff besitzen.

Diese Trockenkanäle haben sich in der Pappenfabrikation bereits bestens bewährt und verdrängen heute immer mehr die bisher als unerreichbar geltende Lufttrocknung, da sie es ermöglichen, unter den gleichen Verhältnissen zu arbeiten, aber immer noch eine große Unabhängigkeit von der Witterung geben, unter der die Lufttrockenanlagen immer zu leiden haben.

Wenn auch diese Halbstofftrockenanlagen auf dem gleichen Grundsatz beruhen wie die Pappentrockenanlagen, so bestehen doch einige wesentliche Unterschiede, welche diese Apparate einfacher gestalten. Von modernen Trockenkanälen für die Pappenfabrikation verlangt man nicht nur eine unbedingt gleichmäßige Trocknung, sondern auch eine gleichzeitige Kühlung und Wiederbefeuchtung. Bei der Trocknung von Halbstoffen im allgemeinen und der Trocknung von Strohzellstoffen im besonderen sind nun diese Erfordernisse nicht von Bedeutung, hier kommt es nur darauf an, den Stoff langsam zu trocknen und nicht zu „überhitzen", um die Bildung von Hydrozellulose hintanzuhalten. Diese Pappentrockenkanäle lassen sich je nach den örtlichen Verhältnissen in der verschiedensten Weise ausführen. Die Abbildungen 122—126 zeigen solche Kanäle als Etagen-Apparat, wie er bei besonders beschränktem Platz zur Verwendung kommt.

Abb. 122.
Trockenkanal für Strohzellstoffpappen von der Firma Benno Schilde A.-G., Hersfeld.

Da diese Apparate alle mit Trockenluft arbeiten, so ist eine Anlehnung an die Lufttrocknung sehr leicht zu erreichen und durchzuführen. Es ist nun natürlich von großer Bedeutung, daß solche Trockenanlagen auch wirtschaftlich arbeiten. Man wird wohl leicht geneigt sein können zu sagen, es kommt in den Strohstoffabriken auf etwas mehr oder weniger Dampf nicht mehr an, da er ja ohnehin gebraucht wird. Man muß dabei aber in Betracht ziehen, daß der Dampf, der nicht unbedingt nötig ist, auch nicht erst erzeugt werden muß und somit auch keinen Aufwand an Kohle und Geld verlangt.

Ein Trockenapparat für solche Zwecke muß nun nach bestimmten Gesichtspunkten gebaut sein, deren drei wichtigsten die Ermöglichung einer besonderen Behandlung des Trockengutes, eine vollkommene Betriebssicherheit und die höchstmögliche Wirtschaftlichkeit sind.

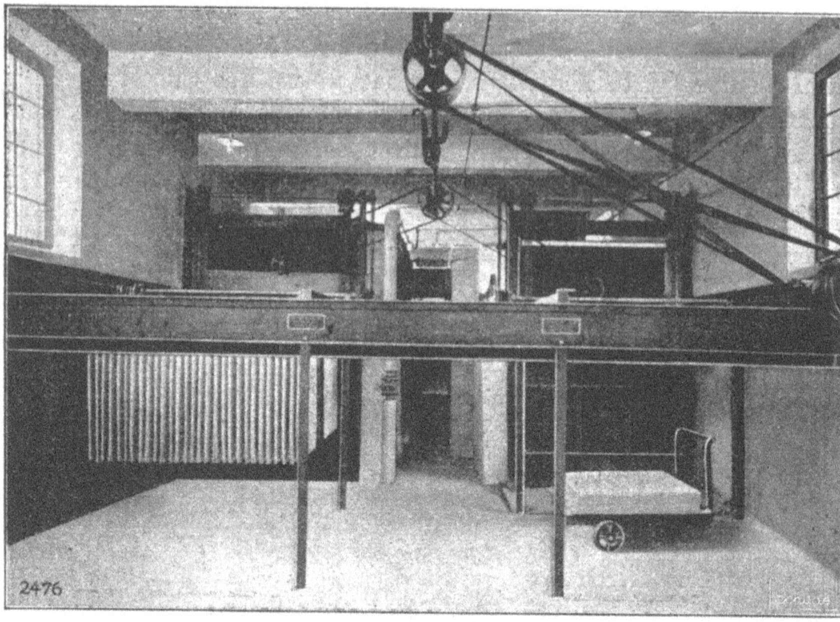

Abb. 123.
Trockenkanal für Strohzellstoffpappen von der Firma Benno Schilde A.-G., Hersfeld.

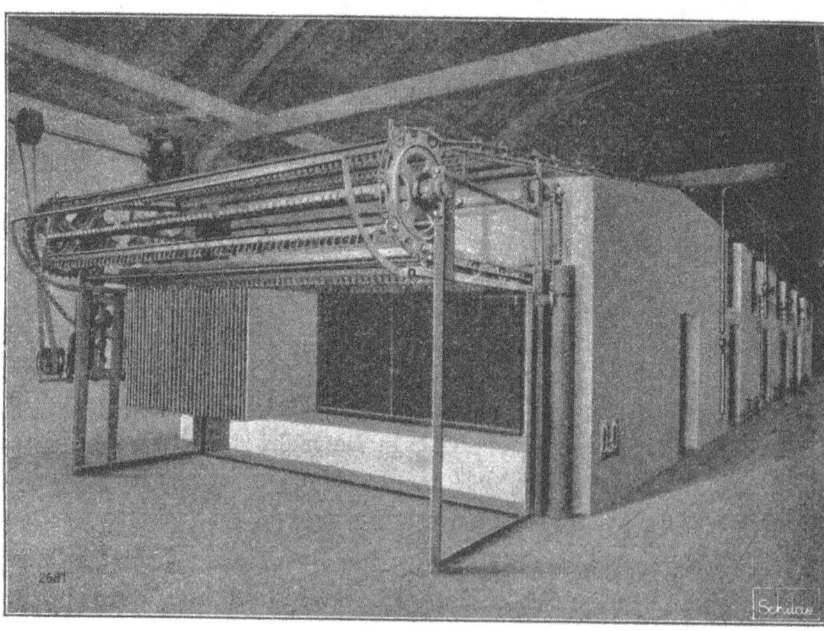

Abb. 124.
Trockenkanal für Strohzellstoffpappen von der Firma Benno Schilde A.-G., Hersfeld.

Zellstofftrockenmaschinen.

Wie schon erwähnt, verwendet man aber heute zur Trocknung des Strohzellstoffes auch ohne alle Nachteile bereits die Langsieb-

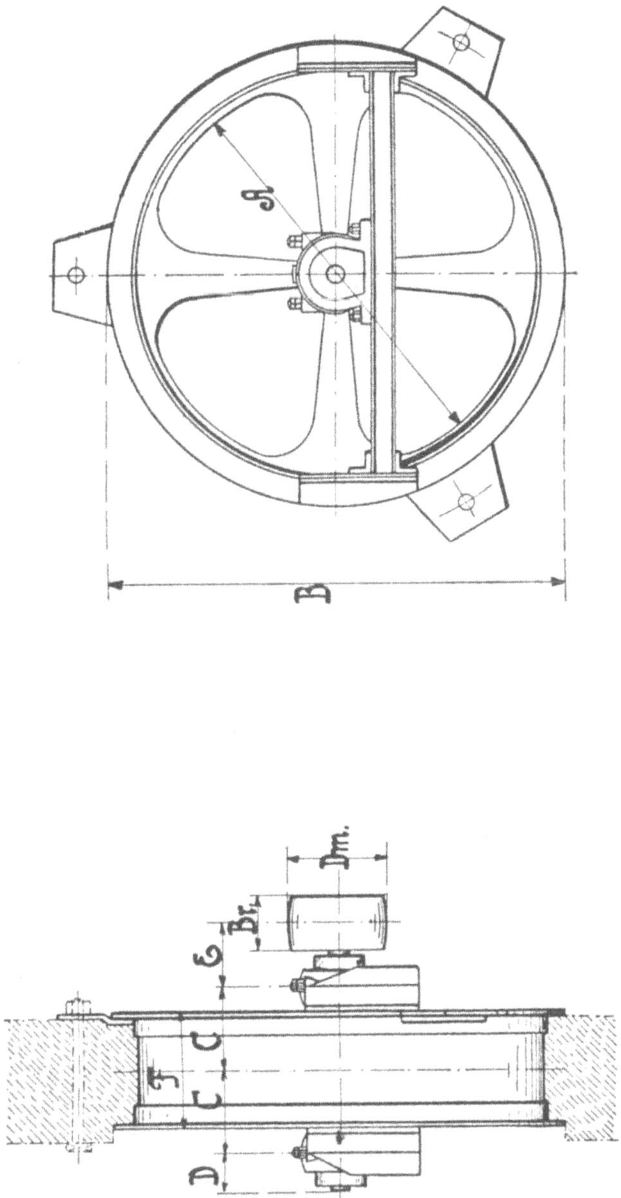

Abb. 125 und 126. Ventilator für Trockenkanäle von der Firma Benno Schilde in Hersfeld.

Entwässerungsmaschinen mit angebauter Trockenpartie. Wenn man die Trockenzylindergruppe ausreichend groß wählt, daß man mit niedrigen Temperaturen trocknen kann, dann bestehen auch nicht die geringsten Bedenken gegen ihre Anwendung. Im allgemeinen bedient man sich dabei der üblichen Bauarten der Zellstofftrockenmaschinen, soweit sie eben die Forderung nach einer ausreichend großen Trockenpartie erfüllen.

Eine solche Zellstofftrockenmaschine mit den dazu gehörigen Nebeneinrichtungen ist in Tafel 1 gezeigt. Es handelt sich dabei um eine Ausführung der Firma J. M. Voith in Heidenheim a. d. Brenz. Die Maschine hat 3000 mm Siebbreite. Der Zellstoff gelangt zunächst von den Bleichern in zwei große Vorratsbütten mit Rührwerk, von je etwa 35 cbm Inhalt. Kennzeichnend ist bei diesen Bütten, daß sie oben fast ganz geschlossen sind, daß sie also nicht den sonst üblichen Querschnitt haben, der unten halbrund, oben aber rechteckig ist. Der Querschnitt bildet vielmehr einen Kreis. Der Antrieb der Rührwerke, die 5 Uml./min. machen, erfolgt durch Stirnradgetriebe von der konstanten Transmission aus. Die gesamte konstante Transmission wird durch einen Elektromotor von 75 PS bei 730 Uml./min. angetrieben. Weiter werden durch diese konstante Transmission noch getrieben 2 Stoffwasserpumpen, 1 Siebwasserpumpe und 1 Abwasserpumpe. Alle Pumpen sind Zentrifugalpumpen. Auch die Saugerluftpume, die eine rotierende ist, hängt an dieser konstanten Transmission. Der Stoff wird aus den Bütten mittels Schöpfrädern gehoben und läuft durch Rinne nach dem Auflaufkasten der Entwässerungsmaschine.

Die Siebpartie dieser Zellstoff-Entwässerungsmaschine besitzt eine Brustwalze von 450 mm Durchmesser und 29 Registerwalzen von 121 mm Durchmesser. Das Sieb ist 20 000 mm lang und hat nach den Saugern zu eine Steigerung von 40 mm. Die Deckelriemen sind 13 000 mm lang. Es folgen dann 5 Stück Flachsauger und eine Gautschpresse, deren obere Walze von 700 mm Durchmesser in Schwinghebeln mit Hebel- und Gewichtsbelastung gelagert ist. Die untere Gautschwalze hat einen Durchmesser von 500 mm, beide Walzen haben starken Kupferüberzug. Nun folgt die erste Naßpresse, die einen Ober- und einen Unterfilz von je 8200 mm Länge erhält. Die obere Preßwalze, die 520 mm Durchmesser hat, ist aus Grauguß und lagert in ganz gleichen Schwinghebeln wie die obere Gautschwalze, um sie herum läuft der Oberfilz. Die untere Preßwalze von 500 mm Durchmesser hat einen Gummiüberzug. Es folgt dann die zweite Naßpresse mit Ober- und Unterfilz von 8300 mm Länge und gleichen Walzendurchmessern, -lagerungen und -ausführungen wie bei der ersten Presse.

Hinter dieser zweiten Naßpresse ist ein Vorwärmer angeordnet, der sich gerade bei Zellstoffentwässerung sehr gut bewährt hat und auch bei der Strohzellstoffentwässerung gute Dienste leisten wird, indem er den Stoff mit größerem Trockengehalt weiter leitet und so die erforderliche langsame Trocknung bei niedriger Temperatur begünstigt.

Dieser Vorwärmer besteht aus zwei Trockenzylindern von je 1500 mm Durchmesser, die ohne Filz laufen, die Anpressung der Stoffbahn erfolgt durch Walzen.

Es folgt nun eine dritte Naßpresse, die ebenfalls Ober- und Unterfilz erhält. Filzlänge, Walzendurchmesser, -lagerung und -ausführung entsprechen den anderen Naßpressen.

Will man nun feuchten Stoff in Bahnenform herstellen, so verwendet man die hinter der dritten Presse vorgesehene Aufrollvorrichtung, an deren Stelle man auch einen Querschneider einbauen kann, falls man den feuchten Stoff in Pappenform abnehmen will. Andernfalls wird die Stoffbahn von der dritten Presse durch geeignete Leitwalzen nach der sich anschließenden Trockenpartie überführt. Diese besteht aus 24 Stück Trockenzylindern von je 1500 mm Durchmesser. Diese Trockenzylinder sind in zwei Reihen übereinander angeordnet und laufen ohne Filz. Hinter dem letzten dieser Trockenzylinder ist ein Perforierapparat angeordnet. Der Zellstoff kann dann entweder in Rollenform aufgerollt werden, wozu ein Rollapparat mit 4 Rollstangen vorhanden ist, oder er wird durch einen Querschneider in Pappenform abgelegt. Die ganze Entwässerungsmaschine wird ebenfalls durch einen Elektromotor von 75 PS bei 730 Uml./Min. angetrieben. Die Arbeitsgeschwindigkeit der Zellstoff-Entwässerungsmaschine beträgt 25 m/min.

Die Kondenswässer sämtlicher Trockner werden durch Niagara-Kondenstöpfe abgeleitet und in einem Kondenswasserbehälter von etwa 1 cbm Inhalt gesammelt, von wo sie eine Zentrifugalpumpe, die durch einen besonderen Elektromotor von 7,5 PS angetrieben wird, nach dem Kesselhaus gepumpt wird.

Neben der Entwässerungsmaschine ist noch eine Fangstoffanlage von etwa 720 cbm angeordnet.

Vorteilhaft ordnet man hinter dem Querschneider der Zellstofftrockenmaschine einen Bogenableger an, wie er in der Abbildung 127 gezeigt ist. Dieser Apparat hat auch noch den Vorteil, daß man unter ihm leicht eine Laufgewichtswage einbauen kann, die es ermöglicht, die Ballen gleich schwer zu machen und auch gleichzeitig ohne nochmaliges Verwiegen die Erzeugung der Zellstofftrockenmaschine festzustellen. Dieser Ableger stellt fertige Stapel her, die entweder durch geeignete Wagen oder auch durch Rutschen nach der Packpresse gebracht werden. Man braucht also diese Stapel nicht noch einmal umzusetzen und erspart viel an Handarbeit.

Diese Ballen werden dann in Bogen eingeschlagen und in hydraulischen Packpressen versandfertig gepackt. Der Preßdruck dieser Pressen richtet sich in der Hauptsache darnach, ob der Stoff für den Inlandbedarf oder für den Export besonders aber für den Übersee-Export bestimmt ist. Bei Stoff für Inlandbedarf genügt im allgemeinen ein Preßdruck von 60 000 bis 100 000 kg, für Übersee-transporte hingegen preßt man mit Drucken von 300 000 bis 600 000 kg, da man dadurch wesentlich Schiffsraum sparen kann.

Hochdruckpressen.

Besonders geeignet für die Entwässerung von Strohzellstoff, besonders aber auf einen Feuchtigkeitsgehalt von 50 vH. dürften auch die Hochdruckpressen sein. Auf diesem Gebiete ist besonders die Firma

Abb. 127.
Bogenableger für Zellstofftrockenmaschinen.
Dr. Otto Strecker, Darmstadt.

Karlstads Mekaniska Verkad in Karstad in Schweden bahnbrechend vorgegangen. Eine Verbesserung der Entwässerung wird dabei auf folgende Weise erreicht.[33])

Die Vorrichtung ist dadurch gekennzeichnet, daß zwei miteinander wirkende und gegeneinander umlaufende Siebwalzen zu dem Stoffzuführungsbehälter derart angeordnet sind, daß der zu entwässernde Stoff sich unmittelbar auf der Oberfläche beider Siebwalzen ablagert und zwischen diesen ausgepreßt wird. Die Vorrichtung kann hierbei, um die Leistungsfähigkeit noch mehr zu erhöhen, gegebenenfalls derart ausgebildet werden, daß mit einer

[33]) D. R. P. Nr. 311 934.

größeren Siebwalze eine Mehrzahl von kleineren Siebwalzen zusammenarbeitet, wobei für jede kleinere Siebwalze ein besonderer Stoffzuführungsbehälter vorgesehen ist, so daß der Stoff aus jedem Behälter sich auf die Oberflächen einer der kleineren Siebwalzen und der größeren Siebwalze ablagert. An den in üblicher Weise angeordneten Stoffbehälter schließen sich zwei Siebwalzen mit oder ohne Saugung wirkend an, die gegeneinander anliegen und im Verhältnis zum Behälter so angeordnet sind, daß der von diesem kommende Stoff sich auf die Oberflächen der Walzen ablagert und durch die Drehung der Walzen zwischen diese gelangt. Der Stoff wird dadurch gleichzeitig durch die beiden Walzen auf gewöhnliche Weise vor sich gehende Siebung oder Saugung und die zwischen den Walzen stattfindende Pressung beeinflußt. Das nach dem Inneren der Walzen ausgepreßte und abfließende Wasser wird aufgefangen und durch Rinnen weitergeleitet.

Um eine weitere Auspressung von Wasser zu erreichen, solange die Stoffschicht noch unter Sieb- und Saugwirkung steht und bevor diese die Siebwalzen verläßt, können eine oder mehrere Preßwalzen angeordnet werden, welche gegen die eine der Siebwalzen an der Stelle, wo der Stoff von ihr abgenommen werden soll, angedrückt wird. Die Siebwalzen sind zweckmäßig zum Stoffbehälter einstellbar angeordnet und erhalten ihren Antrieb von einer Welle mit Hilfe von Zahnrädern in Verbindung mit Ketten- oder Riementrieb. Die Siebwalzen werden beständig durch Spritzrohre gespült. Der Stoff kann, bevor er nach der Abnahmewalze gelangt, durch ein Dampfspritzrohr erwärmt werden.

Die beschriebene Entwässerungsvorrichtung kann mit einer Naßpresse verbunden werden, in welcher der Stoff gleichzeitig ausgepreßt und erwärmt wird. Zu diesem Zwecke ist die Abnahmewalze mit einem Schaber versehen, der die Stoffschicht von ihr abnimmt und auf einen Leitfilz oder auf parallel laufende Bänder überführt, die die Stoffschicht nach dieser Naßpresse befördern.

Um die Saugwirkung des Siebzylinders und damit die Entwässerung des Stoffes zu verbessern, hat die Firma Karlstads Mekaniska Verkstad eine besondere Anordnung getroffen.[34]) Diese Erfindung bezieht sich auf einen in einzelne Zellen unterteilten, mit innerem Saugkasten ausgestatteten umlaufenden Siebzylinder, bei dem die Stoffmasse aus einem Stoffkasten von oben her unmittelbar auf das den Siebzylinder umgebende Siebtuch abfließt. Die Erfindung besteht im wesentlichen darin, daß der innere feststehende Saugkasten derartig eingerichtet ist, daß bei der Drehung des Siebzylinders diejenigen Zellen, über die der

[34]) D. R. P. Nr. 354 739.

Stoff auf das Siebtuch des Siebzylinders fließt, im Anfang vom Saugkasten abgesperrt sind, so daß das Absetzen des Stoffes auf das Siebtuch hier ohne Saugwirkung erfolgt und erst dann durch die Drehung des Siebzylinders an den Saugraum des Saugkastens angeschlossen werden, nachdem durch natürliches Durchsickern ohne Saugung eine Filterschicht über diesen Zellen gebildet worden ist. Hierdurch wird erreicht, daß einerseits das Niederschlagen der Fasern auf das Siebtuch von Anfang an sehr ruhig und gleichmäßig stattfindet und keine Fasern durch das Siebtuch hindurch gesaugt werden, wodurch ein Verlust an Fasern vermieden wird und andererseits die spätere Saugung gleichmäßig wirkt.

Wenn die Zellen bei der Umdrehung des Siebzylinders zu dem unteren Teile des Stoffkastens gelangen, setzt sich der Stoff auf das Siebtuch vor den Zellen ab, während das Wasser durch das Siebtuch hindurchsickert, in die Zellen hineingelangt und dort verbleibt. Die Zellen sind hierbei von der Wand gegen den Saugraum abgeschlossen. Auf diese Weise wird im Anfang ein ruhiges und gleichmäßiges Niederschlagen der Fasern der Masse auf das Siebtuch herbeigeführt. Wenn die Zellen vor die Öffnung der Kammer heraufbewegt worden sind, fließt das Wasser aus den Zellen nach dieser Kammer hin ab, wodurch eine weitere Menge Wasser durch das Siebtuch hindurchsickert und mehr Stoff auf dieses niedergeschlagen wird. Hierdurch hat sich eine Faserschicht oder ein Filter aus Fasern auf dem Siebtuch gebildet, so daß, wenn die Zellen nunmehr vor die Öffnung der eigentlichen Saugkammer gelangen und somit der Saugwirkung ausgesetzt werden, diese Faserschicht als Filter zum Ansammeln einer weiteren Menge von Stoffasern dient.

Ein ähnlicher Zweck wird durch die Erfindung D. R. P. Nr. 343 493 beabsichtigt. An der Stelle des Rundsiebzylinders, wo er zwischen Abnahmestelle und dem Stoffwasserspiegel mit der Außenluft in Berührung tritt, also an der Blattaushebestelle, wird im Inneren des Zylinders ein Wasserverschluß derart gebildet, daß an dieser Stelle keine Luft eindringen kann. Das für diesen Wasserverschluß benutzte Wasser dient vorteilhafterweise gleichzeitig als Reinigungswasser, indem es von innen nach außen durch die Siebwand des Zylinders tretend, diesen umspült. Der Wasserverschluß besteht aus einer segmentförmigen Kammer, die unter Abdichtung am Rand sich über die ganze Zylinderbreite erstreckt und gegen den Innenumfang des Siebzylinders durch eine biegsame, mit Lochreihen versehene Platte aus Gummi, Leder oder gleichwertigem Stoff abgeschlossen ist, während sie gleichzeitig durch eine Leitung an eine hohle, feste Welle angeschlossen ist, die mit einer Druckwasserleitung in Verbindung steht. Die Wasserabschlußkammer trägt an ihrem im Umdrehungssinne des

Zylinders rückwärts liegenden Kanten einen Abstreicher, durch den auch die Innenwand des Zylinders von anhaftenden Stoffteilen gereinigt wird.

Diese Abdichtung mittels Wasserabschlusses hat den Vorteil, daß das austretende Wasser, das zwischen der gelochten, nachgiebigen Platte eine Wasseransammlung bildet, durch die Verdünnung des Stoffes die Aufnahmefähigkeit des Rundsiebes fördert und eine gründliche Reinigung bewirkt, ohne daß eine merkliche Reibung gegen die Umdrehung des Zylinders entsteht, so daß der Kraftverbrauch gering ist und der Zylinder rasch umlaufen kann. Ein weiterer Vorzug ist die verhältnismäßig sehr einfache Bauart, während trotzdem ein vollkommen dichter Abschluß gegen den Lufteintritt in das Zylinderinnere gesichert ist.

Die Wirkungsweise ist folgendermaßen: Das durch die Hohlwelle und das Verbindungsrohr zutretende Wasser preßt die biegsame Platte gegen den Innenumfang des Siebzylinders, dabei tritt gleichzeitig durch die Lochreihen der Platten Wasser in den Spalt zwischen die biegsame Platte und den Zylinder. Es entsteht hierbei an der Stelle, wo der Zylinderumfang der Außenluft ausgesetzt ist, ein Wasserabschluß. Indem gleichzeitig Wasser durch die Sieböffnung hindurchtritt, wird der Außenumfang des Siebzylinders durch dieses Wasser von innen her wirksam abgespült. Der Abstreifer streift etwaige Stoffteile auch von der Innenwand des Zylinders ab, so daß dieser auf beiden Seiten wirksam gereinigt wird. Da an der Stelle vor oder hinter der Abnahme- oder Gautschwalze auch auf der Innenseite des Zylindersiebes ein gewisser Überdruck durch das Abschlußwasser herrscht, so erfolgt die Abnahme sehr leicht, und es besteht keine Gefahr des Abreißens der Bahn.

Eine andere Konstruktion der Aktiebolaget Karlstads Mekaniska Verkstad[35]) bezieht sich ebenfalls auf Rundsieb-Entwässerungsmaschinen für Halbstoffe, bei denen der Stoff unmittelbar aus dem Stoffbehälter auf die Oberfläche des Siebzylinders gelangt, wobei das Wasser mit oder ohne Anwendung von Saugung durch die Sieblöcher abfließt. Hierbei wird eine Stoffbahn gebildet, die mittels der Gautschwalze von dem Zylinder abgenommen und zur weiteren Behandlung der Vorpresse sowie der Gautschpresse zugeführt wird. Die mit dem Siebzylinder zusammenarbeitende Gautschwalze hat bei den bisherigen Maschinen eine glatte Oberfläche. Die Verwendung einer solchen Walze mit glatter Oberfläche hat nun aber zur Folge, daß die Stoffschicht, welche hier nur einen sehr losen Zusammenhang hat, leicht zerdrückt wird, weil das an der Preßstelle vor

---

[35]) D. R. P. Nr. 355 448.

der Walze sich ansammelnde Wasser keine Gelegenheit hat, ruhig abzufließen, sondern herumspritzt und die Stoffschicht zerstört. Um diesen Mißstand zu beseitigen, wirken als Gautschwalzen mit dem Siebzylinders durch eine gerillte Walze erhält man einerseits einen bekannten Weise mit in der Umfangsrichtung verlaufenden Rillen, Vertiefungen oder Schlitzen versehen sind [36]).

Eine weitere Neuerung der gleichen Firma erstreckt sich auf solche Vorrichtungen[37]), bei denen ein endloses Siebtuch um eine in einem Stoffkasten umlaufende Walze geführt ist, dessen eine Wand es bildet. Erfindungsgemäß ist die im Stoffkasten gelagerte, das Siebtuch führende Walze mit in der Umfangsrichtung verlaufenden Schlitzen oder Rillen versehen [38]), aus denen das Stoffwasser durch einen gegen den freibleibenden Teil der Walze anliegenden Saugkasten entfernt wird. Durch den Ersatz des bekannten Siebzylinders durch eine gerillte Walze erhält man einerseits einen wesentlich haltbareren Aufbau der Entwässerungsmaschine, und andererseits wird die Wirkung der mit Umfangsrillen versehenen Walze eine ganz andere als die des gewöhnlichen Siebzylinders.

In dem Stoffkasten ist eine Walze drehbar gelagert. Um diese Walze, die eine Wand des Stoffkastens bildet und mit ringsum verlaufenden Schlitzen oder Rillen versehen ist, ist ein Siebtuch gelegt. Das Siebtuch läuft über Führungs- und Spannwalzen. An der Unterseite der Walze, die nicht vom Siebtuch bedeckt ist, ist ein Saugkasten angeschlossen. Die Walze dreht sich, so daß das Siebtuch sich in der Richtung nach oben in dem Stoffkasten bewegt, an dessen Boden Dichtungen angebracht sind. Während der Aufwärtsbewegung des Siebtuches durch den Stoffkasten setzt sich der Stoff allmählich auf das Siebtuch ab, und zwar besonders auf denjenigen Teil des Siebtuches, der gegen die Walze liegt, weil die von dem Saugkasten sich durch die Schlitze ausdehnende Saugung hier mitwirkt und das durch das Siebtuch hindurchgehende Wasser schnell wegführt und es an den Saugkasten ableitet, aus dem es weggeführt wird. Auf diese Weise bildet sich dann auf dem Siebtuch eine Stoffschicht, welche, nachdem sie an der Oberseite der Walze aus dem Stoffkasten herausgehoben ist, immerfort der Saugung ausgesetzt bleibt und dadurch noch mehr entwässert wird, bis das Siebtuch die Walze verläßt, worauf die Stoffschicht von dem Siebtuch abgenommen und beispielsweise auf einen Filz überführt wird, der die Stoffbahn zu den Pressen der Trockenmaschine leitet.

---

[36]) siehe auch D. R. P. Nr. 328 445.

[37]) D. R. P. 397 653.

[38]) D. R. P. Nr 328 445.

Zweckmäßig ordnet man noch eine Druckwalze an, welche mit Schlitzen versehen ist, die gegen die auf dem Siebtuch gebildete Stoffbahn preßt, wodurch eine stärkere Auspressung des Wassers erreicht wird. Vorteilhaft umgibt man auch diese zweite Walze mit einem Filz und ordnet einen Saugkasten an.

Diese schon mehrfach erwähnten Schlitzwalzen sind gleichfalls eine Erfindung der Aktiebolaget Mekaniska Verkstad in Karlstad.[39])

Die Oberwalze, die an ihrer Oberfläche mit Rillen versehen ist, ist in der Bewegungsrichtung der Stoffschicht hinter der Unterwalze angeordnet. Hierdurch wird erreicht, daß das an der Preßstelle aus der Stoffschicht ausgepreßte Wasser, welches durch Haften in den Rillen mitgenommen wird, leicht zum Abfließen gebracht und dabei aufgefangen werden kann, und nicht wieder von der Oberwalze in die Stoffschicht zurückfließt. Die Stoffschicht wird zwischen diesen Walzen zweckmäßig unmittelbar an der Preßstelle in der Richtung der gemeinsamen Tangente, d. h. schräg von oben, eingeführt und dann zweckmäßig in derselben Richtung, also schräg nach unten, von den Walzen abgeleitet. Hierbei läuft die Oberfläche der oberen Walze von der Preßstelle aus zunächst schräg nach unten gegen den niedrigsten Punkt der oberen Walze und entfernt sich zwischen diesen beiden Punkten von der Stoffschicht, kommt also mit ihr außer Berührung. Das von der Oberwalze ausgepreßte Wasser wird in den Rillen mitgenommen. Wenn es an dem niedrigsten Punkt der oberen Walze vorbeigegangen ist und dann wieder etwas gehoben wird, fließt es von der Walze ab. Um das Abfließen zu erleichtern, kann man in einem Punkte an dem aufwärtsgehenden Teile der Walzenoberfläche einen Schaber mit in die Rillen der Walzen hineinragenden Masern anbringen. Um das Wasser zu sammeln und sein Zurückfließen auf die Stoffschicht zu verhindern, ist unterhalb der Oberwalze eine Rinne angebracht, durch die das Wasser nach der Seite abgeführt wird.

Die mehrfach erwähnten Rillenpreßwalzen [40]) zeichnen sich dadurch aus, daß an den Böden der Oberflächenkanäle von gerillten Preßwalzen eine oder mehrere Erhöhungen angeordnet sind, welche nicht an dem Umfang der Walze hervorragen. Sie haben den Zweck, eine wirksame Auspressung und eine zuverlässige Führung der Stoffschicht zu erzielen. Diese Erhöhungen am Boden der Oberflächenkanäle können bedeutend kleiner als die Rillenwände selbst ausgeführt werden, da man ja auf die Führung der Stoffschicht nicht Rücksicht nehmen muß, weil diese Führung von den Rillenwänden ausgeführt wird. Wenn eine wirksame Auspressung der Stoffschicht erzielt werden

[39]) D. R. P. Nr. 328 445.

[40]) D. R. P. Nr. 338 700.

soll, so ist es von größter Bedeutung, daß auch die durch die Rillen der Walzen an den Oberflächen der Stoffschicht entstehenden Erhöhungen dem Preßdruck möglichst ausgesetzt werden, um das Wasser zu entfernen, da es sonst in diesen Erhöhungen und somit in der Stoffschicht zurückbleibt.

Zwischen den Rillenwänden des gerillten Walzenkörpers sind die Erhöhungen am Boden der Oberflächenkanäle angeordnet. Die Stoffschicht erhält dabei Erhöhungen. Gemäß der Ausführungsform sind die Erhöhungen am Boden der Oberflächenkanäle auf den Walzenkern gedreht. Auch können die Erhöhungen aus am Boden der Kanäle angeordneten Schnüren oder Drähten bestehen. Es können auch zwischen je zwei Rillenwänden zwei oder mehrere Erhöhungen angeordnet werden.

X. Die Verwertung anderer grasartiger Pflanzen besonders ausländischer Herkunft.

Die größte Rolle unter den anderen grasartigen Pflanzen spielt nun Esparto oder Alfa [41]).

Man füllt nun das Espartogras ungeschnitten wie Langstroh in die Kocher, aber auch gehäckselt. Anstelle der früher vielverwendeten stehenden Kocher mit Laugenverteilung, die keine günstigen Ergebnisse zeitigten, da die Lauge nicht gleichmäßig auf das Kochgut einwirkte, verwendet man heute fast ohne alle Ausnahme Drehkocher, und zwar mit Vorliebe drehbare Zylinderkocher, sogenannte Sturzkocher. Wo man das Gras ungeschnitten verarbeitet, muß die Füllung der Kocher von Hand erfolgen, indem ein Mann in den wagrecht gedrehten Kocher hineinsteigt und hier die einzelnen Bündel sorgfältig verstaut, indem er gleichzeitig das Garbenband löst, daß die Bündel zusammenhält.

Wenn dann der Kocher auf diese Weise gefüllt ist, wird das erforderliche Wasser und die nötige Menge Lauge zugegeben und dann den Kocher etwa eine halbe Stunde gedreht, damit sich die Lauge überall gut verteilt und ganz gleichmäßig auf das Kochgut einwirken kann. Dann erst bringt man den Kocher durch Einleiten von Dampf auf die erforderliche Spannung.

Esparto und Alfa haben nun den Nachteil wie keine andere Grasart, zur Graupenbildung zu neigen. Man muß daher dafür sorgen, daß die Fasern nicht durch das Drehen des Kochers durch Reibung an dessen Wänden unnütz aufgerauht werden, weil dadurch die Graupenbildung sehr begünstigt wird. Man wird daher gut tun, die

---

[41]) siehe Seite 14.

Drehung entweder nur sehr langsam vorzunehmen oder den Kocher nur ab und zu einmal zu drehen, damit sich die Lauge genügend verteilen kann. Wie die Erfahrung gezeigt hat, genügt letztere Handhabung vollkommen. Es hat sich erwiesen, daß es für eine vollkommene Durchmischung des Kocherinhaltes und für eine gleichmäßige Kochung vollkommen ausreicht, wenn man den Kocher etwa jede halbe Stunde einmal drehen läßt.

Da die Reibung des Kochgutes an den Kocherwänden bei den zylindrischen Sturzkochern geringer ist als bei den in der Strohstoffabrikation heute allgemein üblichen Kugelkochern, so bevorzugt man erstere, da sie außerdem auch noch andere Vorteile aufweisen. So läßt sich z. B. das Kochgut in Bündeln sehr leicht und viel gleichmäßiger einpacken als bei den Kugelkochern. Da bei dem Esparto und Alfastoff die Lauge unter Druck abgeblasen werden muß, so ist es von Wichtigkeit, daß man am Boden der Kocher oberhalb des Laugenabflusses durchlöcherte Platten anbringt, die es verhindern, daß die gelösten Fasern mit der Lauge abfließen. Das Abblasen der Lauge unter Druck beeinflußt die Güte und die leichte Bleichbarkeit des Stoffes günstig. Ein im Kocher so behandelter Stoff hat fast das Aussehen wie ein lang gemahlener Hadernhalbstoff, er gibt eine lockere und flockige Masse, aus der man dann die gelösten Stoffe durch ganz energisches Auswaschen mit warmem Wasser noch beseitigen muß.

Zum Auswaschen des Stoffes kann man jeden Holländer verwenden, muß aber die Walze, falls es eine Mahlwalze ist, heben, damit der Stoff nur aufgeschlagen wird, was bei guter und richtiger Kochung auch ganz leicht möglich ist. In England, das in der Herstellung des Espartostoffes bekanntlich bisher immer noch die besten Erfolge mit hat, sortiert man mitunter auch vor der Waschung den Stoff, um etwa noch darin enthaltene ungelöste Teile zu entfernen. Wo man erstklassigen Stoff herstellen will, ist dieses Verfahren nicht zu unterschätzen. Das Bleichen des gut und gründlich ausgewaschenen Stoffes erfolgt meistens auch sofort im Holländer, von wo er dann in Abtropfkästen gelangt, in denen er noch einige Tage unter der Einwirkung des Bleichwassers bleibt. Es ist dann nur sehr selten erforderlich, den Stoff noch einer Nachbleiche zu unterziehen.

Der Bedarf an Chemikalien ist beim Espartostoff etwa eben so groß wie beim Strohstoff, die Ausbeute ist etwas höher und beträgt bei gut gebleichtem Stoff bis zu 46 vH. Der Espartostoff stellt nun einen hervorragenden Halbstoff her, den man durch geeignete Mahlung zu den verschiedenartigsten Papieren verarbeiten kann.

Man hat nun natürlich verschiedene andere Verfahren zur Herstellung von Espartostoff, die sich zum Teil auch sehr gut bewährt haben und einen durchaus guten Stoff ergeben. Nach dem französischen Patent Nr. 505 001 von Emile Arnould wird das Esparto nicht wie bisher nach dem erwähnten und sogenannten englischen Verfahren in langen Stücken gekocht, sondern zu 3 bis 4 cm langen Stückchen zerkleinert und vor dem Kochen in geeigneten Mahlwerken einer vorläufigen Zerfaserung unterworfen. Dann wird die so zerkleinerte Masse in kaltem Wasser gewaschen, um dadurch möglichst viel von dem Chlorophyllgehalt der Blätter zu entfernen. Die so erhaltene Masse, die eine große Berührungsfläche bietet, wird in ein alkalisches Bad mit 8 bis 10 vH. Sodagehalt eingetaucht. Die Lauge wird nur mäßig erwärmt. Man wäscht dann die Masse mit viel Wasser aus und bleicht sie. Man soll so eine höhere Faserausbeute erzielen können, und zwar bis zu 55 vH. Der Stoff soll dem Holzzellstoff sehr ähneln und nicht zur Graupenbildung neigen, was sich sehr wohl erklären läßt, da bei der Behandlung ein Aufrauhen der Fasern kaum stattfinden kann.

Nach dem französischen Patent Nr. 515 501 von Dimitry Chouchak kann man die Espartokochung nach dem Natronverfahren verbilligen und auch die Ausbeute vergrößern, wenn man der Kochflüssigkeit sogenannte „Katalysatoren" beifügt, die den chemischen Vorgang beschleunigen, und zweitens „verhütende" Stoffe, die die teilweise Zerstörung des Zellstoffes während der Kochung verhindern und zugleich die schädliche Wirkung des Erdalkaligehaltes im Wasser beseitigen. Stoffe, die diese Wirkungen ausüben, sind beispielsweise unterschwefligsaures Natron, Zinnchlorür, Natriumsulfit, Sulfonsäuren und deren Salze, Anilin. Aus der Patentschrift ist nun leider nicht ersichtlich, welche Stoffe als Katalysatoren und welche als verhütende zu gelten haben. Man soll von diesen Stoffen nur ganz wenig zuzusetzen brauchen.

Nachdem das Espartogras in üblicher Weise gereinigt und gequetscht ist, damit die Kochlauge besser in das Gewebe der Pflanze eindringen kann, behandelt man den Rohstoff erst mit kalter Säure, dann mit kalter Alkalilösung. Beide Lösungen müssen sehr verdünnt sein und entsprechende Zusätze der Katalysatoren und der Verhütungsstoffe enthalten. Durch diese Vorbehandlung sollen die meisten verhärtenden oder inkrustierenden Stoffe des Zellstoffes gelöst werden. Nach dem Abtropfen taucht man den Rohstoff einige Minuten in eine 2,5 bis 3,0 vH. Ätznatron enthaltende kalte Lösung, der aber gleichfalls die erwähnten Hilfsstoffe beigefügt sind. Bei dieser Behandlung soll der Rohstoff 5 bis 7 vH. seines Gewichtes an Natron aufnehmen, dagegen sollen die verhütenden Stoffe in der Lösung verbleiben, so daß man das Bad wiederholt verwenden kann, wenn man ihm genügend Ätznatron zufügt. Die so befeuchtete und beschwerte Masse wird nun möglichst ohne direkte Dampfzuführung in einem geschlossenen Kocher 20 bis 30 Minuten auf etwa 140° Celsius erhitzt. Die Lösung der Fasern ist dann bewerkstelligt. Die ersten Waschwässer werden zur Herstellung der Lösung für die erste Behandlung verwendet. Als Vorteile dieses Verfahrens sollen gelten: Ersparnisse an Brennstoffen, an Zeit und an Natron.

Nach einem englischen Verfahren wird vorgeschlagen, Esparto absatzweise zu kochen. Der Zweck dieses Verfahrens besteht darin, die Körper der Stärke und der Pektosegruppen zu entfernen, bevor zum Zwecke der Entfernung der Lignine eine stärkere Behandlung der Pflanze vorgenommen wird. Man geht dabei von der Tatsache aus, daß sich die Nichtzellstoffe im Esparto auf die nachstehenden drei Körpergruppen verteilen: Stärke und ähnliche Stoffe, Pektosen, Lignine. Die Stärke und die ihr ähnlichen Stoffe sind im Wasser löslich, die Pektosen bilden mit schwachen Alkalien Verbindungen, die im heißen Wasser löslich sind. Die Lignine hingegen sind widerstandsfähiger und verlangen eine kräftigere Behandlung mit Alkalien bei hoher Temperatur. Nach dem bisher allgemein üblichen Verfahren der Espartokochung wurden nun bekanntlich alle diese drei Gruppen in einer Kochung gelöst, ohne daß das Kochen der einen Stoffgruppe dem Kochen der Stoffe der anderen Gruppen schadet. Durch Versuche ließ sich nun nachweisen, daß die absatzweise Kochung große Vorteile mit sich bringt.

Die dunkle Farbe der Schwarzlauge beim Espartokochen ist die Folge der Anwesenheit von Körpern der Stärke- und Pektosegruppe, die Ligninlösung hat eine helle Farbe wie Bernstein. Wenn man nun Esparto gleich von Anfang an mit einer Ätznatronlösung kocht, die eine solche Stärke aufweist, daß eine völlige Lösung erreicht werden kann, so wird die Lösung infolge der raschen Lösung der Stärke- und Pektinstoffe sehr dunkel. Wenn man Esparto in Wasser kocht, dann wird die Flüssigkeit infolge der Lösung des Farbstoffes der Pflanzen und gewisser stärkehaltiger Stoffe dunkelfarbig und das Kochgut fast schwarz. Man hat dabei einen Verlust an lufttrockenem Stoff von etwa 12 vH. Wenn dieses mit Wasser behandelte Esparto mit einer Lösung gekocht wird, die auf das Gewicht des rohen Grases 1.0 bis 1.5 vH. Ätznatron enthält, dann wird die Kochflüssigkeit sehr dunkel, das Kochgut aber hellgelb, sogar heller als das rohe Gras. Bei dieser Behandlung hat man einen Gewichtsverlust von etwa 25 vH., bei beiden Kochungen zusammen also insgesamt 37 vH.

Man erhält bei dieser Kochung wohl einen hellen Stoff, der aber hart ist und abgesehen von der hellen Farbe alle Anzeichen eines schlecht gekochten Espartostoffes aufweist. Es findet sich nämlich immer noch Lignin, das infolge der dünnen Alkalilösung nicht aufgelöst wurde. Diesen ungenügend gekochten Stoff kocht man nun mit einer alkalischen Lösung, die etwa 12 vH. Ätznatron enthält (auf das Gewicht des Rohgrases berechnet). Die Kochungen, die die Entfernung der Stärke- und Pektinstoffe zum Zwecke haben, können nun bei gewöhnlichem atmosphärischen Druck erfolgen, die Kochung aber, die die Lignine entfernen soll, muß bei höherer Temperatur und höherem Druck erfolgen. Diese Kochung hat einen weiteren Verlust von 5 vH. zur Folge, so daß nunmehr der Gesamtverlust 42 vH. ausmacht.

Bei diesem absatzweisen Kochen ist nun der Hauptvorteil darin zu erblicken, daß die stark gefärbten Lösungen der Stärke- und Pektinstoffe bereits entfernt sind, ehe der Zellstoff bei der dritten Behandlung rein gewonnen wird. Der Zellstoff ist in diesem Zustande bekanntlich sehr empfindlich gegen Bräunungen, diese können aber nicht eintreten, da ja die färbenden Stoffe entfärbt sind.

Die praktische Durchführung dieses Verfahrens erfolgt nun in der folgenden Weise: Der mit einer Lösung von 1.5 vH. Ätznatrongehalt gefüllte Kocher wird mit Esparto in üblicher Weise beschickt. Nach einhalbstündigem Kochen wird dann die Lauge abgezogen, die so schwarz ist wie sonst die Schwarzlauge. Da es sich nicht lohnt, diese Lauge auf Natron zu verarbeiten, so läßt man sie weglaufen. Nun wird der Kocher mit 14prozentiger Ätznatronlösung beschickt und bei einem Druck von 2.5 bis 2.8 Atm. (138 bis 140° C) etwa 3 Stunden lang gekocht. Die sich hieraus ergebende Ablauge hat eine bernsteingelbe Farbe. Da sie Natron im Überschuß enthält, so kann sie zum ersten Kochen eines weiteren Kochers dienen, um die Stärke und Pektosestoffe zu entfernen. Der so gewonnene Zellstoff läßt sich sehr leicht auswaschen, da die helle Lauge nicht färbt. Die Einwirkung der Natronlauge von 12—14 vH. beginnt schon bei 130° C, was einem Druck von 1.7 Atm. entspricht. Da aber bei dieser Temperatur das Kochen sehr lange dauern würde, so erhitzt man auf 138° C, was die Behandlung wesentlich abkürzt.

Beim Waschen in der sonst üblichen Weise wird nach dem Abblasen der Schwarzlauge der gekochte Stoff im Kocher mit Wasser bedeckt und damit kurze Zeit gekocht. Das hat den Zweck, die dem Stoff noch anhaftende Schwarzlauge in Lösung zu bringen, damit sie ausgewaschen werden kann. Diese schwache Ablauge kann auch durch die Laugenverdampfung geleitet werden, sie zeigt meist die gleiche dunkle Färbung wie die Schwarzlauge. Nach dem neuen Verfahren ist nun diese zweite Kochung überflüssig, denn es genügt, wenn man durch das durchlöcherte obere Sieb in den Kocher eine kleine Menge kochenden Wassers einleitet. Dieses Waschwasser, das beim Verlassen des Kochers eine helle Farbe zeigt, kann man zum

Verdünnen starker Ätznatronlaugen verwenden, wodurch die Menge der zur Verdampfung gelangenden Flüssigkeit auf etwa die Hälfte verringert wird.

Die Vorteile dieses absatzweisen Kochens sind also in der Hauptsache die folgenden: Die starkgefärbten Stärke- und Pektosestoffe werden rechtzeitig entfernt, so daß ein viel reinerer Stoff erzielt wird, der sich wesentlich leichter auswaschen läßt. Daraus ergibt sich wieder eine Ersparnis beim Bleichen und die Erreichung einer größeren Weiße. Bei der Laugenverdampfung sind gleichfalls Ersparnisse zu erzielen. Der einzige Nachteil dieses Verfahrens besteht darin, daß der Kocher nicht so stark eingetragen werden kann, da bei dem bisherigen Eintragen in starke Ätznatronlaugen das Gras erweicht wurde und sich infolgedessen dichter lagerte, beim Eintragen in die schwache Alkalilösung fällt aber dieser Vorteil weg.

XI. Die Verarbeitung von Strohstoff.

1. Aufbereitung.

Die Verarbeitung des gelben Strohstoffes hat nun heute eine fast größere Verbreitung erlangt als die des weißen Strohzellstoffes, obgleich letztere immer mehr zunimmt. Die Vorbereitung des Strohs bis zu den Kochern ist nun grundsätzlich bei beiden Sorten die gleiche. Das Stroh wird in üblicher Weise gehäckselt und kommt dann nach den Kochern. Für die Herstellung des gelben Strohstoffes hat sich nun immer mehr der Kugelkocher eingeführt, in neueren Fabriken findet man kein anderes Kochersystem mehr. Die Kochung erfolgt bekanntlich unter einem Zusatz von 7 bis 10 vH. Ätzkalk in Form von Kalkmilch. Das Kochen erfolgt dabei mit einem Druck von 2.5 bis 5 Atm., und zwar je nach Strohart und herzustellendem Erzeugnis 3 bis 4 Stunden lang.

Die Kugelkocher wurden bereits wieder vorn in dem Abschnitt über Kochung des Strohs ausführlich erwähnt.[42]) Es soll hier nur noch in einer Tabelle gezeigt werden, welche Abmessungen dabei gebräuchlich sind und welche Fassungsvermögen an Stroh diese Kocher aufweisen.

Man sieht also aus der umstehenden Tabelle den Vorteil der größeren Kocher, denn ein solcher von 4000 mm Durchmesser hat bereits das doppelte Fassungsvermögen eines solchen von 3500 mm Durchmesser. Aus diesem großen Fassungsvermögen ergeben sich viele Vorteile für die Erzeugung, die größeren Kocher sind wirtschaftlicher in der Anschaffung und im Betrieb und ergeben naturgemäß einen viel

---

[42]) siehe Seite 117.

Tabelle 17.

Kugel-durchmesser mm	Mannloch-durchmesser mm	Kugelinhalt Liter	Fassungsvermögen an Stroh kg
2200	500	5550	500
2500	500	8160	600
2800	600	11150	800
3000	600	14110	1000
3200	650	17200	1400
3500	700	22450	1600
4000	800	35500	3200

gleichmäßigeren Stoff, da man mit einer Kochung eine viel größere Menge auf einmal kochen kann. Die früher mitunter geäußerten Bedenken, daß bei einem Kocher von 4000 mm Durchmesser eine gute und zuverlässige, gleichmäßige Durchkochung des Stoffes nicht gewährleistet sei, sind hinfällig, denn die Praxis hat das Gegenteil erwiesen. Man trägt sich bereits mit dem Plane, noch größere Kocher zu bauen, deren technischer Ausführung nichts im Wege steht. Man will neuerdings bis zu 5000 mm Durchmesser gehen, da ein solcher Kocher dann etwa den doppelten Inhalt hat wie die jetzt gebräuchlichen 4-Meter-Kocher, so wird eine noch größere Wirtschaftlichkeit erreicht werden. Allerdings wird man bei diesen großen Kochern dann nicht ohne eine gewisse zwangläufige Kochdampfverteilung auskommen, aber auch hierin sind keine Schwierigkeiten zu suchen, da auch diese Frage bereits als gelöst gelten kann. Man wird nun bei diesen großen Kochern allerdings auch gewisse konstruktive Veränderungen namentlich bezüglich des Antriebes treffen müssen, aber auch diese Frage ist gelöst, da solche Antriebsarten schon bei 4-Metern-Kochern angewandt wurden, wie sich aus der Abbildung 128 zeigt. Man verwendet wie ersichtlich hier nicht mehr ein auf dem einen Zapfen des Kochers sitzendes Stirnrad, sondern Radsegmante, die man auf geeigneter Weise an dem Kocherumfang annietet. Auch die Ventile zur Dampf- und Laugenverteilung usw., bringt man heute bei solchen Kochern nicht mehr auf dem einen Zapfen an, sondern leicht handlich und bequem für die Bedienung erreichbar auf einem Bedienungsgang zwischen oder über den Kochern.

Diese großen Kocher verlangen allerdings hohe Räume, die in alten Fabriken kaum immer zur Verfügung stehen werden, bei Neuanlagen aber spielt das keine wesentliche Rolle, da man sich hier mit der Anordnung der Räume nach den Anforderungen richten kann. Es

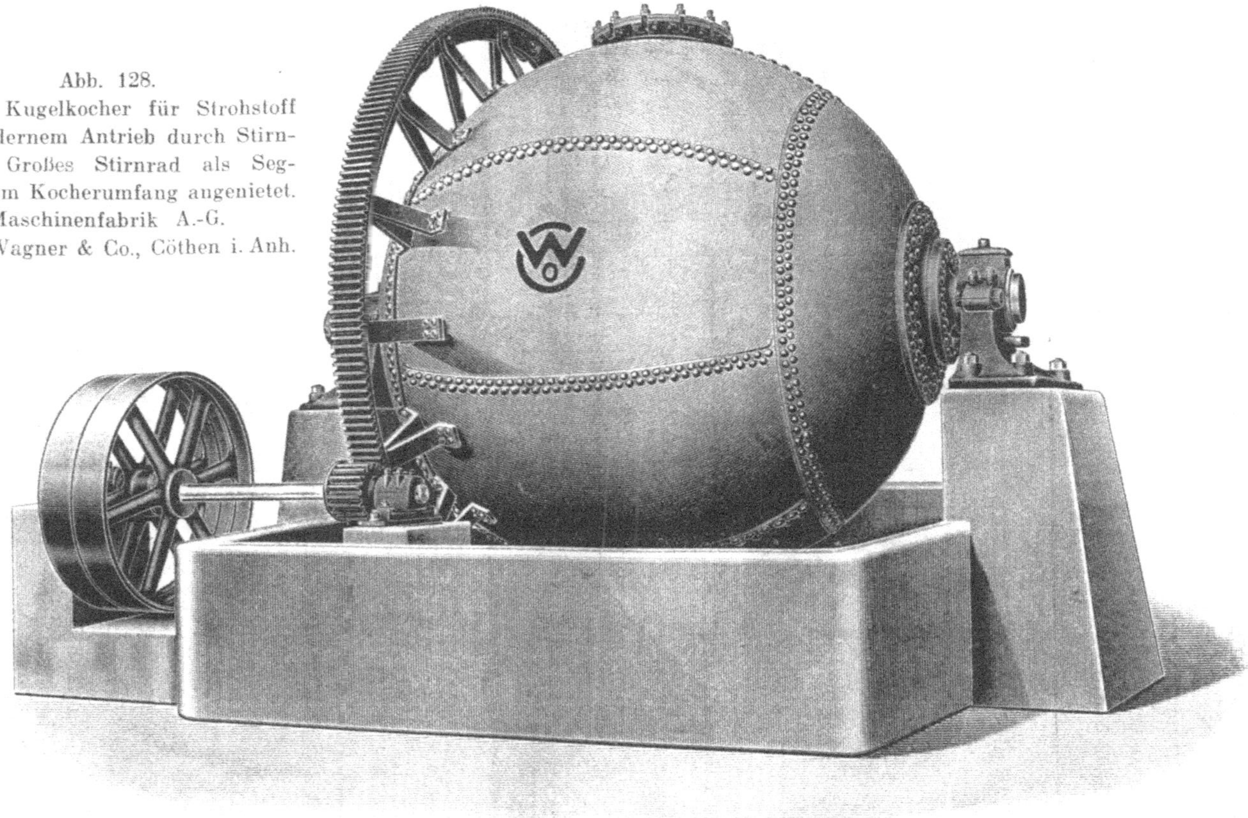

Abb. 128.
Großer Kugelkocher für Strohstoff mit modernem Antrieb durch Stirnräder. Großes Stirnrad als Segmente am Kocherumfang angenietet.
Maschinenfabrik A.-G.
vorm. Wagner & Co., Cöthen i. Anh.

ist auch erforderlich, daß man diese Kocher hoch genug aufstellt, daß sie ihren Inhalt nach wenigen Umdrehungen ungehindert entleeren.

Das Füllen und Stopfen der Kocher erfolgt natürlich bei solchen Anlagen unter gleichzeitiger Zuführung der Lauge durch mechanische bewegte Stampfer (siehe auch Abbildung), mit denen man gegenüber der früher üblichen Handfüllung bei kürzerer Zeitdauer eine um etwa 30 vH. höhere Füllung erzielen kann: Die Abbildung 128 zeigt einen

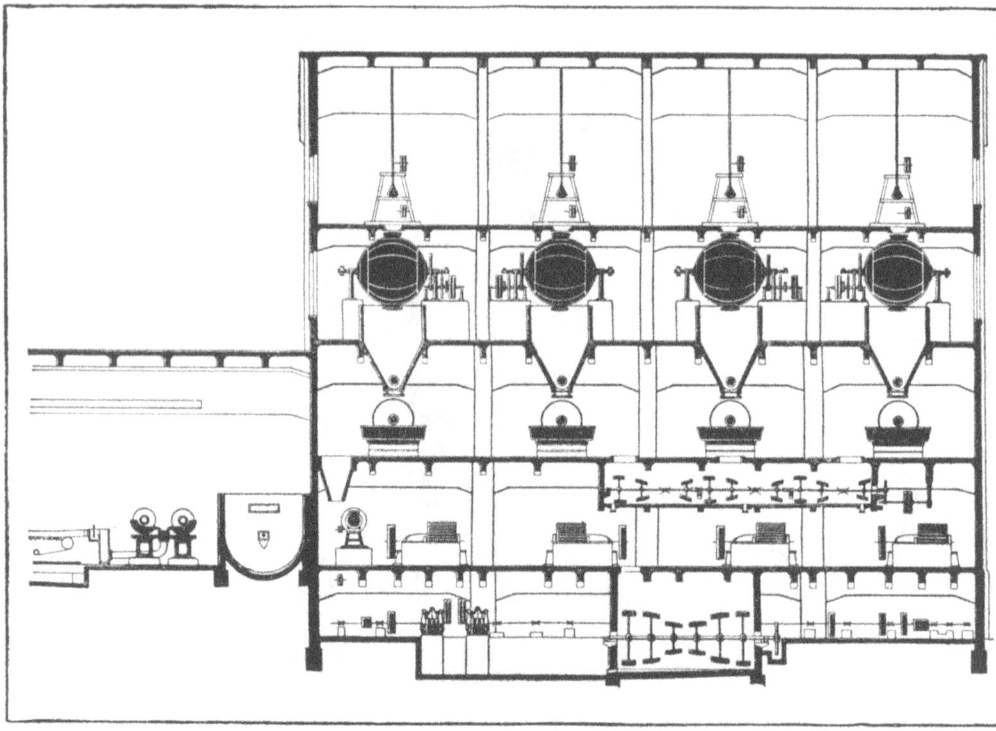

Abb. 129.
Schnitt durch eine moderne Strohaufbereitung für gelben Strohstoff für Strohpapier- und Strohpappen.
Maschinenfabrik A.-G. vorm. Wagner & Co., Cöthen i. Anh.

modernen Kocher oder in einer Ausführung der Maschinenfabrik Aktiengesellschaft vorm. Wagner & Co. in Cöthen, die Abbildung 129 hingegen den Schnitt durch eine ausgeführte Strohstoffaufbereitungsablage der gleichen Firma. Auf diese Anlage soll dann weiter unten noch näher eingegangen werden.

Bei der Gelbstrohherstellung erfolgt nun die weitere Behandlung des in den Kochern aufgeschlossenen Strohs in Kollergängen, denen man das Stroh je nach Anlage zuschaufeln kann oder in die man es aus Silos unter Verwendung von Transportschnecken mechanisch zuführt. Die letztere Art ist natürlich die wirtschaftlichere, da man alle Handarbeit vermeiden kann. Man muß dann allerdings die Kollergänge, wie es aus der bereits erwähnten Abbildung 129 ersichtlich ist, unter den Kochern aufstellen. Bei Neuanlagen macht diese Anordnung keine Schwierigkeiten und wird auch immer durchgeführt werden, bei älteren Anlagen ist das meist nicht möglich. Hier sollte man aber die Handförderung unter allen Umständen vermeiden und durch geeignete mechanische Einrichtungen ersetzen, von denen besonders die Förderschnecken, Förderbänder und auch die Elevatoren in Frage kommen können. Wenn aber eine Handbeschickung nicht zu umgehen ist, dann soll man die Kollergänge so aufstellen, daß das Einschaufeln möglichst bequem ist.

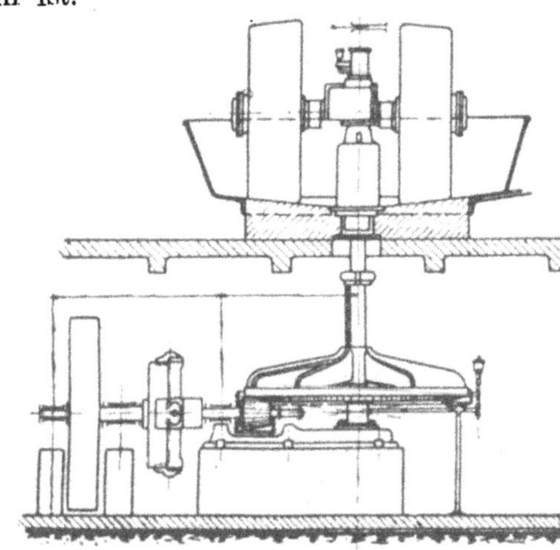

Abb. 130.
Kollergang mit unterem Antrieb.

Natürlich sind für die Aufschließung des gekochten Strohs die Kollergänge von großer Bedeutung. Wenn auch bei ihnen sonst alle Grundsätze zur Anwendung kommen, die bei den in der Papierfabrikation sonst üblichen Kollergängen gebräuchlich sind, so bewähren sich für die Aufschließung von Strohstoff doch einige Sonderbauarten besonders.

Für die Verarbeitung von Stroh werden nun im allgemeinen die Kollergänge mit zylindrischen Läufern vorgezogen, wie sie in der Abbildung 130 gezeigt sind. Anstelle der Bodensteine werden dabei mit großem Vorteile gußeiserne Radialrahmen verwendet, in denen grundwerkartig Messer angeordnet sind. Auf diesen Grundwerken gleiten die Läufersteine; es hat sich in der Praxis gezeigt, daß der Aufschluß des Strohs hier viel leichter vonstatten geht. Der Antrieb dieser Kollergänge sollte dabei stets von unten erfolgen, wie es in der Abbildung 130 gezeigt ist. Durch diese Anordnung wird nicht nur eine leichte Zugänglichkeit und Überwachungsmöglichkeit des Antriebes erreicht, sondern auch jede Verschmutzung des im Kollergang befindlichen Stoffes durch das Triebwerk vermieden. Auch der in der Abbildung 131 gezeigte Schneckenradantrieb hat sich sehr bewährt und findet viel Anwendung.

Die Entleerung der Kollergänge soll natürlich auch möglichst unter Vermeidung aller Handarbeit erfolgen, damit sie wirtschaftlich gemacht werden und rasch vonstatten gehen kann. Die Abbildungen

132 und 133 zeigen die schematische Anordnung einer Druckluftförderanlage für solchen feuchten Kollerstoff. Die Einrichtung dient zum För-

Abb. 131.
Kollergang mit niedriger Schale, Schabern und Schneckenradantrieb von einem Elektromotor aus.
Linke-Hofmann-Lauchhammer-Werke A.-G., Abt. Füllner-Werke, Warmbrunn.

dern von gekollertem Strohstoff von etwa 20 vH. geringstem Trockengehalt auf Entfernungen bis zu etwa 100 Metern. Ein Kompressor saugt die staubfreie Luft an, verdichtet sie und drückt sie durch einen Windkessel in die Förderleitung. Der Kollerstoff fällt aus der Kollergangschale nach dem Öffnen des Schiebers in den auf der Abbildung ersichtlichen Stoffzuführungsapparat, aus dem er mittels der Druckluft entfernt wird. Diese Anlage eignet sich sehr gut da, wo die Waschholländer nicht unter den Kollergängen Aufstellung finden können, so daß der Stoff direkt hineingeleert werden kann.

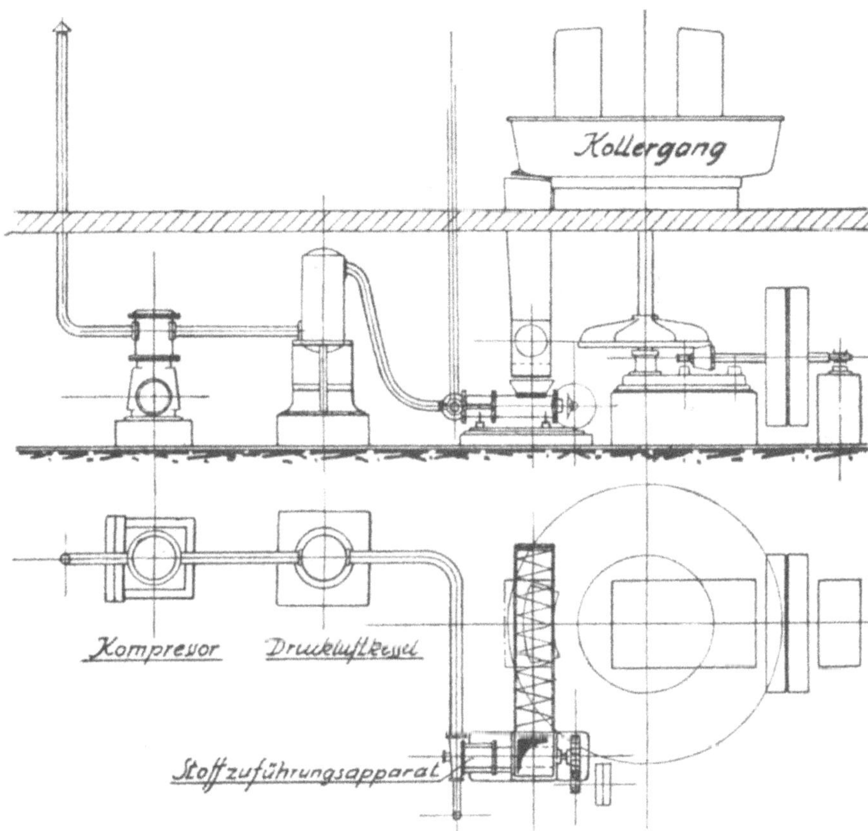

Abb. 132 und 133.
Druckluftförderung von Kollerstoff aus dem Kollergang nach den Holländern.

Man kann aber anstelle dieses Drukluftverfahrens mit Vorteil auch das sogenannte Spülverfahren verwenden, bei dem der Stoff vom Kollergang in eine tiefergelegene Rührbütte gelangt, wo er stark verdünnt wird, und zwar vorteilhaft auf Holländerkonsistenz, daß er durch Pumpen gefördert werden kann. Auch dieses Verfahren läßt die verschiedensten Möglichkeiten zu, so daß man sich allen örtlichen Verhältnissen anpassen kann. Die Füllung der größten Holländer geht auf diese Weise rasch und unter Vermeidung jeglicher Handarbeit vor sich.

Ein gut gekollerter Strohstoff braucht nun im Holländer eigentlich kaum noch irgendwelche Bearbeitung. Man verwendet hier am besten die in der Papierfabrikation üblichen offenen Holländer, die man als Normalbauarten bezeichnen kann. Die Messer dieser Holländer müssen stumpf sein, denn eine eigentliche Mahlarbeit ist kaum mehr erforderlich, die Holländer dienen vielmehr nur zum Waschen des Stoffes und zum Aufschlagen. Größter Wert ist daher auf besten Zug und gute Mischfähigkeit zu legen, damit man vor allen Dingen das Waschen, das man unter keinen Umständen vermeiden sollte, wie sich weiter unten zeigt, rasch und gründlich durchführen kann.

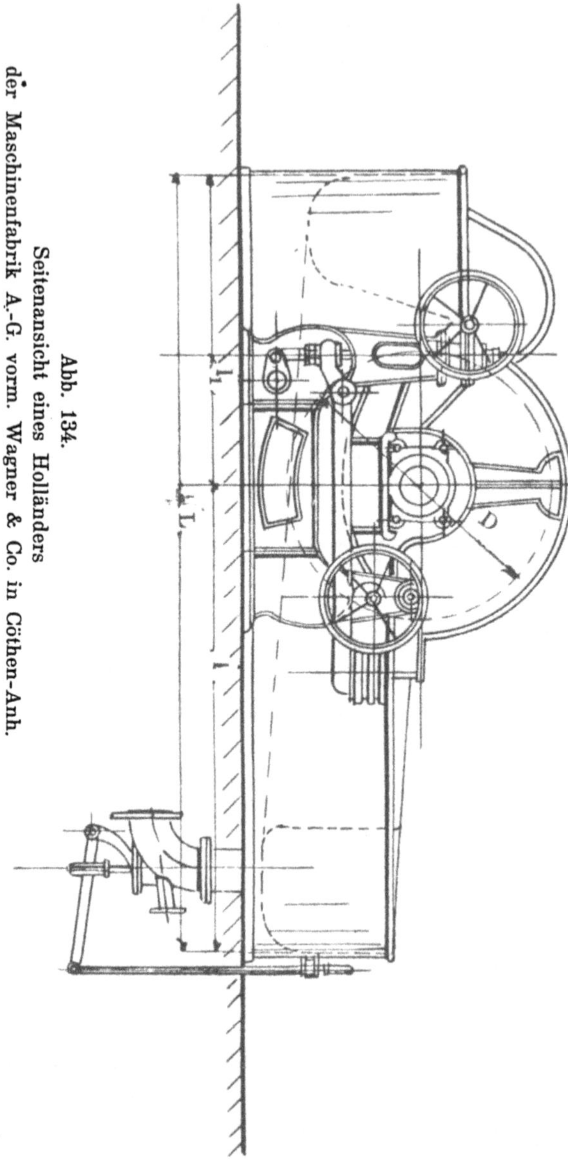

Abb. 134. Seitenansicht eines Holländers der Maschinenfabrik A.-G. vorm. Wagner & Co. in Cöthen-Anh.

Die Abbildungen 134 und 135 zeigen Seitenansicht und Grundriß eines solchen geeigneten Holländers der Firma Maschinenfabrik Aktiengesellschaft vorm. Wagner & Co. in Cöthen, der sich für diese Zwecke besonders eignet, da er bei großer Leistungsfähigkeit eine große Stoffumlaufgeschwindigkeit aufweist. Besonders beachtenswert ist hierbei die sehr geschickt angebrachte Walzenentlastung, die es gestattet, den Holländer erforderlichenfalles auch als Mahlholländer zu verwenden. Man kann unter jedem beliebigen Flächendruck mahlen. Der Holländer besitzt außerdem eine Walzenmomententlüftung mittels Handrad und Exzenter. Die Mahlwalze ruht in zweckmäßig durchgebildeten Stuhlungen; sie und der zweckmäßig geformte Trog gewährleisten den schnellsten Stoffumlauf oder Zug und somit auch eine gute Mischung. Um dem lästigen Heißlaufen der Lager gründlich abzuhelfen, sind die Lagerkörper der schweren und breiten Ringschmierlager in Kugelzonen gelagert, sie können sich also mit ihrer Lauffläche der Lagerstelle anschmiegen. Die Entlastungsvorrichtung ist auf diese Weise durch-

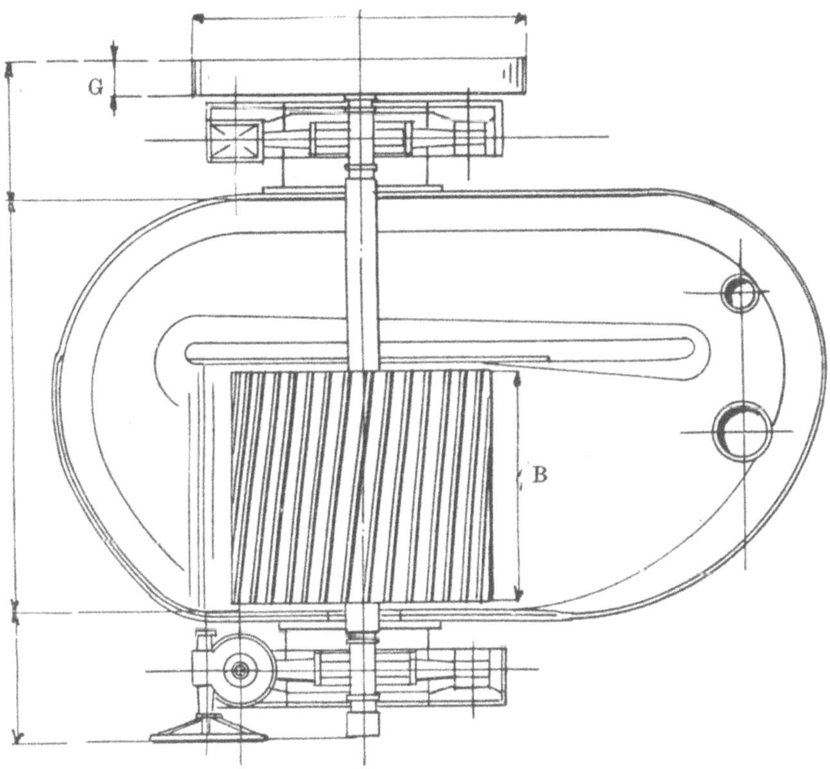

Abb. 135.
Grundriß eines Holländers der Maschinenfabrik A.-G. vorm. Wagner & Co. in Cöthen-Anh.

geführt, daß die Walzenstellung mittels Spindeln, Schnecken und Handrad genau verstellbar ist. Diese Vorrichtung besteht aus zwei gußeisernen, hohlen Böcken, in denen sich kräftige, schmiedeeiserne Hebel befinden. Die Aufhebung ist auf Konsolen festgeschraubt und bleibt beim Herausnehmen der Walze unberührt. Der Trog kann aus Gußeisen bestehen und ist bei kleinen Modellen einteilig, bei großen hingegen zweiteilig, besser ist es aber, bei größeren Modellen den Trog aus Beton herzustellen, da dieser immerhin gegenüber dem Gußeisen verschiedene Vorteile aufweist. In allen Fällen wird er aber mit muldenförmigem Boden und großem Gefälle ausgeführt, wodurch das Absetzen des Stoffes vermieden wird und eine schnelle Zirkulation und Mischung erzielt wird. Die Tröge werden mit Stoff- und Waschventilen ausgerüstet. Die Walzenhaube besteht aus Holz und ist innen mit Stoffabstreichern versehen, die ein Zurückwerfen des Stoffes verhüten, an den seitlichen Öffnungen befinden sich gute Abdichtungen durch festsitzende Schieber.

Über die Hauptdaten dieser Holländer gibt die nachstehende Tabelle Aufschluß:

Tabelle 18.

Größe Nummer	1	2	3	4	5	6	7	8
Stoffinhalt . . . Ltr.	2000	3000	4000	5000	6000	7000	8000	9000
Troglänge L . . mm	3800	4150	4800	5000	5500	5700	6000	6200
Trogbreite C . . mm	2000	2200	2300	2400	2650	2900	3100	3300
Walzendurchmesser D mm	1400	1400	1650	1650	1800	1800	2000	2000
Walzenbreite B . mm	1150	1250	1300	1400	1500	1650	1750	1850
Riemenscheibendurchmesser F mm	1800	1800	2000	2000	2100	2100	2400	2400
Riemenscheibenbreite G. . . . mm	160	175	200	250	300	350	350	400
Umdrehungszahl in der Minute	115	115	110	110	100	100	90	90
Stoffventildurchmesser . mm	200	200	300	350	350	350	350	350
Spülventildurchmesser . mm	100	100	150	150	200	200	200	200
Waschtrommeldurchmesser . mm	1200	1200	1300	1300	1300	1400	1500	1500
Waschtrommelbreite . . . mm	600	700	750	750	900	1000	1100	1200
Kraftverbrauch . PS	20	25	33	42	50	60	70	80
Stoffeintrag . . kg	150	225	300	375	450	525	600	675

Der Kraftbedarf wird bei der Verwendung als Waschholländer natürlich geringer als in der Tabelle angegeben, da hier ein Mahlen berücksichtigt ist, was beim Strohstoff kaum der Fall ist, es handelt sich hier vielmehr nur um ein Bewegen und Aufschlagen des Stoffes. Dagegen ist eine, in der Abbildung nicht gezeigte, Waschwalze, die den

Waschwalzen der Bleichholländer in Bauart und Wirkungsweise entspricht, erforderlich, um den Stoff auswaschen zu können.[43])

Eine solche Waschtrommel, die besonders auch für den Einbau an Betontrögen geeignet ist, zeigt die Abbildung 136. Die nähere Bauart und die Wirkungsweise dieser Saugwaschtrommeln ergibt sich aus der Abbildung. Es ist noch zu bemerken, daß in der Abbildung die Trommel ohne Obersieb gezeigt ist, man verwendet dazu als Überzug vorteilhaft Nr. 70. Das Obersieb wird am besten an den Kanten aufgelötet.

Die Abbildung 137 zeigt einen offenen Holländer des Füllnerwerkes in Warmbrunn, der sich für die Zwecke der Strohstoffabrika-

Abb. 136.
Waschtrommel für Beton-Waschholländer.
Ph. Nebrich, Maschinenfabrik, Cöthen-Anh.

tion ebenfalls wegen seiner leichten Zugänglichkeit gut eignet. Dieser Holländer muß natürlich ebenfalls mit einer geeigneten und wirksamen Waschtrommel versehen werden.

In den Abbildungen 138 u. 139 ist ein ebenfalls sehr gut geeigneter Bässler-Holländer der Firma F. H. Banning & Seyboldt G. m. b. H. in Düren mit Betontrog in Seitenansicht und Grundriß gezeigt. Die Kennzeichen dieses Holländers sind: breite Walze, eingezogener Trog, hohes Gefälle und schneller Stoffrücklauf. Diese Holländer werden nur mit Betonwannen gebaut, während die Firma nur die Garnituren liefert. Die Normalgrößen dieser Holländer, die wegen ihrer Zugänglichkeit und ihres raschen Stoffumlaufes gerade für die Strohstoff-

[43]) siehe Seite 133.

fabrikation gut geeignet sind, sind in der folgenden Tabelle kurz aufgeführt.

Tabelle 19.

Größe Nummer	1	2	3	4	5	6
Lichte Länge . . . mm	4700	5000	5400	5700	6000	6200
Gesamtbreite mit Riemenscheibe . . . . mm	3150	3350	3550	3650	3900	4100
Durchmesser der Walze mm	1200	1300	1400	1500	1600	1700
Länge der Walze . mm	1000	1100	1200	1300	1400	1500
Eintrag in Litern . . .	3000	4000	5000	6000	7000	8000

Die bereits mehrfach erwähnte Abbildung 129 zeigt nun eine vollständige Aufbereitungsanlage für Strohstoff, wie sie von der Maschinenfabrik Aktiengesellschaft vorm. Wagner & Co. in neuester Zeit für eine große deutsche Strohpapierfabrik geschaffen wurde. Der ganze Bau besteht aus Eisenbeton, der ja naturgemäß für solche Anlagen die beste Bauweise darstellt. Im obersten Stockwerk befindet sich zunächst der Häckselboden, nach dem der Häcksel durch Luftdruck von der Vorbereitungsanlage her zugeführt wird. Die Füllung der in dem darunter aufgestellten Kugelkocher von 4000 mm Durchmesser erfolgt durch Luken mit Trichter in dem Boden des Häckselraumes, die sich genau über den Mannlöchern der Kocher befinden. Um eine richtige und vollständige Beschickung der Kocher zu ermöglichen, sind über jedem derselben die bereits verschiedentlich erwähnten Stampfer angeordnet, die durch die Schwerkraft eines Gewichtes wirken.

Unter den Kochern befinden sich nun trichterförmige Silos für den entleerten Stoff. Diese Silos enthalten Schnecken, welche eine Entleerung erleichtern und den Stoff durch die Auslauföffnungen vollständig und in schnellster Weise nach den darunter aufgestellten Kollergängen befördern. Neuerdings ist man auch dazu übergegangen, diese Schnecken schwenkbar einzurichten, so daß man bei großen Silos die Entleerung noch verschnellern kann. Man kann nun diese trichterförmigen Silos auch mit großem Vorteil und auf einfachste Weise zum Waschen des Stoffes verwenden. Zu diesem Zwecke führt man sie in ihrem unteren Teile mit einem doppelten Boden aus, was sich bei der jetzt allgemein üblichen Bauart in Eisenbeton auch recht gut durchführen läßt. Den äußeren Boden macht man dann dicht, während man den in gewissen Abstand darüberliegenden mit Filtersteinen belegt, wie sie schon weiter vorn erwähnt wurden.[44]) Man benötigt dann nur noch verschiedene Rohranschlüsse mit Absperrventilen und kann so zunächst die sich erfahrungsgemäß schnell absetzende Lauge abziehen und dann den Stoff je nach Bedarf mit heißem

Abb. 137.
Offener Normal-Holländer der Linke-Hofmann-Lauchhammerwerke A.-G., Abt. Füllnerwerk, Warmbrunn i. Schlesien.

oder kaltem Wasser nachwaschen. Für viele Fälle kann man so schon eine gründliche und genügende Entlaugung erzielen.

Von den Kollergängen gelangt der Stoff wieder durch Luken in eine darunter befindliche Vorratsbütte mit Rührern, die hier zur Ver-

[44]) siehe Seite 195.

meidung von Raumverschwendung unter der Decke aufgehängt ist. Man kann auch hieraus den Vorteil der Eisenbetonbauweise ersehen, die eine solche Anordnung ohne weiteres ermöglicht, während andere

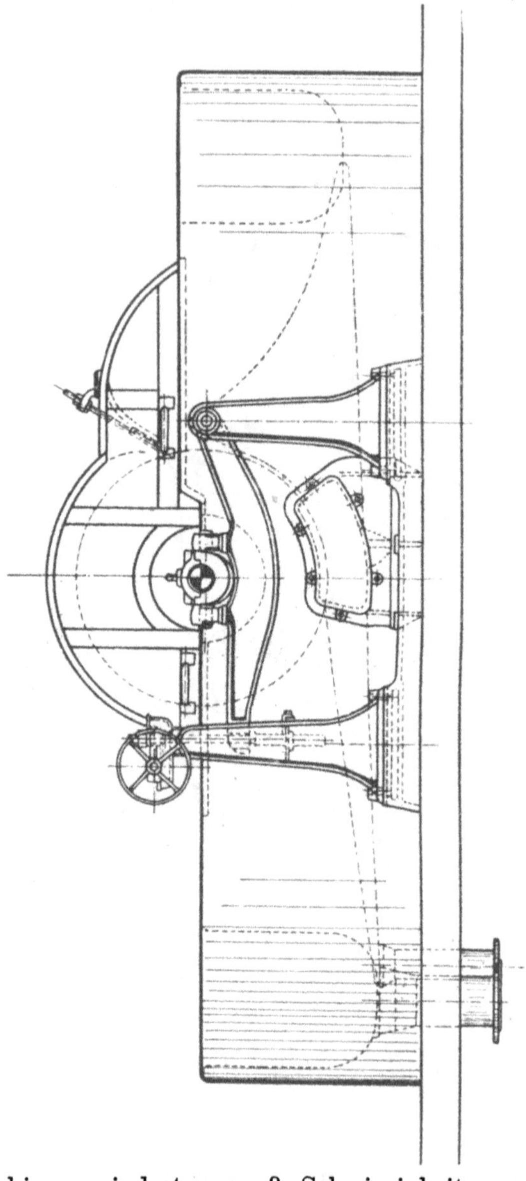

Abb. 138. Seitenansicht eines Holländers der Firma Banning u. Seybold, Düren.

Bauweisen hier zumindestens große Schwierigkeiten verursachen, wenn nicht diese Anordnung ganz unmöglich machen würden.

Von dieser Rührbütte kann der Stoff nun ohne weiteres in die darunter aufgestellten Holländer abgezogen werden. Im Untergeschoß befindet sich noch eine weitere Vorratsbütte, von der der Stoff durch dreistiefelige Kolbenpumpen nach den Maschinenbütten gebracht wird. Das Untergeschoß enthält außerdem noch die Transmission für den Antrieb der Holländer.

Die Abbildung zeigt einen Schnitt in der Länge durch die gesamte

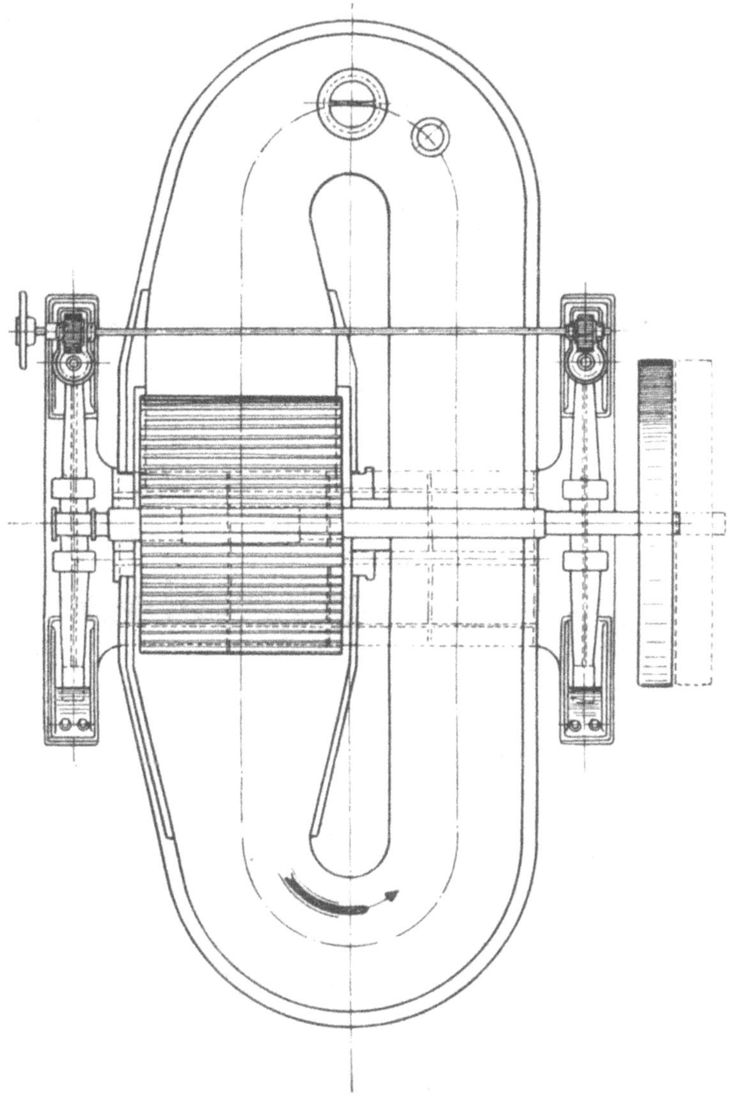

Abb. 139. Grundriß eines Holländers der Firma Banning u. Seybold, Düren.

Anlage, sie stellt also nur die Hälfte dar, denn es sind insgesamt acht Aggregate vorhanden, die je aus einem Kugelkocher, einem Kollergang und einem Holländer bestehen.

Papier- und Pappenmaschinen.

Man findet nun in der Strohpapier- und Strohpappenfabrikation alle Maschinentypen, die in der Papierindustrie sonst verwendet werden. Man kann aber für die einzelnen Typen etwa folgende Grenzen ziehen: Für gelbes und gefärbtes Strohpapier die Selbstabnahme-Maschine, und zwar für die Gewichte von etwa 38 bis 180 gr/qm, für Strohkarton und Strohpappen bis zu 1200 gr/qm kommt dagegen die normale Langsieb- und auch die Rundsiebmaschine zur Verwendung. Die Einzylinderrundsiebmaschine mit Handabnahme, wie sie in der Pappenfabrikation sonst üblich ist, findet kaum Verwendung, wohingegen die Mehrzylinderrundsiebmaschinen mit Naßpressen und ange-

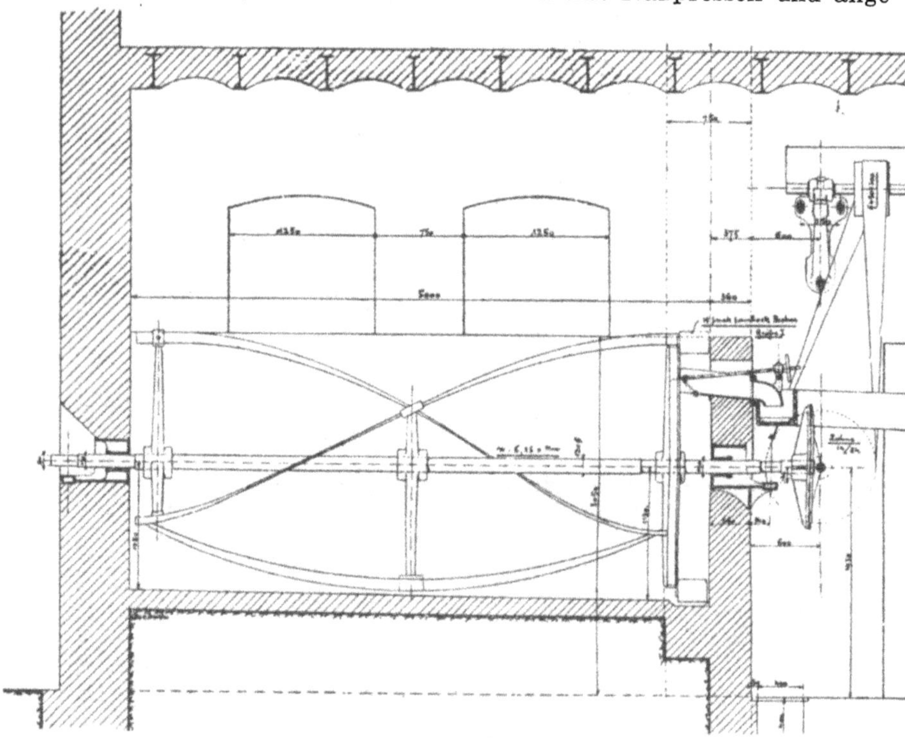

Abb. 140.
Rührbütte, Aufriß.

bauter Trockenpartie sehr häufig anzutreffen ist. Oft versieht man auch die Langsieb- und die Mehrzylinderrundsiebmaschinen mit einer eingebauten Kaschieranlage, wobei die Kaschierung je nach Bedarf ein- und zweiseitig erfolgen kann.

Da die Bauart und die Anordnung dieser Papiermaschinen nun von größter Bedeutung für ein wirtschaftliches Arbeiten und für die Herstellung eines guten Erzeugnisses ist, so soll hier noch näher darauf eingegangen werden.

Von der Aufbereitungsanlage gelangt der Stoff nun nach den Maschinenbütten, die man unter allen Umständen liegend anordnen soll, da diese Art viele Vorteile aufweist. Die liegende Bütte hat nämlich nicht nur den Vorteil einer leichteren Anlage und Reinigung, sondern vor allen Dingen auch den einer besseren Durchmischung, was besonders bei farbigen Erzeugnissen von großem Vorteil ist.

Es ist hier ohne Interesse, auf die Bauart und die Nachteile der stehenden Bütten näher einzugehen, da man diese gar nicht mehr baut, und da, wo sie noch vorhanden sind, durch solche liegender Bauart ersetzen sollte.

Bei der Anlage der liegenden Bütten ist es nun von Bedeutung,

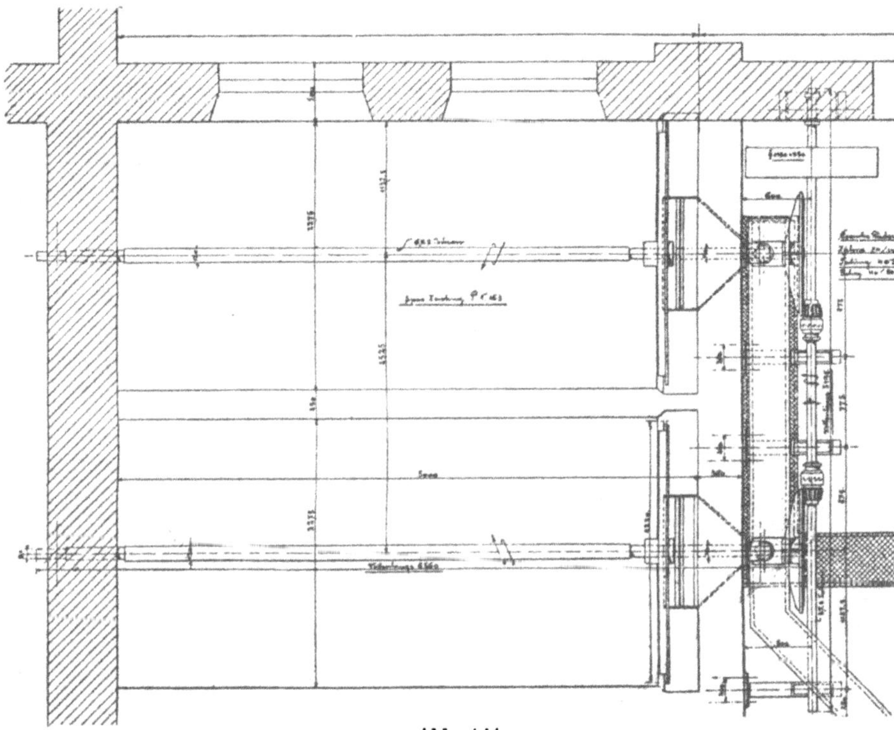

Abb. 141.
Rührbütte, Grundriß.

daß sie so gebaut sind, daß der Stoff nirgends Gelegenheit findet, sich festzusetzen. Scharfe Ecken, vorspringende Kanten oder tote Punkte, an denen das Rührwerk nicht wirken kann, sind daher zu vermeiden und lassen sich auch leicht umgehen. Von größter Bedeutung ist dabei auch das Rührwerk, das so beschaffen und angetrieben sein muß, daß ein stoßartiger, schlagender Gang der Rührerflügel ausgeschlossen ist, diese müssen vielmehr so angelegt und angetrieben werden, daß sie den Stoff gewissermaßen in sich hineinziehen. Die Rührerarme sollen auf der Welle hintereinander versetzt angeordnet werden, wie es sich aus der Abbildung 140—141 und dem Plan 1 zeigt. An ihrem äußersten Ende werden sie dann wie ersichtlich durch schraubenartig gebogene Flacheisen oder auch durch Bretter aus astfreiem Kiefern- oder Lärchenholz verbunden. Durch die schraubenartige Wirkung dieser Rührer wird der Stoff nicht nur vorzüglich gemischt, sondern auch nach der Vorderwand zu bewegt. Ein Absetzen von Stoffteilen ist auf diese Weise ganz unmöglich. Die Rührer müssen bis an den Büttenumfang auf 3 bis 4 cm herangehen und kräftig genug gehalten sein, daß ein Zittern nicht eintreten kann.

Die Rührerwelle soll möglichst mit Kupfer überzogen werden, damit ein Rosten ausgeschlossen ist, man kann auch die Bütten mit Porzellanplättchen oder Glasfließen auslegen, wenn man Wert auf größte Reinheit legt. Bei Strohpappen und -papieren kann man das aber sehr gut unterlassen, da es hier nur einen überflüssigen Luxus bedeuten würde, der keinerlei Vorteil bringt, wie bei Feinpapieren. Sind die Bütten sehr lang, dann muß man die Welle in der Mitte noch einmal unterstützen, um Durchbiegungen zu verhüten. Da aber dieses mittlere Stützlager immer Anlaß zu Ärger gibt, so soll man es durch geeignete Anlage der Bütten zu vermeiden suchen. An Stelle der früher üblichen Abstützung der Rührerwelle an beiden Enden der Bütten durch die Stopfbüchsen ist die heute allgemein übliche Art, bei der man die Stopfbüchsen vollkommen entlastet und das Gewicht der Welle durch zwei auf Konsolen angeordnete Ringschmierlager aufnimmt, entschieden vorzuziehen. Abb. 140—141. Man erzielt auf diese Weise ein vollkommenes Dichthalten der Stopfbüchsen, da sie ja nur der Abdichtung dienen und keinerlei Lagerdrücke aufzunehmen haben: Das hat nicht nur einen günstigen Einfluß auf den Kraftverbrauch der Bütten, sondern auch auf den erforderlichen ruhigen Gang. Bei der alten Anordnung, bei der die Stopfbüchsen gleichzeitig die Welle tragen mußten, mußte man die Brille sehr scharf anziehen, um eine vollkommene Dichtung zu erzielen.

Man muß aber bei der Anlage solcher Bütten auch in Betracht ziehen, daß sich ein Herausnehmen der Rührerwelle einmal erforderlich machen kann, infolgedessen ist es nötig, daß dazu auch Raum genug ist. Der Antrieb ist ja nun im allgemeinen von den örtlichen Verhältnissen abhängig, aber immerhin sollte man bestrebt sein, ihn so einfach und zuverlässig wie nur möglich zu machen. Am besten wird das durch den einfachen Stirnräderantrieb erreicht, den man heute auch fast überall findet und der auch aus dem Plan ersichtlich ist. In einigen Fällen kann auch der Antrieb durch konische Räder vorteilhaft sein, wie er in der Abbildung 140 gezeigt ist. Bei allen Antriebsarten muß man aber darauf halten, daß man die Rührerwelle durch eine zuverlässige Vorrichtung stillstellen kann, die so eingerichtet sein muß, daß ein Selbsteinrücken ganz ausgeschlossen ist. Die Umdrehungszahl der Rührerwelle liegt im allgemeinen zwischen 3 und 8 in der Minute, schneller sollte man sie nicht laufen lassen, es ist das bei Strohstoff auch gar nicht erforderlich, da bei diesen Umdrehungszahlen eine genügende Durchmischung erreicht und ein Absetzen der Stoffteile mit Sicherheit vermieden wird. Auch die Größe der Bütten läßt sich nicht allgemein angeben, da sie einmal von der Leistung der Papiermaschine abhängig ist, das anderemal von der Forderung, genügend Stoff auf Vorrat halten zu können, damit die Maschine nicht wegen Stoffmangels abgestellt werden muß. Die Bütten sollen daher mindestens zwei Holländerleeren fassen, vorteilhaft wird man auch wie jetzt allgemein üblich mindestens zwei Bütten anlegen. Man hat dadurch den Vorteil, daß man aus der einen Bütte arbeiten kann, während man in die andere leert. Auf diese Weise lassen sich auch Farb- und Gewichtsschwankungen am besten verhüten.

Die Entnahme des Stoffes aus diesen Bütten erfolgt heute meistens durch Schöpfbecher, System Steinbock, die so beschaffen sind, daß sie ein vollkommenes Ausarbeiten des Bütteninhaltes gestatten und stets die gleiche Menge Stoff fassen, ob die Bütte voll oder fast leer ist. Nur bei Maschinen mit sehr großen Leistungen muß man sich der Stoffpumpen bedienen, da dann die Schöpfbecher nicht mehr imstande sind, die erforderliche Menge an Stoff zu schaffen.

Ein Sandfang vor den Maschinen wird sich meist erübrigen, da bei richtig vorbereitetem Stoff ja solche Verunreinigungen, die man auf diese Weise ausscheiden muß, nicht mehr vorhanden sein werden. Wo man ihn aber dennoch aus Sicherheitsgründen anbringen will, muß man ihn so anordnen, daß er auch seinen Zweck wirklich erfüllt und daß seine Reinigung leicht und bequem möglich ist. Zu diesem Zwecke wird man ihn am besten kippbar aufstellen, wie das in der Abbildungen 142—143 gezeigt ist, und wie man auch aus dem Plan 1 ersehen kann. An dieser Stelle kann man auch einen Magneten anbringen, der im Stoff enthaltene Eisenteile, die z. B. von der Drahtbindung des Strohs herrühren, ausscheidet.

Für die Knotenfänger kann man nun alle bekannten und bewährten Systeme wählen, wobei man Wert auf größtmögliche Einfachheit zu legen hat und auf leichte Reinigung. Hier näher auf diese Maschinen einzugehen, muß unterbleiben, da der Raum dazu zu beschränkt ist. Wenn man die in Frage kommenden Knotenfängersysteme auf ihre besondere Eignung für diesen Zweck an dieser Stelle prüfen wollte, dann könnte man ein ganzes Buch damit füllen. Jedenfalls können sowohl Plan- als auch Drehknotenfänger in Frage kommen, wenn sie nur den Anforderungen sonst entsprechen.

Es soll nun an Hand von Zeichnungen näher auf die hauptsächlichsten Maschinentypen eingegangen werden, die sich in der Praxis besonders für diesen Zweck bewähren.

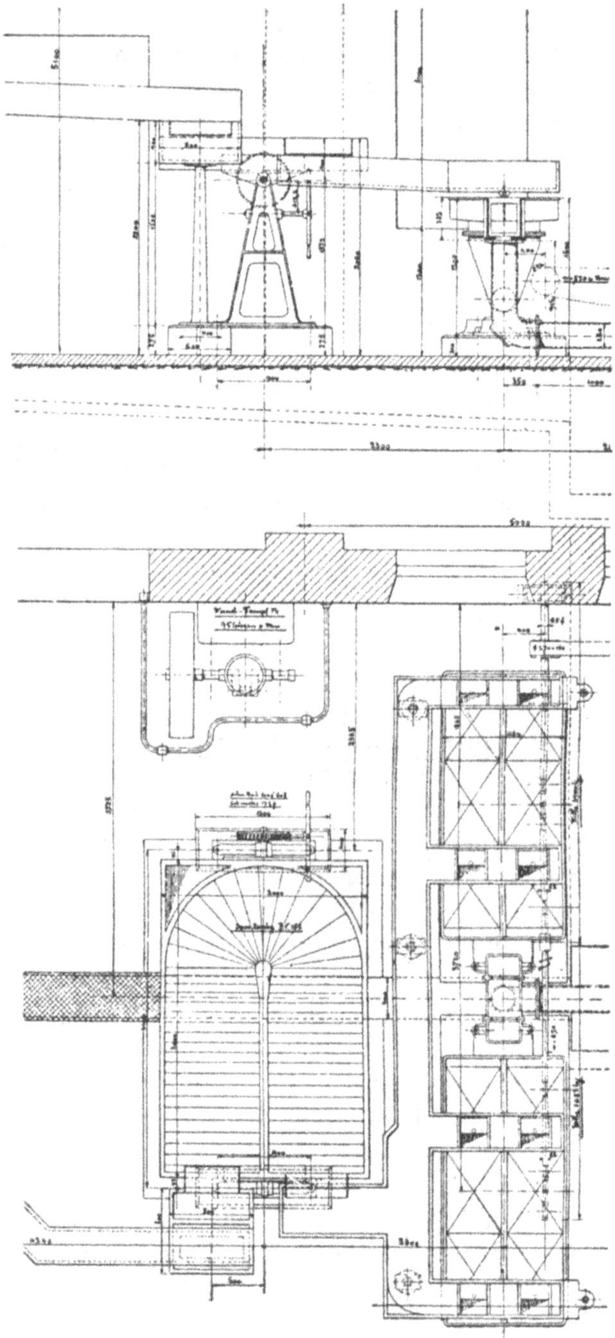

Abb. 142 und 143.
Kippbarer Sandfang.

Die Tafel 2 zeigt eine Selbstabnahmemaschine für dünne Strohpapiere, die von der Maschinenfabrik Aktiengesellschaft vorm. Wagner & Co. in gleicher und ähnlicher Ausführung für verschiedene Strohpapierfabriken geliefert wurde.

Zunächst sind die beiden Bütten ersichtlich, die den weiter vorn dargelegten Grundsätzen entsprechen. Ihr Antrieb erfolgt von der unveränderlichen Transmission aus durch Riemen und Stirnradvorgelege. Die Entnahme des Stoffes erfolgt durch Schöpfbecher. Der Stoff fließt über eine Rinne und einen kippbaren Sandfang nach einem Drehknotenfänger und von hier durch einen syphonartigen Auflaufkasten auf das Sieb. Die Arbeitsbreite beträgt beschnitten 2000 mm. Das Sieb hat eine Länge von 14 500 mm. Die Siebpartie besteht aus einer Brustwalze von 320 mm, 24 Registerwalzen von je 80 mm Durchmesser und 5 Siebleit- und Spannwalzen von 160 bis 180 mm Durchmesser. Die Brustwalze ist aus Patentrohr hergestellt und hat einen 2.5 mm starken Kupferüberzug, die Registerwalzen hingegen bestehen aus gezogenem Messingrohr, die Siebleit- und Spannwalzen aus Patentrohr mit einem 1.5 mm starken Kupferüberzug. Alle Walzen erhalten Messingseitenscheiben und Gußböden mit Stahlzapfen. Die Registerwalzenlager bestehen aus Metall, sind drehbar und in der Höhe einstellbar. Sie werden ganz geschlossen und mit Stahlkugelringen ausgerüstet, sie erhalten Fettschmierung.

Die Lagerung der Brustwalze, der Siebleit- und Spannwalzen bestehen aus Gußeisen mit Sellerbuchsen mit Messingbuchsen. Das Einlaufgerinne aus Gußeisen verbindet die Regulierlineale starr miteinander, es ist sauber gehobelt und für die Siebledérbefestigung eingerichtet, außerdem befinden sich an ihr der Angriff für die zum Schüttler führende Schüttelstange.

Der Brustwalzenständer besteht aus Gußeisen und ist in Kugeln gelagert, er besitzt Wasserschutzglocken aus Messing und ist für horizontale Schüttlung eingerichtet. Brustwalzenständer, Linealstützen und Siebspannung sind in der Höhe verstellbar, so daß die Siebneigung während des Stillstandes geändert werden kann. Die Linealstützen bestehen aus Schmiedeeisen mit Messingbezug und sind in Kugeln gelagert, sie haben ebenfalls Wasserschutzglocken aus Messing. Zwei dieser Stützen werden aus Rotguß mit Gewinde für die Siebspannung hergestellt und besitzen zu diesem Zwecke ein Handrad aus Gußeisen. Die Siebwasserablaufrinnen und Bleche bestehen aus verzinktem Eisenblech und sind auf gußeisernen Stützen gelagert, so daß man sie beim Siebwechsel leicht abnehmen kann. Außerdem sind noch zwei Spritzrohre mit Schlauchverschraubung vorgesehen. Die Brustwalze und die erste Siebleitwalze nach der Gautsche sind mit Schabern versehen.

Der Formatwagen hat Seitenwände aus Messing und ist zur parallelen Formatstellung während des Ganges der Maschine eingerichtet. Er besitzt vier große Deckelriemenrollen aus Metall von je 400 mm Durchmesser, drei verstellbare Schaumlatten aus Messing mit Messingverstellschrauben an den Seiten und einen Halter mit Schraube in der Mitte, zwei Deckelriementrommeln von ebenfalls je 400 mm Durchmesser aus Messing, die auf einer mit Messing überzogenen Welle befestigt sind, außerdem eine vollständige Spannvorrichtung für den Deckelriemen aus Gußeisen mit Metallspindeln und Handrad, die an der Saugerstuhlung befestigt sind und zwei Deckelriemenspritzen aus Metall mit den erforderlichen Schlauchanschlüssen. Der ganze Formatwagen ruht auf kräftigen Messingarmen, die von schmiedeeisernen Haltern getragen werden.

Die Saugerpartie besteht aus drei Flachsaugern aus Gußeisen mit Holzbelag, Abfallrohr und Regulierhahn. Die Formatschieber in den Saugern bestehen aus Rotguß und haben Stellspindeln aus Messing. Die Sauger ruhen auf kräftigen Stuhlungen aus Gußeisen mit Winkeleisen zum bequemen Einschieben und Herausziehen der Sauger beim Siebwechsel und sind durch Bronzespindeln einstellbar. Außerdem sind zwei Säumerspritzen mit den erforderlichen Schlauchanschlüssen vorgesehen.

Entlang der ganzen Saugerpartie läuft eine Wasserleitung, die alle erforderlichen Anschlüsse mit Hähnen aus Messing für die Spritzrohre, die Saugerhähne, Wasserschläuche usw. besitzt.

Die Gautschpresse besteht aus einer unteren Walze von 400 mm Durchmesser und einer oberen von 500 mm Durchmesser, die beide aus Gußeisen bestehen und einen 3 mm starken Kupferüberzug haben. Beide Walzenwellen haben Stahlzapfen. Die Stuhlung ist so eingerichtet, daß der Siebwechsel glatt vorgenommen werden kann. Die unteren Lager bestehen aus Gußeisen mit Weißmetallschalen und sind für Fettschmierung eingerichtet. Sie sind so angeordnet, daß man sie beim Siebwechsel leicht entfernen kann. Die Hebellagerung für die obere Walze ist verstellbar und besitzt Parallelhandhabung mit Hebelbelastung und Entlastung durch Doppelhebel und Gewichte.

Für den unteren Filz ist eine Filzwäsche mit Walzen von 300 mm Durchmesser vorgesehen, die aus Gußeisen bestehen und Stahlzapfen besitzen. Die untere Walze erhält einen 12 mm starken Kupferüberzug. Die Stuhlung dieser Filzwäsche hat Lagerung mit Sellerbuchsen mit Metallbuchsen für Fettschmierung. Weiter besitzt die Filzwäsche noch eine Hebelbelastung, eine Aufhebevorrichtung und zwei Spritzrohre aus Messing mit den erforderlichen Schlauchanschlüssen.

Der Trockenzylinder mit der Abnahmepresse hat einen Durchmesser von 3000 mm und besteht aus porenfreiem Spezialguß. Die Bahn ist sauber geschliffen und poliert. Die Zylinder sind auf einen Druck von 5 Atm. geprüft und erhalten seitlich Wärmeschutzdeckel und innen Kondensationswasserschöpfer. Als besonderes Zubehör ist zu nennen: eine vollständige Heizgarnitur mit Dampfeinlaßventil und Kondensationswasseraustrittsstutzen, Manometer, Sicherheitsventil und Kondenstopf.

Die Abnahmewalze besteht aus Gußeisen mit Stahlzapfen und hat 600 mm Durchmesser, sie ist mit einem 15 mm starken Gummiüberzug versehen. Die Tragwalze hat 420 mm Durchmesser und besteht ebenfalls aus Gußeisen mit Stahlzapfen. Beide Walzen sind gut zusammengepaßt und ausbalanziert.

Die Zylinderschiebelager bestehen aus Gußeisen mit Metallschalen und sind für Fettschmierung eingerichtet. Die Parallelstellung und Aufhelfung erfolgt durch Handrad mit Spindeln und konischen Zahnrädern. Die Abnahmewalze hat ebenfalls Gußeisenlager mit Bronzeschalen und ist für Fettschmierung eingerichtet. Die Lager der Tragwalzen bestehen aus Gußeisen mit Bronzeschalen und sind in Hebeln gelagert, die Anpressung erfolgt durch Doppelhebel mit Gewichten. Zylinder-, Abnahme- und Tragwalze sind in einer kräftigen Stuhlung von A-Form gelagert. Der Zylinder besitzt zwei Schaber mit verstellbaren Lagern und Bronzeblatt, sowie automatischer Hin- und Herbewegung, und zwar den einen für die Papierabnahme und den anderen für die Blankerhaltung des Zylinders.

Die Papierleitwalze hat 120 mm Durchmesser und besteht aus gezogenem Messingrohr mit eingesetzten Gußböden und Stahlzapfen, die in federnden Kugellagern laufen. Die Filzführung für den unteren Naßfilz und den Abnahmefilz besteht aus 12 Filzleitwalzen aus patentgeschweißtem Stahlrohr von 150 bis 230 mm Durchmesser und starkem Kupferüberzug, zwei Spannwalzen und zwei Regulierwalzen. Die Walzenzapfen aus Stahl laufen in Sellerbuchsen, die mit Metall ausgebuchst sind, und sind für Fettschmierung eingerichtet. Für den Oberfilz sind besonders kräftige Filzleitwalzen erforderlich, die auch sehr starke Zapfen haben müssen.

Um nun auch maschinenglatte Strohpapiere hertellen zu können, macht sich noch ein Nachtrockner erforderlich, der 1800 mm Durchmesser hat. Dieser Nachtrockner erhält außerdem noch einen Filztrockner von 600 mm Durchmesser. Beide sind hochpoliert und auf 5 Atm. Druck geprüft. Sie besitzen an den Stirnenden Wärmeschutzdeckel und außerdem angegossene Kondensationswasserschöpfer. Der Nachtrockner besitzt außerdem noch eine vollständige Filzführung mit den nötigen schmiedeeisernen Leitwalzen, langer Spannung und Regelung. Die Leitwalzen bestehen aus Gußeisen und laufen mit ihren Stahlzapfen in gußeisernen Sellerlagern mit Metallbüchsen, die

Schmierung erfolgt mit Fett. Die Nachtrockner haben auch eine vollständige Rundstuhlung und Zylinderlager, aus Gußeisen mit Metallschalen. Der Trockenzylinder besitzt noch einen Schaber zum Blankhalten.

Nun folgt ein Längsschneider mit vier Paar Tellermessern, Ausrückvorrichtung und Längsverschiebung der Messer zum Einstellen derselben entsprechend dem Papierlauf. Der Längsschneider besitzt eine Stuhlung mit gehobelter Prismaführung und Quertraversen mit Sellerlagern, die mit Metall ausgebuchst sind, in denen zwei Papierleitwalzen laufen. Der Rollapparat hat vier Rollstangen aus Stahl von 40 mm im Quadrat, deren jede durch eine Friktionskupplung für sich angetrieben wird. Das Anpressen erfolgt durch stillstehende Handräder mit Kugeldruckringen. Der Rollapparat besitzt eine kräftige Stuhlung mit allen erforderlichen Lagerungen und Stirnradantrieb.

Die ganze Maschine steht von der Brustwalze bis zum Rollapparat auf Fundamentschienen aus Gußeisen, die sauber gehobelt sind. Die Schüttlung des Siebes erfolgt durch einen Schüttelapparat mit Konusantrieb und Verstellung der Umlaufszahl und einem Schwungrad mit Kurbelzapfen zur Veränderung des Schüttelhubes. Das Antriebsvorgelege dazu besteht aus konischen Rädern mit Ringschmierlagerung und Antriebsscheibe.

Der Antrieb der ganzen Maschine besteht aus einer Transmission für den unveränderlichen Teil und einer Transmission für den veränderlichen Teil. Der unveränderliche Teil ist als Deckentransmission ausgebildet und besteht aus einer Welle mit Kupplung, Konsollagern und Ringschmierung, Antriebscheiben für Rührbütten, Schüttelwerk, Knotenfang, Pumpe usw. Die Siebwasserpumpe ist für 1000 Liter minutliche Leistung berechnet und hat eine Drosselklappe zur Regulierung der Fördermenge. Das Pumpengehäuse besteht aus Gußeisen und hat ein Flügelrad aus Bronze. Die Lagerungen besitzen Ringschmierung.

Der unveränderliche Antrieb erfolgt durch einen Elektromotor, ebenso der veränderliche Antrieb. Die Anordnung ist aus dem Plan ersichtlich. Die Umdrehungszahl der Hauptwelle beträgt bei einer Papiergeschwindigkeit von 19 bis 95 Meter 10 bis 50 in der Minute.

In der Tafel 3 ist eine Langsiebpapiermaschine von 3200 mm Arbeitsbreite für Strohpapiere gezeigt, die eine Tagesleistung von 35 000 kg hat. Auch diese Maschine, die von der Maschinenfabrik Aktiengesellschaft vorm. Wagner & Co. gebaut ist, läuft in verschiedenen Ausführungen in deutschen Strohpapierfabriken.

Die Brustwalze hat einen Durchmesser von 500 mm, ihre Ausführung erfolgt sonst in gleicher Weise wie bei der vorbeschriebenen Selbstabnahmemaschine der gleichen Firma. Die Länge des Siebes beträgt 19 000 mm. Es sind 19 Stück Registerwalzen von je 120 mm Durchmesser vorhanden, die gleichwie die Siebleit- und Spannwalzen in gleicher Weise wie bei der beschriebenen Selbstabnahmemaschine ausgeführt sind. Auch die Bauart der Siebstuhlung usw. entspricht ganz dieser Maschine. Die Bahnlänge der Walzen beträgt 3700 mm, die Länge der Deckelriemen von 40×40 mm im Quadrat ist 12 000 mm. Format- und Deckriemenwagen sind ebenfalls nach den Grundsätzen der Selbstabnahmemaschine ausgeführt. Es folgen dann vier Flachsauger und eine Gautsche, deren untere Walze einen Durchmesser von 600 mm hat, während die obere 1000 mm mißt. Beide Walzen bestehen aus Gußeisen und haben einen starken Kupferüberzug. Die Stuhlung ist leicht zugänglich, so daß der Siebwechsel rasch vonstatten gehen kann. Die unteren Lager aus Gußeisen haben Weißmetallschalen und sind zum Zwecke des Siebwechsels leicht zu entfernen, die Schmierung erfolgt mit Fett. Die obere Walze hat verstellbare Hebellagerung mit Parallelhandhabung, Hebelbelastung und Entlastung durch Doppelhebel mit Gewichten.

Die erste Naßpresse ist mit Unter- und Oberfilz ausgerüstet; ersterer hat eine Länge von 13 000 mm, letzterer von 9000 mm. Beide Filze haben je eine Filzwäsche. Die untere, mit Gummi bezogene Preßwalze hat einen Durchmesser von 600 mm, die obere einen solchen von 650 mm. Die Stuhlung der Presse ist leicht zugänglich und ermöglicht einen leichten Filzwechsel. Die Lagerung der unteren Walze entspricht der der Gautschwalze, die obere Walze ist wie die obere Gautschwalze gelagert. Die zweite Naßpresse ist in genau der gleichen Weise gebaut, sie hat einen Filz von 13 000 mm Länge, besitzt aber keinen Oberfilz und auch keine Filzwäsche. Genau so ist die dritte Naßpresse gebaut, die aber als Wende- oder Steigfilzpresse ausgeführt ist. Ihre Filzlänge entspricht der der beiden anderen Pressen.

An diese Naßpartie schließt sich die Trockenpartie an, die zunächst aus einem Vortrockner von 800 mm Durchmesser besteht. Die Bahnlänge der Trockenzylinder beträgt 3500 mm. Die Trockenzylinder sind in zwei Reihen übereinander angeordnet, und zwar in der folgenden Weise: Die vier unteren Zylinder von je 1500 mm Durchmesser liegen in zwei Trockenfilzen von je 22 000 mm Länge, die durch je einen ebenfalls unten liegenden Filztrockner von 1250 mm Durchmesser getrocknet werden. Die vier oberen Trockenzylinder von ebenfalls je 1500 mm Durchmesser sind in zwei Gruppen geteilt, und zwar enthält jede Gruppe zwei Zylinder und einen Filztrockner von 1000 mm Durchmesser; beide Gruppen liegen in je einem Trockenfilz von 17 200 mm Länge.

Nun folgt ein großer Zylinder von 3200 mm Durchmesser. Der große Zylinder derselben entspricht in seiner Bauart dem der Selbst-

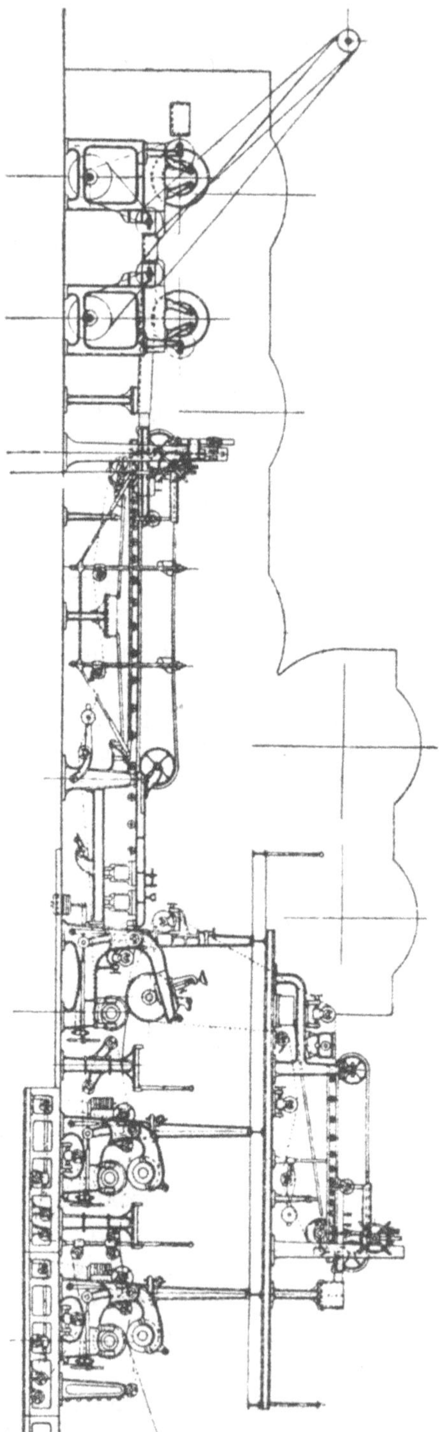

Abb. 144.
Duplexeinrichtung für Langsiebpappenmaschinen.

abnahmemaschine. Er besitzt eine A-förmige schwere Stuhlung und läuft in einem Filz von 22 600 mm Länge, der durch einen Filztrockner von 1500 mm Durchmesser getrocknet wird. Die deutsche Presse besteht aus einer Tragwalze von 600 mm Durchmesser und einer Abpreßwalze von 500 mm Durchmesser. Die Walzen werden durch Hebel- und Gewichtsbelastung angepreßt, zum Schutze der Wickelwalze ist ein Schonfilz von 9600 mm Länge vorgesehen. Der Zylinder erhält außerdem drei Schaber.

Nun folgt noch ein Nachtrockner von 2500 mm Durchmesser, der mit einem Filztrockner von 1000 mm Durchmesser in einem Filz von 15 000 mm Länge liegt. Ein dreiwalziges Glättwerk, ein Längsschneider und ein Rollapparat, der für vier Rollstangen oder zwei Tamboure eingerichtet ist, vervollkommnet die Maschine.

Man kann nun diese Langsiebmaschinen auch für Duplexpapiere u. -kartons verwendbar machen, wenn man ein zweites Sieb anlegt, wie das aus der Abb. 144 ersichtlich ist. Man kann dann auf diesem zweiten Sieb bessere Deckenpapiere herstellen und mit der Unterlage aus Strohpappe unter der gemeinsamen Gautschpresse zu einer Bahn vergautschen, um gedeckte Papiere und Kartons herzustellen.

Die Tafel 4 zeigt nun eine Rundsiebkartonmaschine von 2100 mm Arbeitsbreite, die in der Lage ist, täglich 30 000 kg Strohpappen und -kartons, gedeckt oder ungedeckt und auch kaschiert, herzustellen. Diese Maschine ist eine Bauart des Füllnerwerkes in Warmbrunn. Die Maschine besitzt 6 Rundsiebzylinder von je 1250 mm Durchmesser, von denen die ersten fünf in einem Obertuch von 58 500 mm Länge liegen. Der sechste Zylinder, dessen Laufrichtung der der übrigen entgegengesetzt ist, liegt in dem Untertuch von 28 800 mm Länge. Die Abnahmewalzen der einzelnen Zylinder sind in Schwinghebeln mit Gewichtsbelastung und Entlastung durch Spindel mit Handrad gelagert. Ober- wie auch Untertuch haben je eine Filzwäsche, die des Obertuches ist vor dem ersten Siebzylinder angeordnet, so daß der Filz jeweils frisch gewaschen auf die Siebe kommt, die des Untertuches liegt unter den Vorpressen, also auch dieser Filz kommt frisch gewaschen auf den Zylinder.

Die beiden Filze mitsamt der dazwischen liegenden Stoffbahn gelangen nun auf eine Saugwalze, welche die Entwässerung sehr begünstigt, mitunter bringt man auch zwei solcher Saugwalzen an, um die die Filze mit der Stoffbahn dann in S-Form geführt werden, so daß die Saugung auf Ober- und Unterseite wirkt. Nun passieren die beiden Filze mit der Stoffbahn 10 Stück Vorpressen, deren obere Walzen in Schwinghebeln mit Hebel- und Gewichtsbelastung und Spindelpressen gelagert sind, in denen eine weitere Entwässerung stattfindet, ehe die Filze mit der Stoffbahn nach der Gautschpresse kommen. Diese Gautschpresse besteht aus einer unteren Walze, die mit ihrem reichlich dimensionierten Lager auf einem freistehenden Ständer ruht, so daß sie beim Filzwechsel nicht hindert. Die obere Gautschwalze ist in einem verschiebbaren Lager ebenfalls in Schwingkabeln gelagert, die Gewichts- und Hebelbelastung und Entlastung durch Spindeln mit Handrad haben. Infolge dieser verschiebbaren Lagerung ist der Vorgautschwinkel leicht zu verstellen und den Erfordernissen anzupassen. Auf die Führung, Spannung und Regulierung der beiden sehr langen Filze ist natürlich größter Wert gelegt; vor allen Dingen sind sehr lange Spannwege vorgesehen, wie sie eben bei solchen langen Filzen erforderlich sind.

Die hinter der Gautsche folgende Preßpartie besteht aus drei Naßpressen, die alle drei in ihrem Aufbau vollkommen gleich sind. Die unteren Walzen haben 400 mm Durchmesser, die oberen 600 mm. Diese sind auch in Schwinghebeln mit Gewichts- und Hebelbelastung und Parallelentlastung durch Spindel und Handrad gelagert. Die erste Naßpresse besitzt einen Unter- und einen Oberfilz von je

9000 mm Länge, der letztere ist mit einer Filzwäsche versehen, beim letzteren fehlt sie. Die Länge des zweiten Naßfilzes beträgt ebenfalls 9000 mm, die des dritten Naßfilzes, der als Wendefilz ausgebildet ist, dagegen 10 000 mm. Der Gesamtaufbau der ganzen Naßpartie ist aus dem Plan ersichtlich.

Nun folgt die sehr große Trockenpartie, die aus 24 Trockenzylindern von je 1500 mm Durchmesser und 2350 mm Bahnbreite besteht. Vor dem ersten Trockenzylinder ist ein Vortrockner angeordnet, der einen Durchmesser von 600 mm hat. Alle Zylinder liegen in zwei Reihen übereinander, und zwar so, daß je ein oberer Zylinder über dem Zwischenraum je zweier unterer liegt. Das Entweichen des Brüdens ist also leicht möglich. Die Trockenzylinder laufen alle ohne Filz, die Anpressung der Pappenbahn an die Heizflächen erfolgt, wo erforderlich, durch in Hebeln gelagerte und mit Gewichtsanpressung versehene Anpreßwalzen. Auf diese Weise ist die Trockenpartie sehr übersichtlich, da zahlreiche Filzleit-, Spann- und Regulierwalzen und Papierleitwalzen fehlen.

Hinter der Trockenpartie sind zwei Glättwerke angeordnet, die je 6 Walzen haben. Nun folgt eine Kaschiervorrichtung, die von Rollen arbeitet und ein einseitiges Bekleben der Stoffbahn mit besseren oder farbigen Deckenpapieren ermöglicht. Hinter dieser Kaschiervorrichtung folgt wieder eine Zylindergruppe von zwei Trockenzylindern von je 1500 mm Durchmesser, die ebenfalls ohne Filz laufen und die frisch beklebte Bahn trocknen. Nun folgen noch ein kleineres Glättwerk und ein Längsschneider. Je nach der Stärke des Erzeugnisses kann es nun auf einem Querschneider in Bogen geschnitten oder auf einem Rollapparat zu Rollen aufgewickelt werden.

3. Kleben und Kaschieren der Strohpappe.

Oft und namentlich da, wo es sich um die Anfertigung kleinerer Posten von kaschierten Pappen handelt, wird man das Bekleben nicht in der Pappenmaschine vornehmen, sondern auf besonderen Rollenklebemaschinen oder, wo es sich um stärkere Sorten handelt, die auf der Maschine in Formate geschnitten werden, auf Bogenklebemaschinen. In beiden Fällen wird man das Beklebe- oder Deckenpapier allerdings einer Rolle entnehmen, da diese Einrichtung ein flotteres Arbeiten ermöglicht.

Da das Kaschieren und auch das Kleben der Strohpappen eine große Rolle in dieser Fabrikation spielen, so soll hier näher darauf eingegangen werden. Es sei noch vorausgeschickt, daß Kaschieren oder Bekleben und Kleben der Pappen zweierlei bedeutet. Im ersteren Falle handelt es sich darum, die Pappen mit einer oder zwei Decken zu versehen, im zweiten Falle dagegen stärkere Pappen herzustellen, da man dickere Strohpappen bis zu etwa 10 mm Stärke nicht auf der Pappenmaschine herstellen kann, sondern durch Zusammenkleben verschiedener dünnerer Lagen erzeugen muß.

Es ist nun von größter Bedeutung, daß die Klebefähigkeit der Pappen auch den Anforderungen entspricht, da sonst die Arbeit auf den Klebe- und Kaschiermaschinen nicht reibungslos vor sich gehen kann. Es ist eine alte Tatsache, daß durchaus nicht in allen Fällen diese Forderung erfüllt wird. Eine zum Kaschieren und zum Kleben geeignete Pappe darf weder zu saugfähig noch zu glatt sein. Im ersteren Falle, der bei Strohpappen leicht eintreten kann, dringt dann die Feuchtigkeit des Klebestoffes zu schnell in die Poren der Pappe ein, so daß der Klebstoff nicht recht zur Wirkung kommen kann. Ist dagegen die Pappe hart und dicht geschlossen, so kann der Klebstoff auch nicht recht wirken, da er wieder überhaupt nicht in die Pappe einzudringen vermag. Er bildet dann auf der Pappen-Oberfläche eine dünne Haut, die keinerlei Zusammenhang mit dem Pappenkörper hat, so daß man das Deckenpapier mit samt dieser Klebstoffhaut ganz mühelos wieder ablösen kann. Dieser Uebelstand zeigt sich dann beim Biegen der geklebten oder kaschierten Pappe, indem die Decke wieder abplatzt. Eine Pappe, die den Anforderungen an eine gute Klebfähigkeit entspricht, muß nun einen Teil der Feuchtigkeit des Klebstoffes aufsaugen, das darf aber nicht zu schnell vor sich gehen, denn es muß auch gleichzeitig ein gewisser Teil des Klebstoffes mit in den Pappenkörper eindringen und sich innig mit ihm verbinden. Wenn nun das Deckenpapier ebenfalls solche guten Eigenschaften aufweist, dann wird man auch eine Klebung und Kaschierung erzielen können, die selbst bei längerer Einwirkung der Nässe nicht wieder aufgehoben wird.

Man kann nun wohl, wenn die Pappe nicht die erforderlichen Eigenschaften besitzt, etwas nachhelfen, indem man die Dicke des Klebstoffes entsprechend wählt. Man muß also bei zu saugfähiger Pappe dickere Klebstoffe anwenden, bei denen die Feuchtigkeit langsamer in den Pappenkörper eindringt. Wenn auch das nicht hilft, dann muß man die Saugfähigkeit der Pappe künstlich verringern, indem man sie vorher anfeuchtet, was man mit geeigneten Feuchtmaschinen in guter und regelbarer Weise erzielen kann. Die Regelbarkeit ist hierbei von größter Bedeutung, denn man kann auch mit der Feuchtung des Guten zu viel tun. Diese Feuchtung kann man auch mit Vorteil da anwenden, wo die Pappen zu stark geglättet sind und infolgedessen keine genügende Klebefähigkeit aufweisen, denn durch die Feuchtung verschwindet die Glätte.

Die Härte des Stoffes hat auf die Klebefähigkeit keinen benachteiligenden Einfluß, sie fördert diese Eigenschaft im Gegenteil.

Beim Papier ist aber die Härte des Stoffes von größter Bedeutung, wenn es als Überzugspapier dienen soll. Harte Papiere, besonders solche aus reiner Zellulose, dehnen sich sehr stark, wenn sie naß oder auch nur feucht werden, wie das beim Kaschieren der Fall ist. Beim Kaschieren erfolgt nun die Feuchtung des Beklebepapieres nur auf einer Seite, es erfolgt also auch bei solchen Papieren nur ein einseitiges Dehnen des Papieres, das ein Einrollen an den Kanten zur Folge hat; diese Erscheinung kann man aber auch bei dünnen Pappen und Kartons bemerken.

Wenn nun gar beide Teile das Bestreben haben, sich nach verschiedenen Seiten zu dehnen, dann kann dieser Umstand sehr hinderlich für die rasche und reibungslose Arbeit werden. Sind die Beklebepapiere nur wenig geleimt, dann macht sich dieser Übelstand nicht so stark bemerkbar, da hier die Nässe rasch in das Papier eindringt und so beide Seiten annähernd gleich stark feuchtet. Bei gut geleimten Deckenpapieren, wie das meist der Fall ist, da man hierzu meist einen hart geleimten Schreibstoff verwendet, wird das Dehnen aber sehr leicht lästig. Die Feuchtung kann nicht durchdringen, und das Papier rollt sich an den Kanten ein. Mit solchen Stoffen kann man dann nur sehr schwer gute und faltenlose Kaschierungen erreichen. Das macht sich besonders bei der Bogenklebung bemerkbar, während es bei der Rollenklebung wieder nicht so stark in Erscheinung tritt, da das Kaschieren sehr schnell vor sich geht und das Papier, das durch die Walzen gehalten wird, nicht einrollen kann, zumal es auch unter einem gewissen Zug oder einer Spannung steht. Bei der Rollenklebung werden die zusammengeklebten Bahnen auch sofort wieder durch Trockenzylinder getrocknet, es wird ihnen also die Nässe sehr schnell wieder entzogen, so daß die erwähnten Nachteile wirksam verhindert werden können.

Außer den Pappen und Deckenpapieren ist bei dem Kleben und Kaschieren auch der Kleister oder der Klebstoff noch von großer Bedeutung, da von seiner Eignung und Beschaffenheit der Erfolg zu einem großen Teile abhängt. Die verschiedenen Arten von Kleister und Klebstoff haben auf die Rohstoffe zu verschiedene Einflüsse, daß ihre Kenntnis und die Kenntnis ihrer guten und schlechten Eigenschaften von allergrößter Bedeutung für den Strohpappenfabrikanten sein muß.

Eine der lästigsten Erscheinungen, die sich nun hierbei zeigen, bestehen in dem Durchschlagen des Kleisters. Dieser Übelstand kann seine Ursache einmal in ungeeignetem Deckenpapier haben, das andere Mal und das noch mehr in ungeeignetem Kleister. Besonders oft zeigt sich nun dieser Übelstand beim Kaschieren der

Strohpappen, und zwar trotz bester Eigenschaften der Deckenpapiere und des Kleisters. Die Ursache ist vielmehr meistens darin zu suchen, daß die Strohpappe trotz bester Trockeneinrichtungen nur sehr langsam trocknet. Wenn man in der Lage ist, ein schnelles Trocknen zu erzielen, dann schadet das Durchschlagen, sowie es im geringen Maße auftritt, noch nicht einmal viel, um so mehr aber, wenn das Trocknen zu langsam vor sich geht, so daß die Nässe Gelegenheit hat, länger einzuwirken. Es entstehen dann Flecke, die zum Teil ihre Ursache auch mit darin haben, daß in der Strohpappe noch Kalk enthalten ist, der durch die langanhaltende Nässe zur Wirkung kommt und ein Vergilben der Deckenpapiere oder bei farbigen Decken eine Veränderung der Farbe zu Folge hat. Es ergibt sich also daraus, daß das gründliche und vollkommene Auswaschen des Strohstoffes von allergrößter Bedeutung ist, sowie er zu Pappen verwendet wird, die kaschiert werden sollen. Das Auswaschen ist aber auch sonst unbedingt erforderlich, obwohl es mitunter gern nur oberflächlich vorgenommen oder auch ganz unterlassen wird. Ganz abgesehen von den nachteiligen Einwirkungen des Kalkgehaltes solchen Strohstoffes auf die Maschinen, ist es auch gar nicht möglich, die Pappen im Stoff zu färben. Wenn auch bei frisch gefertigter Pappe die Farbe noch steht, so zeigt sich doch meist nach längerem Lagern ein vollständiges Verschwinden der Farbe. Die Pappe ist bekanntlich immer hygroskopisch, und die langsame Einwirkung der Luftfeuchtigkeit genügt schon, um dann den Kalk in der Pappe zur Geltung kommen zu lassen, der schließlich die Farbe direkt auffrißt.

Im allgemeinen aber kann man beim Durchschlagen dem Kleister die Schuld zuschieben, nicht weil dieser etwa schlecht ist, sondern weil er für die zur Anwendung kommenden Deckenpapiere ungeeignet ist. Die Deckenpapiere werden je nach ihrer Stoffzusammensetzung und ihrer etwaigen Färbung von den verschiedenen Kleisterarten sehr verschieden beeinflußt. Farbige Deckenpapiere verlangen erklärlicherweise andere Kleistersorten als weiße, holzhaltige wieder andere als holzfreie usw. Verwendet man starke Deckenpapiere, dann kann mehr Kleister genommen werden, aber unter allen Umständen soll man eben zu verhüten suchen, daß der Kleister so lange einwirken kann, daß das Papier erweicht wird. Der Kleister dringt dann zu sehr in das Papier ein und muß so selbst bei einem schnellen Trocknen Flecke verursachen. Auch die Art der zur Färbung der Papiere auch der oberflächlich gefärbten, verwendeten Farben beeinflußt die Auswahl des Kleisters, denn z. B. wasserlösliche Farben fließen bei zu starker und langanhaltender Einwirkung der Nässe leicht aus.

In allen Fällen wird aber das Durchschlagen des Kleisters nur der Anlaß zur Fleckenbildung sein können, wenn sich vor dem Schluß einer endgültigen Trocknung durch den Leim oder Kleister Zersetzungsprodukte bilden können oder wenn das zu klebende Material von der Feuchtung beeinflußt und verändert wird. Die Zersetzung des Kleisters, besonders auch das Faulen und Sauerwerden, kann man nun ja durch geeignete Vorbeugungsmittel verhüten oder aber doch für längere Zeit verhindern. Die meisten fabrikmäßig hergestellten Kleisterarten haben nun den Vorteil, daß sie einer Zersetzung oder einem Verderben kaum unterliegen, denn sie werden schon von der Fabrik aus mit geeigneten Konservierungsmitteln versetzt. Schwieriger ist das bei der Selbstherstellung des Kleisters, da man in den seltensten Fällen die Erfahrungen und Einrichtungen besitzen wird wie namhafte Kleisterfabriken. Gewisse Mißstände zeigen sich aber auch bei den fertig bezogenen Kleistern und Leimen, die aber durchaus nicht in der Ungeeignetheit oder in der mangelnden Güte zu suchen sind, sondern in anderen Umständen, die sich meist sehr leicht und mit einfachen Mitteln vermeiden oder doch wenigstens einschränken lassen. Hierher muß man auch das lästige Schäumen des Kleisters rechnen, das man in der Hauptsache bei sauer reagierenden Kleistern findet, und zwar besonders dann, wenn die Klebstoffe in Kleisterkästen aus Zinkblech gebracht werden. Die Säure des Kleisters greift dann das Zink an und bildet Gase, welche das Schäumen verursachen. Durch den Zusatz von etwas Glyzerin läßt sich dieser Übelstand wohl mildern, mitunter auch ganz verhüten, eine sichere Abhilfe schafft man aber, wenn man bei solchen sauren Kleistern überhaupt kein Zinkblech verwendet, wozu ja die heutige Technik Mittel genug bietet.

Als Klebstoffe kommen nun beim Kaschieren in erster Linie Erzeugnisse aus Stärkemehlen und beim Kleben von Pappen, also auch bei der Wellpappenfabrikation, Wasserglas und mitunter auch Klebstoffe aus Sulfitlauge in Frage.

Die Stärke, die der Grundstoff der meisten, auch fabrikmäßig hergestellten, Kleisterarten ist, findet sich bei vielen Pflanzen ausgenommen in den niedrigsten, allerdings mitunter nur in so geringen Mengen, daß eine Gewinnung daraus nicht in Frage kommen kann, bei anderen Pflanzen aber wieder in so großen Mengen, daß eine fabrikmäßige Erzeugung stattfindet. Die Stärke findet sich nicht in allen Teilen der Pflanzen gleichmäßig verteilt, sondern sehr unregelmäßig. In der Hauptsache sind es bei der zur Stärkegewinnung in Frage kommenden Pflanzen die Wurzelknolle, das Mark und die Früchte oder der Samen. Oft ist der Gehalt der Zellen an Stärke so groß, daß man nach deren Trocknen einen leicht zerreiblichen, mehlartigen Körper erhält. Die Stärke ist in den Pflanzenteilen sehr leicht nachzuweisen, da man nur einige Tropfen Jodtinktur (metallisches Jod) in Alkohol, die überall käuflich ist, aufzuträufeln braucht. Bei gewöhnlicher Temperatur tritt dann sofort eine blaue bis blauviolette Färbung ein, die bei höherer Temperatur wieder verschwindet.

Die Stärkepflanzen sind nun zum großen Teile auch ausländischen Ursprunges, wie die Maniokwurzel, die Yamswurzel, die Pfeilwurzel (Arowroot), Bataten und Sago. In unseren Gegenden kommen für die Verarbeitung auf Stärke in der Hauptsache folgende Pflanzen zur Anwendung: Roggen, Weizen, Gerste, Reis, Mais und Kartoffeln, weniger verwendet werden Roßkastanien, Eicheln, Hafer, Buchweizen, Linsen, Bohnen usw.

Das Stärkemehl zeigt nun je nach der Pflanze, aus der es gewonnen wurde, verschiedene Eigenschaften, die sich besonders auch in der Größe und Form der Körner bemerkbar machen. Die Unterscheidung der einzelnen Arten ist nur durch das Mikroskop möglich, da eben jede Art ihre ganz besonders kennzeichnende Form der Körner hat. Alle Stärkemehle haben nun einen ziemlich großen Gehalt an Wasser, und zwar bis zu 14 vH. Wenn man die Stärke künstlich trocknet, so nimmt sie aus der Luft rasch Wasser wieder auf, sie ist also sehr hygroskopisch. Die äußeren Schichten der Stärkemehlkörner sind dichter als die inneren, so daß sie der Einwirkung von Chemikalien besser widerstehen.

Die chemische Formel der Stärke ist $C_6H_{10}O_5$, sie besteht also aus Kohlenstoff, Wasserstoff und Sauerstoff und gehört in die Klasse der Kohlehydrate. Sie hat demnach eine gewisse Verwandtschaft zur Cellulose, dem Zucker und dem Gummi, man kann sie auch durch verschiedene chemische Prozesse in Gummi und Zucker überführen. Stärke ist an und für sich ein unlöslicher Körper, man kann sie aber durch verschiedene Mittel im Wasser löslich machen, man hat dann aber nicht mehr Stärke, sondern einen völlig neuen Körper. Wasser, Weingeist, Säuren und Alkalien können die Stärke vollkommen lösen, nur gegen konzentrierte Säuren und Alkalien ist sie nicht mehr ganz indifferent. Wenn man Stärke in konzentrierte Schwefelsäure bringt, so bildet sich eine gelatinöse Masse, die aber nicht mehr Stärke ist, bei Kartoffelstärke zeigt sich dann ein ganz besonders kennzeichnender Geruch.

Wenn man Stärke in Wasser verrührt und die Flüssigkeit dann verdünnt, dann wird die ursprünglich milchigweiße Flüssigkeit dick und opalisierend, durchscheinend. Das Stärkemehl verkleistert dann und erlangt die Beschaffenheit, die als Klebstoff sehr wichtig ist.

Die Verkleisterungstemperatur läßt sich schwer bestimmen und ist bei allen Stärkesorten verschieden, sie liegt im allgemeinen zwischen 50 und 70° C. Der dünne Kleister hat eine sehr große Ähnlichkeit mit einer Lösung. Aus reinem Stärkemehl hergestellt, bleibt er in staubfreier Luft längere Zeit haltbar. Kleister aus gewöhnlichem Stärkemehl, das immer gewisse Verunreinigungen enthält, wird an der Luft rasch sauer, indem sich zunächst Milchsäure und dann Essig- und später Buttersäure bildet. Der Kleister ist nun im eigentlichen Sinne keine Lösung, da eben die Stärke im Wasser unlöslich ist, man könnte seine Bildung etwa in eine Linie mit der Lösung von Dextrin, Gummi, Eiweißstoffen usw. stellen. Vollwertig ist dieser Vergleich aber nicht, denn diese Stoffe stellen immer eine innige Verbindung mit Wasser her, während, wenn man Kleister auf einen porösen Stein schüttet, das Wasser gierig aufgesogen wird, die Stärke aber in Gestalt einer dünnen Haut auf der Oberfläche zurückbleibt; auch beim Frieren des Kleisters friert nur das Wasser, während sich die Stärkekörner ausscheiden.

Wenn man nun das Stärkemehl auf 150° C erhitzt, dann verwandelt es sich in eine schwach gelbliche Masse, das Dextrin, das im Wasser löslich ist. Bei vorheriger Befeuchtung der Stärke mit Salpetersäure geht diese Umwandlung schneller vor sich, und zwar bei einer Temperatur, die nur wenig über dem Siedepunkt des Wassers liegt. Durch die Einwirkung eines in keimender Gerste befindlichen Stoffes, der Diastase, bildet sich ebenfalls Dextrin und Traubenzucker. Bei allen diesen Vorgängen löst sich zuerst der innere, dichtere Teil der Stärkekörper, während die äußeren Hüllschichten in der Lösung schwimmen; bei längerer Einwirkung der Säure oder Diastase lösen sich auch diese vollkommen. Wenn man Stärkekleister mit Alkalien oder Säuren kocht, dann tritt schon nach kurzer Zeit eine teilweise Dextrinbildung ein. Der Kleister, besonders der aus Kartoffelstärke, verliert dann seine Eigenschaften. Durch Übergießen von Stärkemehl mit verdünnter Natronlauge tritt ein ungemein schnelles Aufquellen ein und auch ohne Erwärmung Kleisterbildung, die umso rascher vor sich geht, je weniger Wassergehalt die Stärke hatte. Je nach der Menge des Laugenzusatzes wird die gebildete Masse farblos. Man kann sie in einem Kessel mit Rührwerk längere Zeit tüchtig durcharbeiten und so auf jeden Grad der Konsistenz bringen. Man muß die Masse dann noch mit Schwefelsäure neutralisieren, um alkalische Reaktionen zu verhüten. Auf diese Weise kann man neutrale, schwach alkalische oder saure Massen herstellen.

Zum Verkleistern sind nun bei den verschiedenen Stärkesorten folgende Temperaturen erforderlich:

Tabelle 20.

Kartoffelstärke	65	Grad C.
Weizenstärke	80	„ „
Haferstärke	85	„ „
Reisstärke	80	„ „
Maisstärke	75	„ „
Roggenstärke	80	„ „

In der Praxis nimmt man jedoch auf diese Temperaturen wenig Rücksicht und kocht die Stärke einfach.

Die Pflanzenleime sind nun meist aufgeschlossene Stärken, also mit Alkalien behandelte und neutralisierte. Das Erzeugnis kommt sowohl in flüssiger als auch in pulverförmiger Beschaffenheit auf den Markt und eignet sich besonders auch zum Kleben schwer klebender Papiere. Die aufgeschlossene Stärke ist dadurch gekennzeichnet, daß ihre Lösung bei gleicher Wassermenge viel dünnflüssiger ist als die Rohstärke, die Lösung ist auch nicht kleisterartig, sondern gummiartig. Man hat dann aus der Rohstärke eine neutrale Stärke herzustellen gelernt, die sich chemisch und physikalisch nicht von ersterer unterscheidet, aber die wertvolle Eigenschaft hat, mit kaltem Wasser Kleister zu bilden. Um also aus dieser Quellstärke Kleister zu erhalten, braucht man sie nur mit kaltem Wasser zu verrühren. Ursprünglich haftete nun diesen Kaltleimen der Nachteil an, daß sie wesentliche Mengen an Alkohol verlangten und infolgedessen nicht billig waren. Jetzt kann man aber diese Quellstärken auch ohne Alkohol herstellen. Das Verfahren beruht darauf, daß ein beliebiges Stärkemehl mit der gesättigten Lösung eines Natron- oder Kalisalzes, mit welcher die Stärke keinen Kleister bildet, gut verrührt und der Mischung Ätzkali oder Natronlauge zugefügt wird. Zu 100 kg Kartoffelstärkemehl, die in konzentrierter Natronsulfatlösung gut verrührt sind, werden z. B. 40 kg Ätznatronlauge von 35° Bé, die mit 100 kg gesättigter Natronsulfatlösung versetzt sind, zugegossen. Nach erfolgter neuer Mischung preßt man nach 10 Minuten die Salzlösung ab, trocknet die Stärke und pulvert sie feinstens. Diese neue Quellstärke ist wesentlich billiger und kann die Rohstärke sehr gut ersetzen, zumalen sie auch keine Kochung verlangt.

Die Sulfitablauge der Sulfitzellstoffabrikation, die man früher als ein lästiges Nebenerzeugnis betrachtete, hat man ja heute bekanntlich weitgehendst zu verwerten gelernt. Bekanntlich enthält sie nun organische Zersetzungsprodukte mit klebenden Eigenschaften. Die Versuche, diese Lauge auf Klebstoffe zu verarbeiten, gehen weit zurück und wurden schon von Mitscherlich allerdings mit geringem Erfolg unternommen, erst der Weltkrieg brachte hierin Wandel. Die auf 32 bis 36° Bé eingedickte Lauge bildet eine tiefbraune, auch gelbrote bis schwarze Masse von sirupartigem Aussehen und einem eigentümlich, nicht gerade unangenehmen Geruch, die in Wasser vollkommen löslich ist. Diese Masse hat nun allerdings den Nachteil der großen Hygroskopizität, so daß die Klebungen leicht wieder aufgelöst werden können. Es ist aber mittlerweile auch gelungen, diesen Nachteil zu beheben, so daß aus der Sulfitablauge ein sehr brauchbarer Klebstoff hergestellt werden kann, der sich besonders zum Kleben der Strohpappen und zur Herstellung der Wellpappen gut eignen dürfte.

Eines der wichtigsten Klebemittel für die letztgenannten Zwecke ist aber das Wasserglas. Man versteht unter Wasserglas Verbindungen der Kieselsäure mit Kalium oder Natron, im ersteren Falle erhält man Kaliwasserglas, im letzteren Falle Natronwasserglas. Letzteres ist das handelsübliche, durch Vermischung beider Arten erhält man das Doppelwasserglas. Diese Verbindungen werden durch das Zusammenschmelzen der Karbonate des Kaliums (Pottasche) oder des Natriums (Soda) mit aus Kieselsäure bestehenden Materialien erhalten. Solche Materialien sind Quarz, Feuerstein, Sand, Kieselgur usw. Die entstehende Schmelze wird mit Wasser ausgelaugt, es bildet sich dabei eine klare, oder auch schwach gelblich gefärbte, sirupartige Flüssigkeit, die man eben als Wasserglas bezeichnet und so in den Handel kommt. Natronwasserglas des Handels ist 33 und 66 prozentig, was etwa 35 bis 42 bzw. 50 bis 55° Bé entspricht oder einem spezifischen Gewicht von 1,3 bis 1,4 bzw. 1,5 bis 1,6. Beim Eintrocknen ergibt die konzentrierte Lösung eine glasige, allmählich undurchsichtig werdende Masse. Durch Säuren wird die Lösung zersetzt unter Kieselsäureabscheidung. Diese Zersetzung kann schon durch die Kohlensäure der Luft eintreten, weshalb man die Lösungen gut verschlossen halten soll. Um die den Mischungen anhaftende Sprödigkeit zu mildern, wird empfohlen, 100 Teile kochendes Wasser, 4 Teile Borax, 4 Teile Pottasche lösen und dann unter Umrühren 100 Teile Natronwasserglas zuzusetzen. Das handelsübliche flüssige Natronwasserglas, das in der Hauptsache als Klebstoff bei der Strohpappenkleberei und bei der Herstellung der Wellpappen zur Verwendung kommt, läßt sich besonders mit warmem Wasser in jedem Verhältnis mischen. Für die vorliegenden Zwecke empfiehlt es sich, der Lösung eine Konzentration von 38 bis 40° Bé zu geben; es sind also in 100 Teilen der Mischung etwa 34 bis 35 vH. festes Wasserglas, der Rest ist Wasser. Daraus ergibt sich, daß es natürlich vorteilhafter ist, kein flüssiges Wasserglas zu beziehen, sondern nur festes und fein gepulvertes. Man kann sich die Transportkosten für den Wassergehalt sparen, die bei großem Bedarf großer Fabriken sehr ins Gewicht fallen. Infolgedessen wird heute auch fast ausnahmslos festes Wasserglas von den Fabriken bezogen, die sich dann die Lösungen nach Bedarf selbst in der richtigen Stärke herstellen.

Das Auflösen muß natürlich in geeigneten Apparaten erfolgen, wenn man eine gleichmäßige Lösung, wie sie erforderlich ist, auf wirtschaftlichstem Wege herstellen will.

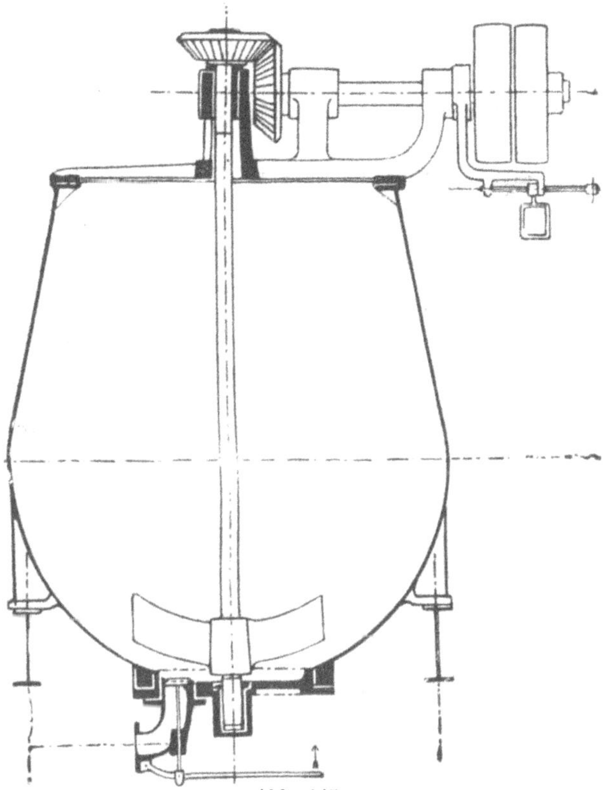

Abb. 145.
Auflösegefäß für Wasserglas, Kleister usw. mit Rührwerk und oberem Antrieb.
Werner & Pfleiderer A.-G., Cannstatt-Stuttgart.

Ein solcher geeigneter Auflöser ist in der Abbildung 145 gezeigt, und zwar in einer Ausführung der Firma Werner und Pfleiderer in Cannstatt-Stuttgart. Dieser Apparat, der hier im Schnitt gezeigt ist, kann mit oben oder unten liegendem Antrieb gebaut werden, er gestattet also eine Anpassung an alle Verhältnisse. Zum Lösen des festen Natronwasserglases wird man diesen Apparat auch vorteilhaft mit einem Dampfmantel zum Erwärmen und Warmhalten der Lösung versehen, der sich ohne alle Schwierigkeiten anbringen läßt. Dieser Auflöser eignet sich übrigens auch noch für viele andere Zwecke der Strohzellstoff- und Strohstoffabrikation, so z. B. auch ganz besonders zum Auflösen von Chlorkalk. Dieser als „Express-Auflöser“ bezeichnete Apparat besitzt eine große Leistung bei geringstem Bedarf an Bedienung und Kraft. Die Wirkungsweise ist eine sehr innige, so daß eine Lösung und Durchmischung des Wasserglases sehr schnell erreicht werden kann.

Die nachfolgende Tabelle zeigt die Größenverhältnisse der Löser und den Kraftbedarf des Rührwerkes.

Tabelle 21

Größe	00	0	1	2	3	4	5
Inhalt in Litern	250	500	1000	200	3000	4000	5000
Kraftbedarf im Mittel PS	$^1/_2$	$^1/_2$	1	$1^1/_2$	2	$2^1/_2$	2

Man kann natürlich auch mit gleichem Vorteil andere Auflöser verwenden, so auch zylindrische oder muldenförmige Apparate, wenn sie nur den Anforderungen entsprechen und eine schnelle und gründliche Auflösung und Mischung ermöglichen, was sich aber durch die richtige Anordnung des Rührwerkes, das stets vorhanden sein soll, sehr gut erreichen läßt.

Wie schon erwähnt, müssen dickere Strohpappen durch Zusammenkleben einzelner Pappenbogen hergestellt werden. Als Kleister verwendet man dazu neben Stärke und den verschiedenen Kaltleimen auch noch vielfach Wasserglas.

Zur Herstellung dieser Klebungen muß man natürlich zweckentsprechende Maschinen verwenden, die diese Arbeit nicht nur sauberer, sondern auch viel schneller und billiger verrichten, als das mit Handarbeit möglich ist. Ausschuß ist bei zweckmäßigen Klebemaschinen kaum zu erwarten. Die zum Verkleben miteinander bestimmten Pappenbogen müssen auf den Maschinen zunächst etwas größer im Format geschnitten werden, als das Format der herzustellenden Pappe sein soll, damit man sie nach dem Verkleben auf das richtige Format beschneiden kann. Es ist nun hier durchaus nicht angebracht, zur Erreichung sehr dicker Pappen nur wenige Bogen zusammenzukleben, man wird vielmehr besser tun, wenn man so viel Bogen von nur 1 mm Stärke zusammenklebt, bis die erforderliche Stärke erreicht ist. Trotz der etwas teueren Herstellung erhält man auf diese Weise eine bessere und härtere Pappe, die auch einen höheren Preis erzielen kann.

Wenn man zweckentsprechende und leistungsfähige Klebemaschinen verwendet, dann wird die Arbeit auch nicht viel teurer zu stehen kommen. Besonders für diesen Zweck geeignete Maschinen baut die Firma Walter Kellner A.-G. in Barmen. Eigentlich ist diese Maschine zum Kaschieren der Pappen mit Papierbogen bestimmt. Man wird sie aber ebensogut zum Verkleben von Pappenbogen untereinander verwenden können, noch dazu, wenn man, wie erwähnt, nur dünne Pappenstärken verleimt. Der aufzuklebende Bogen wird automatisch eingeführt, beleimt und den Preßwalzen zugeführt, nachdem zuvor die ungemein wichtige Dehnung des beleimten Bogens erfolgt ist. Darauf wird auch der zu beklebende Bogen automatisch den Preßwalzen zugeführt. Die ganze Arbeit erfolgt also automatisch und geht somit auf schnellstem Wege ohne viel Bedienungspersonal vor sich. Die automatische Zusammenführung der Bogen kann für beliebige Formate eingestellt werden, die Umstellung dauert nur wenige Minuten. Die Maschinen werden für eine Arbeitsbreite bis zu 1250 mm ausgeführt und haben den geringen Kraftbedarf von nur 1 PS.

Abb. 146.
Bogen auf Bogen-Klebemaschine. Jagenberg-Werke A.-G., Düsseldorf,

Die Abbildung 146 zeigt einen solchen Bogen auf Bogen-Klebemaschine der Jagenbergwerke A.-G. in Düsseldorf. Die Einstellung der Maschinen gestattet ein genaues Registerhalten, so daß man die Bogen auch ohne Zugabe aufeinander kleben kann, was natürlich eine nicht unwesentliche Ersparnis an Material und auch an Zeit bedeutet, da oft ein nachträgliches Beschneiden auf richtiges Format unterbleiben kann. Der beklebte Bogen läuft, nachdem er ein paar Streichwalzen passiert hat, durch die Preßwalzenpartie. Diese besteht aus zwei schweren Eisenwalzenpaaren, die mit Gas- oder Dampfheizung eingerichtet sein können. Die hohe Temperatur und der starke Druck dieser Eisenwalzen bedingen eine sofortige innige Verbindung der beiden Bogen, so daß ein späteres Wiederaufstehen, Blasenbildung oder Faltenwerfen verhindert ist. Die geklebten Pappen verlassen diese Maschine gut getrocknet und können ohne Bedenken in Stößen aufeinander gelegt werden. Da das Verfahren die Bogen nicht durchnäßt und diese durch die Preßwalzen gewissermaßen satiniert werden, so zeigen sie einen guten Glanz, oft macht sich daher ein nachfolgendes Pressen und Satinieren entbehrlich. Die Maschine ist für eine starke Beanspruchung gebaut, Klebstoff- und Wasserkessel sind zwecks schnellen Nachfüllens und Umrührens bequem herausziehbar. Die Leistung beträgt je nach dem Format bis zu 200 Klebungen in der Stunde. Die Arbeitsbreite beträgt bis zu 1250 mm, bei einem höchsten Kraftbedarf von 1 PS.

Bei geklebten Pappen macht sich nun oft ein nochmaliges Pressen nötig, besonders aber, wenn es sich um starke Deckel handelt, die aus mehreren Bogen zusammengeklebt sind. Hierzu kommen nur die hydraulischen Pressen in Frage, die Spindelpressen müssen hier ausscheiden, da sie einmal keinen genügend hohen Druck ausüben können, andererseits auch die Arbeit zu langsam gehen würde.

Eine solche hydraulische Presse ist in der Abbildung 147 gezeigt, und zwar als Doppelpresse. Von den früher gebauten hydraulischen Pressen unterscheidet sich diese Bauart, die heute übrigens von fast allen Fabriken in ähnlicher Weise ausgeführt wird, dadurch, daß die Verwendung von gußeisernen Holmen und schmiedeeisernen Säulen verlassen wurde. Das Gestell der Presse, das den ganzen Druck aufzunehmen hat, wird vielmehr ausschließlich in eigenartiger Weise aus Flußstahlträgern zusammengesetzt. Der Hauptvorzug dieser Bauart besteht in der wesentlich größeren Betriebssicherheit. Da für den Bau des Pressengestelles durch eigenartige Zusammensetzung von I-Trägern die Verwendung von Gußeisen vollkommen vermieden ist und außerdem die runden Säulen, die stets zum Verbiegen und Verziehen neigen und damit den Bruch der Gußholme verursachen, überflüssig werden, so besitzt diese Presse die beste Stabilität und Betriebssicherheit. Ein weiterer Vorteil besteht darin, daß der Preßdeckel lose und beweglich aufgehängt ist, so daß auch, wenn der Stapel des Preßmateriales nicht ganz gleichmäßige Höhe hat, im Pressengestell keine biegenden Momente auftreten können, die fast stets die Ursache von Brüchen sind.

Der Preßzylinder besteht aus Siemens-Martin-Stahlguß, der Preßkolben aus einem Spezialguß. Dadurch ist ein sehr günstiger Reibungskoeffizient erzielt, so daß die Abnutzung beider Teile auf das geringste Maß beschränkt bleiben kann. Hierzu trägt auch noch bei,

Abb. 147.
Hydraulische Doppelpresse.
Amme, Giesecke u. Konegen A.-G., Braunschweig.

daß man bei neueren Ausführungen den Preßzylinder meist an dem Kopf der Presse legt, wie das aus der Abbildung 147 ersichtlich ist. Der Kolben ist daher vor allen Verunreinigungen durch Rost, Fußbodenschmutz usw. gesichert, die Beschädigungen und eine vorzeitige Abnutzung verursachen.

Die Aufstellung dieser Presse verursacht keinerlei Schwierigkeiten, da sie einmal in einzelne Teile zerlegt werden kann und daher leicht zu transportieren ist. Als Fundament genügt jeder dauerhafte Fußboden, der geeignet ist, das Gewicht der Presse zu tragen. Bei Pressen, deren unterer Teil versenkt werden muß, weil sie mit ausfahrbaren Preßtischen versehen werden sollen, ist eine Betongrube von nur geringer Tiefe erforderlich.

Die Bedienung dieser Pressen ist sehr einfach und leicht und verlangt keine gelernten Arbeiter. Die Beschickung ist dadurch sehr bequem gemacht, daß man den Preßtisch ausfahrbar einrichten kann, so daß er außerhalb der Presse beladen wird. Damit kann auch die Leistungsfähigkeit der Presse um das Doppelte gesteigert werden, da, wenn man zwei Preßwagen hat, der zweite schon während der Pressung beschickt und sofort, nachdem der erste ausgefahren ist, in die Presse gebracht werden kann. Es geht also für die eigentliche Preßarbeit keine Zeit mehr verloren. Man kann diese Preßwagen dann auch gleich zum Transport der geklebten Pappen von der Klebemaschine nach der Presse und von dieser nach dem nächsten Verwendungsort fahren und spart so auch noch an Zeit.

Die Ausführung der Pressen erfolgt nun in verschiedenen Größen und für verschiedene Drucke, so daß man allen Anforderungen gerecht werden kann. Die nachstehende Tabelle gibt die gebräuchlichsten Abmessungen und Drücke an.

Tabelle 22.

Tischlänge u. Breite mm	1100×830	1350×950	1300×1100	1500×1100	1700×1100
Hub in mm	1000	1000	1000	1000	1000
Packhöhe mm	2000	2000	2000	2000	2000
Preßdruck in kg	160 000	160 000	210 000	210 000	210 000

Die Erzeugung des erforderlichen Druckes erfolgt in Preßpumpen, wie sie in den Abbildungen 148—150 gezeigt sind. Man kann an solche Preßpumpen auch mehrere Pressen anschließen. Die Pumpen werden mit zwei Kolben ausgerüstet, die beide verschiedene Durchmesser haben. Wenn ein Druck von 100 Atm. erreicht ist, dann löst sich der größere Kolben selbsttätig aus, bei dem einstellbaren höchsten Druck hingegen auch der kleinere Kolben. Für die größte zulässige Spannung ist außerdem noch ein Sicherheitsventil vorgesehen, so daß eine Überschreitung des Druckes, die einen Bruch der Presse zur Folge haben müßte, unter keinen Umständen eintreten kann.

Für die geklebten stärkeren Pappen ist meist auch noch eine Trockenvorrichtung erforderlich. Zu diesem Zwecke kann man sich mit Vorteil der bereits erwähnten Trockenkanäle bedienen.[45]) Diese Kanäle sind für diesen Zweck auf alle Fälle die besten Vorrichtungen und zeichnen sich allen anderen derartigen Einrichtungen gegenüber durch größte Wirtschaftlichkeit im Betrieb, ordnungsgemäße und schnelle Durchführung des Trockenvorganges aus. Die im Kanal ge-

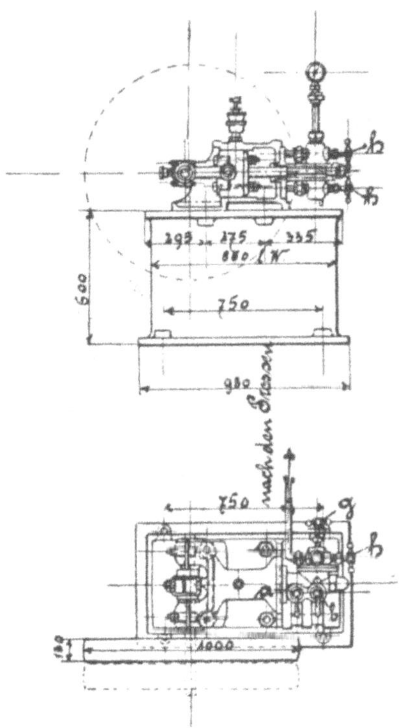

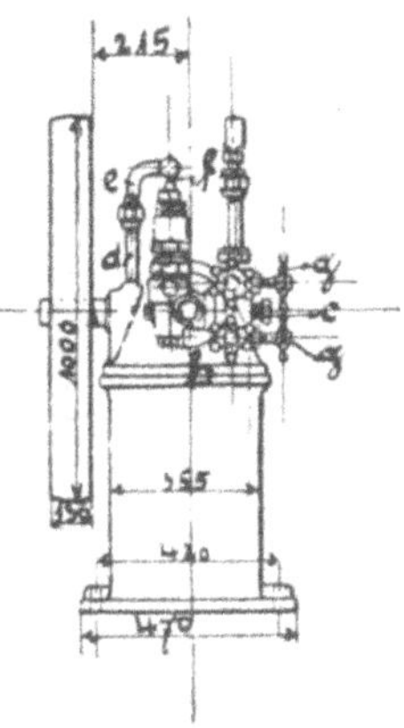

Abb. 148 bis 150.
Preßpumpe für hydraulische Pressen.

trockneten geklebten Pappen sind allen anderen vorzuziehen, da ja moderne Trockenkanäle, wie schon erwähnt, auch den Vorteil haben, daß man die Trocknung regulieren und den Bedürfnissen des Trockengutes anpassen kann.

Zur weiteren Behandlung der aus der Trocknung kommenden geklebten Pappen sind dann Glättwerke oder Walzwerke erforderlich, die die Aufgabe haben, die durch das Kleben, Trocknen usw. etwas verzogenen und welligen Pappen wieder glatt zu walzen und ihnen auch vor allen Dingen einen besseren Glanz und eine höhere Glätte zu erteilen.

---

[45]) siehe Seite 204.

Man verwendet nun zu diesem Zweck die in der Pappenfabrikation allgemein üblichen zweiwalzigen Glättwerke. Diese Glättwerke werden für einen Zapfendruck von 5 bis 12 Tonnen und mit verschiedenen Walzendurchmessern und -längen entsprechend der verschiedenen Arbeitsbreiten gebaut. Da bei diesen Maschinen natür-

Abb. 151.
Glättwerk für Strohpappen der Maschinenbau A.-G., Golzern-Grimma in Grimma i. Sa.

lich sehr hohe Beanspruchungen auftreten, so müssen alle Teile, die davon betroffen werden können, also Ständer, Lagerung, Zapfen, Antrieb und Belastungsvorrichtung sehr stabil gebaut sein. Die Walzen bestehen aus Schalenhartguß und sind genau geschliffen. Die Walzenzapfen liegen in Bronzelagerschalen. Die Oberwalze kann besonders getrieben werden. Um nach dem Durchgang der Pappen das Aufeinanderfallen der Walzen zu verhüten, besitzen die Lager eine besondere Einrichtung. Zur Sicherung des Bedienungspersonals sind an den Stirnrädern und am Walzeneingange besondere Schutzvorrichtungen vorgesehen. Die Hebelbelastung ist verstellbar, alle Lager werden mit einer zuverlässigen Schmierung ausgerüstet.

In der Abbildung 151 ist ein Pappenglättwerk für Formatpappen der Firma Maschinenbau - Aktiengesellschaft Golzern - Grimma in Grimma i. Sa. gezeigt. Das Glättwerk ist für große Druckbelastung gebaut und versieht die Pappen mit ein- oder zweiseitiger Glätte, für höhere Ansprüche können diese Glättwerke auch für Friktionssatinage ausgeführt werden. Die Walzen sind heizbar eingerichtet. Das Walzwerk besteht im wesentlichen aus zwei schweren Schalenhartgußwalzen von 340 bzw. 400 mm Durchmesser, die hochpoliert und geschliffen sind. Vier Metallschalenwalzenlager führen das Walzenpaar, davon sind zwei verschiebbar angeordnet. Die unteren Lager liegen fest in den besonders kräftigen gußeisernen Stuhlungen, die leicht abnehmbare Köpfe haben, damit man einen Walzenwechsel rasch und bequem vornehmen kann. Diese abnehmbaren Köpfe sind mit der Stuhlung durch zwei Stahlbolzen verbunden, welche durch Keile festgezogen werden und so die Köpfe fest mit den Ständern verbinden. Eine gußeiserne Traverse verbindet die Stuhlungen und ist gleichzeitig so ausgebildet, daß sie die Walzen vor Staubfall schützt. Der Walzendruck wird durch eine kräftige Hebelanordnung mit Gewichtsbelastung übermittelt. Die Walzen haben Spindelaufhelfung mit Handrädern, so daß man die Walzenstellung regeln kann. An den Walzen laufen federnd gelagert zwei Stahlschaber. Einführtisch und Auslauftisch bestehen beide aus Holz und werden sauber poliert, sie ruhen auf gußeisernen Böckchen. Die Einführwalze ist mit Gewichtsbelastung ausgeführt. Zu dem Antrieb gehören zwei gegossene Walzenantriebräder und ein Stirnräderpaar, und zwar Holz auf Eisen.

Das Bekleben oder Kaschieren der Pappen erfolgt nun ja vielfach direkt in der Maschine, bei kleineren Anfertigungen oder auch für bestimmte Zwecke wird es aber immer vorteilhaft sein, diese Arbeit in besonderen Maschinen vorzunehmen.

Man hat nun da zu unterscheiden in Rollenklebemaschinen und in Bogenklebemaschinen. Die Rollenklebemaschinen kommen besonders da in Frage, wo es sich darum handelt, dünnere Pappen und Karton, die man auf der Maschine in Rollen gearbeitet hat, mit einseitiger oder zweiseitiger Decke zu versehen, die man ebenfalls von einer Rolle entnimmt.

Eine solche Rollenkaschiermaschine ist in der Abbildung 152 gezeigt, die eine Ausführung der Firma Jagenbergwerke A.-G. in Düsseldorf darstellt. Infolge der Bauart und der Erprobung dieser Maschine im Betrieb hat sie sich als besonders geeignet für den vorliegenden Zweck erwiesen. Sie dient vor allen Dingen zum Kaschieren von Karton und Pappe in Rollen. Die Maschine ist mit einer Rollenabwickelvorrichtung, Klebstoff-Auftrageapparat, Trockenzylinder und Aufwickelvorrichtung mit Friktionsantrieb versehen. Sie verarbeitet jede Art von Klebstoff und besitzt eine Einrichtung, welche die Rege-

sie müssen außerdem nicht nur glatt und sauber, sondern auch unbedingt faltenfrei und blasenfrei sein.

Die Jagenbergwerke A.-G. in Düsseldorf bauen nun vollständige Rollenklebeanlagen, die nach den bewährtesten Grundsätzen eingerichtet sind. Das Wesentliche dieses Verfahrens besteht darin, daß die Trocknung der kaschierten Bahn erst erfolgt, nachdem eine vollkommene Vereinigung der einzelnen Bahnen unter sich stattgefunden hat. Diese Rollenklebeanlage stellt sich nun aus folgenden Teilen zusammen: 1. einer Kartonklebevorrichtung mit Aufrollvorrichtung, 2. einer Trockeneinrichtung für Dampfheizung, 3. einem Bogenschneider und 4. einer Rollenschneidemaschine, die aber da wegfallen kann, wo das Schneiden schmaler Rollen nicht in Frage kommt.

Die Arbeitsweise der Anlage ist nun folgendermaßen:

Das Kaschieren. Zur Verarbeitung können je nach Bedarf 2,3 oder auch mehr Rollen kommen, welche in die Abrollstuhlung der Kartonklebemaschine eingelegt werden. Diese ist nach allen Richtungen verstellbar, um eine faltenlose und glatte Abwicklung zu ermöglichen. Jede Abwicklungsstange ist mit einer feinfühligen Bremse ausgerüstet. Die beiden eingebauten Klebstoffauftragewerke sind mit genau geschliffenen Schöpf- und Auftragwalzen und praktischer Momentregulierung ausgestattet, so daß sie für jede gewünschte Klebstoffmenge einstellbar sind und einen peinlichst gleichmäßigen sparsamen Aufstrich auf der ganzen Bahn gewährleisten.

Ein Paar kräftige, in der Höhe genau regulierbare Walzen führen die Bahnen unter Spannung fest zusammen, worauf sich unter dem Druck einer schweren Preßwalze die so gebildete Kartonbahn stramm aufwickelt. Die Aufwickelvorrichtung wird durch eine Kette in Verbindung mit einer kräftigen Friktion angetrieben.

Beim einseitigen Kaschieren tritt nur ein Klebstoffauftragwerk in Tätigkeit, bei beiderseitigem Kaschieren werden meistens die beiden Decken mit Kleister bestrichen, während dann die mittlere, also die zu kaschierende Rolle trocken einläuft. Als wichtiges Moment ist hierbei zu beachten, daß die geklebte Kartonbahn in noch feuchtem Zustande zunächst steinhart aufgerollt wird. Zum Zwecke einer innigen Verbindung ruhen dann diese Rollen je nach der Dicke und der Güte der Papiere 6 bis 24 Stunden, während welcher Zeit die einzelnen Bahnen unlöslich miteinander verkleben.

Das Trocknen erfolgt auf einer besonderen Trockenpartie, die je nach Erfordernis mit einem oder mit zwei Trockenzylindern arbeitet. In der Regel hat der Haupttrockenzylinder einen Durchmesser von 2000 mm, während der zweite, der zugleich die Aufgabe einer Wendewalze zu übernehmen hat, meist einen kleineren Durchmesser erhält.

Diese Trockenzylinder unterscheiden sich nun wesentlich von den bisher bekannten massiven Tambouren, in welche der Dampf meistens direkt eingelassen wird. Diese neuen Trockenzylinder bestehen in der Hauptsache aus einem widerstandsfähigen, starken Mantel, der auf soliden, gußeisernen Kopfstücken vernietet ist. Im Inneren ist der Zylinder mit einem eigenartig konstruierten, rotierenden Rohrkranz ausgerüstet, der zur Aufnahme des Dampfes und somit zur Erwärmung des Mantels dient.

Die Anordnung des Ganzen ist derart, daß eine durchaus gleichmäßige Erwärmung der Zylinderfläche erzielt wird und dadurch eine jederzeit vollkommene Trocknung erfolgt. Außer den beiden Zylindern ist meist auch eine sehr wirksame sogenannte Lufthaube über dem Haupttrockenzylinder vorgesehen. Durch diese wird mittels eines kräftigen Exhaustors ein Heißluftstrom von oben auf das Material geblasen, so daß die Trocknung der geklebten Bahn gleichzeitig von beiden Seiten, also von unten und von oben erfolgt.

Ein weiterer und sehr wesentlicher Vorteil dieser Trockenzylinder besteht darin, daß sich infolge der steten Zirkulation und durch die besondere Konstruktion der Heizrohre sich kein Kondenswasser ansammeln kann. Der Druck des Dampfes treibt dasselbe stetig an dem dafür vorgesehenen Austritt hinaus. Dieses bedeutet eine große Wärmeersparnis im Vergleich zu den bisher gebräuchlichen massiven Tambouren, bei denen die sich ansammelnden Kondenswassermengen meist eine stark kühlende Wirkung ausüben und infolgedessen mit bemerkenswerten Wärmeverlusten zu rechnen ist. Abgesehen von der nicht unbeträchtlichen Ersparnis an Dampf ist durch diese Anordnung jede Explosionsgefahr ausgeschlossen, die Trockner bedürfen daher auch keiner behördlichen Prüfung.

Zur Durchführung des Trocknens werden die noch klebfeuchten, kaschierten Rollen in die Abrollvorrichtung der Trockenpartie eingelegt und derart über den Trockenzylinder geführt, daß dessen voller Umfang ausgenutzt wird. Das gleichmäßige Wiederaufwickeln der Bahn erfolgt hier mittels Friktion. Um die bei dem Trockenvorgang entstehenden Dämpfe abzuleiten, ist ein besonderes kleines Luftgebläse vorgesehen, welches gleichzeitig den Trockenvorgang mit unterstützt.

Um die geklebte Bahn sauber und genau winklich zu beschneiden, ist ein zweckentsprechender Querschneider erforderlich, der in der Anlage auch vorgesehen ist. Er arbeitet mit einem auf- und absteigenden Messer und erzielt durch dessen scherenartige Wirkung einen stets glatten, sauberen und scharfen Schnitt. Die Bogenlängen können durch eine Planscheibe schnell und bequem von 40 bis 120 cm genau eingestellt werden. Die geschnittenen Bogen legen sich selbsttätig auf einem schrägen Holztisch ab, von dem sie stoßweise fortzunehmen sind. Sollen aus der kaschierten Bahn mehrere, verschieden breite Bogen geschnitten werden, so bedient man sich einer eingebauten Längsschneidevorrichtung, die vier Paar Kreismesser erhält. Es ist somit möglich, die Bahn auf beiden Seiten zu besäumen und gleichzeitig in kleinere Bogenformate zu zerteilen. Der Querschneider kann gegebenenfalls auch direkt mit dem Trockenapparate

Abb. 153.
Rollenschneider für schmale Papierrollen.
Jagenberg-Werke A.-G., Düsseldorf.

verbunden werden, und zwar derart, daß die getrocknete Kartonbahn sofort, d. h. ohne vorheriges Wiederaufwickeln in jedes gewünschte Format geschnitten werden kann.

Sehr oft werden die kaschierten Kartons nun auch in schmalen Rollen verlangt. Das ist beispielsweise sehr oft der Fall für die Weiterverarbeitung zu Faltschachtelkartons, die auf automatisch arbeitenden Maschinen gerillt und gestanzt werden. Hierzu dient dann eine besondere Rollenschneidemaschine, wie sie in der Abbildung 153 in einer bewährten Ausführung der Jagenbergwerke A.-G. in Düsseldorf gezeigt ist.

lung der Stärke der Auftragsschicht zuläßt. Die Trocknung wird durch eine Luftaufblasevorrichtung unterstützt. Während früher die Trocknung lediglich durch die Wärme des Zylinders erfolgte, der zu diesem Zweck im Inneren in bekannter Weise geheizt werden mußte, erfolgt die Wärmezuführung jetzt von außen durch Aufblasen erhitzter Luft um die um den Zylinder laufende kaschierte Bahn. Diese erhitzte Luft kann durch Dampf erzeugt werden. Es laufen zwischen dem Zylinder und dem Blechumhüllungsmantel ringsherum Rohre, aus denen die heiße Luft auf die umlaufende Bahn ausströmt. Das Aufblasen erfolgt durch einen seitlich angeordneten Ventilator. Seitlich der Blechhaube wird die Luft dann wieder abgezogen und wieder dem Ventilator zugeführt, so daß ein Kreislauf der erhitzten Luft stattfindet, wodurch große Wärmemengen gespart werden und die Maschine wirtschaftlich arbeitet. Man kann mit dieser Maschine sowohl ein- als auch zweiseitig kaschieren.

Abb. 152.
Rollenkaschiermaschine. Jagenberg-Werke A.-G., Düsseldorf.

An eine kaschierte Pappe stellt man nun heute ziemlich hohe Anforderungen. Es ist Grundbedingung, daß die verschiedenen Bahnen, aus denen sich ein solches Erzeugnis zusammensetzt, auch derartig miteinander verbunden sind, daß sie gleichsam nur eine einzige Schicht oder ein Ganzes bilden. Die Pappe oder der Karton darf keinesfalls spalten,

In nicht allen Fällen ist es aber nun möglich, die Kartons oder Pappen in endlosen Bahnen zu verarbeiten, besonders da, wo es sich um die Kaschierung von stärkeren Pappen handelt, muß man Bogenkaschierungen verwenden. Das kann nun ebenfalls auf zweierlei Weise erfolgen, und zwar einmal, indem man die Pappenbogen mit Decken beklebt, die man einer Rolle entnimmt, und das andere Mal, indem man die Pappenbogen mit Papierbogen beklebt.

Abb. 154.
Pappenbeklebemaschine mit Trockenapparat.
Jagenberg-Werke A.-G., Düsseldorf.

Für das erste Verfahren verwendet man Kaschiermaschinen, wie z. B. in der Abbildung 154, die eine solche Vorrichtung der Jagenbergwerke A.-G. in Düsseldorf darstellt. Diese Vorrichtung besteht zunächst aus einer Kaschiervorrichtung, die 5000 bis 8000 Pappen am Tage faltenfrei und sauber kaschieren kann. Bei der Konstruktion wurde besonderer Wert auf eine sichere und zuverlässige Arbeitsweise gelegt, vor allen Dingen aber auch auf eine leichte Zuführungsmöglichkeit des Deckenpapieres. Die Maschine besitzt fünf Paar Anpreß- und Heizwalzen von größerem Durchmesser und eine Abtrennvorrichtung für das Papier, die es ermöglicht, sowohl bei dünnen als auch bei dicken Papieren die Abtrennung vollkommen sicher und ohne Umstellung von Wechselrädern vorzunehmen. Die kaschierten Pappen verlassen die Maschine genügend trocken, so daß ein nachträgliches Aufhängen oder Pressen nicht erforderlich ist. Um aber ganz sicher gehen zu können und unter allen Umständen eine sofortige vollkommene Trocknung zu erzielen, wird hinter der Beklebevorrichtung noch eine Filzführung in Verbindung mit einem Dampftrockenzylinder angeordnet. Dieser Zylinder hat einen Durchmesser von 1500 mm und ist für 2,5 bis 3 Atm. Druck eingerichtet.

Abb. 155.
Maserier- und Bedruckmaschine für Bogen.

Die Pappen werden beim Verlassen der Beklebeeinrichtung vollkommen selbsttätig durch den Trockenzylinder geführt und verlassen diesen dann vollkommen trocken und glatt.

4. Masern, Bedrucken und Färben.

Zu den Fertigungsverfahren ist nun noch das Dessinieren, Masern und Bedrucken der rohen oder auch kaschierten und das Färben der Pappen zu rechnen.

Die Abbildung 155 zeigte eine sogenannte Maseriermaschine für Pappenbogen, wie sie von der Firma Georg Niemeyer in Hamburg gebaut wird. Sie hat den Zweck, die Pappen mit Korbgeflecht- oder

Holzmaserdessin oder mit einem anderen Untergrund, auch mit Schriften und sonstigen Drucken zu versehen.

Die Maschine arbeitet folgendermaßen. In einem Kupferbehälter befindet sich eine mit Wasser angerührte Maserierfarbe. Eine Gummiwalze nimmt aus diesem Behälter die Farbe heraus, überträgt sie an eine nächste Gummiwalze und diese wieder überträgt die Farbe auf die eigentliche Gummidessinwalze, wie sie z. B. aus der Abbildung 156 ersichtlich ist. Unter dieser Dessinwalze befindet sich eine Gegendruckwalze. Die Pappe wird nun zwischen die Dessinwalze und die Gegendruckwalze hineingeschoben und an der Oberseite mit dem gewünschten Dessin, Druck oder einer Schrift versehen, die sich auf der Dessinwalze befinden. Die Handhabung und die Bedienung der Maschine wird durch einen Anlegetisch erleichtert. Handelt es sich um dünne Pappen oder Kartons, die von der Rolle verarbeitet werden können, dann wird eine Maschine dazu verwendet, bei der

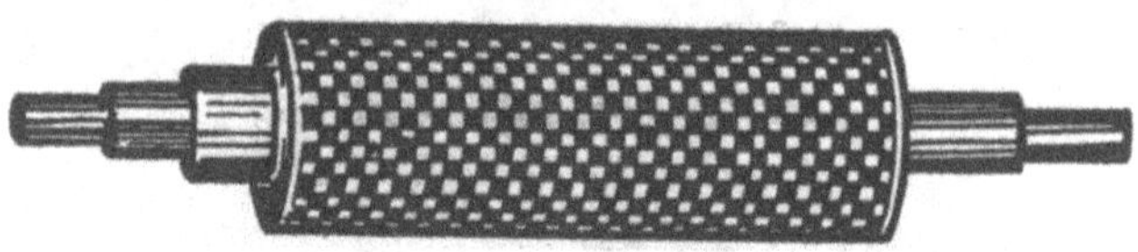

Abb. 156.
Dessinierwalze für Maserier- und Bedruckmaschinen.

die Bahn in einem endlosen Band durch das Dessinierwerk läuft und so fortlaufend bedruckt wird. Die Anwendung beschränkt sich aber auf Pappe und Karton bis zu einem Quadratmetergewicht von höchstens 600 Gramm.

Die Gummidessinwalzen, mit denen gedruckt wird und von deren Zweckmäßigkeit und sauberer Ausführung natürlich der Erfolg zum großen Teile mit abhängt, bestehen aus Eisenkernen, auf die eine Schicht Hartgummi aufgebracht wird. Auf diese Hartgummischicht kommt dann erst eine Weichgummischicht und darüber dann die Stempelplatte mit dem Klischee, das gedruckt werden soll.

Wenn man mehrfarbig in einem Arbeitsgange drucken will, dann wird in die Maschine ein weiteres Farbwerk eingebaut, wie aus der Abbildung 157 ersichtlich. Es druckt dann erst die eine Dessinwalze die erste Farbe und dann die zweite Dessinwalze die andere, und zwar in einem Arbeitsgange. Da Anilinfarben zur Verwendung kommen, die sehr rasch trocknen, so tritt ein Verschmieren oder Ineinanderlaufen der Farben nicht ein.

Wenn man Pappen mehrfarbig bedrucken will, dann kommt eine ähnliche Maschine in Frage, die auch einen automatischen Vorschubtisch besitzt, der die Pappenbogen immer in bestimmten Zwischenräumen zwischen die Dessinwalzen schiebt. Es wird durch diese Einrichtung erreicht, daß der Druck immer an dieselbe Stelle kommt, daß die Maschine also gut Register hält. Diese Maschinen werden besonders da verwendet, wo Pappen bedruckt werden sollen,

Abb. 157.
Maserier- und Bedruckmaschine

die zu Kartons verarbeitet werden und auf denen ein Firmenaufdruck oder dergleichen an bestimmten Stellen gleichmäßig angebracht werden soll.

Zum einfarbigen Einfärben der Pappen auf nur einer Seite, wie das sehr oft gehandhabt wird, dient eine einfache Dreiwalzenmaschine, welche die Pappen auf der gewünschten Seite mittels einer glatten Gummiwalze mit dem Farbüberzug versieht.

5. Wellpappenfabrikation.

Eine außerordentlich starke Verbreitung hat nun die Verwendung des Strohpapieres zur Herstellung der Wellpappe gefunden, die heute eines der am meisten angewendeten Verpackungsmittel ist und sich ja tatsächlich auch fast für jeden Zweck eignet. Gerade die Strohpapiere eignen sich für diesen Zweck ganz besonders gut, da sie einmal neben der großen Billigkeit, die für solche Massenerzeugnisse erforderlich ist, eine große Härte und Steifigkeit aufweisen, die zum großen Teil die hohe Widerstandsfähigkeit der Wellpappe mit ausmachen und ihr daher ihre hervorragende Eignung als Verpackungsmittel geben. Es ist nun aber durchaus nicht ein jedes Strohpapier für diesen Zweck gleich gut verwertbar, es muß auch hier darauf geachtet werden, nur gute Erzeugnisse zu verwenden, die nicht mit der Zeit brüchig werden und dann bei der Weiterverarbeitung in den Wellen brechen und so natürlich keinen großen Wert als Verpackungsmittel mehr haben können. Der Strohstoff, der zu solchen Wellpappen verwendet wird, soll auch unter allen Umständen vollkommen und gründlich ausgewaschen werden, damit er vor allen Dingen keine Kalkreste mehr enthält, durch die chemische Einwirkungen auf die darin verpackten Gegenstände eintreten können, welche deren Verderben oder Minderwertigwerden zur Folge haben können. Die in modernen Strohpapierfabriken hergestellten Erzeugnisse entsprechen aber diesen Anforderungen im höchsten Maße, so daß man damit in der Lage ist, auch erstklassige Wellpappen von größter Festigkeit herzustellen.

Nun ist ja die Wellpappe eigentlich im Sinne des Wortes gar keine Pappe, man stellt dieses pappenähnliche Erzeugnis vielmehr dadurch her, daß man ihm eine eigentümliche wellenförmige Gestalt gibt. Die Wellpappe besteht nun aus einer Lage von Strohpapier, das man durch besondere Maschinen wellenförmig geprägt hat und je nachdem, auf einer oder auf beiden Seiten mit je einer Lage von stärkerem Papier überzogen ist. Diese Überklebung hat den Zweck, die Wellen zu fixieren. Man hat also je nach der Beklebung auf nur einer oder auf beiden Seiten zu unterscheiden in einseitige und doppelseitige Wellpappen. Man verwendet ja mitunter an Stelle des Strohpapieres auch noch andere billige Papierarten, so z. B. Schrenz und billige Zellulosepackpapiere, namentlich zur Beklebung kommen diese in Frage. In weitaus den meisten Fällen wird man aber heute nur

Strohpapiere verwenden. Für die Wellen wird nun meistens ein Strohpapier mit einem Quadratmetergewicht von 100 bis 150 Gramm genommen, für die Decklagen meist schwächeres von etwa 80 bis 120 Gramm auf den Quadratmeter, nur bei doppelseitigen Wellpappen nimmt man wieder für die Außenseite stärkeres Papier, und zwar wie schon erwähnt oft auch billige Zellulosepackpapiere.

Zur Herstellung dieser Wellpappen werden nun besondere Maschinen verwendet, die diese in einem Arbeitsgang fertig machen. Die Abbildung 158 zeigt eine solche Wellpappenmaschine für einseitige Wellpappen, wie sie von der Firma Fr. Wilhelm Kutzscher in Freital-Deuben ausgeführt wird. Neuerdings führt man diese Maschinen auch mit einem getrennten Aufrollständer aus, da man sich dadurch besser den Raumverhältnissen anpassen kann. Wenn man zwei solcher Aufrollvorrichtungen verwendet, dann ist sogar ein fast ununterbrochenes Arbeiten mit der Maschine und somit die beste Ausnutzung möglich. Den Hauptbestandteil der Maschine bilden natürlich die Riffelwalzen, deren Ausführung mit größter Sorgfalt erfolgen muß. Sie werden aus bestem Stahl geschmiedet, aus dem Vollen gebohrt, sauber abgedreht und dann gefräßt. Die Fräsung oder Riffelung dieser Walzen läßt sich ganz den Erfordernissen anpassen.

Bei Fehlern im Papier kann die Maschine schnell ausgerückt werden, auch das Kleisterwerk ist mit einer Momentausschaltung versehen, damit es in solchen Fällen schnell abgestellt werden kann. Zur sicheren Papierumleitung wird ein praktischer Blechrechen vorgesehen, wodurch die Papierbahn gegen die Riffeln gehalten wird. Weiter ist noch eine Beschneidevorrichtung eingebaut, damit man die Wellpappe beschneiden kann. Durch Anordnung von mehr als zwei Messerpaaren kann man aber auch die Pappenbahn noch in der Mitte teilen oder auch mehrere Bahnen schneiden, zu diesem Zwecke sind diese Messer natürlich verstellbar angeordnet, wie bei den Längsschneidern der Papiermaschinen usw. Um die Länge der fertiggestellten Pappe messen zu können, wird ein Zählwerk eingebaut.

Der Fabrikationsgang ist folgendermaßen: Die zu wellende Papierbahn wird zwischen die genau eingestellten Riffelwalzen eingeführt, die mit Dampf geheizt werden, und bekommt dadurch die gewellte Form. Die Hitzeeinwirkung der geheizten Walzen macht die Wellen widerstandsfähig. Durch die Kleisterauftragvorrichtung wird, während sich das Papier noch in der Riffelwalze befindet, die Spitze der Papierwelle mit Kleister versehen und dann die von der zweiten Abrollung kommende Papier- bzw. Beklebebahn angeklebt. Die Beklebebahn läuft um eine geheizte, ebenfalls aus Stahl hergestellte Walze. Diese drückt während der Fabrikation gegen die Riffelwalzen, um eine gute Klebung herbeizuführen. Man nennt sie daher die Anpreßwalze. Die einseitig geklebte Wellpappe ist nun fertig und kann aufgerollt werden.

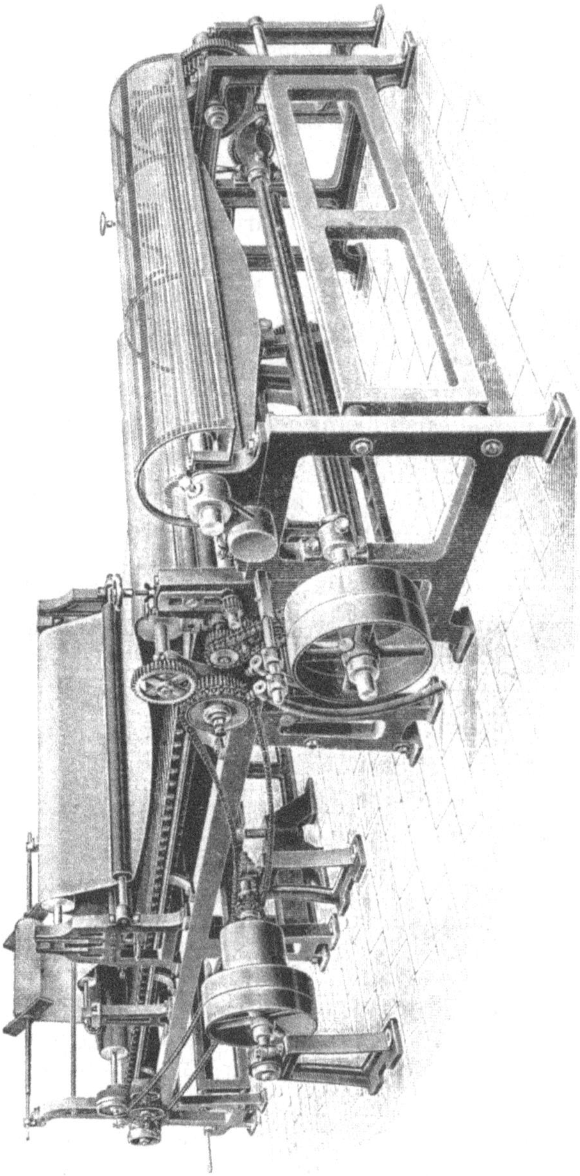

Abb. 158. Wellpappenmaschine für einseitige Wellpappen der Firma Fr. Wilhelm Kutzscher, Freital i. Sa.

Der Kraftbedarf einer solchen Maschine beträgt etwa 5 PS, die Leistung etwa 10 bis 12 Meter gute trockene Pappe in der Minute. Die Arbeitsbreite der Maschinen richtet sich ganz nach den Anforderungen und beträgt bis 2000 mm und mehr.

Wenn man doppelseitig beklebte Wellpappen herstellen will, dann muß man eine Wellpappen-Beklebemaschine mit Trockeneinrichtung verwenden, wie sie die in der Abbildung 159 gezeigte Maschine der

Abb. 159. Wellpappenmaschine für doppelseitig geklebte Wellpappen der Firma Fr. Wilhelm Kutzscher in Freital i. Sachsen.

Firma Fr. Wilhelm Kutzscher in Freital-Deuben darstellt. Hierbei hat einseitig geklebte Pappe zur Verwendung zu kommen, bei welcher man auch die zweite gewellte Seite noch mit einer glatten Papierbahn bedeckt.

Sowie die einseitige Wellpappenmaschine ein fix und fertiges Erzeugnis liefert, ist das auch bei der Herstellung der doppelseitigen Wellpappe auf dieser Maschine der Fall. Nach dem Passieren des Kleisterauftragwerkes gelangt die einseitige Wellpappenbahn mit der nunmehr auf der anderen Seite angeklebten glatten Papierbahn über ein wirksames Heizkörpersystem mit größtmöglicher Wärmeausstrahlung vermittels Transport bzw. Beschwerwalzen und einem Wolltrockenfilz. Die doppelseitige Wellpappe ist beim Verlassen dieser Heizeinrichtung fertig. Diese Maschinen werden auch für eine Arbeit ohne Filz gebaut. Zum Beschneiden und Teilen der Bahn ist auch hier ein Längsschneider angeordnet.

Direkt anschließend an die Maschine wird ein rotierender Querschneider angeordnet, damit die fertige doppelseitige Wellpappe in Tafeln geschnitten werden kann, da sie sich nicht wie die einseitige aufrollen läßt. Diese Schneidmaschine ist einstellbar, damit man die Formattafeln ganz nach Bedarf herstellen kann, sie arbeitet vollkommen automatisch. Abbildung 160 zeigt einen Wellpappenschneider für Längs- und Querschnitt mit Rillapparat ausgeführt von der Radebeuler Maschinenfabrik August Koebig, G. m. b. H. in Radebeul bei Dresden.

Es empfiehlt sich aber bei der Herstellung der zweiseitigen Wellpappe die einseitige nicht erst aufzurollen, sondern direkt auf die Beklebemaschine zu überfahren. Man hat dann die kombinierte Arbeitsweise, welche die zweiseitige Wellpappe in einem Arbeitsgang herstellt und viele Vorteile mit sich bringt. Man kann trotz dieser Vereinigung aber auf der Maschine auch nur einseitige Pappe herstellen. Die Leistung und der Kraftverbrauch ist etwa wie bei der einseitigen Wellpappenmaschine.

XII. Die Frischwasserreinigung, die Reinigung der Abwässer und die Stoffwiedergewinnung.

Frischwasserreinigung.

Die Frischwasserbeschaffung spielt nun in den Betrieben der Papierindustrie im allgemeinen und in den Strohzellstoff- und Strohpapier- und -pappenfabriken eine sehr große Rolle, sind es doch ganz bedeutende Mengen, die erforderlich werden und deren Gewinnung natürlich auf dem wirtschaftlichsten Wege erfolgen muß, soll nicht der ganze Betrieb dadurch nachteilig beeinflußt werden. Die großen Einflüsse, die die Eigenschaften des Fabrikationswassers auf die Güte des Fertigfabrikates ausübt, besonders aber bei der Erzeugung von gebleichtem Strohzellstoff, macht es nötig, bei der Wahl des Bauplatzes,

Abb. 160.
Quer- und Längsschneider
für Wellpappen.
Radebeuler Maschinenfabrik
G. m. b. H. A. Koebig
in Radebeul-Dresden.

wie schon erwähnt,[46]) fast in erster Linie auf das Vorhandensein guten und ausreichenden Wassers zu sorgen. Nur in den seltensten Fällen kann man mit den vielleicht vorhandenen weichen Quellwässern auskommen. Meist muß die Hauptmenge einem Wasserlauf entnommen oder erbohrt werden. Eine stetige Kontrolle der dem Wasser beigemischten Verunreinigungen ist dann dringend erforderlich. Wenn diese Verunreinigungen so stark sind, daß man mit den üblichen mechanischen Reinigungsverfahren nicht mehr auskommen kann, so müssen unter Umständen durch zeitweises Versetzen mit Aluminiumsulfat die kolloidal gelösten Teilchen niedergeschlagen werden.

Nach amerikanischen Angaben[47]) ist der Wasserbedarf bei gebleichtem Sodastoff auf die Tonne 100 000 Gallonen von je 3,78 Liter, wobei eine amerikanische Tonne von 907 kg in Betracht gezogen ist. Das würde also einem Verbrauch von etwa 416 Liter auf das kg entsprechen. Bei dieser Angabe ist aber der gesamte Verbrauch der Anlage, also auch der Kesselanlage, berücksichtigt. Schwedische Fabriken geben für das kg Sulfatstoff einen Verbrauch von etwa 250 Liter auf das kg an. Es läßt sich nun aber unter keinen Umständen eine auch nur einigermaßen gültige Angabe machen, da eben der Verbrauch je nach den Verhältnissen sehr schwankend ist.

Die natürlichen Quellen und Grundwasserströme, die man vielerorts zur Wassergewinnung bevorzugt, vermögen aber oft dem gewaltigen Wasserbedarf nicht standzuhalten. Man muß deshalb dazu übergehen, den Bedarf aus Flüssen, Seen, Stauweihern usw. zu decken. Diese Art der Wasserversorgung ist auch heute die meistgebräuchliche, zumalen man heute Verfahren hat, um jedes Wasser mit verhältnismäßig geringen Unkosten und wenig Zeitaufwand derart von allen Unreinigkeiten zu befreien, daß es unbedenklich verwendet werden kann. Unter diesen Verfahren nimmt die Schnellfiltration die erste Stelle ein.

Die Güte des Erzeugnisses hängt nicht zum geringsten von der Beschaffenheit des Fabrikationswassers ab. Das von Natur aus mehr oder minder stark verunreinigte Wasser muß daher, ehe es für die Zwecke der Fabrikation brauchbar ist, einer Filtration unterzogen werden, die je nach der Beschaffenheit des Rohwassers und den Ansprüchen, die die Fabrikation an dasselbe stellen, mit oder ohne Zusatz von Klärmitteln geschieht.

---

[46]) siehe Seite 331.
[47]) Zellstoff und Papier 1925, Seite 171.

Die heute hauptsächlich zur Verwendung kommenden Filterarten sind nun die folgenden:

1. Filter mit Luftauswaschung,
2. Filter mit Starkstromauswaschung.
3. Verbund-Filter mit Luft- und Starkstromauswaschung.

Die ersten beiden Arten werden sowohl in Eisen als auch in Beton hergestellt, ferner offen und die in Eisen auch geschlossen,

Abb. 161.
Offenes Kiesfilter mit Luftauswaschung.
Hans Reisert & Co., Köln-Braunsfeld.

F. Filterkies
R. Luftverteilungsrohr
L. Luftinjektor
A. Rohwasserzuführung
B. Reinwasserabfluß
C. Waschwasserschieber
S. Schlammrohr
U. Ueberlaufrohr
Q. Filterbett

während die Verbundfilter nur in Beton und auch nur offen ausgeführt werden.

Das Filter mit Luftauswaschung findet in der Hauptsache als Einzelfilter für Fabrikations- und Dampfkesselspeisewasser Verwendung, und zwar in der Regel in Zylinderform bis zu einem Durchmesser von 3 Meter. Mehrere offene Filter gleicher Bauart, in einer

Gruppe nebeneinander gereiht, werden zweckmäßig rechteckig in Beton ausgeführt. Diese Art hat den Vorzug der größeren Billigkeit.

Abb. 162.
Filter mit Starkstromauswaschung.
Hans Reisert & Co., Cöln-Braunsfeld.

Q. Filterbett
F. Filtermaterial
A. Rohwasserventil
N. } schräge Bleche
M. }
C. und D. Zylinder
R. Reinwasserraum
B. Krümmer
E. Geschwindigkeitsregler
G. Schwimmer
X. Vakuummeter
V. Drosselklappenstange
H. Hebel
W. Reglerstange
L. Luftventil
Z. Schlammraum
T. Skala
K. Luftventil

Die Filterfläche eines jeden Filterelementes kann dabei bis zu 15 qm groß gemacht werden. Bei nur wenig Platz kann man diese Filter auch übereinander als sogenannte Stufenfilter anordnen, sie müssen dann aber in Eisen ausgeführt werden.

In der Abbildung 161 ist ein solcher Filter der Firma Hans Reisert, G. m. b. H., in Köln-Braunsfeld gezeigt. Es ist ein rundes, nicht unter Druck arbeitendes Filter. Die Abbildung 162 zeigt ein Reisertfilter geschlossener Bauart, das unter Druck arbeitet und in der Regel nur in Zylinderform aus Eisen hergestellt wird.

In einem oben offenen oder auch ganz geschlossenen Mantel befindet sich das aus feinem Perlkies bestehende Filtermaterial (F), welches auf einem Boden aus zwei gelochten Blechen mit einem dazwischen gelegten Metallgewebe gelagert ist. Unter dem Boden befindet sich ein Luftverteilungsrohrsystem (R), an welches außen ein Dampfluftinjektor (D-L) angeschlossen ist. Das zu filternde Wasser wird durch das Rohr (A) zugeführt. Es durchdringt das Filtermaterial und fließt klar durch das Rohr (B) ab.

Die Abbildung 162 zeigt das Filter im Betriebszustande, während in der Abbildung 163 ein geschlossenes Filter beim Auswaschen gezeigt ist. Ist das Filtermaterial verschlammt, so schließt man das Rohwasserrohr (A) und das Reinwasserrohr (B), öffnet den Entschlammungsschieber (E) sowie das Dampfventil (D) des Luftinjektors und den Waschwasserschieber (C). Nun durchströmt auf der ganzen Ebene des Filterbettes gleichzeitig Waschwasser und gleichmäßig verteilte Luft das Filtermaterial von unten nach oben. Die Luft wühlt es auf und hält es auf der ganzen Höhen- und Flächenschichtung in starker Wallung, der Schlamm spült sich hierbei rasch ab und wird durch den kräftigen Auftrieb schnell nach oben befördert und vom Spülwasser durch das Schlammrohr (S) fortgeführt. Nach 5 bis 10 Minuten stellt man den Luftinjektor ab, spült mit Waschwasser noch kurze Zeit nach, schließt den Schlammschieber (E), das Ventil (C) und öffnet das Rohwasserrohr (A) und das Reinwasserrohr (B). Das Filter ist nun wieder im Betrieb. (U) ist ein Überlaufrohr, und der Hahn (Y) ist zum Entleeren des Filters bestimmt.

Bei den geschlossenen Filtern nach Abbildung 163 bleibt auch während des Auswaschens das Reinwasserventil (B) geöffnet. Das Rohr (O) dient zur Entlüftung vor Inbetriebnahme.

Die Verwendung der Stufenfilter ist da zweckmäßig, wo es an genügendem Platz für die Aufstellung nebeneinander angeordneter Filterelemente mangelt. Es sind das geschlossene in Eisen ausgeführte, in der Regel je 3 übereinander befindliche Filterelemente. Häufig, besonders aber, wenn das filtrierte Wasser zu Kühlzwecken dient oder wo eine Unterbrechung des Wasserstromes nicht stattfinden darf und von den Filtern bis zu dem Verwendungsort ohne

Zwischenschaltung eines Hochbehälters geleitet wird, ist es erwünscht, daß keine Unterbrechung während des Auswaschens stattfindet. In solchen Fällen werden die Filter so eingerichtet, daß jedes einzelne Filterelement ausgewaschen werden kann, während die anderen im Betriebe bleiben. Wird aber das Reinwasser erst zu einem Hochbehälter geleitet, durch den eine kurze Unterbrechung gestattet ist, so können die Filter so eingerichtet werden, daß alle Filterelemente gleichzeitig ausgewaschen werden. Hierdurch wird die Bauart der Stufenfilter einfacher und billiger.

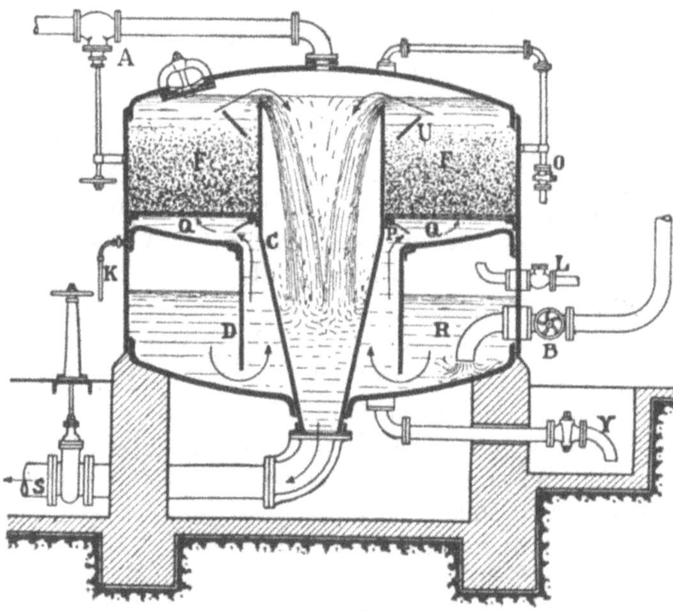

Abb. 163.
Geschlossenes Kiesfilter in Eisenausführung mit Starkstromauswaschung.
Hans Reisert & Co., Cöln-Braunsfeld.
Zeichenerklärung siehe Abbildung 162.

Die Filter mit Starkstromauswaschung sind besonders für sehr hohe Ansprüche an Reinheit des Filtrates bestimmt, weil bei ihnen ein feineres Filtermaterial verwendet werden kann, das sich außerdem beim Auswaschen noch feinerwerdend aussondert. Diese Filter zeichnen sich außerdem noch aus durch den geringen Waschwasserverbrauch und die kurze Zeit des Auswaschens, die je nach Beschaffenheit des Wassers und der Höhe der Filterschicht nur 20 bis 40 Sekunden beträgt. Die gründliche Reinigungsmöglichkeit des Filterkieses von Grund auf, also auch der untersten Schichten, macht diese Filterart insbesondere den Rührwerksfiltern überlegen, bei denen das Filtermaterial nur soweit gereinigt wird, als die Rührzinken reichen. Von ganz besonderer Bedeutung ist auch der Umstand, daß die Filterfläche nicht durch Rührzinken usw. unterbrochen ist, so daß die Gefahr einer Verletzung der Filterfläche während des Betriebes nicht besteht.

Die Abbildung 162 zeigt ein solches Filter der Firma Hans Reisert, G. m. b. H., in Köln-Braunsfeld, und zwar in offener Ausführung. In einem zylindrischen Behälter ruht auf einem in der Regel aus gelochten Blechen und zwischengelegtem Bronzedraht bestehenden Filterboden (Q) das Filtermaterial (F), das aus feinem Perlkies besteht. Das Rohwasser fließt durch das Ventil (A) und eine dahinter befindliche Drosselklappe in den durch schräge Bleche (M und N) gebildeten ringförmigen Raum, von wo es gleichmäßig — ohne die Filterdecke zu beunruhigen — auf das Filtermaterial fließt. Nach dessen Durchdringung gelangt das Filtrat durch den ringförmigen, zwischen den Zylindern (C und D) gebildeten Schacht in den Reinwasserraum (R), von wo es durch den Krümmer (B) und den Geschwindigkeitsregler (E) nach außen fließt.

Der Geschwindigkeitsregler (E) läßt sich genau auf die gewünschte Leistung einstellen, so daß die Filtergeschwindigkeit von Anfang an nach dem jeweiligen Auswaschen bis zur Höchstverschlammung immer gleich groß und gleichmäßig bleibt, was zur Erzielung eines guten Filtrates sehr wichtig ist. Der über dem Filterbett befindliche Schwimmer (G) regelt nicht allein gemäß der durch den Geschwindigkeitsregler (E) eingestellten Leistung den Rohwasserzulauf mittels der Drosselklappe, sondern er sperrt auch durch die entsprechende Bewegung des Gestänges (H und W) den Regler (E) ab, so daß die Wasseroberfläche bei ungenügender Wasserzufuhr niemals unter die Oberfläche der Kiesschicht sinken kann. Das Vakuummeter (X) zeigt den Grad der Verschlammung an. Wenn dieser soweit zugenommen hat, daß trotz des nunmehr ganz geöffneten Reglers (E) der Filterdruck nicht mehr für die Leistung ausreicht, so ist das an dem Vakuummeter (X) zu erkennen, und dann ist es Zeit für das Auswaschen des Filters.

Die Auswaschung erfolgt auf nachstehende Weise: Das Ventil (A) für den Rohwasserzulauf auf dem Regler (E) wird mittels der über dem Hebel (H) befindlichen Schraubenspindel, welche die Drosselklappenstange (V) und die Reglerstange (W) nach unten bewegt, geschlossen, und das mit einem durch eine kleine Luftpumpe gespeisten Windkessel in Verbindung stehende Luftventil (L) wird geöffnet. Die einströmende Preßluft verdrängt das in dem Raum (R) befindliche Reinwasser und treibt es mit großer Geschwindigkeit durch das Filtermaterial von unten nach oben. Das Wasser reißt allen Schlamm mit sich und stürzt durch den Zylinder (C) in den Raum (Z), von wo das Schlammwasser durch den Stutzen (S) abfließt. Durch den plötzlichen Druck hebt sich anfangs das ganze Filtermaterial und fällt dann durch das entgegenströmende reine Waschwasser, wobei es von allem Schlamm befreit wird, zurück. Dieser Vorgang dauert etwa 20 bis 40 Sekunden. Durch das Einlassen größerer oder geringerer Mengen von Luft hat man es in der Hand, beliebig viel Waschwasser zu verwenden, dessen Menge auf einer Skala (T) abgelesen werden kann. Die Menge der Luft wird, wenn nicht eine andere Vorrichtung angebracht ist, in der Regel durch die Größe des im Windkessel herrschenden und am Manometer ablesbaren Druckes bestimmt. Nach dem Schließen des Luftventiles und dem langsamen Öffnen der Droselklappe und des Reglers ist das Filter wieder betriebsfertig. Die Luft entweicht allmählich durch das Ventil (K), während sich der Reinwasserraum infolgedessen langsam wieder füllt. Während der Filterperiode sorgt man für die Neufüllung des Windkessels, der für eine aus einzelnen bis zu 20 Filterelementen zusammengesetzte Batterie ausreicht. An Stelle des Windkessels mit Luftpumpe kann auch ein Dampfstrahlinjektor an der Stelle des Ventiles (L) eingebaut werden.

Die Abbildung 164 zeigt ein geschlossenes Filter der gleichen Firma in Eisenausführung mit Starkstromauswaschung, und zwar im Zustande des Auswaschens. Dieses unter Druck arbeitende Filter ist im wesentlichen genau so gebaut wie das vorbeschriebene offene. Es ist aber oben geschlossen, der Schacht (C) ist mit einem Entschlammungsschieber (S) versehen. Das Wasserzuflußrohr ist an dem Deckel angeschlossen. Das Auswaschen erfolgt in derselben Weise wie beim offenen Filter. Da aber das Reinwasserrohr beim geschlossenen Filter unter Druck steht, so bleibt das Ventil (B) auch während des Auswaschens geöffnet, wodurch ein Teil des Waschwassers im Raum (R) sofort ersetzt wird.

Wo nicht nur an Raum, sondern auch an Gebäuden für das Filterhaus gespart werden soll, wo es sich also um sehr große Anlagen handelt, sind diese Filter in Betonausführung vorzuziehen. Sowohl der rechteckige Filterquerschnitt als auch die Möglichkeit, die Filterbetten in großer Länge bis zu 20 Meter und mehr auszuführen, vereinfachen und verbilligen demnach die Filteranlage gegenüber den Filtern mit runder Ausführung ganz wesentlich. Die Abbildung 164 zeigt eine gemauerte Filterkammer der Firma Hans Reisert, G. m. b. H., in Köln-Braunsfeld im senkrechten Längsschnitt mit dem für eine größere Anzahl solcher Kammern ausreichenden Windkessel und Kompressor, die Abbildung 165 hingegen den senkrechten Querschnitt derselben Anlage, und zwar ist links ein Filterelement während des Auswaschens, in der Mitte ein solches während des Be-

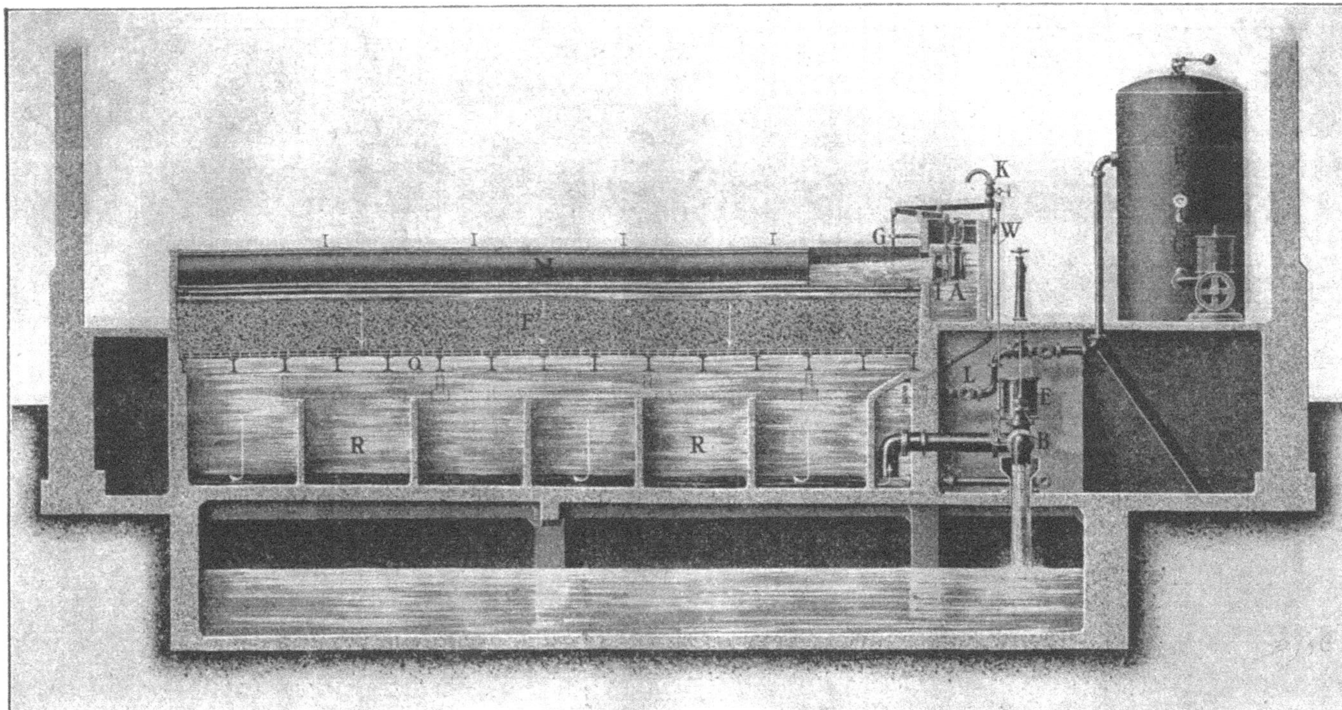

Abb. 164.
Filteranlage in Eisenbetonausführung, Längsschnitt. Hans Reisert & Co., Cöln-Braunsfeld.

A. Absperrschieber	F. Filterkies	E. Geschwindigkeitsregler
K. Drosselklappe	Q. Filterbett	W. Reglerstange
M. Verteilungsrinne	R. Reinwasserraum	G. Schwimmer.
	B. Reinwasserabfluß	

triebes und rechts ein solches in der Ansicht von der Stirnseite gezeigt.

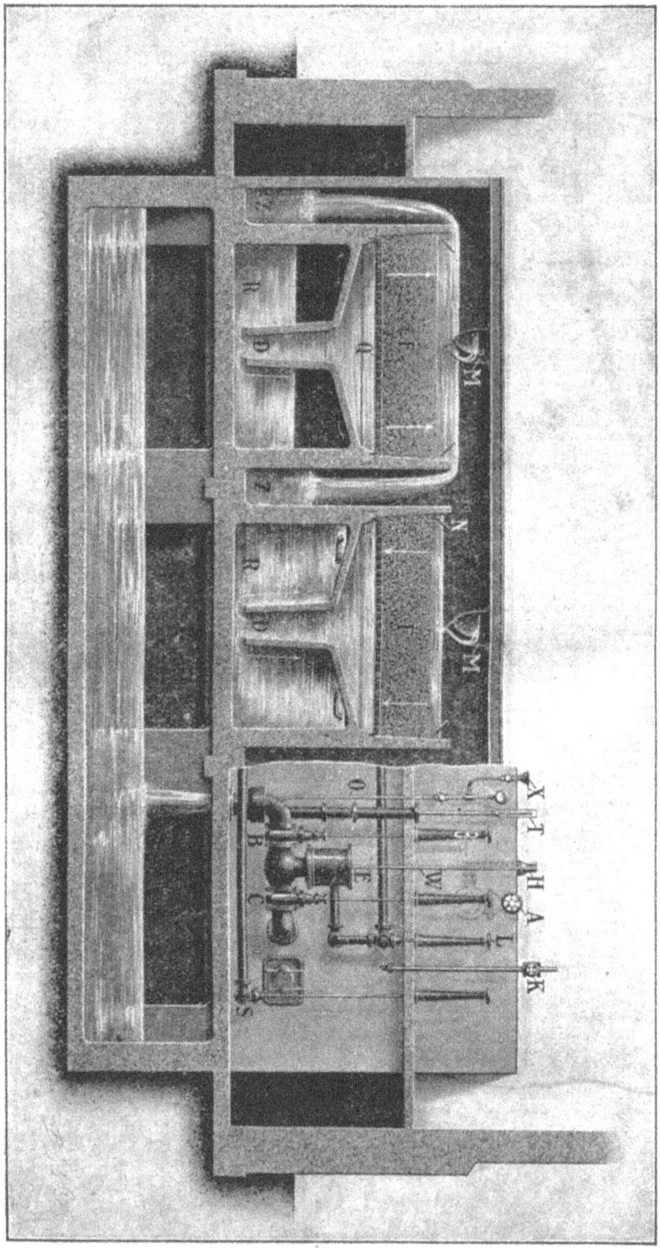

Abb. 165.
Filteranlage in Eisenbetonausführung, Querschnitt.
Hans Reisert & Co., Cöln-Braunsfeld

A. Absperrschieber
M. Verteilungsrinne
F. Filterkies
D. Schacht

R. Reinwasserraum
E. Geschwindigkeitsregler
B. Schieber
C. Reinwasserschieber
L. Preßluftventil

T. Skala
K. Vakuummeter
K. Luftventil
H. Schwimmerhebel
W. Reglerstange

E. Geschwindigkeitsregler
S. Entleerungsschieber
Q. Filterbett
Z. Schmutzwasserschacht

Im wesentlichen ist die Bauart, abgesehen von der Form der Filterkammern und der Anordnung der einzelnen Teile dieselbe wie bei den beschriebenen offenen eisernen Filtern in Zylinderform. An der Stirnseite befindet sich ein für alle Filterkammern gemeinsamer Rohwasserzuführungskanal, von dem durch die Absperrschieber (A) jedem einzelnen Element das Rohwasser zugeteilt wird. Dieses gelangt dann durch die Drosselklappe (J) in die über die ganze Länge des Filterbettes führende Verteilungsrinne (M), dann über und unter das Filtermaterial (F) und durch den die ganze Länge des Filterelementes durchlaufenden Schacht (D) in den Raum (R), in welchem Reinwasser zum Auswaschen sich sammelt. Der Reinwasserabfluß (B) wird durch den erwähnten Geschwindigkeitsregler (E) in der Weise geregelt, daß die durch ihn eingestellte Filtriergeschwindigkeit unter allen Umständen unabhängig vom Filterdruck gewahrt bleibt.

Alle Armaturen werden von dem vor der Stirnwand befindlichen Flur aus bedient. Mittels des Schiebers (B) wird die Filtriergeschwindigkeit eingestellt, die man auf einer Skala am Spindelständer ablesen kann. Der Schieber (C) dient zur Reinwasserabsperrung (L) zum Einlassen der Preßluft, die Skala (T) zum Ablassen des Waschwasserstandes im Raum (R). Das Vakuummeter (X) zeigt an, wie groß der Filterwiderstand ist. Hieran erkennt man, wie stark das Filtermaterial verschlammt ist und wenn es ausgewaschen werden muß. Das Ventilchen (K) dient zur Entfernung der Verdrängungsluft nach dem Auswaschen, das Handrad (A) zur Betätigung des Rohwasserschiebers (A). Der Schwimmerhebel (H) sperrt durch die Stange (W) den Regler (E) ab, wenn der Rohwasserzufluß sich verringert oder ganz aufhört, um ein Sinken des Wasserspiegels unter die Filteroberfläche zu verhüten. Der Schieber (S) dient zur Entleerung des Filters.

Das Auswaschen einer Filterkammer erfolgt in derselben Weise, wie es schon bei den eisernen Filtern beschrieben wurde. Nachdem der Regler (E) geschlossen ist, öffnet man die Luftleitung (L). Die Luft verdrängt das unter dem Filter im Raum (R) angesammelte Reinwasser so stark durch den Schacht (B) unter und durch das Filtermaterial (F), so daß zuerst das ganze Filtermaterial sich hebt. Dieses fällt nach und nach durch das allmählich langsamer nachströmende Waschwasser zurück, während letzteres mit dem mitgerissenen Schlamm in die Schächte (Z) und von da durch eine Öffnung unten in den Hauptschlammkanal abfließt. Nach dem Auswaschen wird das Luftventil geschlossen und der Rohwasserzu- und Reinwasserablauf geöffnet. Die Handhabung ist so einfach und der Vorgang so schnell, daß insgesamt nicht mehr als eine bis anderthalbe Minute dazu beansprucht werden. Die Verdrängungsluft entweicht langsam während der Filtration durch das Entlüftungsventilchen (K). An deren Stelle sammelt sich neues Waschwasser im Raume (R) an. Der Schwimmer (G) regelt den Rohwasserzulauf entsprechend dem durch den Regler (E) genau eingestellten Reinwasserabfluß und der durch den Schieber eingestellten Filtrier-

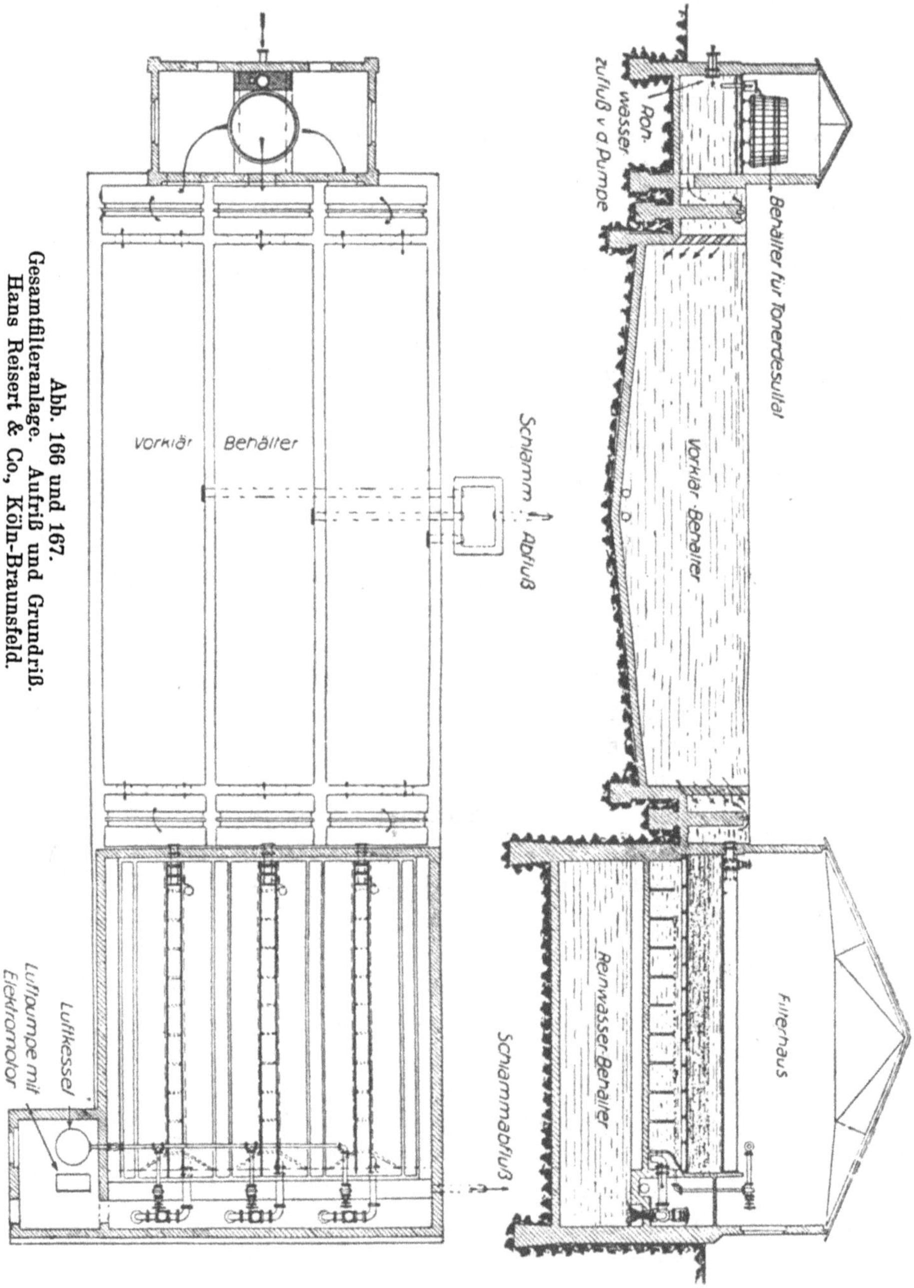

Abb. 166 und 167.
Gesamtfilteranlage. Aufriß und Grundriß.
Hans Reisert & Co., Köln-Braunsfeld.

geschwindigkeit. Der Windkessel füllt sich selbsttätig durch eine mittels eines Elektromotors angetriebene Luftpumpe (U), die, nachdem der erforderliche Druck erreicht ist, sich wieder selbsttätig abstellt.

In den Abb. 166 u. 167 ist im Längsschnitt und im Grundriß eine Gesamtfilteranlage der Firma Hans Reisert, G. m. b. H., in Köln-Braunsfeld dargestellt, die aus einem Vorklärbehälter und einer Vorrichtung zur Zuführung eines Fällmittels mit einem Mischbehälter sowie einem Reinwasserbehälter besteht. Einer Vorklärung unter Verwendung eines geeigneten Fällmittels bedarf ein Wasser, das sich ohne Fällmittel entweder gar nicht oder nur unzureichend filtrieren läßt, z. B. lehmhaltiges Wasser.

Die Verbundfilter mit Luft- und Starkstromwaschung vereinigen in sich die guten Eigenschaften der beiden vorbeschriebenen Arten. Die Benutzung beider Auswaschmittel, verteilte Luft und Wasserstarkstrom, geschieht hier abwechselnd, und zwar in der Weise, daß bei der Höchstdurchführung der Luft der geringste Rückfluß des Waschwassers und umgekehrt bei Höchstdurchführung des Waschwassers die geringste Durchführung der Luft zwangsweise stattfindet. Dadurch wird erstens erreicht, daß man auch für Luftauswaschfilter feines Filtermaterial verwenden kann, ohne daß beim Auswaschen Kies verlorengeht, und zweitens, daß selbst außergewöhnlich zäher Schlamm aus dem Filtermaterial losgerissen und fortgeführt wird. Darum eignet sich dieses Filtersystem besonders für Wasser mit zähem Schlamm und für hohe Ansprüche an Reinheit des Filtrates.

Dieses Filter wird nur in Beton ausgeführt, die Abbildung 168 zeigt eine Draufsicht. Auch diese Filteranlagen werden von der Firma Hans Reisert, G. m. b. H., in Köln-Braunsfeld ausgeführt.

Das Filtermaterial ruht auf dem in der Regel aus gelochten Blechen mit dazwischengelegtem Metallgewebe bestehenden Filterboden (Q). Es ist in der Mitte durch den längsverlaufenden Rohwasserkanal (M) geteilt. Dieser Rohwasserkanal dient auch als Schlammkanal. Der Entschlammungsschieber befindet sich an dem der Stirnseite entgegengesetzten Ende. In einem gewissen Abstande von dem Filterboden (Q) ist ein gelochtes Luftverteilungsblech (V) angeordnet, von dem aus die Wasserverschlußrohre (D) in die Vertiefungen (T) reichen. Die Räume (R) stehen durch die Schlitze (O) mit den Reinwasserkanälen (K) in Verbindung. An diese sind Rohrstutzen mit den Drosselklappen (P) und diese wieder an das Reinwasserrohr (N_3) und das Druckrohr (N_2) angeschlossen, welches das zum Auswaschen von einer elektrisch angetriebenen Rotationspumpe zugeführte Waschwasser abwechselnd unter die beiden Filterhälften leitet. In das Reinwasserabflußrohr (N_3) ist der Regler (E) eingebaut, der den durch den Schieber (B) eingestellten Wasserdurchfluß unabhängig vom Filterdruck stets sich gleichbleibend erhält. Mithin ist die Filtriergeschwindigkeit von Anfang nach dem Auswaschen des Filters bis zu dessen auswaschreifer Verschlammung immer gleich groß.

An der Stirnseite der Filterkammern ist der Rohwasserzuführungskanal für die ganze Filteranlage vorgelagert, von dem aus den einzelnen Kammern durch die Drosselklappen (J) und die Absperrschieber (A) das Rohwasser zugeteilt wird. Der durch den Hebel (H) mit der Drosselklappe verbundene Schwimmer (G) hält den Wasserspiegel in der Filterkammer stets auf gleicher Höhe.

Die von dem Gebläse zum Auswaschen kommende Luft wird durch das Rohr (L_2), das mittels der Drosselklappe (L_3) nach den beiden Filterhälften abzweigt, unter die Luftverteilungsbleche (V) getrieben. Jedes Filtrierelement ist mit einem Vakuummeter (X) versehen, das den jeweiligen Filterdruck und somit auch anzeigt, wann das Filter verschlammt ist, so daß das Auswaschen vorgenommen werden muß. Zu diesem Zweck wird der Reinwasserschieber (C) und der Rohwasserschieber (A) geschlossen, dann der Waschwasserschieber (N), das Luftventil (L) und der Schlammschieber (S) geöffnet und darauf die Rotationspumpe und das Luftgebläse in Tätigkeit gesetzt. Nun werden durch das Handrad (P) die mittels Gestänge gekuppelten Waschwasserdrosselklappen (P) und die Luftdrosselklappen (L_3) bald nach der einen, bald nach der anderen Seite hin bewegt. Die Drosselklappen sind so gestellt, daß die Luft in die linke Seite des Filterelementes strömt, während das Waschwasser in die rechte Seite eintritt. Nach wenigen Minuten werden die Drosselklappen durch das Handrad (P_1) umgestellt, um die Luft links und das Waschwasser rechts abzustellen und auf die entgegengesetzten Seiten zu leiten. Dieses Spiel wird einige Male wiederholt, bis die Filtermasse rein gewaschen ist. Das Schlammwasser strömt in den Kanal (M) und entweicht durch den Schieber (S). Nach Abstellung der Pumpe und des Gebläses sowie Mittelstellung der Drosselklappen und Umstellung der übrigen Armaturen ist das Filter wieder betriebsfertig. Alle diese Maßnahmen beim Auswaschen erfolgen von einem vor den Stirnseiten herlaufenden Gang, auf dem die Handräder zur Betätigung der Armaturen übersichtlich und bequem angeordnet sind. Je nach der Beschaffenheit des zu filtrierenden Wassers und dessen Verwendungszweck ist gegebenenfalls eine Vorklärung unter Benutzung eines Fällmittels erforderlich, wie das schon in der Abbildung 167 gezeigt wurde.

Die Abbildung 169 zeigt das Schaubild einer solchen Reisertschen Filteranlage für eine Tagesleistung von 30 000 cbm Flußwasser, die für eine große norddeutsche Zellstoffabrik ausgeführt wurde.

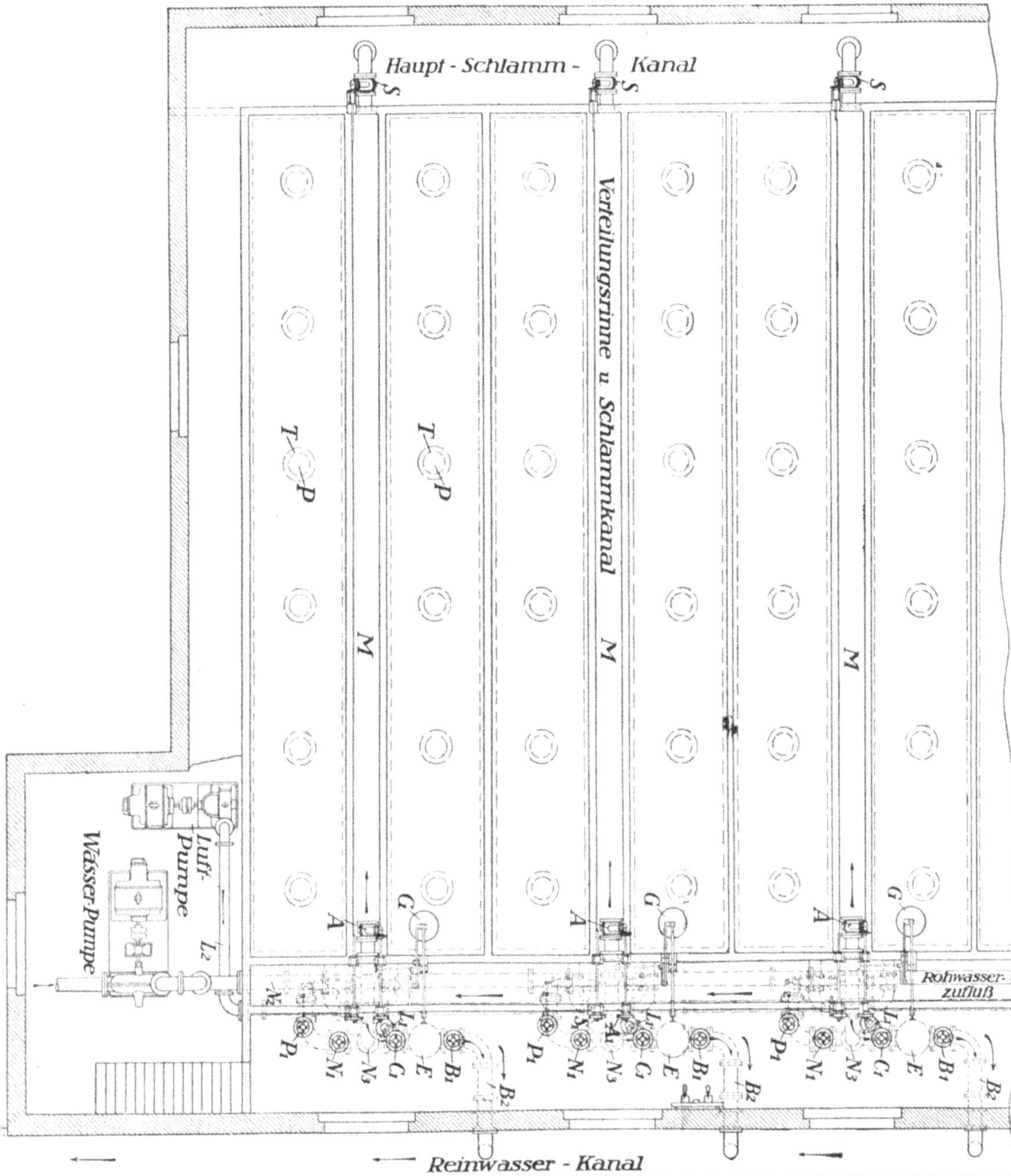
Haupt - Schlamm - Kanal
Verteilungsrinne u. Schlammkanal
Luft-Pumpe
Wasser-Pumpe
Rohwasser-zufluß
Reinwasser - Kanal

Mitunter genügt auch die Anwendung von Absitzbecken, um das Wasser für die Fabrikation ausreichend zu reinigen. Besonders bei der Fabrikation der Strohpappen und -papiere wird das zutreffen, wo es nicht auf so unbedingte Reinheit des Wassers ankommt wie in der Strohzellstoffabrikation. Diese Absitzbecken finden namentlich Verwendung bei verunreinigten Wässern mit schweren Suspen-

Abb. 169.
Filteranlage für 30 000 cbm Tagesleistung Flußwasser; ausgeführt für eine norddeutsche Zellstoff-Fabrik.
Hans Reisert & Co., Köln-Braunsfeld.

sionen, die zu Boden fallen, wenn das Wasser in einem Becken steht oder in einem langsamen Strom durchgeleitet wird. Meistens kommt das zweite Verfahren zur Anwendung, da es billiger ist und nicht so große und viele Becken verlangt wie das erste Verfahren. Die Reinigung kann erforderlichenfalls durch den Zusatz koagulierender Mittel, wie z. B. Alaun, noch beschleunigt werden. Die Wassergeschwindigkeit darf in der Regel nur 1 bis 2 mm in der Sekunde betragen, so daß jeder Quadratmeter Durchflußquerschnitt in der Sekunde 1 bis 2 Liter Wasser liefert. Die Becken können offen oder überdeckt sein, die Wassertiefe beträgt 3 bis 4 Meter.

2. Enteisenung.

Für die Strohzellstoffabrikation kann oft auch noch die Enteisenung des Wassers erforderlich werden. Das Eisen tritt im Wasser meistens als doppelkohlensaures Eisenoxydul (primäres Ferrokarbonat) auf, es kann aber auch an Humussäuren, Phosphorsäuren, seltener an Mineralsäuren gebunden sein. Die organischen Stoffe des Bodens spielen dabei eine wesentliche Rolle. Die Ausscheidung des Eisens beruht nun auf der Oxydation des primären Karbonates zu Ferrihydroxyd und einer Trennung desselben vom Wasser durch Gelbbildung. Bei doppelkohlensaurem Eisenoxydul genügt zur Oxydation die Belüftung, bei mineralsauren Eisenverbindungen kommen Zusätze wie Eisenchlorid und Kalkhydrat in Betracht. Fördernd auf den Enteisenungsvorgang wirken insbesondere die kohlensauren Kalk- und Magnesiaverbindungen (Härtebildner), verzögernd hingegen insbesondere Kohlensäure und größere Mengen von organischer Substanz.

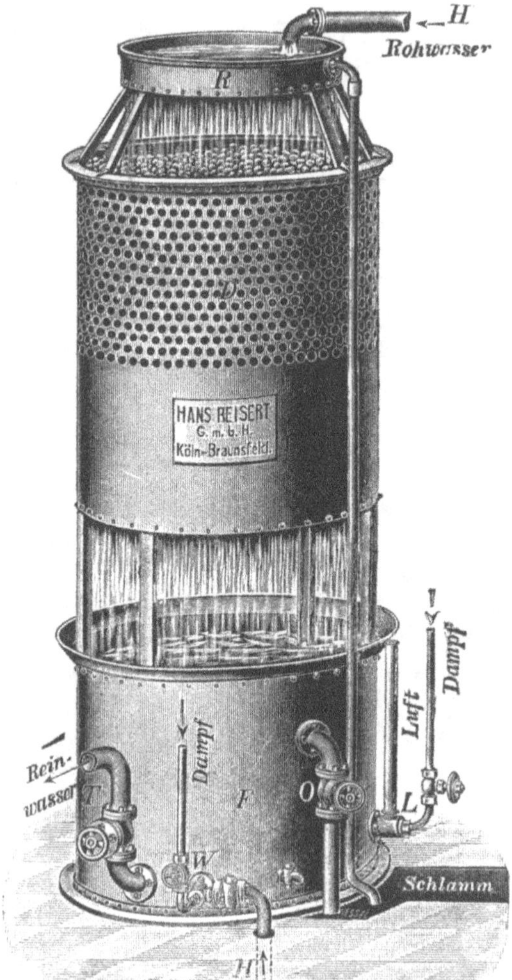

Abb. 170.
Offener Enteisenungsapparat.
Hans Reisert & Co., Köln-Braunsfeld.

Die Enteisenungsverfahren bestehen nun aus drei Teilen, und zwar: einem möglichst innigen Belüften des Wassers zur Hervorrufung der Flockenbildung, zweitens Schaffung einer Kontaktwirkung (Katalyse) und drittens dem Abfangen der gebildeten Flocken in Klärkammern und Filtern (Kontaktwirkung). Man hat nun offene und geschlossene Enteisenungsapparate zu unterscheiden. Die Abbildung 170 zeigt einen solchen offenen Apparat für diesen Zweck von der Firma Hans Reisert, G. m. b. H., in Köln-Braunsfeld. Der Apparat besteht in der Hauptsache aus dem Verteiler (R), dem Koksberieseler (D) und dem Kiesfilter mit Luftauswaschung (F). Das zu enteisende Wasser wird dem Apparat durch das Rohr (H) zugeführt. Es rieselt aus dem Verteilungsapparat, dessen Boden mit sehr feinen Löchern versehen ist, in Regenform fein verteilt auf die Koksschicht herab. Schon auf diesem Wege wird das Wasser mit Luft gemischt, und der aufgenommene Sauerstoff leitet das Ausfallen des Eisens ein. In dünnen Strahlen rieselt dann das Wasser durch die hohe Koksschicht hindurch. Es vollzieht sich hier eine vollkommene Ausscheidung des Eisens. Die erforderliche Luft wird von allen Seiten zugeführt, da der Mantel des Koksberieselers aus perforiertem Blech besteht. Der Koks überzieht sich schon nach kurzer Zeit mit Eisenoxydhydrat, wodurch auch gleichzeitig die Umsetzung des gelösten Eisens beschleunigt wird (Katalyse). Nach dem Verlassen des Koksberieselers gelangt das Wasser wiederum in Regenform in das Kiesfilter. Hier wird nunmehr das ausgefallene Eisen auf dem Filtermaterial zurückgehalten, und das Wasser verläßt durch das Rohr (T) das Filter vollkommen eisenfrei. Die Auswaschung des Filters erfolgt in der bei den offenen Filtern dieser Firma beschriebenen Weise. Die Wahl eines offenen Enteisenungsapparates hängt in der Hauptsache

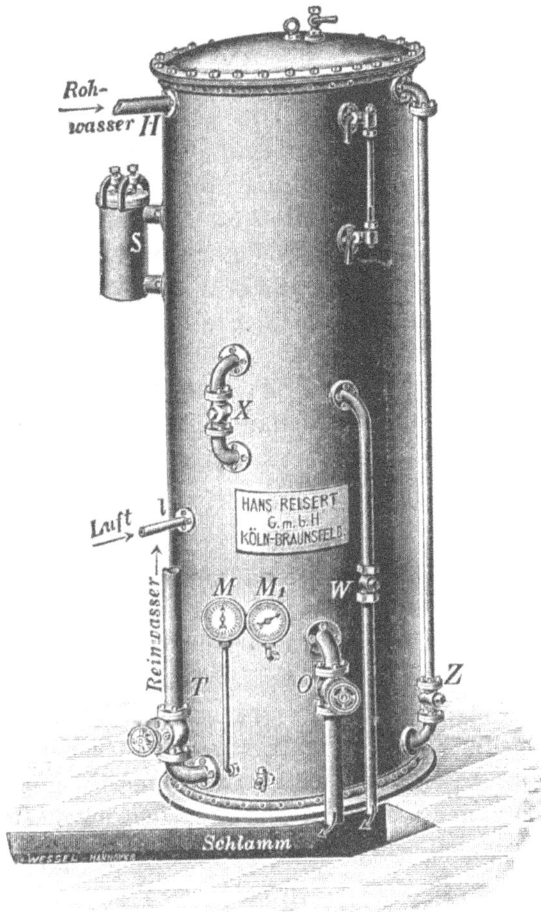

Abb. 171.
Geschlossener Enteisenungsapparat.
Hans Reisert & Co., Köln-Braunsfeld.

von dem zur Verfügung stehenden Raum und von den Betriebsverhältnissen ab.

Je nach diesen Bedingungen können auch die geschlossenen Enteisenungsapparate derselben Firma vorzuziehen sein, wie sie in der Abbildung 171 gezeigt sind. Der Apparat enthält in seinem oberen Teil ein sogenanntes Kontaktfilter, wo das Wasser durch fortlaufend zugeführte Luft belüftet wird, so daß sich das im Wasser gelöst enthaltene Eisen (Eisenoxydul) in ungelöstes, abfiltrierbares Eisen (Eisenoxyd bzw. Eisenoxydhydrat) umsetzt. Die Luft wird durch einen Kompressor, der mit einem Elektromotor direkt gekuppelt werden kann, eingeführt. Die Reibung des Gemisches von Luft und Wasser im Kontaktfilter fördert die Ausscheidung des Eisens. Von dem Kontaktfilter, dessen Reinigen durch Durchströmenlassen von Wasser von oben nach unten bewirkt wird, fließt das mit ausgeschiedenem Eisen durchsetzte Wasser auf das im unteren Teil der Anlage befindliche Kiesfilter, auf welchem das ausgefallene Eisen zurückgehalten wird. Das gereinigte, eisenfreie Wasser fließt unter dem Druck der Pumpe in einen Hochbehälter. Die Auswaschung des Filters erfolgt in genau der Weise, wie sie bei den geschlossenen Filtern der gleichen Firma erwähnt wurde.

3. Enthärtung.

Außer diesen erwähnten Reinigungsverfahren kann nun noch eine Enthärtung des Wassers in Frage kommen, die einmal für die Kesselspeisung und das andere Mal aber auch für die Fabrikation bei gebleichten Strohzellstoffen von großer Bedeutung sein kann. Im allgemeinen ist hier am meisten das Kalk-Soda-Verfahren in Anwendung. Dieses Verfahren zerfällt gewissermaßen in vier Abschnitte, und zwar den Mischprozeß (Zusatz der erforderlichen chemischen Lösungen zum Rohwasser), den eigentlichen Reaktionsprozeß, die Sedimentierung des Schlammes und zum Schluße die Filtration. Die Vorgänge eins bis drei können sich auch ohne weiteres hintereinander in dem Hauptreaktions- und Klärbehälter abspielen, während der sehr wichtige vierte Vorgang, die Filtration, in einem besonders gebauten, am besten neben dem Hauptklärbehälter aufgestellten Kiesfilter erfolgen muß. Eingebaute Filter, gleichviel welcher Bauart, soll man grundsätzlich verwerfen.

Die Abbildung 172 zeigt nun im Schnitt einen solchen Enthärtungs- und Reinigungsapparat der Firma Halvor Breda in Berlin. Die Einrichtung zum Zumessen der Chemikalien besteht in einem Wasserverteiler (b), einem darunter liegendem Kippkasten und dem Dosierungskasten (f). Der Wasserverteiler ist ein kreisrundes Gefäß, das auf einer Eisenkonstruktion aufgebaut ist. Das Rohwasser fließt dem Apparat bei a frei zu und läuft zunächst über ein kreisförmig oder horizontal gestaltetes Wehr, hinter dem sich einstellbare

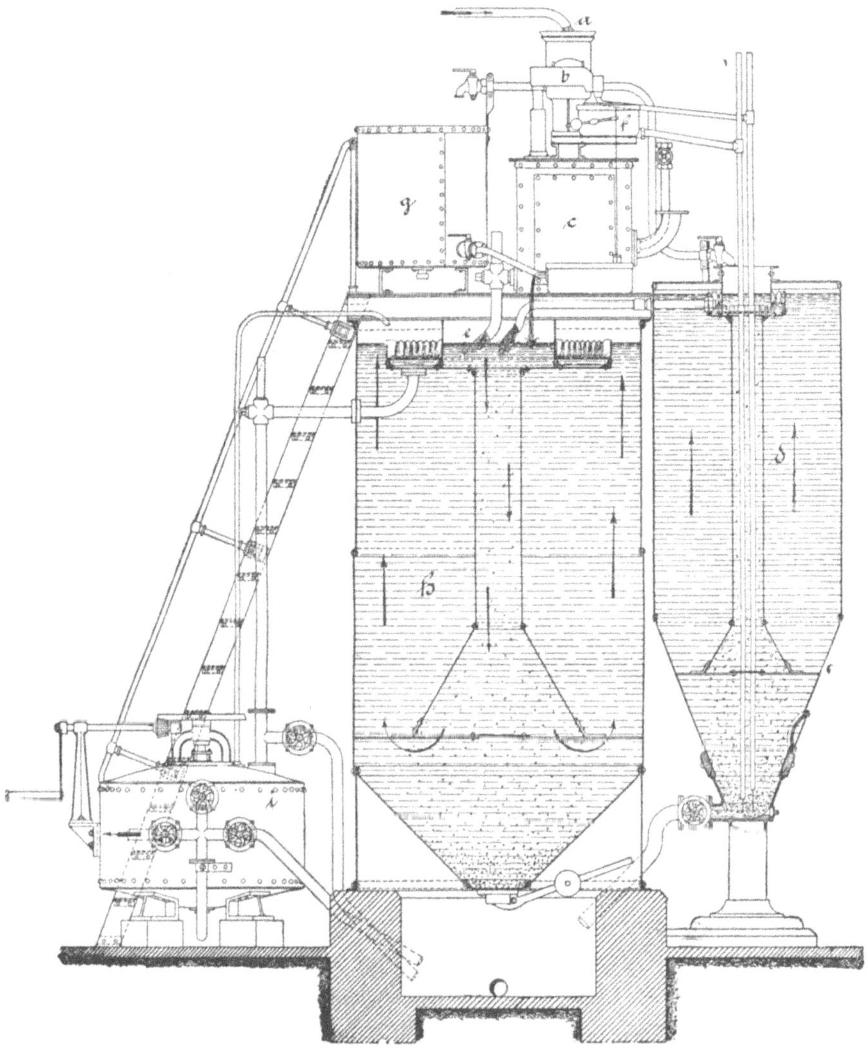

Abb. 172.
Wasser-Enthärtungsanlage der Firma Halvor-Breda A.-G., Charlottenburg.

a. Rohwasserzulauf
b. Wasserverteiler
c. Vorwärmer
d. Kalkwassersättiger
e. Klärbehälter
f. Dosierungskasten
g. Laugengefäß
i. geschlossenes Wasserfilter

Zungen und Scheidewände befinden. Die Einstellung wird so bewirkt, daß ein gewisser Anteil des Stundenquantums, für das der Apparat gebaut ist, nach dem Kalkwassersättiger (d) abfließt, der Rest nach dem Mischraum des Klärbehälters (e). Der für die Herstellung des Kalkwassers bestimmte Teil wird nochmals zerlegt, indem eine kleine Menge nach dem erwähnten Kippkasten abfließt, während der Rest direkt dem Sättiger zufließt.

Der Zweck des Kippkastens ist ein doppelter, nämlich erstens die Sodalauge zu dosieren, zweitens den Strom zu unterbrechen und dadurch Luftblasen in den Kalkwassersättiger zu pressen. Der Kippkasten wird derart betätigt, daß er sich in der Minute etwa fünf Mal abwechselnd füllt und leert und sich nach jeder Entleerung wieder selbsttätig aufrichtet. Bei größeren Anlagen oder für solche Fälle, in denen die Beschaffenheit des Rohwassers noch den Zusatz eines weiteren Chemikals, z. B. schwefelsaurer Tonerde, erforderlich macht, kann er zweiteilig, und zwar in Form einer trapezartigen Schale gebaut werden, welche durch eine Scheidewand geteilt und drehbar gelagert ist und in diesem Falle durch den Zulauf des Wassers in eine hin- und hergehende Bewegung versetzt wird.

An der Achse des Kippkastens befindet sich ein Hebel, der bei kleineren Anlagen einen, bei größeren abwechselnd zwei kleine Becher an Zugstangen trägt. Die Becher tauchen nun in den unter ihnen aufgestellten Dosierungskasten ein und werden wieder hochgehoben. Hierbei wird ein bestimmtes, genau abgemessenes Quantum Lauge herausgeschöpft und nach dem Mischraum des Klärbehälters abgeleitet. Dem Dosierungskasten läuft die für die Arbeitsperiode einmal angesetzte Lauge aus dem Laugengefäß (g) selbsttätig zu. Die Arbeitsperiode kann auf 12 oder 24 Stunden bemessen werden.

Der schmiedeeiserne Behälter (c) stellt einen Vorwärmer dar, dessen eingebaute Konstruktion die Vorwärmung des Wassers mittels Ab- oder Frischdampf oder beider Dampfarten gemeinsam, unter Ausnutzung der Flüssigkeitswärme bis auf die für den Verlauf der Reaktion vorteilhafteste Temperatur von etwa 60° C. ermöglicht.

Der Kalkwassersättiger (d) hat im wesentlichen eine konische Form und enthält einen trichterförmigen Einsatz. Die Zuflußrohre für das vom Verteiler kommende Rohwasser sind in der Spitze des Sättigers eingeführt. Dadurch, daß in dem einen der Rohre ständig Luftblasen mit hinuntergerissen werden, wird eine energische Aufwirbelung im untersten Teil des Sättigers erzielt, und hierdurch wird wieder bewirkt, daß der Kalkschlamm, welcher für eine Arbeitsperiode einmal eingefüllt ist, sich nicht fest zu Boden setzen kann, sondern immer in Form einer dünnen Kalkmilch in der Schwebe gehalten wird. Dadurch wird erzielt, daß das Wasser mit dem Kalkschlamm in dauernde, sehr innige Berührung kommt und sich vollkommen und daher gleichmäßig sättigen kann. Die Luftblasen werden in bestimmter Höhe durch den eingebauten Schirm aufgefangen, wodurch jede Störung des in Ruhe verlaufenden Abklärungsprozesses im oberen Teil des Sättigers bestimmt verhütet wird. Das fertig gesättigte Kalkwasser fließt durch einen Überlauf in kontinuierlichem Strom nunmehr dem Mischgefäß zu, und zwar in der gleichen Menge, wie es dem Kalksättiger oben als Rohwasser zugeführt wurde. Zu verwerfen sind Kalkwassersättiger, deren Konstruktion lediglich die Form des konischen Gefäßes aufweist, die aber Vorrichtungen zu einer genügend intensiven und auch lange genug dauernden Berührung des Rohwassers mit dem Kalkschlamm außer acht lassen.

Im Mischraum (e) des Klärbehälters beginnt bei kreisender Bewegung die Umsetzung zwischen dem Rohwasser und den chemischen Lösungen (Kalkwasser und Soda). Die Härtebildner fallen in Flockenform aus und werden beim nachfolgenden Klärprozeß zum größten Teil abgeschieden, sie sedimentieren in dem untersten, konisch geformten Raum des Reaktionsbehälters, aus dem der dort angesammelte Schlamm von Zeit zu Zeit durch Öffnen eines Hebeventiles abgelassen wird. Die gleiche Entschlammungsweise wird auch beim Kalksättiger angewendet. Nach so beendeter Reaktion und zum größten Teil auch bereits abgeschlossener Sedimentierung fließt das Wasser in ansteigendem und verlangsamtem Strom zum Überlauf und fällt von dort in ein nebengebautes Feinkiesfilter (i), dessen Bauart sich grundsätzlich nicht von den weiter vorn erwähnten Filtern für Wasserreinigung unterscheidet.

Abwässerreinigung und Faserrückgewinnung.

Die Abwässer im allgemeinen.

Wenn nun die Reinigung des Frisch- und Fabrikationswassers schon von großer Bedeutung ist, so ist es noch mehr, und zwar aus wirtschaftlichen und anderen Gründen, die Reinigung der Abwässer. Die wirtschaftliche Bedeutung dieser Abwässerreinigung liegt darin, daß alle Abwässer noch eine mehr oder minder große Anzahl von Fasern enthalten, die man der Fabrikation wieder zuführen kann. Das andere Mal sind es aber behördliche Bestimmungen, die vorschreiben, daß das Wasser wieder in der Reinheit in den Vorfluten zurückgeführt werden muß, in der es ihm entnommen wurde.

Eine zufriedenstellende Reinigung dieser Abwässer und eine Wiedergewinnung der wertvollen Bestandteile ist nun mit allen bisher vorgeschlagenen Verfahren nicht möglich. Die Abwässer der Zellstoffabriken und der Strohpappen- und -papierfabriken sind außerordentlich schädlich für das Bakterienleben; wenn sie in die Kanalisation und durch Filter geleitet werden, so verderben sie diese. Der größte Teil der Verunreinigungen der Abwässer ist suspendiert und kann durch geeignete Vorrichtungen oder durch Sedimentieren wieder gewonnen werden. Bis zu 90 vH. der suspendierten Stoffe kann man durch Zusatz von 1000 bis 1500 Gramm Aluminiumsulfat auf den cbm niederschlagen, während durch Siebe und Sedimentieren 70 vH. und mehr der ursprünglichen Verunreinigungen in den Abwässern entfernt werden können.[48])

Fabriken mit schlechter Stoffanganlage müssen mit 10 bis 12 vH. Produktionsverlust rechnen. Eine unnötige Verdünnung des Abwassers ist unbedingt zu vermeiden. Bei der Wahl der Wiedergewinnungsanlagen muß auf das Erzeugnis Rücksicht genommen werden. Nicht in allen Fällen bewähren sich Rühr- und Kratzervorrichtungen, die eine ständige Aufsicht verlangen. Bis zu einem gewissen Grade sind Schwankungen in der Wasserzufuhr zulässig, ohne daß die Apparate überlastet werden. Das Wasser muß möglichst rein abfließen, so daß es als Spritzwasser Verwendung finden kann. In Zellstoffabriken eignen sich auch gut die Eindicktrommeln, die verlorenen Fasern sind qualitativ minderwertig. Bei einer Stoffverdünnung von 1 : 300 vor und 1 : 100 nach dem Eindickzylinder ergibt sich durchschnittlich ein Faserverlust von 38 bis 42 mg/l, was gleich 0,6 vH. ist, auf die Produktion bezogen.[49]) Der Faserverlust unter dem Siebtisch der Entwässerungsmaschinen einschließlich des Preßwassers ist durchschnittlich 40 mg/l gleich 0,36 vH., bezogen auf die Erzeugung. Bei Zirkulation des am Eindickzylinder anfallenden Wassers ist der Verlust etwa 0,22 vH.

Die in den Abwässern enthaltenen Stoffe sind teils organischer, teils anorganischer Natur und finden sich entweder in gelöster oder in ungelöster Form. Bei der Reinigung ist nun nach zwei Gesichtspunkten zu unterscheiden, und zwar in Klärung und Reinigung. Die Klärung erfolgt auf rein physikalischem Wege und mittels chemischer Fällungsmittel oder auch durch eine Vereinigung dieser beiden Verfahren. In abwassertechnischer Hinsicht ist zunächst der sogenannte Kläreffekt zu berücksichtigen. Die Reinigung der Abwässer hingegen vollzieht sich auf hydrobiologischem Wege. Man versteht also unter der Klärung im allgemeinen die mechanischen Vorgänge, d. h. die Ausscheidung der grobsinnlichen Schwimm- und Sinkstoffe einschließlich des größten Teiles der Kolloide und unter Reinigung die Unschädlichmachung der gelösten organischen, leicht fäulnisfähigen und abwasserpilzbildenden Substanzen in den Abwässern auf dem Wege der normalen Selbstreinigung.

---

[48]) H. W. Clark: Zellstoff- und Papierfabrikabwässer vom chemischen Standpunkte aus betrachtet. Paper Trade Journal 1923, Heft 2.

[49]) Sigurd Samuelsen: Faserrückgewinnung. Papier-Journalen 1925, Heft 3, 4 und 5.

Mechanische Klärung der Abwässer erfolgt durch eine Reihe von Vorrichtungen, die alle dem bereits erwähnten Zweck der Ausscheidung der festen, ungelösten, anorganischen und organischen Stoffe aus den Abwässern dienen. Hierbei kommen für die allergröbsten Anteile Sandfänge, Rechen- und Gittervorrichtungen mit feststehenden oder beweglichen Absieb- und Abstreifvorrichtungen in Betracht. Hieran schließen sich dann die eigentlichen Sedimentierungsanlagen, die Klärbecken, Klärbrunnen und Klärtürme. Klär- und Absitzbecken sind Anlagen mit horizontaler Bewegung des Wassers, Klärtürme, solche mit auf- und abwärtsgerichteter Bewegung. Bei den Klärbecken werden in der Regel mehrere neben- oder hintereinander geschaltet. Eine strenge Trennung zwischen Absitz- und Faulverfahren besteht nicht. In den vorgenannten Anlagen geht der Schlamm bei längerer Lagerung in Fäulnis und Gärung über. Hierbei finden dann folgende Vorgänge statt: Schlammzehrung, Vergasung, Verflüssigung und Mineralisierung. Bei jedem Fäulnisprozeß durch die Tätigkeit aerober und anaerober Bakterien bilden sich giftige Gase (Schwefelwasserstoff, Metan usw.). Diese Gase teilen sich dem Überlaufwasser mit und vergiften es.

An Stelle der alten Faulgrubenverfahren verwendet man jetzt Frischwassersysteme mit strenger Trennung des Absitz- vom Schlammsammelraum. Die Vorteile bestehen darin, daß frisches, d. h. ungefaultes Überlaufwasser zur Ableitung kommt, das nicht durch den giftigen Faulschwamm infiziert ist. Hierher gehören die Emscherbrunnen, Kremerbrunnen, Neustädtler Brunnen, Oms - Anlagen, Dyckerhoff-Widmann-Becken, Dorfmüller-Anlagen usw.

Das chemische Fällungsverfahren bedient sich sogenannter Zuschläge; feingemahlene Braunkohle, humöse Stoffe, als Humin, Torf, ferner Klärerden, Tonerden, Eisen-, Kalk- und Aluminiumsalze. Bei manchen Anlagen beträgt der Kläreffekt bis zu 80 vH. Die Nachteile dieser Systeme bestehen in der Verteuerung durch diese Zuschläge und durch die großen Schlammassen. Zur Desinfektion der Abwässer verwendet man Chlorkalk, Chlorgas, Ätzkalk usw.

Die Abwässer der Strohzellstoff- und Strohpappen- und -papierfabriken sind demnach getrennt zu beurteilen. Bei den letzteren ist die mechanische Klärung anzuwenden durch Filter, Klärbecken und Klärteiche, die eine Wiedergewinnung und Wiederverwendung des Fangstoffes ermöglichen und auf die weiter unten noch näher eingegangen werden soll. Bei all den Systemen werden nun aber nur die gröbsten Schwimm- und Sinkstoffe zurückgewonnen und ausgeschieden, die allerfeinsten Trübstoffe aber sowie die gelösten Stoffe bleiben im Überlaufwasser und gelangen mit diesem in den Vorfluter. Die einfachen mechanischen Vorklärungen reichen in vielen

Fällen nicht aus, um schwere Schädigungen zu verhindern. Wie weit nun jeweilig mit einer Nachreinigung gegangen werden muß, hängt lediglich von der Beschaffenheit des in Frage stehenden Vorfluters ab. Immerhin kann gesagt werden, daß die sogenannten chemischen Verfahren wegen der hohen Kosten, die sie verursachen, ausschalten müssen. Was die biologische Nachreinigung dieser Abwässer anbetrifft, so versagt dieselbe in den meisten Fällen sehr bald. Weder Rieselfeldbetrieb noch Bodenfiltration und Landbehandlung lassen sich hier auf die Dauer befriedigend durchführen. Dasselbe gilt auch von den künstlichen biologischen Reinigungsverfahren mittels Tropf- und Füllkörpern. Die Zersetzung der Zellulose vollzieht sich im Wasser nur sehr langsam.[50]) Die Faul-Prozesse und Gärungserscheinungen, die auf die Einwirkung aerober und anaerober Bakterien und gewisser Pilzarten beruhen, gehen äußerst ungleichmäßig und regellos, in allen Fällen aber nur in langen Zwischenräumen vor sich. Reine Cellulose zersetzt sich erst etwa im Laufe eines Jahres. Die biologische Reinigung ist für Papierfabrikabwässer nicht genügend. Abwässerklärteiche sind aber nicht mit Fischteichen zu verwechseln. In den Abwässern finden sich auch oft mehr oder minder große Mengen von substantiven Farbstoffen. Man ist auch leicht geneigt, die Anilinfarbstoffe in allen Fällen als ungiftig zu bezeichnen. Nach Versuchen von Graf[51]) sind diese Farbstoffe, trotzdem sie für Menschen im allgemeinen ungiftig sind, für Fische doch auf die Dauer schädlich und tödlich, selbst in ganz großer Verdünnung auch für niedere Tiere, die den Fischen zur Nahrung dienen.

Zu den gefährlichsten gehören aber die Chlorabwässer, denn sie vernichten alles Leben im Vorfluter und machen flußabwärts jede biologische Selbstreinigung des Flusses unmöglich. Am besten sammelt man die Chlorabwässer in abflußlosen Gräben oder führt sie auf das Land ab oder nimmt sie, soweit das angängig ist, in den Betrieb zurück. Wo auch das unmöglich ist, kann nur noch eine chemische Behandlung mit Antichlor (Natriumthiosulfat) helfen, die aber sehr teuer ist. Die stark konzentrierten Abwässer der Strohpappen- und -papierfabriken muß man mechanisch klären und gegebenenfalls neutralisieren, da sie einen hohen Gehalt an organischen Stoffen haben. Infolgedessen kann auch die biologische Reinigung und die Berieselung hier gute Dienste leisten, aber auch Abwässerteiche sind in Betracht zu ziehen.

Die Celluloseabwässer sind aber die schlimmsten und gefährlichsten und haben große Verunreinigung der Gewässer zur Folge.

---

[50]) Papierfabrikant 1925, Seite 325.

[51]) Papierfabrikant 1925, Seite 352.

Die Abwässer bestehen hier aus Waschwässern, die noch Lauge enthalten und die in großen Mengen anfallen.

Besonders gefährlich sind auch die schwefelhaltigen Abwässer. Die Folge dieses Gehaltes an Schwefel in verschiedenen anorganischen und organischen Verbindungen ist die massenhafte Bildung von Algen, die zu ihrem Aufbau Schwefel benötigen. Diese überziehen in den Fabriken selbst die Kanäle, Knotenfänger usw. mit einem Schleim, der auch leicht an den fertigen Zellstoff gerät und dort Schimmelflecken verursacht. Auf Grund von Versuchen[52]) soll Kupfervitriol oder eine andere chemische Behandlung das Auftreten von Algen im Fabrikationsgang einschränken können. Diese Algen, welche unterhalb der Zellstoffabriken auf Steinen und Wurzelstöcken oft gefunden werden, geben beim Verwesen einen penetranten Geruch und färben sich schwarz. Ablagerungen von Zellstoff in toten Gewässern sind oft bedeckt mit den blaugrünen Fäden der Oscillarien. In der Sonne entwickeln sich Blasen von Sauerstoff, durch welche dann ganze Klumpen schwimmend fortgerissen werden und flußabwärts gehen. Auch diese Gewächse können durch Kupfervitriol vermindert werden.

Was den Einfluß auf die Fische anbetrifft, so werden Barsche und Forellen bei 10 facher Verdünnung der Abwässer in einem Tag, bei 75 facher Verdünnung in mehreren Tagen getötet. Barsche werden bei einer 200 bis 500 fachen Verdünnung nicht mehr getötet. Schuld an dem Sterben der Fische ist weniger die Vergiftung als vielmehr das Ersticken durch den Mangel an Sauerstoff.

Der Einfluß auf das Trinkwasser macht sich selbst bei großer Verdünnung durch einen unangenehmen Geruch der Salze der Lignosulfosäuren bemerkbar. Auch die Filtrierfähigkeit wird durch diese Salze beeinträchtigt. Derartig verunreinigtes Wasser erfordert oft die doppelte Menge an Alaun und ein Mehrfaches an Zeit bei der Reinigung. Bei ungenügendem Alaunzusatz und ungenügender Filtrierzeit passiert dann ein Teil der Salze mit den organischen Verbindungen das Filter, und das Wasser schmeckt etwas nach Cellulose. Es greift im erhitzten Zustande das Eisen an, und die Bakterien sind unzulänglich entfernt. In den Vereinigten Staaten von Amerika wurden eingehende Versuche über die Menge, die Zusammensetzung und den Wert von Strohpappenabgängen gemacht.[53]) Der in großen Teichen mit Schlackenfiltern abgesetzte Schlamm von Strohpappenfabriken hatte den gleichen Nährwert wie Dünger. Das von den

[52]) Georg C. Whipple: Verunreinigung der Flüsse durch Abgänge aus Zellstofffabriken. Paper-Trade-Journal 1924, Seite 46.

[53]) H. B. Hammon: Die Behandlung und Verwertung von Strohpappenabgängen. Paper-Trade-Journal 1924, 44.

Teichen ablaufende Abwasser hatte keine schädigenden Einflüsse auf die Fischerei, wenn die Verdünnung in dem die Abwässer aufnehmenden Fluß eine 5—6 fache war.

Der abgesetzte Schlamm wurde auf Schlackenlagen getrocknet und zum Düngen auf den Feldern verwendet, was als die rationellste Methode der Verwertung befunden wurde. 470 Quadratfuß sind für eine 70 mm Strohpappenerzeugung ausreichend.

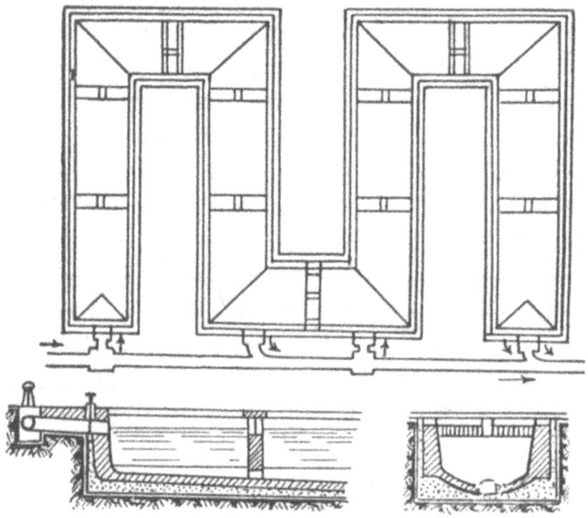

Abb. 173 bis 175.
Hufeisenförmiges Absitzbecken.

In geringerer Verdünnung als oben angegeben, bemerkt man eine Zunahme der Färbung aus den Abgängen und ein Steigen der Alkalität, es bilden sich aber keine schädlichen Bakterien.

Die mehrfach erwähnten Absitzbecken muß man nun, wenn man von ihnen auch eine Wirkung erreichen will, nach bestimmten Gesichtspunkten anlegen. Der Wasserstrom muß in ihnen so schnell wie möglich stark verlangsamt oder ganz zum Stillstand gebracht werden. Weiter ist darauf zu achten, daß sich der Betrieb, namentlich die Ausräumung des abgeschiedenen Schlammes usw. so einfach wie möglich gestaltet. Die Abb. 173—175 zeigen ein hufeisen-

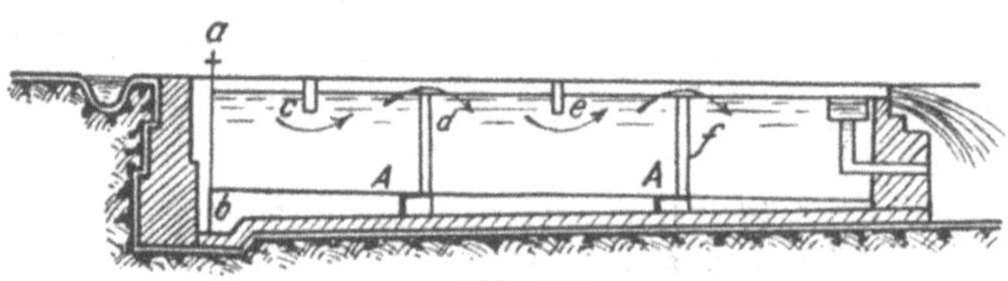

Abb. 176.
Absitzbecken.

förmig angelegtes Absitzbecken. Es werden hierbei vorteilhaft zwei hufeisenförmige Elemente derartig nebeneinander geschaltet, daß durch Schieberstellung das Abwasser gezwungen werden kann, die verschiedenen Becken nacheinander zu durchlaufen, jede Abteilung weist mehrere Quermauern auf.

Die Abbildung 176 zeigt im Längsschnitt ein anderes Absitzbecken. Die Sohle hat ein Gefälle nach der Zuflußseite hin, wo sich ein Pumpensumpf (b) befindet. Das Abwasser fließt in der ganzen Breite des Beckens über ein Wehr (a), muß unter einem Schwimmbrett (c) hindurch, dann über eine untergetauchte Querwand (d), wiederum unter einem Schwimmbrett (e) hindurch, dann über eine zweite Tauchwand (f) hinweg, ehe es die Abflußseite erreicht, wo es in der ganzen Breite des Beckens über ein Wehr (g) abläuft. Zur Entschlammung werden Löcher in den Querwänden (Λ) geöffnet. Fließt der Schlamm nicht selbsttätig nach dem

Abb. 177. Absitzbecken.

Pumpensumpf ab, so müssen die einzelnen Abteilungen für sich gereinigt werden.

Die Absitzbecken werden auch so angelegt, wie es in der Abbildung 177 gezeigt ist. In diesem Falle muß das Abwasser mehrere eingebaute Mauern in horizontaler Richtung umfließen, ehe es die Abflußöffnung erreicht.

In vielen Fällen steht aber der Raum für solche Absitzbecken nicht zur Verfügung, oder die örtlichen Verhältnisse verbieten die Anlage. Voith empfiehlt daher Stoffanganlagen nach der Abbild. 178. Er führt das Abwasser in große aus Eisenbeton hergestellte Behälter von großem Querschnitt ein, in denen es eine sehr geringe Geschwindigkeit annimmt, so daß die darin enthaltenen Stoffe auf dem Wege zu den Überlaufkanten (b), an denen das gereinigte Wasser austritt, zu Boden sinken. Der Eintritt des Stoffwassers er-

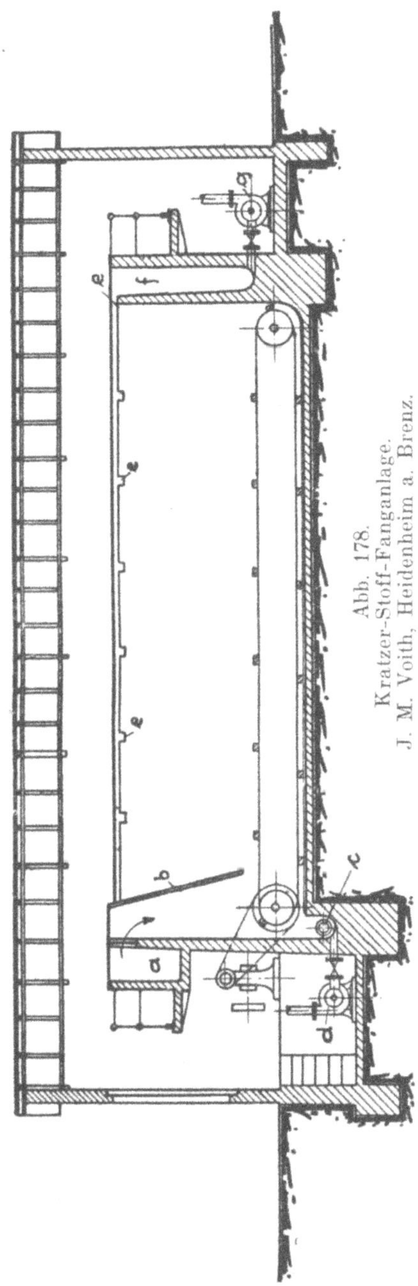

Abb. 178. Kratzer-Stoff-Fanganlage. J. M. Voith, Heidenheim a. Brenz.

folgt bei (a). Eine geeignete, auf mechanische Weise angetriebene Fördereinrichtung befördert den abgesetzten Stoff nach einer Mulde (c), in der ein Rührwerk läuft. Durch Pumpen wird der Stoff hier abgezogen und nach den Verbrauchsstellen gebracht, wo er teilweise beim Füllen und Leeren der Holländer verwendet wird, während der Überschuß auf Eindickzylindern entwässert und dann den Misch- oder Maschinenbütten zugeteilt werden kann. Dieser Stoffänger eignet sich besonders gut auch für Strohpappen- und -papierfabriken. Wenn man aber eine ausgiebige Klärung erreichen will, dann muß man die Wassergeschwindigkeit möglichst gering halten, da ja diese Vorrichtungen auf dem Grundsatze der Sedimentierung beruhen. Es ergeben sich dabei also recht große Abmessungen, denn man muß für 1 cbm Abwasser in der Minute etwa 100 cbm Fassungsraum der Vorrichtungen rechnen. Das gereinigte Abwasser kann ohne weiteres dem Betriebe wieder zugeführt werden, so daß sich neben der Faserrückgewinnung eine große Ersparnis an Fabrikationswasser erzielen läßt, was die Wirtschaftlichkeit der Anlage günstig beeinflußt. Aber auch die Trichterapparate, die in verschiedenen Ausführungen hergestellt werden und ebenfalls auf dem Grundsatze der Sedimentierung beruhen, können sich sehr gut eignen.

Die Abb. 179—180 zeigen z. B. einen solchen Trichterapparat der Füllnerwerke. Das Abwasser tritt von einem kleinen zylindrischen Aufnahmegefäß mit durchlöchertem Boden, der es in feinen Strahlen auf die ganze Fläche des Klärtrichters verteilt, in diesen ein und durchströmt den anschließenden, nach unten weiter werdenden Trichter. Mit zunehmendem Durchmesser dieses Trichters nimmt die Wassergeschwindigkeit proportional ab und gibt den Stoffteilen Gelegenheit, sich abzusetzen; durch die Schwerkraft nimmt deren Fallgeschwindigkeit nach Verlassen des Trichters zu. Bei der späteren Bewegung des Wassers nach oben trennen sie sich von den bewegten Wasserteilen und fallen in den unteren Raum des Abscheiders, der einen entgegengesetzt keilförmigen Trichter bildet. Der ringförmige durch beide Trichter gebildete obere äußere Raum hat nun unten schon einen größeren Querschnitt als der innere Trichter an seiner untersten weitesten Stelle. Die Wassergeschwindigkeit wird infolgedessen beim Aufsteigen weiter verlangsamt, da der Querschnitt des Ringraumes nach oben immer größer wird, infolgedessen fallen auch die feinsten spezifisch schweren Teilchen noch aus, was durch ihre an und für sich schon nach unten gerichtete Bewegung noch begünstigt wird. Um nun die Bildung partieller stärkerer Strömungen im auftreibenden Wasser und toter Stellen im Ringraum zwischen den Trichtern zu verhindern und um ein ganz gleichmäßiges Aufsteigen des Wassers über den ganzen Querschnitt und ein Ausfließen an möglichst langen, gleichmäßig über die Oberfläche der Ringflächen

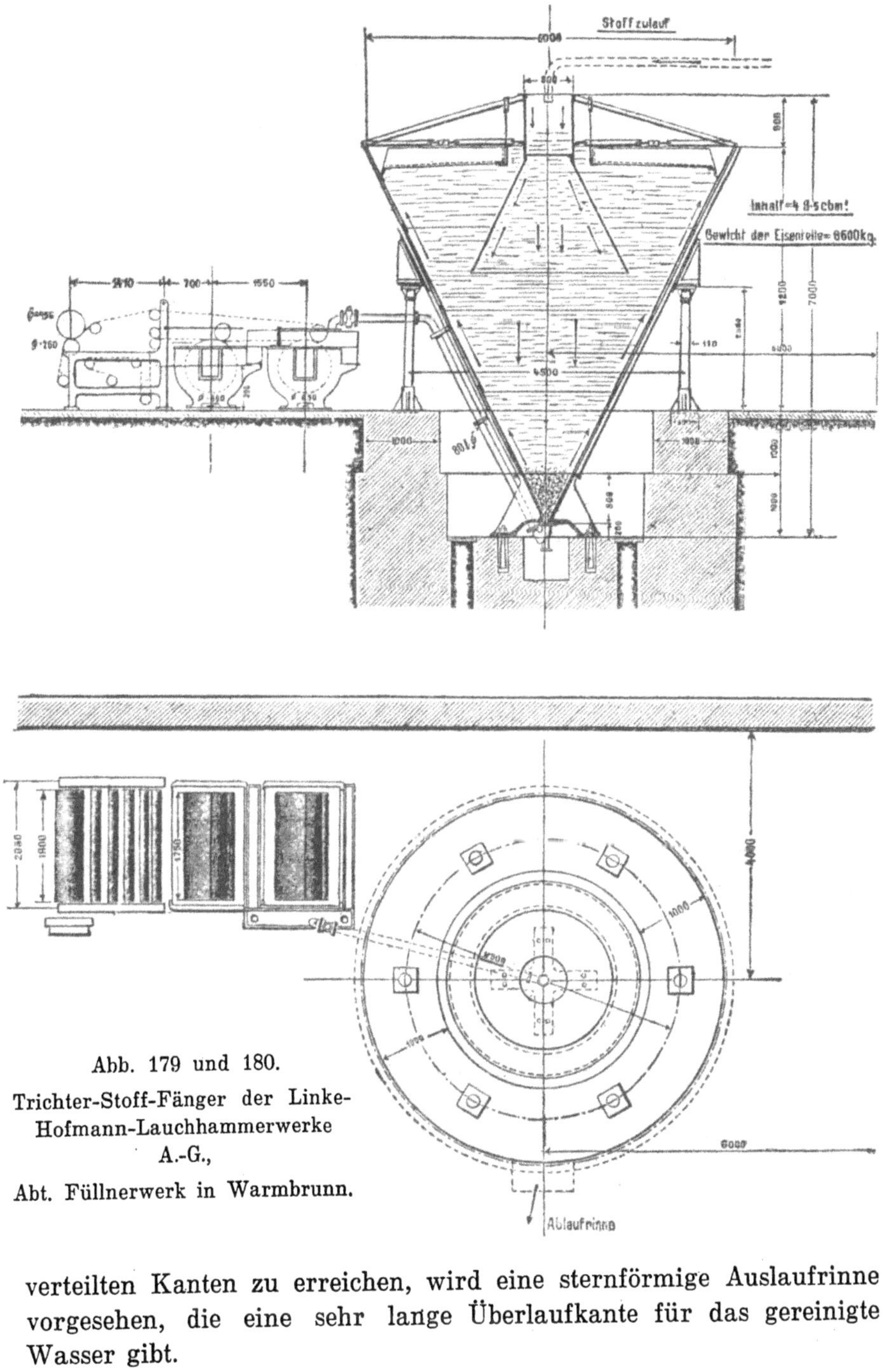

Abb. 179 und 180.
Trichter-Stoff-Fänger der Linke-Hofmann-Lauchhammerwerke A.-G.,
Abt. Füllnerwerk in Warmbrunn.

verteilten Kanten zu erreichen, wird eine sternförmige Auslaufrinne vorgesehen, die eine sehr lange Überlaufkante für das gereinigte Wasser gibt.

Wie gering diese Geschwindigkeit ist, ergibt sich aus folgendem Beispiel:

Der mittlere Einlaufbottich habe 800 mm Durchmesser, der Apparat soll minutlich 2000 Liter Wasser reinigen, die Geschwindigkeit des Wassers im Einlaufbottich ist demnach 66 mm/sek., die Wassergeschwindigkeit am unteren Rande des inneren Trichters, der 2750 mm Durchmesser hat, beträgt nur den zwölften Teil der Einlaufgeschwindigkeit, also 5,6 mm/sek. Auf gleicher Höhe im äußeren Ringe von 2750 mm innerem Durchmesser und 3750 mm äußerem Durchmesser oder 11,04 qm Querschnitt (gegen 5,94 qm Querschnitt des inneren Trichters) verringert sich die Geschwindigkeit weiter auf

$$\frac{5{,}5 \times 5{,}94}{11{,}04} = 3 \text{ mm/sek.}$$

und fällt oben im Kreisringe von 5000 mm Durchmesser oder 28,27 qm Querschnitt auf

$$\frac{11{,}04 \times 3}{28{,}27} = 1{,}18 \text{ mm/sek.}$$

Die Geschwindigkeit des Wassers ist also kaum mehr wahrnehmbar. Wenn nun der Auslauf des gereinigten Wassers in einem zwölfringigen Stern besteht, so hat man 62 Meter Überlaufkante. Auf ein Meter Überlaufkante müssen in der Minute:

$$\frac{2000}{60} = 33{,}33$$

Liter Wasser überfließen oder in der Sekunde 0,54 Liter.

Der Fangstoff wird aus der unteren Spitze des Trichters, wenn der Apparat tief steht wie in der Abbildung, als dickes Stoffwasser auf die Maschine oder in Stoffabsitzkästen gedrückt, steht der Trichter auf gleicher Höhe mit dem Fußboden, so läuft der Fangstoff allein nach den Bütten oder den Maschinen. Da Öl, Schaum und dergleichen leichter sind als Wasser, so scheiden sie sich rascher aus, so daß der Fangstoff von diesen Unreinigkeiten befreit ist.

Da der Apparat offen und überall zugänglich ist, so kann man eine Reinigung leicht vornehmen, was noch durch die geringe Zahl der Rohrleitungen begünstigt wird. Die Aufstellung richtet sich im allgemeinen nach den örtlichen und betrieblichen Verhältnissen. Durch die Zugabe von Alaun kann man die Ausscheidung der Faserstoffe noch beschleunigen, zu diesem Zwecke wird über dem Apparat ein Alaungefäß angeordnet, aus welchem man nach Bedarf die Lösung zugibt.

Die Ausführung kann in Eisen, Holz, Beton oder Mauerwerk erfolgen. Die Verwendungsart ist sehr verschieden, so daß der Trichterstoffänger sich für alle Betriebsverhältnisse eignet. Ganz besonders dürfte er als Siebwassersortierer in Frage kommen, in welchem Falle er einen Teil der Papiermaschine bildet. Das Abwasser der Sauger, der Siebpartie und auch der Gautsche wird in einem Bassin unter der Maschine gesammelt und durch eine Stoffwasserpumpe auf den Filter gehoben. Der in der Spitze sich ansammelnde dicke Stoff läuft unter eignem Druck in die Stoffzuleitungsrinne der Maschine und kann durch Schieber oder Regulierbahn geregelt werden, so daß die Zuleitung ununterbrochen und regelmäßig ist. Das gereinigte Wasser kann der Fabrikation zugeführt werden.

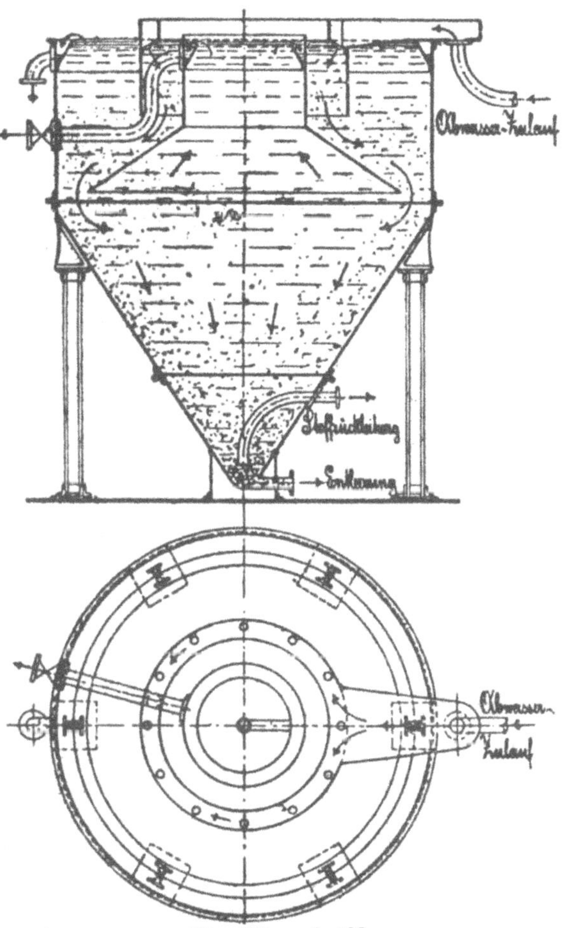

Abb. 181 und 182.
Trichter-Stoff-Fänger. Patent Schmidt.

Nach dem gleichen Grundsatz ist der bekannte und bewährte Schmidtsche Filter gebaut, der in den Abbildungen 181—182 gezeigt ist. Das Abwasser gelangt von den Maschinen durch eine Verteilungsrinne und Einlaufrohre in den Vorscheideraum, der vom zylindrischen Oberteil des Absitzgefäßes und dem oben zylindrischen, nach unten konisch verlaufenden Teil des Einsatzgefäßes begrenzt und so bemessen wird, daß das Abwasser mit stetig geringer werdender Geschwindigkeit nach dem äußeren Umfange des Behälters fließt, so daß alle schnell aufsteigenden Unreinigkeiten wie Öl, Fett, Schaum und dergleichen nach oben fließen, alle schnell sinkenden Beimengungen wie Sand, Schmutz usw. aber nach unten fallen. Alle nach oben fließenden Unreinigkeiten werden durch das übertretende Wasser entfernt, während die nach unten sinkenden an den Rippen, die an der Scheidewand angebracht sind, liegen bleiben, wo sie gelegentlich entfernt werden können.

Die Stoffteile ziehen sich nach dieser Reinigung von ungehörigen Beimengungen nach unten in den Abscheidungsraum zusammen, wo sie Flocken bilden, die mit einem Teil des Abwassers in den Hauptabscheideraum gelangen. Der übrige bereits gereinigte und keine brauchbaren Stoffe mehr enthaltende Teil des Abwassers hingegen fließt über und kann abgeleitet werden. Der Rest des Abwassers, der die noch brauchbaren Stoffe enthält, gelangt in dem Hauptabsitzraum fast zur Ruhe, so daß sich alle Stoffteile absetzen und im unteren Teile des Trichters ansammeln können. Die abgesetzten Stoffe werden dann durch das Rohr nach der Stoffrinne oder nach den Entwässerungsmaschinen abgeleitet, und zwar ohne Pumpen, sondern lediglich durch den Überdruck der Wassersäule im Apparat. Man ist somit in der Lage, den wiedergewonnenen Stoff sofort zu dem Strohpapier oder der Strohpappe wieder zu verwenden.

Das Abwasser wird vollständig gereinigt und steigt nach oben, wo es in eine rundumlaufende Rinne eintritt, es kann durch das Abfallrohr nach Bedarf in den Vorfluter abgelassen oder als Fabrikationswasser verwendet werden. Von größter Wichtigkeit für eine vollkommene Reinigung ist eine Regulierklappe in dem Ablaufrohr, die so eingestellt wird, daß am Überlauf nur vollkommen gereinigtes Wasser übertritt. Dadurch, daß nach Entnahme eines Teiles des Abwassers nur noch ein kleiner Teil in den Hauptabscheideraum gelangt, wird die Wassergeschwindigkeit auf das kleinste Maß beschränkt, so daß die Ausscheidung der Stoffe eine fast vollkommene ist.

Die Wasserführung der Apparate ist eine solche, daß die nach unten sinkenden Stoffteile nicht auf nach oben steigende Wasserteile stoßen können, so daß eine Beeinträchtigung der Sedimentierung nicht stattfindet. An der Stelle des Apparates, wo das Wasser infolge des größten Querschnittes fast zur Ruhe kommt, findet eine Trennung des Stoffwassers und des geklärten Wassers statt; das erstere fließt nach unten, das letztere nach oben. Infolge dieser Anordnung gelangen nur reine Stoffe zur Wiederverwendung.

Die Ausführung erfolgt in Eisen oder in Eisenbeton oder auch in Mauerwerk, für besondere Fälle kann auch ein Luftabscheider vorgeschaltet werden, der gleichzeitig als Entschlämmer und Vorreiniger dient.

Ein anderer ebenfalls auf dem Grundsatze der Trichterstoffänger beruhender Apparat ist in der Abbildung 183 gezeigt und betrifft einen Stoffänger der Maschinenfabrik Aktiengesellschaft vorm. Wagner & Co. in Cöthen/Anh. Das Abwasser wird von oben her durch ein zentrales nach unten konisch erweitertes Zuführungsrohr in den Apparat eingeleitet. In dem daran anschließenden Verteilungstrichter wird die Durchflußgeschwindigkeit des Wassers so weit verringert, daß sich die Sedimente abscheiden können und langsam in den unteren Trichter des Apparates hinabsinken, wo sie durch eine Rohrleitung mit Ventil periodisch abgezogen werden. Das von den Sedimenten befreite Abwasser strömt am Umfange des Verteilungstrichters langsam nach aufwärts und fließt oben am Apparat durch einen Überlauf in das Ableitungsrohr ab.

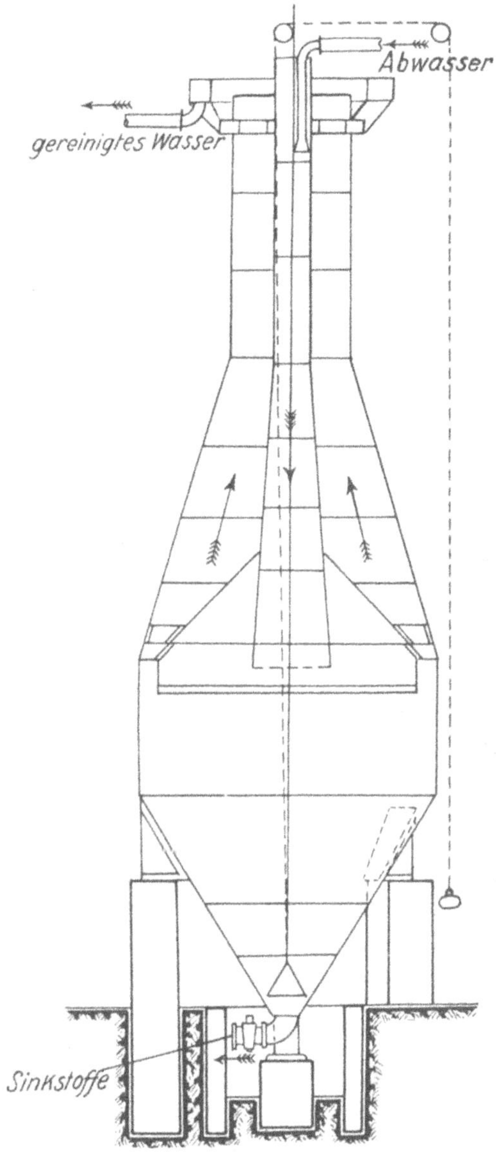

Abb. 183.
Trichter-Stoff-Fänger der Maschinenfabrik A.-G. vorm. Wagner & Co., Cöthen.

Der Abwasserklärkasten der Firma Hans Reisert G. m. b. H. in Köln, der in der Abbildung 184 gezeigt ist, besteht aus zwei Trichtern (A u. B), die unten an der tiefsten Stelle miteinander verbunden sind. Die Zuführung des Abwassers erfolgt im Trichter (A) durch das Rohr (d), so daß eine Schaumbildung fast ganz vermieden wird; etwa vorhandener Schaum sowie Fett, Öl u. dergl. schwimmen oben und fließen über den Rand des Trichters (A) ab, während das übrige Abwasser unter der Schaumplatte (h) hindurch sich auf einer breiten Ebene (1) mit immer geringer werdender Geschwindigkeit nach unten bewegt.

Die gröberen Fasern und schweren Bestandteile sinken rasch nach unten und rutschen auf der schiefen Ebene (1) nach dem tiefsten Punkt des Trichters, wo sie bei (c) entnommen werden können.

Leichtere Fasern und Bestandteile geraten im Trichter (A) in walzende Bewegung, ballen sich zusammen, sinken zu Boden und gelangen ebenfalls nach c. Die von der Strömung mitgerissenen leichteren Bestandteile setzen sich im Trichter (B) infolge der durch Querschnittserweiterung immer geringer werdenden Geschwindigkeit ab, sinken ebenfalls zu Boden und sammeln sich bei c an. Am oberen Umfang des Trichters (B) fließt das gereinigte Wasser ab.

Im Gegensatz zu diesen lediglich auf Sedimentierung beruhenden Stoffängern befinden sich die mechanischen Filter, die ebenfalls durch zahlreiche Arten vertreten sind. Sie können die Trichterapparate nicht ersetzen, können aber mitunter eine sehr wertvolle Vervollkommnung für deren Wirkung bilden. Besonders in solchen Fällen, wo es darauf ankommt, möglichst nur die reinen Fasern zurückzuhalten, sind diese Apparate am Platze, die endgültige Reinigung überläßt man dann den Trichterfiltern oder den am Schlusse dieses Abschnittes erwähnten Filter-Apparaten. Zum großen Teile beruhen diese Stoffänger auf dem Grundsatze der Rundsiebmaschinen oder Eindickzylinder.

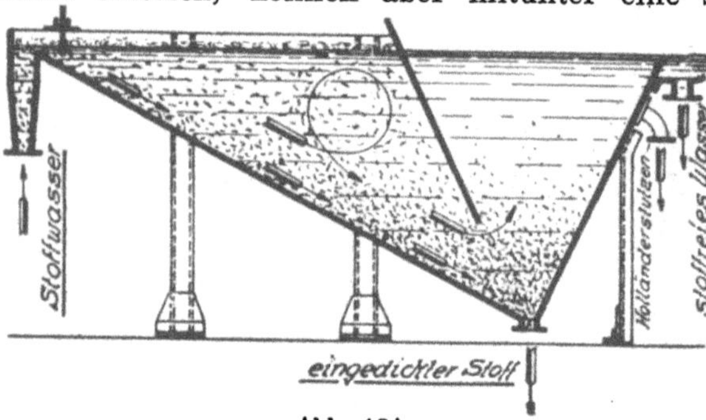

Abb. 184.
Stoff-Fänger der Firma H. Reisert u. Co., Köln-Braunsfeld.

Einer der ältesten Vertreter dieser Art ist der sogenannte Füllnerfilter, der in der Abbildung 185 gezeigt ist. Dieser Apparat arbeitet mit einem Filz. Er besteht, wie die Abbildung zeigt, aus einem seitlich offenen Trog, dem das Abwasser aus einem über die ganze Breite gehenden Kanal zugeführt wird. In diesem Trog dreht sich eine Filtertrommel, die vieleckig gestaltet, also nicht rund ist, wie die Eindickzylinder. Es soll damit vermieden werden, daß sich feste Bestandteile am Boden festsetzen und an der Trommel schleifen, so daß diese ihre Filtrierfähigkeit verliert oder gar beschädigt wird. Über diese Filtertrommel läuft ein endloses Tuch oder ein Naßfilz, der außerdem über Leit-, Regulier- und Spannwalzen geführt ist und in einer Filzwäsche dauernd gereinigt wird.

Die Filtertrommel erhält eine von der Mitte aus entgegengesetzt spiralförmige Drahtwicklung, die einen doppelten Zweck hat, nämlich einmal als Unterlage für den Filz zu dienen, das andere Mal, um durch die entgegengesetzt spiralförmige Wicklung den Filz ununterbrochen auseinander zu spannen, so daß ein Zusammenlaufen nicht stattfinden kann. Dieser Umstand ist besonders von Bedeutung für die Erhaltung der Filtrierfähigkeit.

An den Seiten muß die Filtertrommel durch eine geeignete Vorrichtung gegen die Trogwände abgedichtet werden, diese Dichtung muß so beschaffen sein, daß ein Filzeinziehen leicht vonstatten geht. Man hat infolgedessen die Anordnung so getroffen, daß die Dichtungs-

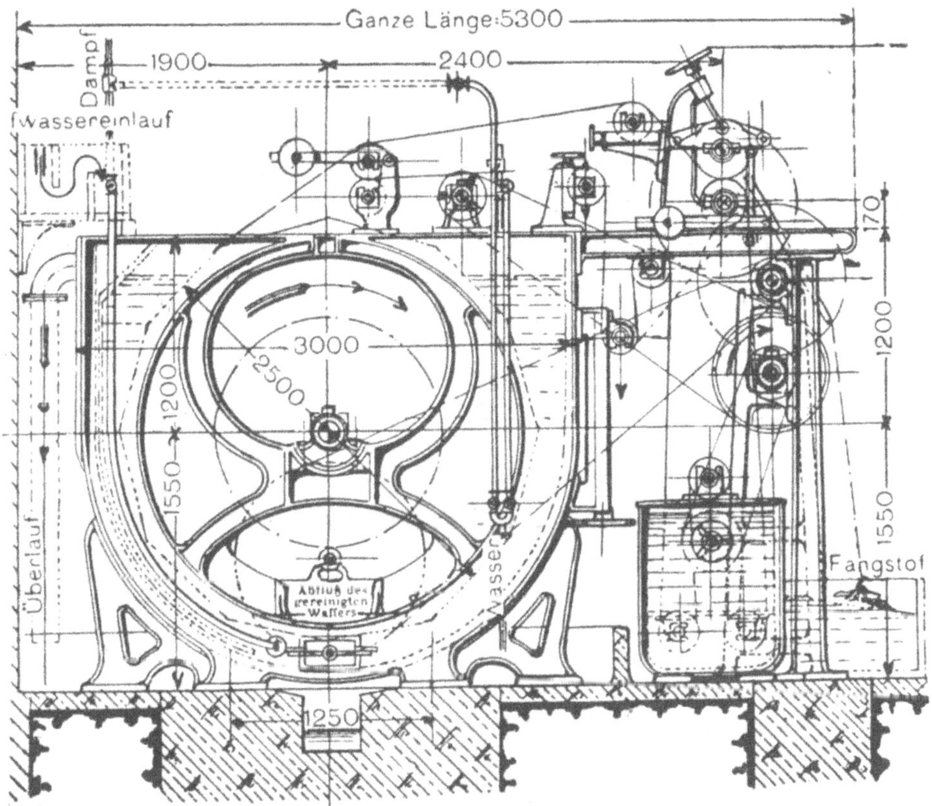

Abb. 185.
Füllnerfilter mit Kastenfilzwäsche.

leisten der Trogwand von denen der Trommel etwa 60 mm entfernt bleiben. Durch diesen Raum kann man dann nach dem Wegnehmen der Dichtungsbänder den Filz leicht und rasch auswechseln. Da zum Zwecke des Filzeinziehens die Trommel aus ihren Lagern gehoben werden muß, hat man eine sinnreiche Vorrichtung getroffen, durch die ein Arbeiter in wenigen Minuten die Trommel am äußeren Umfang anheben kann, so daß der Filz auch um den unteren Teil der Trommel gelegt werden kann.

Das Dichtungsband wird durch ein Stahlband mit bequemem Verschluß auf den Trommeldichtungsrand fest aufgezogen, während es auf der Trogwand mit einem gleichen Stahlband nur leicht angezogen ist, das sehr leicht, aber dichthaltend um den Dichtungsrand schleifen kann. Da das Dichtungsband umläuft, kann der Teil, der auf dem Dichtungsrand der Trogwand schleift, beständig durch einen Schaber reingehalten werden. Als Material zu diesem Dichtungsband kommen lagenweise zusammengenähte Naßfilzstreifen, Trockenfilzstreifen, aber auch Gummi oder Leder in Frage. Auf beiden Seiten wird es mit Holzklötzchen versehen, damit es nicht durch den freien Raum, der zum Filzeinziehen bleiben muß, hindurchgedrückt werden kann.

In dem Trog steigt das Abwasser langsam empor, bis es eine solche hydrostatische Druckhöhe erreicht hat, daß es imstande ist, den endlosen Filz zu durchdringen. Mit der Größe der hydrostatischen Druckhöhe steigt die Leistung des Filters, so daß hier große Trommeldurchmesser von Vorteil sind.

Je nach der Porosität des Filzes steigt und fällt der Filtriererfolg, je gröber er ist, desto schlechter filtert er, leistet aber mehr; je feiner er ist, desto besser hält er die Stoffteile zurück, besitzt aber geringere Leistungsfähigkeit. Die Wahl des Filzes ist also abhängig von dem gewünschten Erfolg und von der Art der Abwässer.

Der Abfluß des gereinigten Wassers kann nach Belieben erfolgen, d. h. man kann es auf beiden Trogseiten abfließen lassen oder auch nur auf einer, in diesem Falle wird dann die andere Trogseite durch einen Schieber geschlossen. Auf dem sich mit der Trommel langsam drehenden Filz setzt sich der Fangstoff ab und wird durch die Walzen der Abnahmepresse auf etwa 30 vH. entwässert. Ein Schaber nimmt ihn von der oberen Preßwalze ab und befördert ihn über eine Schnurre in einen Kasten oder Transportwagen. Die untere Preßwalze erhält vorteilhaft einen Gummiüberzug.

Von größter Wichtigkeit für die Leistungsfähigkeit ist die Reinhaltung des Filzes. Würde eine dauernde Reinigung unterbleiben, so würden sich die Poren des Filzes bald mit Stoffteilchen, namentlich aber mit Füllstoffen zusetzen und kein Wasser mehr hindurchdringen können. Man versieht zu diesem Zweck den Apparat mit einer ununterbrochen arbeitenden Filzwäsche, für welche sich zwei Anordnungen besonders bewährt haben. Durch diese Filzwäschen wird der Filz dauernd rein gehalten und braucht nicht zum Reinigen aus der Maschine genommen zu werden, sondern kann lange Zeit seinen Dienst tun. Es hat sich gezeigt, daß die bei Entwässerungsmaschinen gebräuchliche Filzwäsche nicht genügt. Trotz der beiden Spitzrohre und der energischen Bearbeitung durch Filzschläger setzen die Füllstoffe bei stark beschwerten Papieren den Poren des Filzes bald dermaßen zu, daß der Filter wohl die Erde zurückhält, nicht aber die feinen Fasern. Diesen Nachteil beseitigt die Filzwäsche nach Tittel. Zum Zwecke des Auswaschens des Filzes wird der Stoffwasserzulauf unterbrochen und das im Filter befindliche Wasser abgelassen. Unter Weiterdrehung der Trommel wird dann der Filz auf seiner Außenseite mit Dampf und dann wie bisher mit Wasser, an seiner Innenseite mit durch Dampf erwärmtes Wasser gereinigt. Die andere Filzwäsche besteht in einer sogenannten Kastenfilzwäsche, wie sie auch auf der Abbildung ersichtlich ist.

Die Leistung dieser Filter ist ziemlich groß und beträgt bei:

Tabelle 23.

	2000 mm Trommeldurchmesser					
Bahnlänge mm . .	1600	1800	2000	2200	2400	2600
Filterfläche etwa qm	11,0	12,0	13,25	14,50	15,50	16,75
In der Minute Liter	350-700	400-800	450-900	500-1000	550-1100	600-1200
	2500 mm Trommeldurchmesser					
Bahnlänge mm . .	2000	2200	2400	2600	2800	3000
Filterfläche etwa qm	16,00	17,70	19,30	20,80	22,50	24,20
In der Minute Liter	650—1300	700—1350	750—1450	800—1500	900—1600	1000—1750
	3000 mm Trommeldurchmesser					
Bahnlänge mm . .	2000	2200	2400	2600	2800	3000
Filterfläche etwa qm	19,20	21,0	23,0	25,0	27,0	29,0
In der Minute Liter	800—1500	900—1600	1000-1760	1200-2000	1500-2250	1700—2500

Ein ähnlicher Filter, der jedoch ohne Filz arbeitet, ist in der Abbildung 186 dargestellt, die sich auf eine Ausführung der Maschinenbau- und Metalltuchfabrik Raguhn in Anhalt bezieht. Das zu reinigende Wasser fließt bei a aus einem Einlaufkasten über eine Lippe in den Zylinderkasten, in dem sich ein Zylinder besonderer Bauart mit entsprechend feinem Siebgewebe dreht. Bei b tritt das Abwasser durch den Zylinder, das gereinigte Wasser fließt in die Auffangrinne (d), durch die es abgeleitet wird. c ist ein einstellbarer Teilkreis, durch den das bei b eintretende Abwasser der Menge nach geregelt wird, von der Rinne (d) wird es nochmals zurückgepumpt nach a, da es erfahrungsgemäß nach dem ersten Durchgang noch faserhaltig ist. Der bei b unter das Wasser tauchende Zylinder hat, nachdem er eine Strecke zurückgelegt hat, auf seiner Oberfläche eine Filterhaut aus Fasern, die so dicht ist, daß alles Wasser, welches hinter dem Teilkreis (c) durch den Zylinder hindurchtritt und sich im Zylinder bei f ansammelt, gereinigt ist. Die Stoffschicht, die sich auf dem Zylinder angesammelt hat, wird durch eine entlastete Gautschwalze (g) abgenommen, von dieser überträgt sich der Stoff auf eine Abnahmewalze (h) und wird vom Schaber (i) abgeschabt, so daß er durch eine Schurre (k) in einen Trog oder in einen Transportwagen fällt.

Um ein bequemes Auswechseln des Zylinders besonders bei der Aufstellung in niedrigen Räumen zu ermöglichen, erhält die Maschine

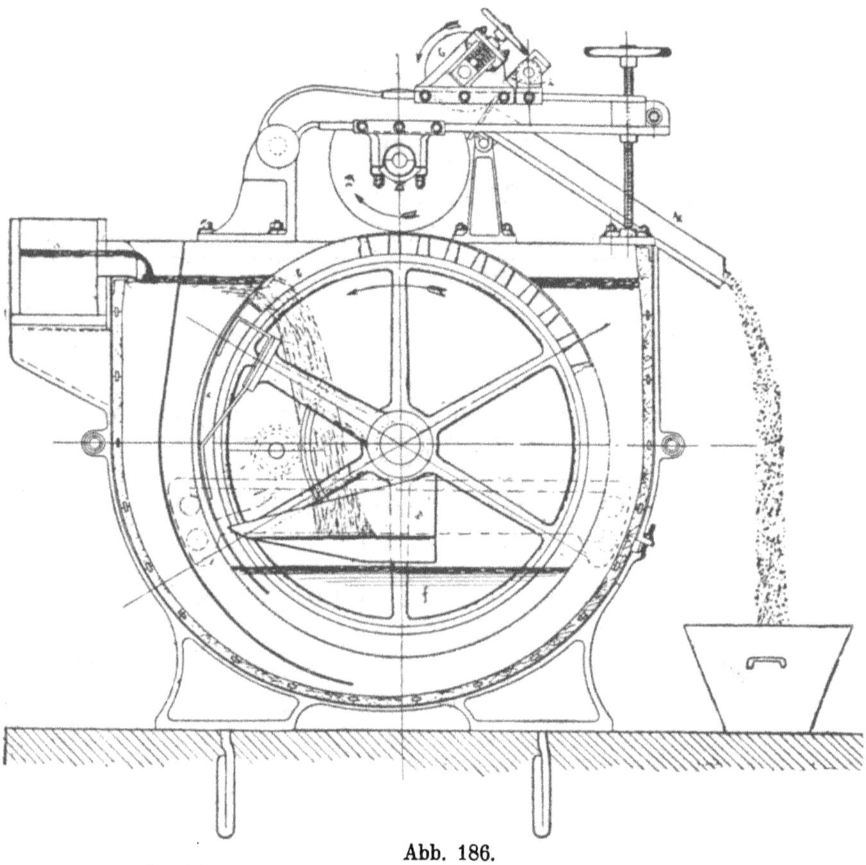

Abb. 186.
Stoff-Fänger der Maschinenbau- und Metalltuchfabrik A.-G., Raguhn i. Anh.

eine Zylinderlüftevorrichtung, mit deren Hilfe der Zylinder in erforderlichen Fällen seitlich aus der Maschine gefahren werden kann. Zu diesem Zwecke wird die Gautsche samt Abnahmewalze und Schaber abgenommen und die eine Seitenwand des Troges entfernt. Das Aus- und Einfahren des Zylinders erfolgt dann ohne Heben und Senken, so daß es gefahrlos und ohne Beschädigung des Metallgewebeüberzuges vorgenommen werden kann.

Eine andere Vertreterin dieser Stoffanggeräte zeigt die Abbildung 187, die den sogenannten Reformstoffänger der Firma Hermann Wangner in Reutlingen darstellt. Auch dieser Apparat besitzt gute Reinigungswirkung und eine große Leistungsfähigkeit. Ein Vorteil dieser Apparate besteht besonders darin, daß ungleichmäßige Wasserzuflußmengen auf seine gute Arbeit keinen nachteiligen Einfluß haben. Um eine hohe Ausbeute an Fasern zu erzielen, mußte man den Zylinder mit sehr feinem Siebgewebe überziehen. Um diese aber an-

Abb. 187.
„Reform"-Stoff-Fänger der Firma Herm. Wangner in Reutlingen.

wenden zu können, machte sich eine besondere Zylinderbauart erforderlich, zumal er auch einen ziemlich großen Durchmesser erhalten muß, damit die erforderliche niedrige Umdrehungszahl von einhalb bis zwei in der Minute angängig ist.

Die Anwendung so feiner Zylinderüberzüge ist nun auf den Siebzylindern gewöhnlicher Bauart nicht ohne weiteres möglich, es sind vielmehr Hilfskonstruktionen nötig. Da die feinen Siebe nicht mehr imstande sind, die Abgautschwalze durch Reibung mitzunehmen und deren Druck zu widerstehen, so muß die Gautsche einen zwangläufigen Antrieb erhalten. Ohne diesen Antrieb würde bald ein Verschmutzen und Brechen der Siebe stattfinden. Der Antrieb der Gautschwalze erfolgt durch ein besonderes Rädervorgelege, das durch eine verstellbare Riemenscheibe vom Zylindervorgelege betätigt wird. Die Abgautschwalze ist mit Filz bekleidet, auf ihr läuft eine blanke Abnahmewalze. Diese führt den Fangstoff dem Schaber zu und ist mit der Gautsche dermaßen in schwingenden Hebeln gelagert, daß jeweils nur der zur Abnahme erforderliche Druck vorhanden ist. Da die feinen Siebnummern, es kommen Siebe bis zur Nummer 200 in Anwendung, in so großen Breiten nicht hergestellt werden können, so würde man nur kleine Zylinder bauen können. Man führte daher die sogenannten Teilfeldzylinder ein, die aus etwa 1 qm großen rechteckigen Stücken bestehen, die durch Klemmstäbe gehalten werden, welche

Abb. 188.
Roll-Fof. (Stoff-Fänger ohne Filz).
Maschinen- und Metalltuchfabrik A.-G., Raguhn i. Anh.

sich in eine Ebene mit dem Überzug legen und nirgends über diesen hervorstehen. Man hat es so in der Hand, ein abgenütztes oder beschädigtes Siebstück auszuwechseln, ohne den ganzen Zylinderüberzug erneuern zu müssen. Die Anwendung der Teilfeldzylinder gestattet es, genügend große Apparate zu bauen, die die Bewältigung und Reinigung großer Abwassermengen gewährleisten.

Ein für die Rückgewinnung der Fasern in Strohzellstoffabriken im besonderen und Zellstoffabriken im allgemeinen sehr gut bewährter Apparat ist auch der in der Abbildung 188 gezeigte Roll-Fof (Rollfilter ohne Filz) der Maschinen- und Metalltuchfabrik A.-G. in Raguhn in Anhalt.

Dieser Roll-Fof ist ein sehr einfacher Apparat, der sich besonders in Zellstoffabriken sehr bewährt hat. Ein an beiden Seiten offener Zylinder, dessen äußerer Mantel aus starkem, galvanisiertem, gelochtem Eisen- oder Metallblech besteht, ist an beiden Enden mit kräftigen, zugleich als Gleit- und Lagerflächen ausgebildeten Ringen abgeschlossen. Einer dieser Schlußringe trägt einen Schneckenradkranz, in welchem die auf dem Gestell des Apparates gelagerte Schnecke eingreift und den Zylinder in drehende Bewegung bringt. Die beiden Enden des gelochten Zylinders lagern auf je zwei Rollen, so daß das mit dem Antrieb versehene Ende höher als das andere liegt. In den Zylindermantel, der einen Durchmesser von 0,75 bis 1,50 Meter und eine Länge von 2 bis 4,5 Meter hat, ist ein schlauchartig zusammengenähtes Metalltuch von Nr. 90 bis 200 eingeschoben und durch Spannklammern an die Wandung gepreßt.

Da ein großer Kraftaufwand zur Bewegung nicht erforderlich ist, genügt ein schmaler Riemen, um den Zylinder in Umdrehung zu versetzen. Man führt nun durch das am Antriebsende des Zylinders befindliche Verteilungsrohr das Abwasser in den Zylinder ein. Das Wasser dringt nun, befreit von allen Beimischungen, durch das Sieb, sammelt sich im Kasten des Apparates und kann von dort aus der Fabrikation wieder zugeführt werden. Die Fasern bleiben auf dem Sieb zurück, rollen sich zu größeren Stoffklumpen vereinigt durch die drehende Bewegung des Siebes auf der schiefen Ebene nach vorn und fallen entweder direkt in die Stoffbütte oder in andere Vorratsbehälter, Transportvorrichtungen und dergleichen. Ein Verlegen oder Verstopfen des Siebes durch Fasern ist bei dem Roll-Fof nicht zu befürchten, weil durch das eigenartig leichte Rollen des zusammengeballten Stoffes das Siebtuch sich selbsttätig reinigt und weil überhaupt ein gewaltsames Hineinsaugen und Pressen der Fasern auf den Maschen des Siebes nicht stattfinden kann. Der Roll-Fof verlangt kaum eine Bedienung.

Zur Nachreinigung der durch Filter, Trichterstoffänger usw. von dem Fasergehalt befreiten Abwässer eignen sich vor allen Dingen auch die bereits mehrfach erwähnten Zellenfilter.[54]) Es erübrigt sich nochmals, hier näher auf diese Apparate einzugehen, sie sind aber sehr gut geeignet, auch feinste Verunreinigungen noch zurückzuhalten und so das Abwasser praktisch rein in den Vorfluter abzulassen.

Zum Schlusse sind noch zwei Apparate zu erwähnen, die auch besonders diesem Zweck dienen und da am Platze sein werden, wo man wohl Filter und Stoffänger hat, wo aber die Behörden besonders scharfe Ansprüche an die Reinigung des Abwassers stellen.

Die Abbildung 189 zeigt ein rotierendes Wasserfilter, Patent Sverdrup, das von der Firma Ph. Nebrich in Cöthen i. Anh. gebaut

---

[54]) siehe Seite 197.

wird. Dieses Filter besteht aus einer in einem Behälter rotierenden Trommel, deren Drehung durch ein Schneckengetriebe erfolgt, welches so ausgebildet ist, daß mehrere Filter an eine gemeinsame Antriebswelle gekoppelt werden können. Die Filtertrommel hat gußeiserne, durch Quertraversen miteinander verbundene Stirnwände. Auf dem so entstehenden Gerippe sind Holzrahmen befestigt, die das Filtertuch tragen. Die Trommelachse ist hohl und mit beiden Enden in der Behälterwand fest gelagert, so daß die Trommel und diese Achse rotieren muß. Letztere trägt offene Blechrinnen zum Auf-

Abb. 189.
Rotierendes Abwasserfilter.
Ph. Nebrich, Maschinenfabrik in Cöthen in Anh.

fangen der ausgefilterten Stoffe, welche durch die Rohrstutzen und durch die hohle Achse nach außen abgeleitet werden können. Die rotierende Trommel ist gegen den Trog an einer Stirnseite durch Stopfbüchse, an der anderen durch eine Wasserdichtung abgedichtet.

Das zu klärende Wasser tritt auf der einen Stirnseite des Behälters in das Innere der Filtertrommel ein. Von hier durchdringt es die Filtertücher, welche am Trommelmantel befestigt sind und lagert auf diesem Wege die Unreinigkeiten auf der inneren Seite der Filtertücher ab. Am Scheitel der Trommel wirkt ein Spritzrohr von außen auf die Filtertücher, lockert dabei die innen anhaftenden Schmutzteile und spült sie in die Auffangrinne. Das zu filtrierende Wasser steht auf der inneren Seite der Filtertrommel ungefähr in der gleichen Höhe wie auf der äußeren Seite, wodurch nur ein geringer Wasserdruck auf die Filter wirkt. Infolge dieser kleinen Druckbelastung braucht man das Filtertuch nur sehr selten durch ein neues zu ersetzen, die Maschine ist also billig in der Arbeit und in der Bedienung. Das Filter kann in Arbeit bleiben, wenn ein Filtertuchsegment ausgewechselt werden soll. Zu diesem Zweck wird der Rahmen, der sich in der höchsten Stellung befindet, abgenommen, nachdem man die Trommel stillgesetzt hat, dann wird ein neuer Rahmen eingesetzt, während dieser Zeit arbeiten die anderen Filtersegmente ruhig weiter.

Einen anderen Apparat für diesen Zweck zeigt die Abbildung 190, und zwar handelt es sich hier um die Filtertrommel der Firma

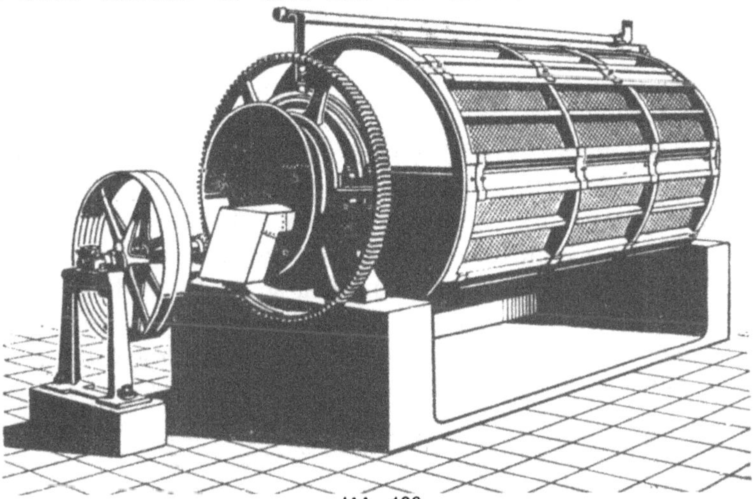

Abb. 190.
Rotierendes Abwasserfilter der Firma Herm. Wangner, Reutlingen.

Hermann Wangner in Reutlingen. Das Wasser läuft auf einer Seite durch den Trommelhals in das Innere der Trommel, deren Mantel aus einzelnen abnehmbaren Siebfeldern besteht, durch welche das Wasser hindurchfließt. Je nach der gewünschten Reinheit des Wassers können Siebe bis zu Nr. 250 (etwa 8000 Maschen auf 1 qcm) verwendet werden. Die Trommel läuft langsam um, die sich mit Schmutz belegenden Siebe kommen nach oben und werden hier durch ein Spritzrohr gereinigt. Der Schmutz wird in einer besonderen Rinne durch den anderen Trommelhals abgeführt.

Der Antrieb erfordert nur wenig Kraft und kann mittels eines angebauten Schneckenvorgeleges auch unmittelbar mit einem Elektromotor gekuppelt werden. Wenn ein Siebfeld schadhaft wird, dann setzt man die Trommel still, sobald das betreffende Feld oben liegt, öffnet die Klemmhalter und tauscht es gegen ein bereitgestelltes Ersatzfeld aus. Während dieses kurzen Stillstandes geht das Wasser durch die stillstehenden Siebe, so daß keine Betriebsunterbrechung stattfindet.

XIII. Die Anlage von Strohzellstoff- und Strohpapier- und -pappenfabriken.

Allgemeine Grundsätze.

Bei der Anlage der Strohzellstoff- und Strohpapier- und Pappenfabriken gelten ja nun im allgemeinen alle die Gesichtspunkte, die auch bei der Anlage anderer Fabriken der Papierindustrie zu beachten sind. Für die Wahl des Standortes einer solchen Fabrikanlage sind mancherlei Umstände maßgebend, durch deren Verkennung oder unrichtige Beurteilung die Wirtschaftlichkeit von Anfang an in Frage gestellt werden kann. Vor allen Dingen sind dabei folgende Punkte zu berücksichtigen:

Die Transportverhältnisse und die Transportkosten für den Bezug der Roh- und Hilfsstoffe sowie für den Versand der Erzeugnisse. Die Transportkosten spielen bei diesen Anlagen eine ganz bedeutende, oft sogar ausschlaggebende Rolle und können, wenn sie zu hoch steigen, die Wirtschaftlichkeit der ganzen Anlage in Frage stellen oder so ungünstig beeinflussen, daß an einen wirtschaftlichen Betrieb nicht mehr zu denken ist, wenn man auch sonst die modernsten Einrichtungen getroffen hat und den Betrieb nach den besten Gesichtspunkten leitet. Die Transportkosten müssen genau festgelegt werden, und zwar unter Berücksichtigung der günstigsten Verkehrswege und Verkehrsmittel. Sie lassen sich durch die Anlage von voll- und schmalspurigen Gleisbahnen, Seil- und Hängebahnen und anderen mechanischen Förderanlagen sehr vorteilhaft beeinflussen. Inwieweit auch die Verwendung von Lastautomobilen und Zugmotoren in Frage kommen kann, muß rechnerisch genau festgelegt werden, da gerade diese an und für sich vorteilhaften Transportmittel nur bei gewissen Entfernungen und voller Ausnutzung wirtschaftlich arbeiten können. Es ist dabei genau festzustellen, welche Anzahl von Tonnenkilometern täglich mit diesem Fördermittel zu leisten sind. Dem Pferdetransport gegenüber sind die Motorlastwagen auf jeden Fall vorzuziehen, wenn die Kosten des Transportes sich zum mindesten nicht höher stellen als die Leistung für die gleiche Zahl von Pferdetonnenkilometern. Dieses günstige Verhältnis ist aber nur zu erzielen bei voller Ausnützung der vorhandenen Lastwagen und Zugmaschinen. Unter Umständen kann sogar der Betrieb mit Motorlastwagen dem Betriebe mit anderen Fördermitteln vorzuziehen sein, da er unabhängig von einer Gleisanlage oder einer sonstigen festgelegten Fahrstrecke ist.

Für geringe Entfernungen und mittlere Transportmengen, namentlich, wenn es sich zwischen ein für allemal festgelegten Punkten handelt, ist jedoch das wirtschaftlichste Fördermittel die Schienenbahn, während für gleichmäßige Transporte oft auch die Seilbahn mit ihrer großen Anpassungsfähigkeit vorzuziehen sein wird. Bei allen mechanischen Förderanlagen ist möglichst weitgehend Bedacht zu nehmen auf die Ersparnis an Arbeitern, was sich namentlich auch bei der Seilschwebebahn durch selbsttätige Be- und Entladung oft erreichen läßt. Zur Förderung von Kohle und Kalk können auch mit großem Vorteil die Selbstgreifer angewendet werden, deren Fassungsraum man aber möglichst groß wählen sollte.

Das Verschieben der Waggons auf den Anschlußgleisen ist ebenfalls zur Ersparnis von Arbeitslöhnen mit mechanischen Anlagen vorzunehmen. Man kann hierbei annehmen, daß bei Anschlußgleisen bis zu 50 m Länge das Spill, bis zu 100 m Länge die Rangierwinde und bei Anlagen mit größerer Ausdehnung und weiter Verzweigung die Seilrangieranlage vorteilhaft ist. Man kann sich aber auch elektrischer, feuerloser oder Motorlokomotiven bedienen. Die Wahl dieser Fördermittel hat sich ganz und gar nach den Verhältnissen zu richten, jedenfalls bietet die moderne Fördertechnik Hilfsmittel von größter Wirtschaftlichkeit für alle Zwecke in größter Auswahl.

Besonders günstige Verhältnisse ergeben sich, wenn der Bauplatz an der Eisenbahn und an einem schiffbaren Gewässer liegt, da dann die besten Verkehrsmöglichkeiten bestehen. Es sind das nun allerdings Fälle, die man verhältnismäßig selten finden wird. Vor allen Dingen ist zu bedenken, daß es sich um den Bezug großer Mengen von Roh- und Hilfsstoffen handelt, der so vorteilhaft wie nur möglich gestaltet werden muß. Es ist daher erforderlich, daß man eine solche Fabrik in eine Stroherzeugungsgegend legt, in der man aber vor allen Dingen auch einen günstigen Kohlenbezug hat.

Nicht so von Bedeutung ist für die Strohzellstoff- und Strohpapier- und -pappenfabriken das Vorhandensein einer Wasserkraft. Ganz abgesehen davon, daß diese in strohreichen Gegenden und in der Nähe günstiger Brennstoffläger selten in größerer Ausdehnung vorhanden sein wird, kann sie im Betriebe solcher Fabriken oft nicht sehr viel Nutzen bringen, da sie sehr leicht die ganze Wärmewirtschaft stört.

Kraft- und Wärmewirtschaft.

Von größerer Bedeutung ist die richtige Wahl der Dampfkraftanlage. Man muß dabei von dem Grundsatz ausgehen, Kraft- und Wärmekosten so niedrig wie nur möglich zu halten, mit anderen Worten eine gute Wärmewirtschaft durchzuführen. Welche Art von Dampfkraftmaschinen man wählen wird, hängt natürlich ganz von der Art und der Größe des Betriebes ab. Vor allen Dingen aber ist in Betracht zu ziehen, daß große Mengen an Dampf zu Koch-, Heiz- und Trockenzwecken gebraucht werden. Man soll daher die Dampfkraftmaschinen, gleichviel ob es sich dabei um Dampfturbinen oder um Kolbenmaschinen handelt, als Gegendruck- oder Anzapfmaschinen einrichten und mit einer möglichst hohen Spannung betreiben. Anlagen mit 20 Atm. Spannung sind heute keine Seltenheit mehr, in letzter Zeit geht man sogar noch weiter und hat schon Anlagen bis zu 30 Atm. Spannung und darüber geschaffen. Bei der Gegendruck- und Anzapfmaschine ist die Dampfkraftmaschine in gewisser Beziehung ein kraftspendendes Reduzierventil und liefert so eine billige Betriebskraft.

Die Wahl zwischen Dampfturbinen und Kolbenmaschinen ist nun je nach den örtlichen Verhältnissen zu treffen. Auf die grundsätzlichen Unterschiede zwischen beiden Maschinenarten einzugehen, erübrigt sich, da sie als bekannt vorauszusetzen sind. In erster Linie beruhen sie auf der Wirkungsweise des Dampfes. Aus dieser, bei beiden Maschinenarten verschiedenen Wirkung des Dampfes erklärt sich auch der grundverschiedene Aufbau dieser beiden Systeme. Außer diesem verschiedenen Aufbau ergeben sich aber für beide Systeme noch besondere, nur der einen oder der anderen Art eigene Vorteile, die ihm eine bestimmte Überlegenheit über das andere für bestimmte Zwecke geben. Bei der Dampfturbine z. B. bestehen solche Vorteile in der einfachen Wirkung des Dampfes (Aktionsprinzip), in der geringen Menge an bewegten Maschinenorganen und anderen, die im Laufe der Besprechung noch weiter erwähnt werden. Auch das Fehlen der hin- und hergehenden Teile ist bei den Dampfturbinen als ein großer Vorteil zu bezeichnen, da man dadurch höhere Umlaufzahlen erreichen und die Turbine mit der für sie günstigsten Umdrehungszahl laufen lassen kann. Die Kolbenmaschinen beanspruchen bei gleicher Leistung mehr Raum, die Zahl ihrer bewegten Massen ist größer, wodurch wieder starke Fundamente bedingt werden, um die Übertragung von Erschütterungen zu vermeiden.

Die Dampfturbinen haben wohl auch eine Massenwirkung, die bei hohen Umlaufzahlen bedenklich werden kann, man kann dieser aber durch bessere und leichtere Auswuchtung gut vorbeugen. Ein anderer Vorteil der Dampfturbinen besteht in der geringen Zahl der aufeinander gleitenden Teile, die sich nur auf wenige Lager beschränken, wodurch sich die Betriebssicherheit erhöht, die Bedienung vereinfacht und der Ölverbrauch wesentlich erniedrigt. Da die Turbinen einen ölfreien Abdampf und ein ölfreies Kondensat ergeben, so kann man den Dampf ohne weiteres zur Kochung und das Kondensat zur Kesselspeisung oder als heißes Wasser in der Fabrikation verwenden. Bei Belastungsschwankungen weist die Turbine eine recht gute Regelung auf, da in den rotierenden Massen eine große Energie aufgespeichert ist. Sie kann auch hohe Drucke ohne Schwierigkeiten ausnutzen, und eine hohe Dampfüberhitzung bietet keine Nachteile. Der Dampfverbrauch großer Turbinen ist im allgemeinen kleiner als bei Kolbenmaschinen, für kleinere Leistung ist allerdings die Kolbenmaschine wieder überlegen, während bei mittleren Leistungen in dieser Hinsicht nur wenig Unterschied besteht. Beide Maschinenarten lassen sich mit gleichen Vorteilen zur Entnahme von Gegendruck- und Zwischen- oder Anzapfdampf einrichten.

Der große Dampfverbrauch der Strohzellstoff- und Strohpapier- und -pappenindustrie verlangt nun eine wirtschaftlichste Erzeugung dieses Fabrikationsdampfes. Es wäre durchaus unwirtschaftlich, wenn man für diese Zwecke hochgespannten Frischdampf verwenden wollte, um ihn dann auf die erforderliche Spannung zu drosseln. Die Verwendung von hochgespanntem Frischdampf für Heiz- und Kochzwecke wäre gleichfalls unwirtschaftlich, da der Druck unverhältnismäßig starke Apparate verlangt und die Überhitzung hier keine Vorteile bietet. Man verwendet in diesem Falle als Drosselventil eine Dampfkraftmaschine, die nun sowohl eine Dampfturbine als auch eine Kolbenmaschine sein kann. Man muß in Betracht ziehen, daß durch das Abdrosseln des hochgespannten Kesseldampfes auf die erforderliche Spannung für die Koch-, Heiz- und Trockenapparate eine Arbeitsmenge verlorengeht, die dem abgedrosselten Wärmegefälle gleichwertig ist. Es kann also nur ein Verfahren wirtschaftlich sein, das zu diesen Fabrikationszwecken den Dampf verwendet, der in einem Wärmemotor bereits Arbeit geleistet hat.

Wie schon erwähnt, eignet sich nun hierzu sowohl die Dampfturbine als auch die Kolbenmaschine. Für die Wahl zwischen Gegendruck- und Anzapfturbine ist nun das Verhältnis maßgebend, in dem sich die gesamte Heizdampfmenge und die gleichzeitig im Betrieb benötigte Energiemenge befindet. Wenn die gesamte der Turbine zugeführte Dampfmenge zu Fabrikationszwecken benötigt wird und die mit diesen Dampfmengen erzeugte Energie voll und ganz im Betriebe verwendet werden kann, dann ist die Gegendruckturbine vorzuziehen. Wenn jedoch andererseits der Heizdampfverbrauch unregelmäßig ist und vom Kraftverbrauch des Betriebes nicht abhängt, dann ist die Anzapfturbine am Platze.

Man führt den Gegendruckturbinen hochgespannten Dampf zu, und zwar in solchen Mengen, wie er zu Heizzwecken benötigt wird. Die Turbine setzt dann das Wärmegefälle bis hinunter zu dem Druck des Fabrikationsdampfes in Energie um. Allerdings läßt sich auch die Kolbenmaschine mit großem Vorteil mit Gegendruck betreiben und besitzt sogar in gewissen Fällen eine Überlegenheit über die Dampfturbine. Die Dampfturbine erreicht mit ihren thermodynamischem Wirkungsgrade im Hochdruckgebiet nicht unter allen Verhältnissen gut gesteuerte Kolbenmaschinen, sie besitzt diesen gegenüber aber wieder den Vorteil, daß sie, wie erwähnt, vollkommen ölfreien Abdampf liefert. Die Regulierfähigkeit und Dampfökonomie ist bei kleinen Teillasten bei der Gegendruckkolbenmaschine geringer als bei der Gegendruckturbine. Ein besonderer Vorteil der letzteren ist noch darin zu suchen, daß unter sonst gleichen Verhältnissen der Dampf mit höherer Temperatur austritt als bei den Kolbenmaschinen, wodurch sich geringere Kondensationsverluste in den Leitungen ergeben.

Diese für den Fabrikationsdampf benötigte Dampfmenge arbeitet nur in der Hochdruckstufe der Dampfturbine, während der Niederdruckteil nur so viel Dampf erhält, als zur Erzielung der jeweiligen Energie, die der Belastung entspricht, nötig ist. Da der Druck an der Entnahmestelle auch bei Belastungsschwankungen der Turbine stets auf gleicher Höhe bleiben muß, wird der gesamte Dampf zum Niederdruckteil hin zunächst durch ein Regulierventil geleitet. Dieses Ventil stellt sich in Abhängigkeit vom Druck der Hochdruckstufe automatisch und unabhängig von der Hochdruckregulierung ein. Es bleibt also keine Abhängigkeit mehr zwischen der Belastung des Generators und der Heizdampfentnahme. Die Turbine arbeitet mit veränderlicher Verteilung der Leistung auf Hoch- und Niederdruckteil, so daß sie sich den verschiedensten Verhältnissen anpaßt.

Bei der Kolbendampfmaschine ist diese Zwischendampfentnahme bekanntlich auch mit größtem Vorteil eingeführt. Allerdings beschränkt sie sich hier nur auf die Zweifachexpansionsmaschine, und auch hier ist der Tandemanordnung der Vorzug zu geben.

Eine andere Art der Dampfturbinen für Fabrikationsdampfentnahme ist die Gegendruckanzapfturbine, die sich besonders für Betriebe eignet, in denen Niederdruckdampf von verschiedenen Spannungen gebraucht wird. Man könnte in diesem Falle die Turbine als Anzapfturbine mit mehreren Anzapfstellen und ebenso vielen selbsttätigen Überströmventilen zur Konstanterhaltung des Druckes ausrüsten, es liegt aber dann die Gefahr nahe, daß bei starker Entnahme von der ersten Stufe der nächsten der Druck weggenommen wird, so daß deren Regulierung versagt. Bei nicht zu großen Spannungsunterschieden des benötigten Fabrikationsdampfes kann man den Anzapfdampf auf den höheren Druck entnehmen und dann für die anderen Spannungen drosseln. Bei größeren Druckunterschieden würde das unwirtschaftlich sein, es wäre dann eine Gegendruck- und eine Anzapfturbine nebeneinander zu verwenden, indem die Gegendruckturbine möglichst gleichmäßig belastet werden müßte, während die Anzapfturbine die Belastungsschwankungen zu übernehmen hat. Man kann aber zwei Heizsysteme mit verschiedenen

Spannungen von einer Turbine versorgen, wenn die ihr zugeführte und unter Gegendruck wieder zu entnehmende Dampfmenge gerade ausreicht, um die erforderliche Energie zu erzeugen, oder wenn der Betrieb noch Zusatzdampf für Fabrikationszwecke braucht. In solchen Fällen fällt dann die Kondensation weg, und man erhält eine Gegendruckturbine mit Anzapfung.

Als erste Vertreterin einer Dampfturbine, welche eine gerade für Strohzellstoff- und Strohpapier- und -pappenfabriken vorteilhafte Kopplung der Kraft- und Wärmewirtschaft durchführt, ist eine Ausführung der AEG zu nennen, die für eine große Papierfabrik ausgeführt wurde. Es ist das eine zweigehäusige Anzapfturbine für Kondensations- und Gegendruckbetrieb.[55])

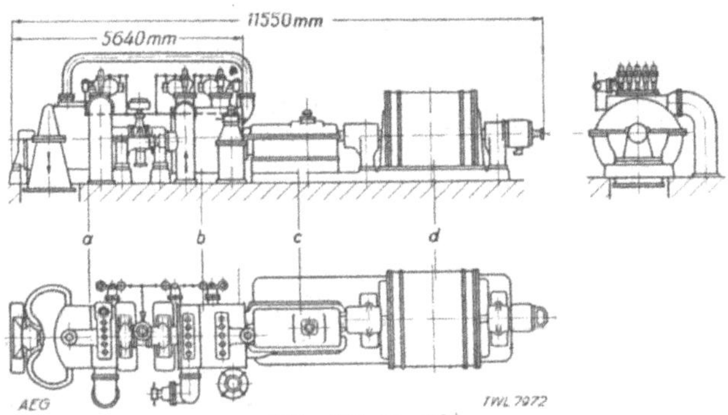

Abb. 191 bis 193.
Zweigehäusige Anzapfturbine für Kondensations- und Gegendruckbetrieb von der A. E. G.

Die Maschinenanlage besteht aus einer Hochdruckturbine, einer Niederdruckturbine, einem Zahnradvorgelege, einer Drehstromdynamo und der dazu gehörigen Kondensationslage. (Abb. 191—193.) Die Konstruktionsleistung der Maschine beträgt 2500 KW bei einer Überlastungsmöglichkeit von 25 vH. Der Frischdampf tritt mit einer Spannung von 30 Atm. abs. und einer Temperatur von 375° C. durch fünf Regulierventile in den Einströmkasten der Hochdruckturbine ein und wird zunächst in fünf Gleichdruckstufen bis auf 8,5 Atm. abs. entspannt. Ein Teil des Dampfes wird hier an der ersten Anzapfstelle für Kochdampf abgezapft, der für diesen Zweck nicht gebrauchte Rest des Dampfes durch fünf weitere Regulierventile dem Mitteldruckteil zugeführt und in diesem bis zur weiteren Anzapfung auf 5 Atm. abs. zwecks weiterer Verwendung in den Trockenapparaten entspannt. Diese zweite Anzapfstelle ist also die Entnahmestelle für Gegendruck. Der für die Trocknung nicht benötigte Dampf gelangt durch fünf weitere Regulierventile in den Niederdruckteil und von da in den

55) siehe auch E. A. Kraft: Zweigehäusige Anzapfturbine für Kondensations- und Gegendruckbetrieb. AEG-Mitteilungen 1925, Heft 8, Seite 251.

Kondensator. Jede der Turbine entnommene Dampfmenge wird somit vor Verwendung zu Fabrikationszwecken zur Leistungsabgabe herangezogen.

Die Regulierung der Anlage ist nun derart eingerichtet, daß an beiden Anzapfstellen beliebige Dampfmengen von 0 bis 18 000 kg/st. entnommen werden können, ohne daß sich Drehzahl, Leistung und Entnahmedruck ändern. Die Maschine kann auch ohne irgendwelche Beeinflussung der Entnahmemengen und Drücke beliebig belastet

Abb. 194.
Zweigehäusige Anzapfturbine für Kondensations- und Gegendruckbetrieb von der A. E. G.

werden. Diese Turbine verteilt also die von den Hochdruckkesseln gelieferte Gesamtenergiemenge auf die drei verschiedenen Verbrauchsstellen selbsttätig, und zwar in der wirtschaftlichsten Weise, ohne nennenswerte Drosselverluste. Den stark schwankenden Betriebsverhältnissen entsprechend, muß die Regulierung die Kraftzentrale und jede einzelne Koch- und Heizstelle voneinander unabhängig machen, obwohl sie von einem einzigen Maschinenaggregat bedient werden. Die Regulierung spielt also hier eine sehr große Rolle.

Die Drehzahl der Turbine von 5300 Uml./min. wird durch ein einstufiges Vorgelege auf 3000 Uml./min. herabgesetzt. Die Verzahnung zwischen Turbine und Ritzelwelle erfolgt durch eine AEG-Doppelverzahnungskupplung, die eine achsiale Verschiebung der Wellen gegeneinander gestattet. Das Ritzel kann sich daher in der Verzahnung des zwischen Bundlagern gehaltenen Rades frei einstellen, wodurch ein gutes und gleichmäßiges Arbeiten beider Zahnkränze gewährleistet wird. Die Kupplung läßt in gewissen Grenzen auch eine geringe Verlagerung der Turbinen- und Ritzelmitten gegeneinander zu und ermöglicht überdies ein Herausnehmen der Turbinenläufer, ohne daß das mit der Hochdruckturbine gekuppelte Ritzel ausgebaut werden muß. Die Verbindung der Radwellen mit der der Generatorwelle erfolgt durch eine starre Flanschkupplung. Die Abbildung 194 zeigt diese Turbine im Schaubild, während die Abbildung 195 das Schaltungsschema in Verbindung mit einem Ruths-Wärmespeicher zeigt.

In dieser Abbildung bedeuten die Zeichen:

a = Dynamo von 2500 KW.
b = Zahnradvorgelege 5300/3000 Uml./min.
c = Hochdruckturbine.
d = Niederdruckturbine.
e = Kessel 30 Atm. Überdruck.
f = Leitung zur Trockenmaschine und Bleicherei.
g = Kondensator.
h = Ruths-Speicher.
i_1 = Dampfdruckregler, öffnet bei sinkendem Druck unter 28 Atm. Überdruck.
i_2 = Dampfdruckregler, öffnet bei sinkendem Druck unter 3,8 Atm. Überdruck.
i_3 = Dampfdruckregler, schließt bei steigendem Druck über 4 Atm. Überdruck.
i_4 = Dampfdruckregler, öffnet bei sinkendem Druck unter 4 Atm. Überdruck.
i_5 = Dampfdruckregler, öffnet bei steigendem Druck über 30 Atm. Überdruck.
i_6 = Dampfdruckregler, öffnet bei sinkendem Druck unter 7,5 Atm. Überdruck.
k = zum Kocher.

Der schon mehrfach erwähnte Wärmespeicher hat nun für die Wärmewirtschaft der in Frage stehenden Fabriken eine große Bedeutung. In den Betrieben der Papierindustrie hat sich bisher als der vorteilhafteste Apparat dieser Art der Ruthsspeicher eingeführt, der in der Abbildung im Schnitt gezeigt ist. Der Ruthsspeicher ist ein Wasserraumspeicher, die man schon lange ohne klare Erkenntnis des Speiseproblems in einem großen Speiseraum der Dampfkessel anwendete. Der älteste Vertreter dieser Speicher war der von Rateau, während der Ruthsspeicher alle Ergebnisse moderner Wärmewirtschaft und alle Gesichtspunkte über Energiespeicherung von Wärme vereinigt.

Dieser Speicher ist ein Walzenkessel, der gegen Wärmeausstrahlung durch eine zweckmäßige Isolation geschützt ist. Er wird zu etwa 90 vH. mit Wasser gefüllt. Der eingeleitete Dampf wird durch die Diffusorrohre (d) in das Wasser eingeführt, womit auch zugleich eine Regelung des Wasserumlaufes erfolgt. Die Entnahme des Dampfes erfolgt im Dom (a) durch ein automatisches Ventil (f). Da nun der Dampf mit Wasser in Berührung steht, so kann nur gesättigter und kein überhitzter Dampf dem Speicher entnommen werden, wohingegen man sowohl gesättigten als auch überhitzten Dampf einleiten kann. Damit man jedoch auch überhitzten Dampf entnehmen kann, wird bei der Zuführung überhitzten Dampfes die Überhitzungswärme ähnlich wie in Regeneratoren in gußeisernen Platten aufgenommen und dem entweichenden Dampf dann wieder zugeführt.

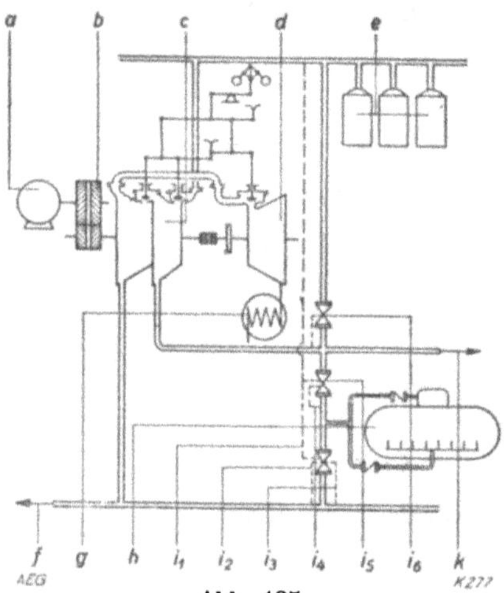

Abb. 195.
Schaltungsschema einer zweigehäusigen Anzapfturbine für Kondensations- und Gegendruckbetrieb in Verbindung mit einem Ruths-Wärmespeicher.

Beim Wasserraumspeicher nach Ruths wird die dem Speicher in Form von Dampf zugeführte Wärme zur Erhöhung der Temperatur des Wassers verwendet, wobei gleichzeitig eine Druckerhöhung stattfindet. Bei der Entnahme verwandelt sich das Wasser in Dampf, der unter Druckverminderung abfließt. Bei den Wasserraumspeichern ist nun der Wärmeinhalt von 1 cbm Wasser wie folgt:

Tabelle 24.

1 Atm. abs.	97 000 kcal.
2 „ „	114 000 „
3 „ „	124 000 „
4 „ „	133 000 „
5 „ „	139 000 „
7 „ „	149 000 „
10 „ „	162 000 „
13 „ „	170 000 „
16 „ „	176 000 „
20 „ „	183 000 „
25 „ „	189 000 „
40 „ „	205 000 „

Entspannt man also 1 cbm Wasser von 16 auf 13 Atm. abs., dann wird man 4000 kcal. Wärmeeinheiten erhalten, die 8,5 kg Dampf von 13 Atm. abs. ergeben, entspannt man von 25 auf 20 Atm., so ergeben sich 3000 kcal., die 6,5 kg Dampf von 20 Atm. ergeben. Durch die Entspannung wird das Wasservolumen vergrößert, die freiwerdende Wärme ist also nicht gleich der Differenz der Wärmeinhalte, die man aus den bekannten Dampftabellen entnehmen kann. Es sind zur Feststellung die spezifischen Volumina des Wassers erforderlich, die folgendermaßen sind.:

Tabelle 25.

bei 1 Atm. Überdruck	1042,6	Liter je Tonne
„ 2 „ „	1058,9	„ „ „
„ 3 „ „	1070,5	„ „ „
„ 4 „ „	1080,3	„ „ „
„ 5 „ „	1089,0	„ „ „
„ 7 „ „	1104,9	„ „ „
„ 10 „ „	1124,6	„ „ „
„ 13 „ „	1141,9	„ „ „
„ 16 „ „	1156,0	„ „ „
„ 20 „ „	1176,0	„ „ „
„ 25 „ „	1197,0	„ „ „
„ 40 „ „	1250,0	„ „ „

Die freiwerdende Wärme verdampft einen Teil des Gewichtes des entspannten Wassers, wobei sie dann ganz als Verdampfungswärme zur Verfügung steht. Die Bedingungen, welche diese Wasserraumspeicher zu erfüllen haben, sind die folgenden: Die Kessel werden für normale Verhältnisse bemessen und sollen dauernd gleichmäßig mit dem höchsten Wirkungsgrad betrieben werden. Der Mehrbedarf an Dampf gegenüber dem Normalbedarf soll aus dem Speicher gedeckt werden, der Minderbedarf dagegen soll dadurch ausgeglichen werden, daß man den Überschuß dem Speicher zuführt. Das Schaltungsschema eines solchen Ruthsspeichers ist in der Abbildung 56 gezeigt[56]), die Vorteile der Speicher für die Wärmewirtschaft einer Zellstoffabrik sind auf Seite 130 erwähnt.

Ein weiterer Punkt, der bei der Anlage von Strohzellstoff- und Strohpappen- und -papierfabriken sehr zu beachten ist, ist die Frage der Wasserbeschaffung. Auch diese Frage verlangt eine sorgfältige Prüfung, da von ihrer richtigen Lösung der Bestand des Werkes sehr wohl abhängen kann. Für die Kesselspeisung ist ein möglichst weiches Wasser erforderlich, damit die Kesselsteinbildung auf ein möglichst geringes Maß gebracht oder auch ganz verhütet wird. Aber auch für die Fabrikationszwecke, wenigstens soweit es sich um Stroh-

---

[56]) Seite 130.

zellstoffabriken handelt, ist die Reinheit des Wassers von größter Bedeutung, wohingegen sie bei der Herstellung der Strohpappen- und Strohpapiere aus gelbem Strohstoff weniger Bedeutung hat. Das Wasser soll nicht nur rein und schlammfrei sein, sondern auch frei von gewissen chemischen Verunreinigungen, besonders aber von Eisen. Wo das nicht zutrifft, machen sich dann kostspielige Enteisenungs- und Filteranlagen erforderlich. Die Wasserreinigung kann je nach den Verhältnissen auf verschiedene Weise erfolgen. Da infolge des großen Verbrauches an Wasser natürlich die Entnahme aus einem Ortsnetz nicht in Frage kommen kann, selbst wenn ein solches vorhanden wäre, so muß das Wasser auf einem anderen Wege gewonnen werden, wobei darauf zu achten ist, daß die Wassergewinnung nicht nur wirtschaftlich ist, sondern vor allen Dingen auch, daß die gewonnenen Wassermengen unter allen Umständen ausreichen. Die Erschließung des Wassers kann durch Quellen oder aus unterirdischen Wasserläufen (Grundwasser) erfolgen.

Arbeiterverhältnisse.

Ein weiterer Punkt, der bei der Neuanlage von solchen Fabriken nicht außer acht zu lassen ist, besteht in den Arbeiterverhältnissen. Nirgends ist bekanntlich ein guter Stamm eingesessener Facharbeiter so von Wichtigkeit wie gerade in den Betrieben der Papierindustrie. Häufiger Wechsel in der Belegschaft, besonders aber der gelernten Arbeiter hat einen nachteiligen Einfluß auf die Erzeugung und verteuert sie. Deshalb soll man dort, wo es die Verhältnisse erfordern, dafür sorgen, daß die Arbeiter seßhaft werden, was man einmal durch die Schaffung günstiger Arbeitsverhältnisse und das andere Mal durch die Schaffung geeigneter Wohngelegenheiten tun soll.

Kraftverteilung.

Die Energiequelle soll möglichst zentral gelegt werden, sie muß sich in der Nähe der am meisten Kraft verbrauchenden Abteilungen befinden. Bei der Strohzellstoff- und auch der Strohpapier- und -pappenfabrikation ist auch zu beachten, daß die Dampfleitungen möglichst kurz werden. Die in Frage stehenden Betriebe lassen sich nun so einrichten, daß diesem Grundsatz voll Rechnung getragen wird. Bei mechanischer Kraftübertragung, die man nur noch in kleineren Fabriken findet, hat man darauf zu achten, daß man möglichst kurze Wellenleitungen erhält. Es ist daher bei der Gruppierung so vorzugehen, daß jede Abteilung durch eine während des Betriebes rasch und leicht auszurückende und wieder einzurückende Kupplung stillgesetzt bzw. in Betrieb genommen werden kann, ohne daß die anderen Betriebsabteilungen darunter zu leiden haben.

Durch die sich immer mehr einführende und in großen Betrieben fast ausschließlich zu findende elektrische Kraftübertragung hat man die größte Freiheit in der Anlage der Fabrik und kann sie nach allen den Gesichtspunkten einrichten, die für eine gute Übersichtlichkeit und zur Vermeidung unnützer Transporte erforderlich sind. Man kann alle Maschinen so aufstellen, wie es für den Fabrikationsgang und die Bedienung am vorteilhaftesten ist. Durch die elektrische Kraftübertragung kommen alle Wellen, Vorgelege, Riemen, Seile usw. ganz oder doch zum größten Teil in Wegfall. Die Unfallmöglichkeiten werden ganz wesentlich eingeschränkt. Es ergibt sich eine bessere Übersicht und eine reine staubfreie Luft, da diese nicht durch die Riemen und Seile dauernd durcheinander gepeitscht wird. Man ist beim elektrischen Antrieb auch in der Lage, jede nicht dauernd gebrauchte Maschine zeitweise in oder außer Betrieb zu setzen, ohne daß stets die ganze Transmission mitzulaufen hat. Gruppenantrieb durch Elektromotoren ist da zu empfehlen, wo eine Reihe von Maschinen in ihrer Arbeit voneinander abhängig sind, also stets zu gleicher Zeit laufen müssen, wie das z. B. auch in der Häckselei und Häckselreinigung der Fall ist. Im allgemeinen kann man sagen, daß man kleinere Maschinen mit nur geringem Einzelkraftverbrauch durch Gruppenantrieb betreiben soll, wobei sich dann allerdings die Zwischenschaltung von Wellen und Vorgelegen erforderlich macht, die man aber bei guter Organisation der Anlage auf ein geringes Maß beschränken kann. Maschinen mit einem Kraftbedarf von über 5 PS soll man aber möglichst durch Einzelmotore betreiben.

Entwässerung der Fabrik.

Die Entwässerung der Anlage soll durch ein besonderes Kanalnetz erfolgen, das gerade in den Strohstoffabriken von größter Bedeutung ist. Über die Abwasserreinigung und die Wiedergewinnung der Fasern ist im vorhergehenden Abschnitt ausführlich geschrieben worden, da sie von allergrößter Bedeutung für die Fabriken sind.

Feuerschutz.

Der Feuerschutz, der gerade bei diesen Stroh verarbeitenden Betrieben von größter Bedeutung ist, muß nach zwei Gesichtspunkten eingerichtet werden. Einmal sind Vorbeugungsmaßnahmen erforderlich, die in der Hauptsache in einer möglichst feuersicheren Bauweise zu suchen sind, und das andere Mal Maßnahmen, die einem einmal ausgebrochenen Brande die weitere Ausbreitung erschweren, also Löscheinrichtungen.

Die als Brandmauern ausgeführten Wände sind mindestens 25 cm stark anzulegen und dürfen keine Öffnungen erhalten, bei Fabrikgebäuden sind sie mindestens bis 65 cm über Dachfirst zu führen. Die Baupolizei kann Ausnahmen gestatten und für Benutzung der Räume oder für den Verkehr notwendige Öffnungen zulassen, wenn sie durch rauch- und feuersichere Türen geschlossen sind. Auch eine 13 cm starke Eisenbetonwand, deren Eisen mindestens 5 cm unter Beton liegt, gilt als Brandmauer. Bei den Fabrikbauten sind aber außer den Baupolizeivorschriften besonders auch die Vorschriften der Feuerversicherungsgesellschaften zu berücksichtigen, da man dadurch günstige Versicherungsprämien erhalten kann. Es ist deshalb auch zu empfehlen, die Brandmauern lieber 38 cm stark zu machen. Aber nicht die geringe Stärke der Mauern ist so gefährlich, als vielmehr die Öffnungen in diesen. Nach den baupolizeilichen Vorschriften soll alle 40 Meter eine Brandmauer errichtet werden, da das aber in den meisten Fällen mit den Bauten für Strohzellstoff- und Strohpapierfabriken nicht vereinbar ist, so kann diese Vorschrift erlassen werden.

Als feuersicher gilt die Ummantelung von Trennwänden, Kanälen usw. mit Rabitz, Zementdielen, Drahtziegelgeweben mit Putz. Heizrohre und Transmissionswellen sollen beim Durchgang durch Innenmauern von starken übereinander greifenden Eisenblechen umgeben werden. Stützen als gemauerte Pfeiler oder in Eisenbeton sind feuerfest, Eisenstützen nicht, sie bedürfen daher einer glutsicheren Ummantelung, ebenso Holzstützen, bei denen allerdings der luftdichte Abschluß ungünstig einwirkt. Einen gewissen Feuerschutz kann man bei nicht ummantelten Holzstützen dadurch erzielen, daß man den Querschnitt größer wählt als statisch erforderlich. Die Decken in Räumen, in denen sich dauernd Menschen aufhalten, müssen ebenfalls feuerfest sein. Die Eisenbetondecken verhindern die Ausbreitung eines Brandes am sichersten nach anderen Geschossen, sie verhindern aber nicht das Durchtreten des Wassers beim Löschen eines Brandes. Namentlich im Dachgeschoß soll man die Decke mit einem möglichst wasserdichten Estrich und einem Gefälle nach einem Wasserabfluß hin versehen. Deckendurchbrechungen sind nach Möglichkeit zu vermeiden, wo sie nicht zu umgehen sind, müssen Schächte, Kanäle und Glasflächen feuersicher hergestellt werden. Die Beschaffenheit der Decken ist von einem wesentlichen Einfluß auf die Höhe der Feuerversicherungsprämien, es ist deshalb vorteilhaft, sie möglichst feuersicher herzustellen. Auch die Dächer sollen feuersicher eingedeckt werden, weshalb Eisenbetondächer zu bevorzugen sind.

Die Fußböden müssen möglichst dicht sein. Die Treppen aus Werksteinen müssen unten verputzt oder feuersicher ummantelt sein. Eisenbeton- oder Ziegeltreppen sind am feuersichersten. Die Baupolizei schreibt für Fabrikgebäude und Lagerräume überhaupt feuersichere Treppen vor. Man soll sie in besonderen Treppenhäusern unterbringen, die von allen Geschossen, auch vom Dach- und Kellergeschoß, durch feuer- und rauchsichere Türen abgeschlossen sind. In den Treppenhäusern ist durch Rauchabzugklappen über dem obersten Treppenabsatz dafür zu sorgen, daß sie rauchfrei bleiben, da sie für die Rettung und die Bekämpfung des Feuers von größter Wichtigkeit sind. Wenn eine Treppe von innen benutzbar bleibt, dann ist die Bekämpfung des Feuers leichter und aussichtsreicher möglich. Im allgemeinen soll nun eine Treppe in einem von Menschen betretenen Raum auf 25 Meter zu erreichen sein. Das ist eine Forderung, die sich in den Fabriken nicht immer durchführen läßt, man soll aber bestrebt sein, auch dieser Forderung möglichst Rechnung zu tragen. Große Arbeitsräume erhalten daher Treppen auf entgegengesetzten Seiten, mitunter genügen auch Treppen an den Außenseiten der Gebäude, sogenannte Nottreppen.

Wo es die Betriebsverhältnisse zulassen, sollen die Aufzüge an den Außenseiten der Gebäude hochgeführt werden, wenn sie im Inneren angelegt werden müssen, dann sind sie von feuerfesten Wänden zu umgeben. Lichtschächte müssen ebenfalls von massiven Wänden umgeben sein und oben und unten feuersicher abgeschlossen werden.

Eine Hauptgefahr bei der Übertragung des Feuers von einem Gebäude zum anderen bilden die Fenster. Einen zuverlässigen Schutz geben etwa 6 mm starke Drahtglasscheiben in Eisenrahmen. Wo es aber auf einen guten Lichteinfall ankommt, kann man 4 mm starkes Elektroglas mit kleiner Scheibeneinteilung in dicht schließenden Rahmen verwenden.

Die Maßnahmen, die eine Ausbreitung eines ausgebrochenen Brandes verhüten sollen, bestehen nun in der Hauptsache in geeigneten Feuerlöschanlagen und in Anlagen, die einen Brand selbsttätig oder auch durch Vermittlung von Personen schnellstens melden. Rings um die Gebäude sind daher Wasserpfosten und leicht auffindbare Hydranten anzuordnen, damit man alle Teile und Gebäude der Fabrikanlage jederzeit umfassend unter Wasser nehmen kann. Die Überflurhydranten sind dabei den Unterflurhydranten vorzuziehen, weil sie nicht so leicht einfrieren und von Schnee bedeckt werden können. In allen inneren Räumen bis in die Dachgeschosse sind gut verteilte Feuerlöschhähne anzubringen, wobei alle Rohranschlüsse und auch die Schlauchverschraubungen einheitlich sein müssen. Es ist auch empfehlenswert, die ortsübliche Feuerwehrkupplung zu verwenden, da man dann bei einem Großfeuer ohne weiteres die Schläuche der Ortsfeuerwehr anschlagen kann.

Die selbsttätigen Feuermelder tragen viel zur rechtzeitigen Bekämpfung eines Brandes bei. Man verwendet dazu heute meist elektrische Feuermelder. Bei diesen werden durch die Wärme Flüssigkeiten oder Metalle ausgedehnt, sie schließen dadurch einen Stromkreis, der wieder einen Alarmwecker in Tätigkeit setzt. Die Feuerversicherungsgesellschaften gewähren beim Vorhandensein solcher selbsttätiger Feuermelder einen wesentlichen Nachlaß auf die Prämien.

Als selbsttätige Feuerlöscheinrichtungen können auch bei gewissen Räumen die sogenannten Sprinkleranlagen in Frage kommen. An der Decke des Raumes wird ein System von Wasserrohren mit Ventilen angeordnet. Diese öffnen sich bei einer gewissen Temperatur, da in den Verschluß ein bei dieser Temperatur (meist 70°) schmelzendes Lot eingefügt ist. Der austretende Wasserstrahl trifft auf einen Verteilungsteller und geht dann als feiner Regen nieder. Man rechnet dabei auf etwa 9 qm eine Brause. Bedingung ist dabei eine ausreichende, sich nicht erschöpfende Wasserzufuhr aus einer Leitung oder aus einem nur für diese Anlage bestimmten Behälter, der etwa 20 bis 35 cbm fassen muß. Die Feuerversicherungsgesellschaften berücksichtigen solche Anlagen mit einem großen Prämiennachlaß.

Es genügt nun allerdings nicht, daß solche Feuerlöschvorrichtungen und Feuermelder vorhanden sind, sie müssen auch dauernd auf ein zuverlässiges Arbeiten geprüft werden.

Unfallverhütung.

Bei der Anlage von Fabriken ist ferner zu berücksichtigen, daß der Unternehmer zu gewissen Schutzvorrichtungen verpflichtet ist, die Unfälle verhüten oder einschränken sollen. Es ist aber nicht nur erforderlich, daß diese Vorrichtungen vorhanden oder vorgesehen sind, sie müssen auch auf Zuverlässigkeit von Zeit zu Zeit untersucht werden. Nach den bestehenden Bestimmungen sind die Arbeitsräume, Betriebseinrichtungen, Maschinen und Gerätschaften so einzurichten und in Stand zu halten, daß sie den Arbeiter gegen Gefahren für Leben und für die Gesundheit soweit schützen, wie es die Natur und Eigenheit des Betriebes gestatten. Weiterhin ist für genügende Beleuchtung, reichlichen Luftraum und Luftwechsel und Beseitigung von Rauch, Staub und Dunst zu sorgen. Die Schutzvorrichtungen sind so anzuordnen, daß sie die Arbeiter gegen gefährliche Berührungen mit Maschinen oder gegen andere Gefahren schützen.

Bei den Gleisanlagen ist darauf zu achten, daß die neben den Gebäuden herlaufenden Gleisstränge mindestens 2,1 m mit ihrer Mitte von jenen entfernt sind, damit eine zwischen Wagen und Gebäudewand geratene Person nicht Gefahr laufen kann. Türen und Tore, die nach den Gleisanlagen hin münden, sind durch Geländer zu schützen. Die Hauptwege in den Arbeitsräumen sollen mindestens 1 m breit sein. Alle Galerien und Verbindungsbrücken müssen feste Geländer erhalten, wobei Holz möglichst zu vermeiden ist.

In staubigen Räumen, also z. B. der Häckselschneiderei und -reinigung, ist für eine zuverlässig wirkende Staubabsaugung Sorge zu tragen. Der Staub ist einer der gefährlichsten Feinde der Gesundheit, und gerade der feine Staub, der in Häckselei und -reinigung sich bildet, ist besonders gefährlich. Gut angelegte Staubabsaugeanlagen haben gleichzeitig noch den Vorteil, für eine gute Lüftung und einen ausreichenden Luftwechsel zu sorgen.

Sanitäre Einrichtungen.

Zu einem neuzeitlich eingerichteten Fabrikbetrieb gehören nun außer den erforderlichen hygienischen Einrichtungen in den Arbeitsräumen (gute Lüftung, Beleuchtung und Heizung) noch eine ganze Reihe von Einrichtungen, die man vielfach fälschlicher Weise als Nebeneinrichtungen bezeichnet, deren Wichtigkeit aus Sparsamkeitsrücksichten oder auch aus Unkenntnis vielfach außer acht gelassen wird. Diese Einrichtungen sind aber oft von so großer Bedeutung, daß sie sehr wohl großen Einfluß auf die Wirtschaftlichkeit eines Betriebes haben können. Hierher gehören vor allen Dingen: Waschvorrichtungen, Umkleide- und Baderäume, Speisesäle und Bedürfnisanstalten.

Bei den Waschvorrichtungen sind im allgemeinen die Einzelbecken den Trögen vorzuziehen. Am besten sind die kippbaren Becken, die Zapfstellen für warmes und kaltes Wasser erhalten sollen. Die Wasch- und Umkleideräume sind nach Geschlechtern zu trennen. Für jeden Arbeiter sollte ein verschließbarer Kleiderschrank aus gelochtem Eisenblech zur Verfügung stehen, in dem er seine Habseligkeiten während der Arbeit verschließen kann. Brausebäder sind den Wannenbädern vorzuziehen, da sie eine öftere Benutzung möglich machen und auch leichter rein zu halten sind. Die Speisesäle sind außerhalb der eigentlichen Fabrikräume anzuordnen, und zwar so, daß die das Essen bringenden Personen die Fabrik nicht zu betreten brauchen. Speisewärmvorrichtungen sind einzurichten, damit diejenigen Arbeiter, die sich ihr Essen selbst mit nach der Fabrik bringen, dasselbe rasch und genügend erwärmen können. Die Einrichtung von Kaffeeküchen und Selterwasserherstellung ist zu erwägen, da damit vielfach sehr gute Erfahrungen gemacht wurden. Eine Kantine unter strengster Kontrolle der Fabrikleitung ist bei einer größeren Belegschaft stets zu empfehlen, die Abgabe aller darin feilgehaltenen Speisen und Getränke soll nur zum Gestehungspreis erfolgen, die der Getränke, soweit sie sich auf Selterwasser und Kaffee beziehen, womöglich kostenfrei.

Auf etwa 20 Männer oder 15 Frauen ist ein Abortsitz zu rechnen, für Männer sind außerdem noch Stehplätze vorzusehen. Selbstverständlich müssen alle Abortanlagen eine ausreichende und möglichst selbsttätige Wasserspülung haben. Desgleichen ist für eine gute Beleuchtung, auch bei Dunkelheit, und für eine gründliche Lüftung und eine leichte Sauberhaltung zu sorgen. Bei der Anlage solcher Bedürfnisanstalten ist nun das Augenmerk darauf zu richten, daß unnütz lange Wege vermieden werden. Es ist das namentlich für diejenigen Leute von Bedeutung, die infolge ihrer Beschäftigung in warmen oder heißen Räumen (Kesselhäusern, Kochereien, Papiermaschinen) leicht bekleidet sind, damit sie vor unnötigen Erkältungen geschützt werden. Für sie sind alle Wege im Freien zu vermeiden und entsprechende Einrichtungen möglichst in der Nähe ihrer Arbeitsplätze vorzusehen, was sich bei den modernen Anlagen für diesen Zweck auch anstandslos durchführen läßt.

Äußere Gestaltung.

Was nun das Äußere einer solchen Fabrikanlage anbetrifft, so bietet die moderne Bauweise Möglichkeiten genug, sie auch architektonisch schön zu gestalten, ohne daß die Anlagekosten dadurch erhöht werden. Ganz verwerflich ist es aber, die Gebäude zur sogenannten Verschönerung mit allerlei Beiwerk, Türmchen und dergleichen zu versehen. Man wird dadurch nur das Gegenteil erzielen und außerdem noch unnützes Geld dafür ausgeben. Die modernen Fabriken der Papierindustrie, die meist unter fast ausschließlicher Anwendung des Betons und Eisenbetons erbaut sind, bieten unzählige Beispiele für die leichte Durchführbarkeit dieser Forderung. Auch die heutige Zeit, die uns zu größter Sparsamkeit in allen Fällen zwingt, gestattet es, die Fabriken nicht nur als reine Zweckbauten herzustellen, zumalen ja, wie schon gesagt, eine architektonisch schöne Ausgestaltung meist auch nicht mehr Geld kostet. Ganz falsch ist es aber, durch eine schöne Fassade die Art des Gebäudes verbergen zu wollen, wie man das bei älteren Bauten vielfach noch finden kann.

Bei der Anlage von Fabriken im allgemeinen und von Strohzellstoffabriken im ganz besonderen muß man schon von dem Grundsatze ausgehen, daß nur solche Betriebe nutzbringend arbeiten können, die in der Lage sind, mit geringsten Kosten die höchsten Güte- und Mengenleistungen zu vollbringen. Der Ernst der heutigen Wirtschaftslage verlangt nicht nur klare und rationelle Fabrikationsprogramme, sondern die verschärfte Konkurrenz wird diese Forderungen noch wesentlich erhöhen, wenn sich unsere Wirtschaftslage wieder gebessert hat. Wir müssen gerade in diesem Punkte vom Amerikaner lernen, der bereits auf allen Gebieten überlegene Arbeitsmethoden entwickelt hat. Auch wir müssen, übertragen auf unsere Verhältnisse, möglichst rationelle Arbeitsverfahren entwickeln, ganz besonders aber unter Berücksichtigung des schwerwiegenden Umstandes, daß bei uns der Schwerpunkt in der Qualitätsarbeit zu suchen ist.

Es muß sich hierbei vor Augen gehalten werden, daß der Leiter eines Betriebes die menschliche Arbeitskraft speziell bewirtschaften muß. Wirtschaften heißt aber, eine bestimmte Leistung in richtiger Voraussicht mit dem geringsten Aufwand an Zeit, Weg, Material und Geld zum höchsten Nutzen zu bringen und diesen Nutzen an der geeignetsten Stelle derartig auswirken zu lassen, daß er möglichst vielseitig befruchtend neue Leistungen beeinflußt. Schon beim Planen muß also die wirtschaftliche Überlegung einsetzen, je durchgreifender das geschieht, je fester wird der Grund sein, auf dem sich ein Unternehmen aufbaut.

Für Abkürzung der Zeit sind die Verkehrswege für Heranbringung des Rohmateriales und des Fortschaffens der Fertigware von großer Bedeutung. Eine viel größere Rolle spielen aber gegenüber den Transportwegen die Arbeitswege. Es muß daher genau festgestellt werden, ob das Werk an der Quelle des Rohmateriales, der billigen Kraft und der niedrigen Löhne stehen soll, oder ob es ratsam ist, das Werk in den Mittelpunkt des Verbrauches zu stellen. Es muß festgestellt werden, welche Belastung eine gewisse Menge Roh-, Halb- und Fertigmaterial an Wegspesen verträgt, um an der Stelle des Verbrauches noch wirtschaftlich eingreifen zu können. Hiernach wird sich zum großen Teile auch die Wahl des Fabrikationsortes zum Verbrauchsorte richten. Art und Menge des Erzeugnisses ist für die Preisbestimmung von großer Wichtigkeit. Entschied früher häufig die Menge bei der Beurteilung des Wertes eines Erzeugnisses, so ist heute die Güte ausschlaggebend.

Um das Ziel zu erreichen, ist eine reibungslose Arbeit erforderlich, nicht nur in aufs äußerste ausgeklügelten Arbeitsverfahren mit dem vollkommensten Maschinen, sondern auch in einem gegenseitigen Verstehen aller Beteiligten einer Arbeitsgemeinschaft. Nur dann kann auch mit den neuesten und wirtschaftlichsten Verfahren und Maschinen eine dauernde Höchstleistung an Güte und Menge erzielt werden.

An Hand der Tafel 5 soll nun eine moderne Strohzellstoff-Fabrik mit einer Tagesleistung von 13 000 kg besprochen werden. Wie aus der Zeichnung ersichtlich, sind bei diesem Projekt alle Forderungen erfüllt, die im Laufe der Abhandlungen als von ausschlaggebender Bedeutung für die Wirtschaftlichkeit eines Betriebes aufgestellt wurden.

Die Vorbereitung des Strohs, also das Häckseln und Reinigen erfolgt in einem besonderen Gebäude, das aus Gründen der Feuersicherheit in angemessener Entfernung von den übrigen Gebäuden der Anlage angeordnet ist. Es erübrigt sich, hier näher auf die Einrichtung dieser Strohvorbereitung einzugehen, da die einzelnen Maschinen und Einrichtungen schon in dem entsprechenden Abschnitt ausführlich behandelt wurden.

Das gehäckselte und gereinigte Stroh gelangt durch Luftdruck, der durch den in der Häckselei aufgestellten Exhaustor erzeugt wird, auf den im Hauptgebäude über den Kochern befindlichen Häckselboden. Die pneumatische Förderung ist auch hier die vorteilhafteste und durch keine andere an Wirtschaftlichkeit, Sauberkeit, Betriebssicherheit und Feuersicherheit zu ersetzen.

In der Kocherei, die durch eine Brandmauer von dem übrigen Teil des Hauptgebäudes abgeschlossen ist, stehen 5 Kocher, während ein sechster für etwaige Betriebserweiterung vorgesehen ist. Die Trennung des Kocherraumes bzw. des Häckselbodens von dem übrigen Teil des Gebäudes durch eine Brandmauer ist aus Gründen der Feuersicherheit dringend geboten. Die 5 Kugelkocher haben je einen Durchmesser von 3000 mm. Der Antrieb erfolgt gruppenweise von Elektromotoren. Wie ersichtlich, ist jeder Kocher durch eine Kupplung stillzustellen. Das Füllen der Kocher erfolgt vom Häckselboden aus mittels der erwähnten Stampfwerke,[57]) die ein dichtes und schnelles Eintragen ermöglichen.

Als besondere Neuerung ist nun bei dieser Kocherei das direkte Ausblasen der Kocher mittels Dampfdruckes zu nennen. Diese Anordnung hat sich in der Praxis bereits sehr gut bewährt, so daß sie in Zukunft allgemeinere Verbreitung erlangen wird. Die ursprünglich befürchtete Verstopfung der Ausblaseleitungen ist nicht eingetreten, wohl hat sich aber eine ungemeine Erleichterung und Vereinfachung und somit auch Verbilligung des Betriebes gezeigt.

Von einem jeden Kocher geht eine Ausblaseleitung nach einer zentralen Sammelstelle, von der eine Hauptleitung nach dem über den Stoffkästen, die im Nebenraum aufgestellt sind, befindlichen Ausblasebehälter führt. Diese Hauptleitung wird mit den Kocherleitungen durch ein schwenkbares Rohr verbunden, so daß nach Bedarf jeder einzelne Kocher angeschlossen und ausgeblasen werden kann. Welche

[57]) siehe Seite 128 und 129.

Vereinfachung sich daraus ergibt, liegt auf der Hand. Der Ausblasebehälter selbst ist ein Fliehkraftabscheider oder Zyklon, dessen Wirkungsweise schon weiter vorn ausführlich erwähnt wurde.[58])

Die Stoffkästen sind mit einem Filterboden versehen und besitzen je einen Laugenablaß, der die Lauge nach der Laugenstation zur Regenerierung leitet. Von den Stoffkästen befindet sich ein Transportband, das den Stoff auf den Kästen nach den zu ebener Erde aufgestellten Spiralpressen leitet.[59])

Unter den Stoffkästen ebenfalls zu ebener Erde befinden sich drei Waschholländer und vor diesen, in den Boden eingelassen, wieder Stoffgruben, aus denen der gewaschene Strohstoff durch eine Pumpe nach der Sortiertrommel gehoben wird.[60]) Von dieser aus läuft er dann auf einen großen Sandfang, der gerade bei Strohzellstoff nie wegbleiben sollte.[61])

Vom Sandfang läuft der Stoff nach zwei Eindickzylindern, die ihm einen großen Teil seines Wassergehaltes entziehen und kommt dann nach den darunter aufgestellten Raffineuren, von denen er wieder in darunter befindliche Stoffbütten mit Rührwerk fällt.

Hier zieht ihn wieder eine Pumpe ab und verteilt ihn durch eine Rohrleitung auf die 3 Bleichholländer, die im ersten Stock stehen. Über diese Bleichholländer wurde ausführlich weiter vorn berichtet.[62]) Von den Bleichern kommt der Stoff dann wieder nach Vorratsbütten mit Rührwerk und von da zu der im Erdgeschoß stehenden Naßmaschine, wo er entwässert wird. Man kann an Stelle dieser Naßmaschine natürlich auch eine Entwässerungsmaschine mit Trockenpartie aufstellen, wie weiter vorn schon erwähnt wurde.[63]) Der Stoff kann aber auch nur eingedickt und nach einer angegliederten Papierfabrik zu den Holländern oder über diesen befindlichen Vorratsbütten gepumpt werden, mitunter entwässert man ihn in diesem Falle auch noch in Stoff- oder Absitzkästen.[64]) Letztere Art wird aber immer weniger zur Anwendung gebracht, da sie meist einen wiederholten Transport des Stoffes bedingt, der nicht nur verteuernd auf die Erzeugung einwirkt, sondern mitunter auch leicht eine Verunreinigung des Stoffes zur Folge haben kann, die man gerade bei Strohzellulose vermeiden soll.

---

[58]) siehe Seite 78.

[59]) siehe Seite 133.

[60]) siehe Seite 141.

[61]) siehe Seite 143.

[62]) siehe Seite 185.

[63]) siehe Seite 207.

[64]) siehe Seite 194.

Die Bleichlauge wird den Bleichholländern aus einem Meßgefäß zugeführt, das unter der Decke des Bleicherraumes angebracht ist.

Die Chlorwasserbereitung ist, wie ersichtlich, ebenfalls in einem besonderen Gebäude untergebracht und entspricht den weiter vorn erwähnten modernen Anlagen dieser Art.[65])

Sie enthält also Chlorkalkauflöser, Pendelbütten und Chlorwasserbehälter nebst den erforderlichen Rohrleitungen und Pumpen. Die ganze Anlage wird von einem Elektromotor im Gruppenantrieb angetrieben.

Auch die Laugenbereitungs- und Laugenwiedergewinnungsanlage hat ein eigenes Gebäude. Die ganze Anordnung und Wirkungsweise ist aus der Zeichnung ersichtlich, so daß eine weitere Beschreibung überflüssig erscheint.

---

[65]) siehe Seite 162.

Sachverzeichnis.

Tafel 1 Hoyer, „Die Strohzellstoff-Fabrikation"
Verlag M. Krayn, Berlin W. 10

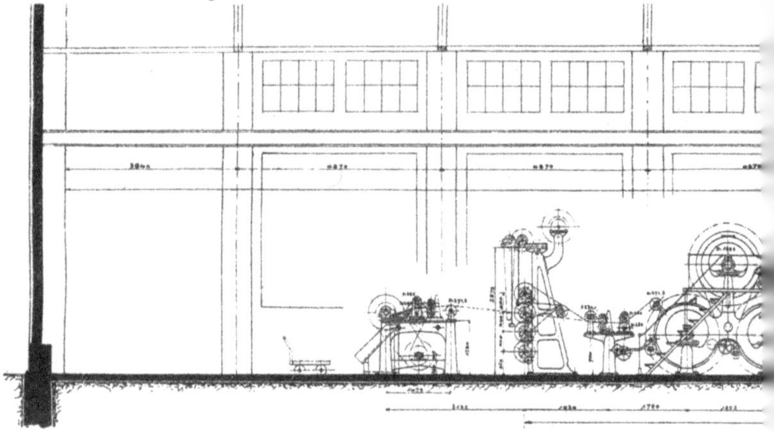

Zellstoffwerke Regensburg A.

Zellstoff-Trockenmaschine 3000÷3050m/m

Fabriknumer: 243.

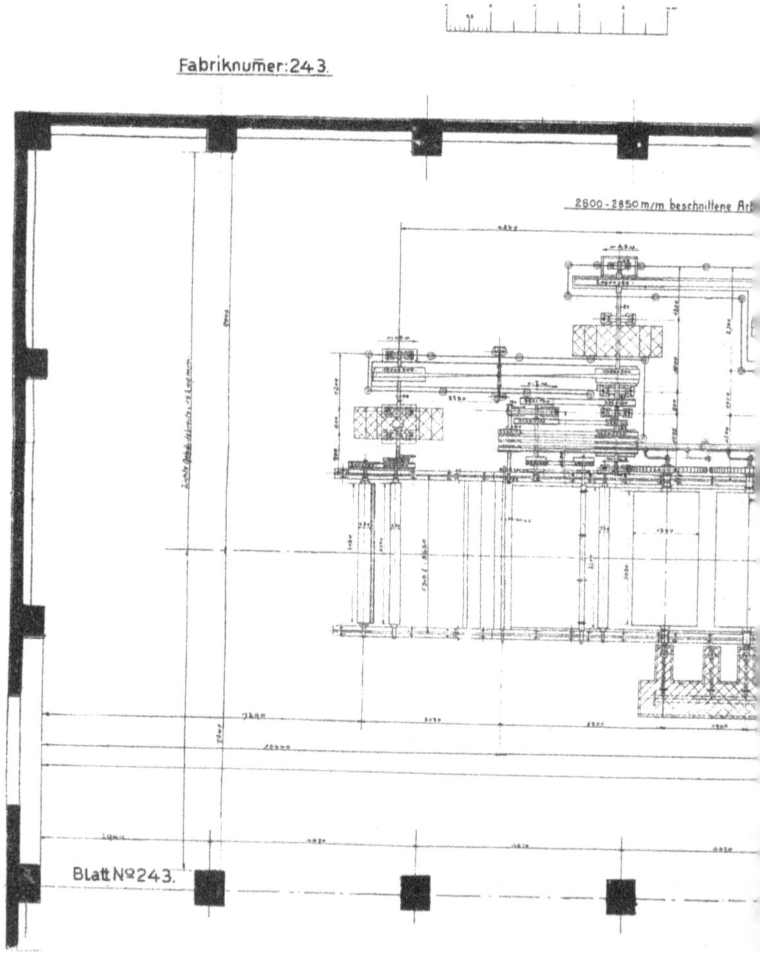

Blatt No 243.

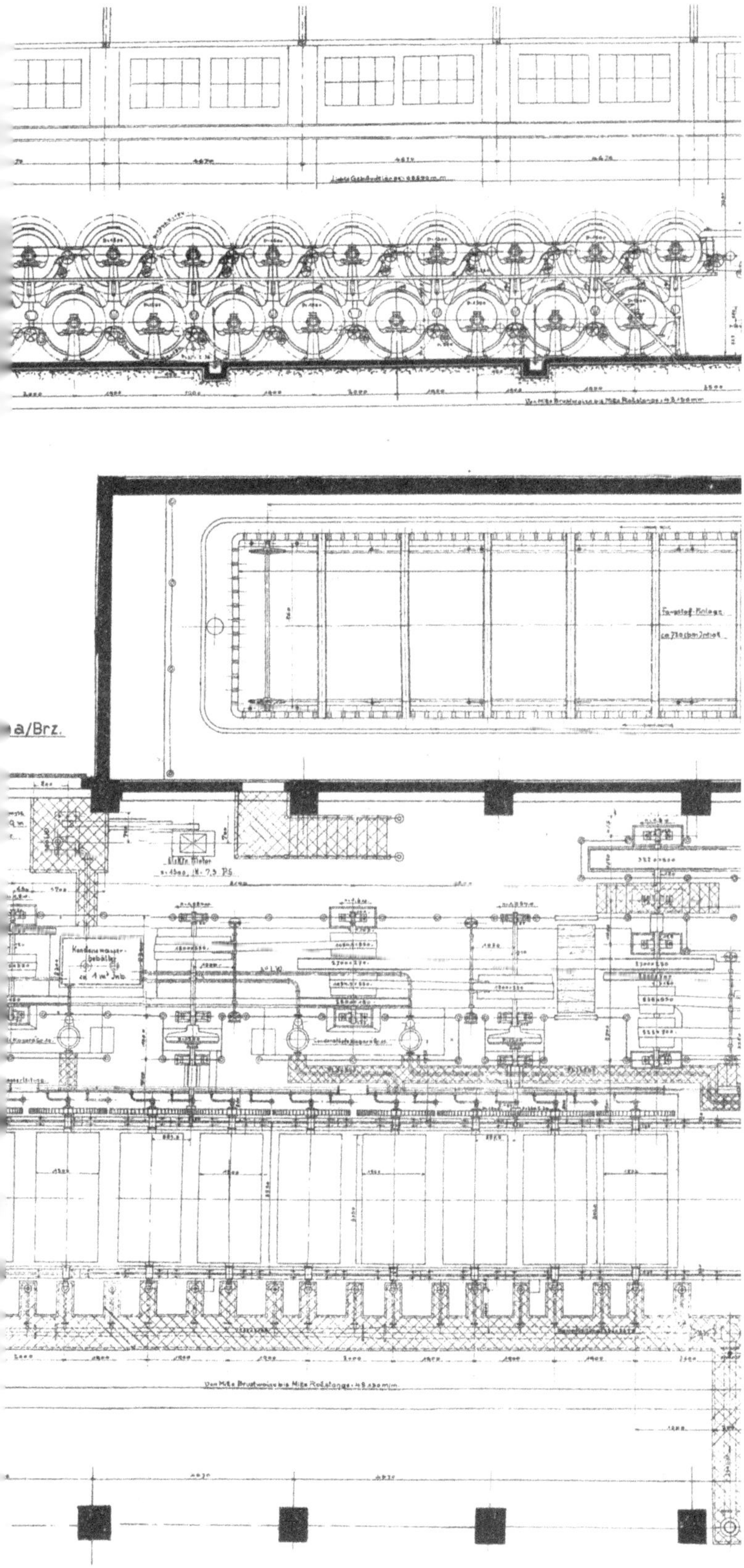

Photolith. v. Bogdan Gisevius, Berlin W. Bülowstr. 66.

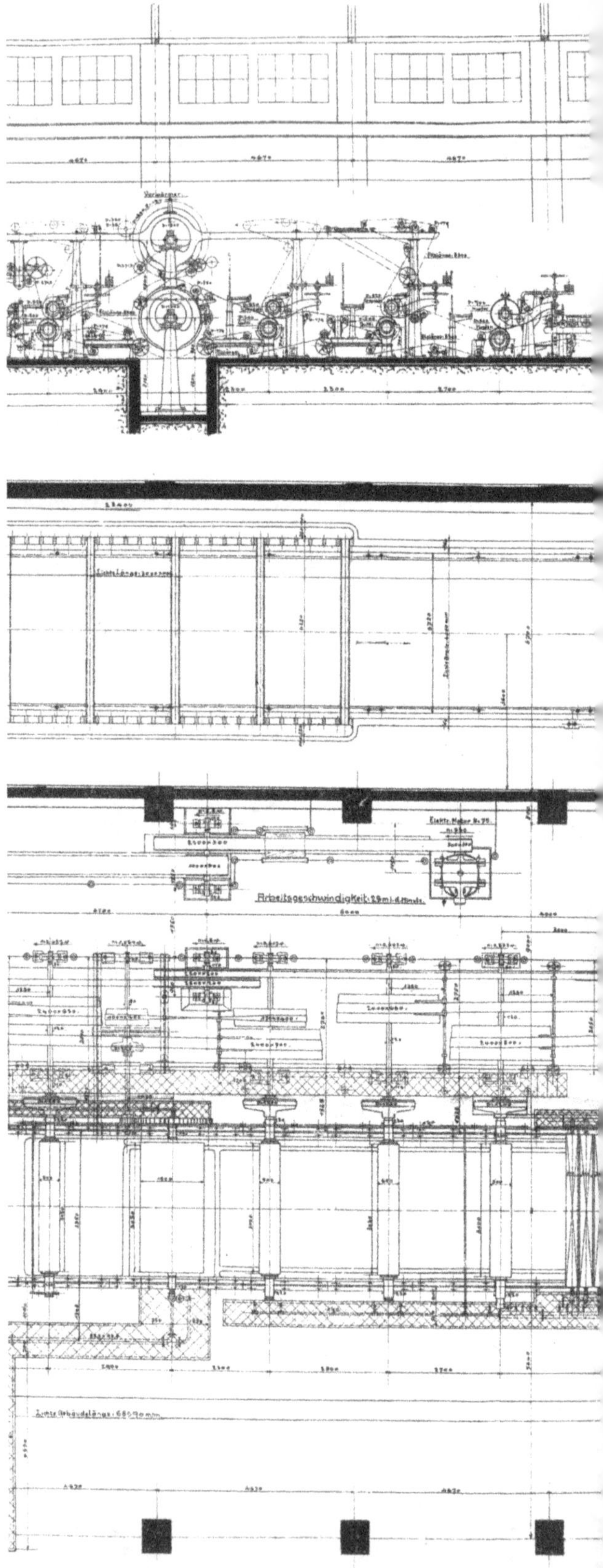

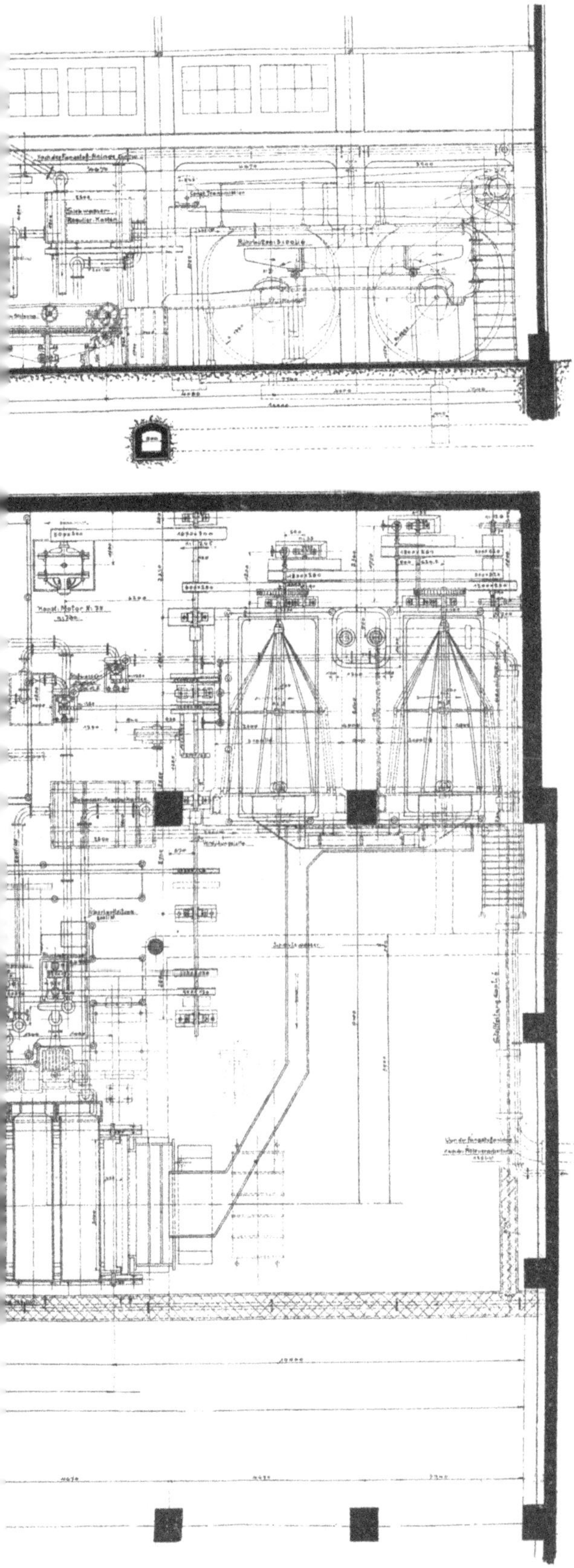

Tafel 2 Hoyer, „Die Strohzellstoff-Fabrikation"

Verlag M. Krayn, Berlin W. 10

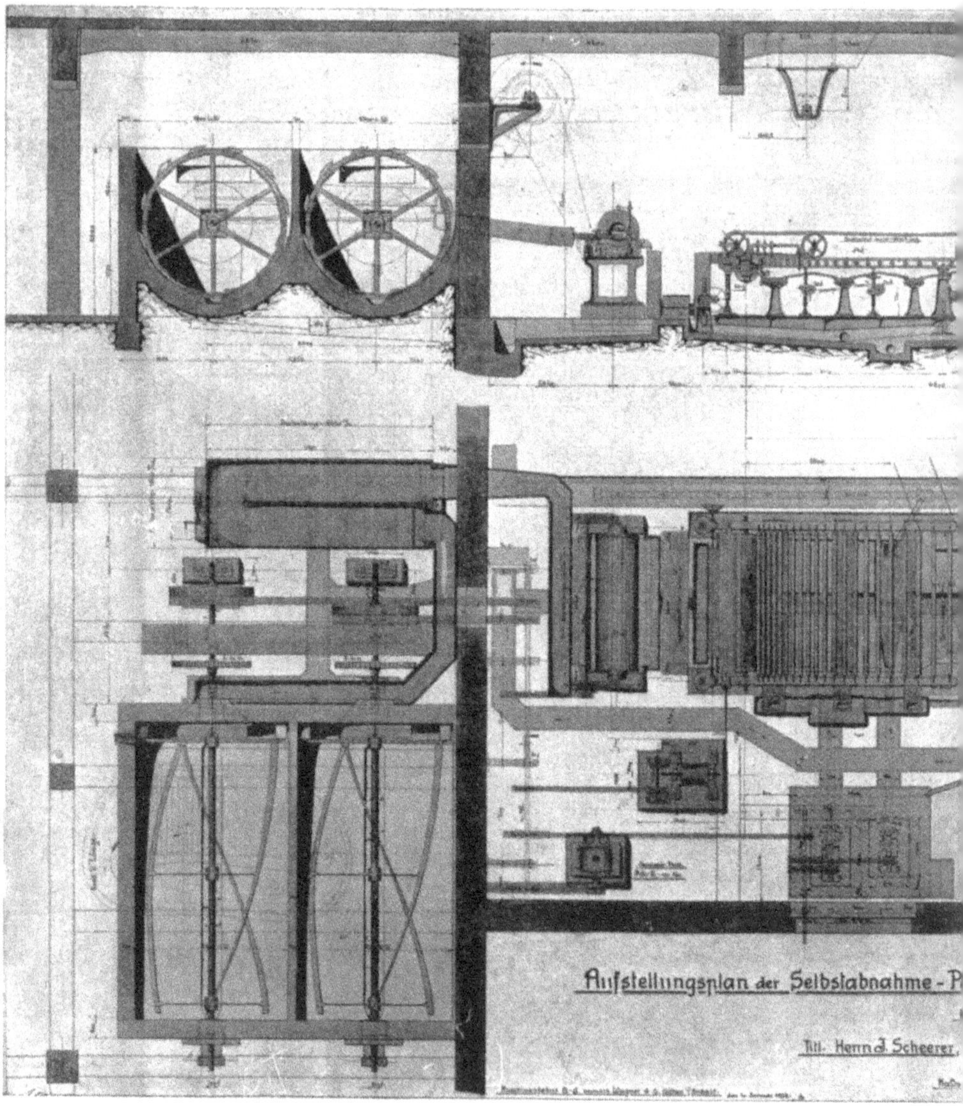

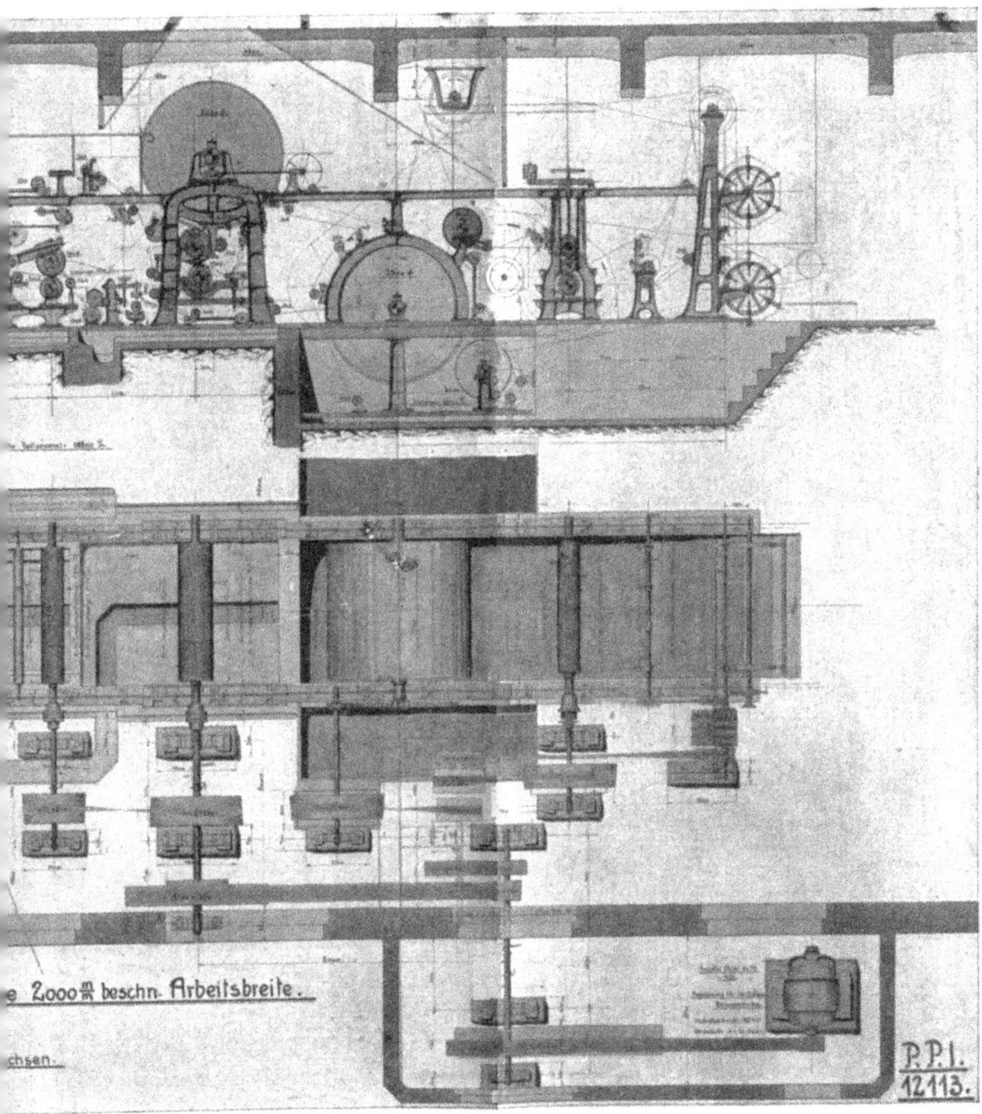

e 2000 % beschn. Arbeitsbreite.

chsen.

P. P. I.
12113.

Tafel 3 Hoyer, „Die Strohzellstoff-Fabrikation"
Verlag M. Krayn, Berlin W. 10

Maschinenf

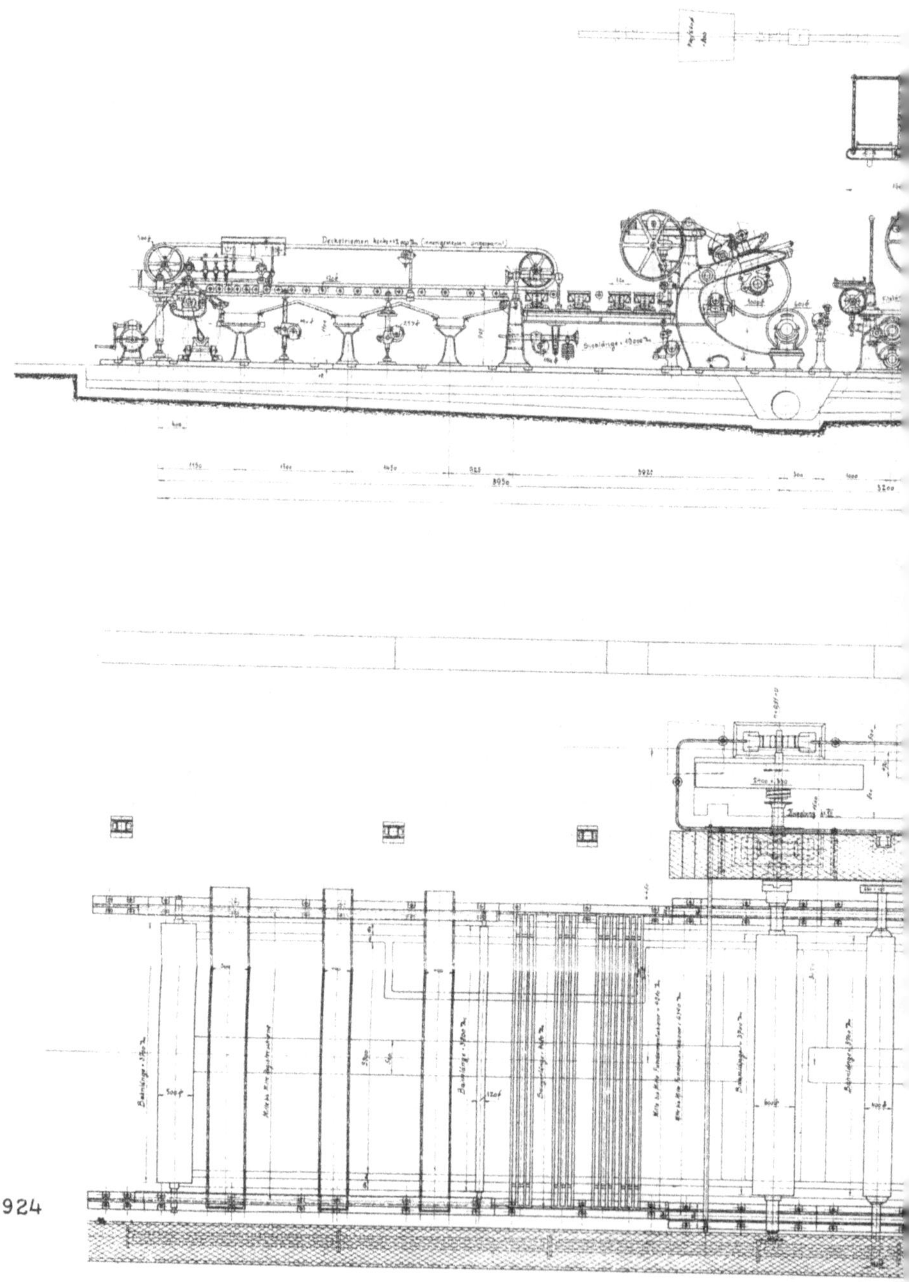

18. XII. 1924

iengesellschaft vorm. **Wagner & Co.,**

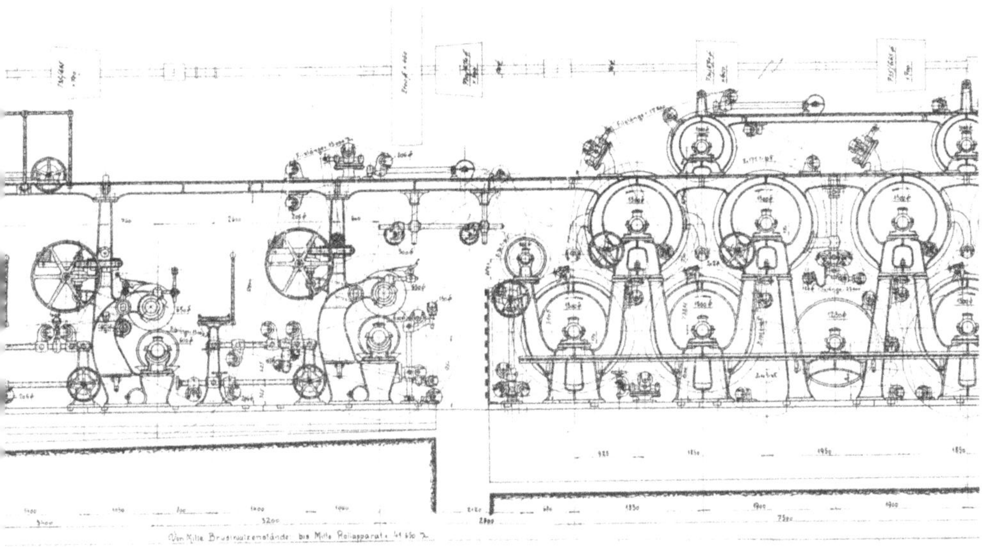

Papiermaschine VIII 3200 mm Arbeitsbreite

der Papierfabrik Fr. Halbach A. G. Leer

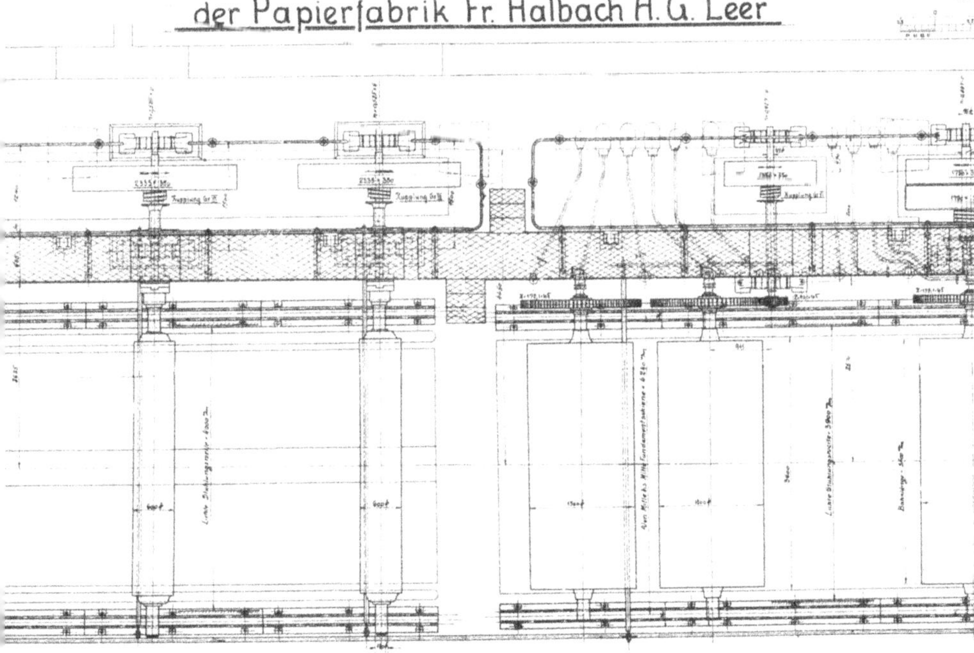

Photolith v Bogdan Gisevius, Berlin W. Bülowstr. 66

Cöthen in Anha

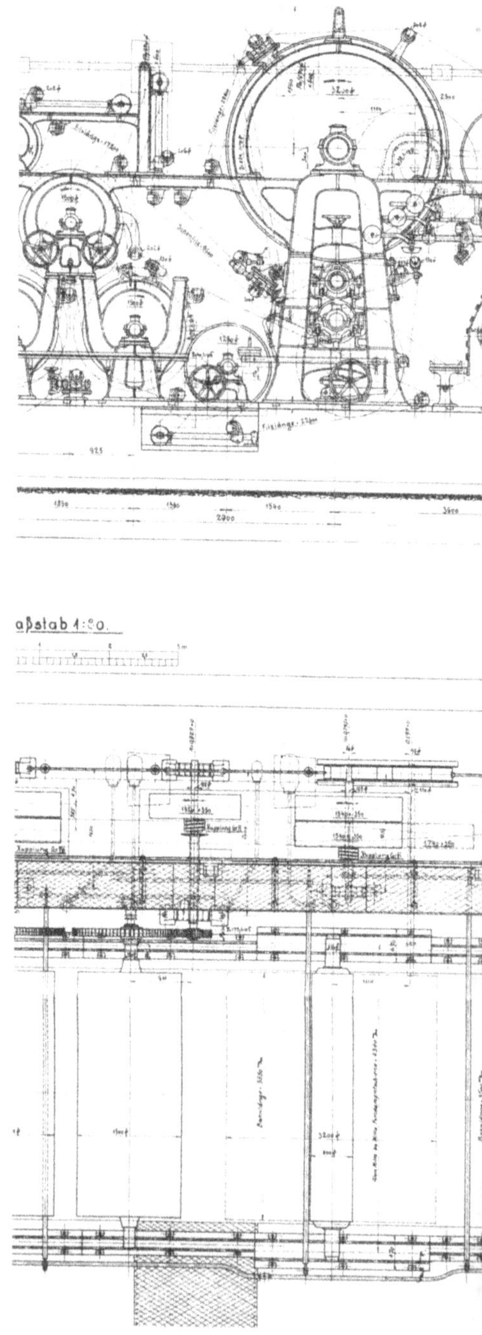

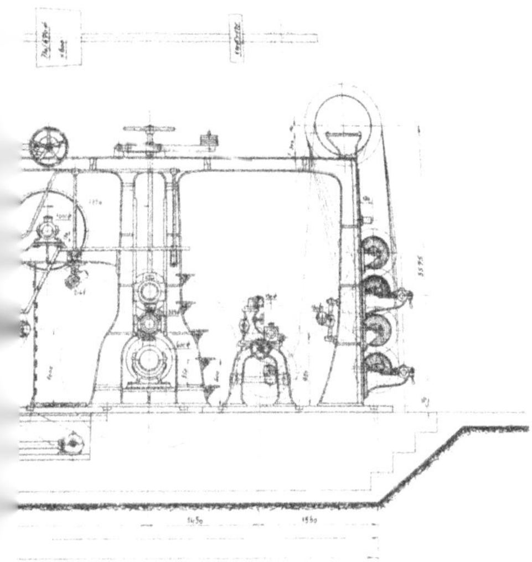

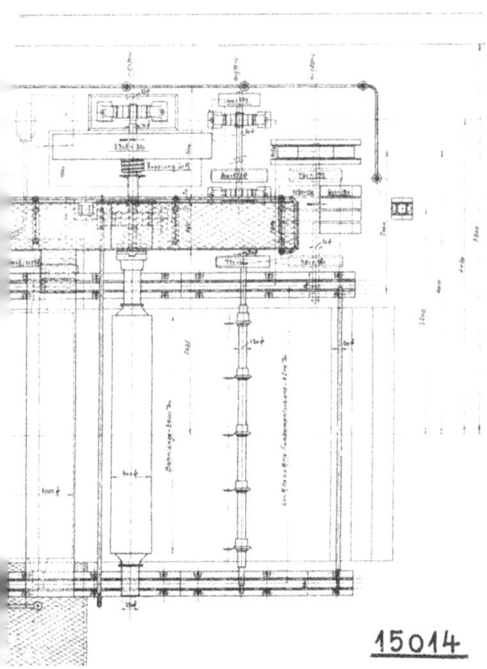

15014

Tafel 4 Hoyer, „Die Strohzellstoff-Fabrikation"

Verlag M. Krayn, Berlin W. 10

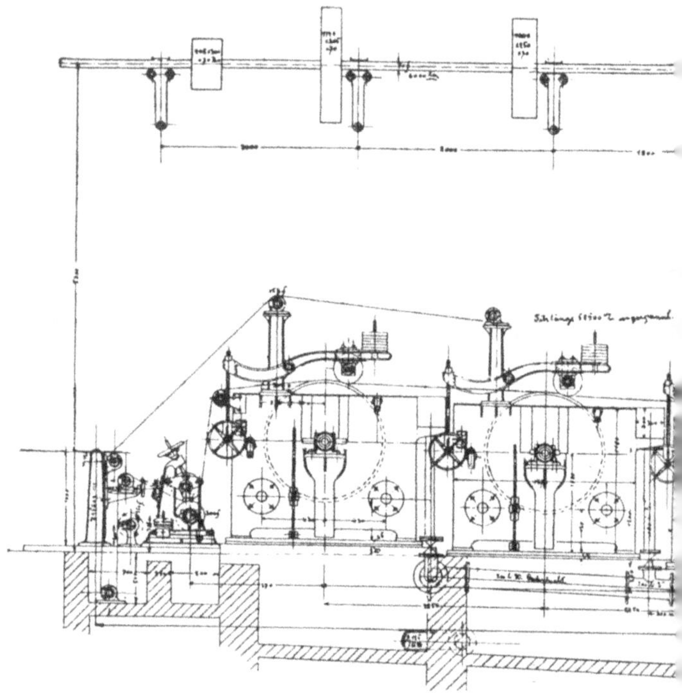

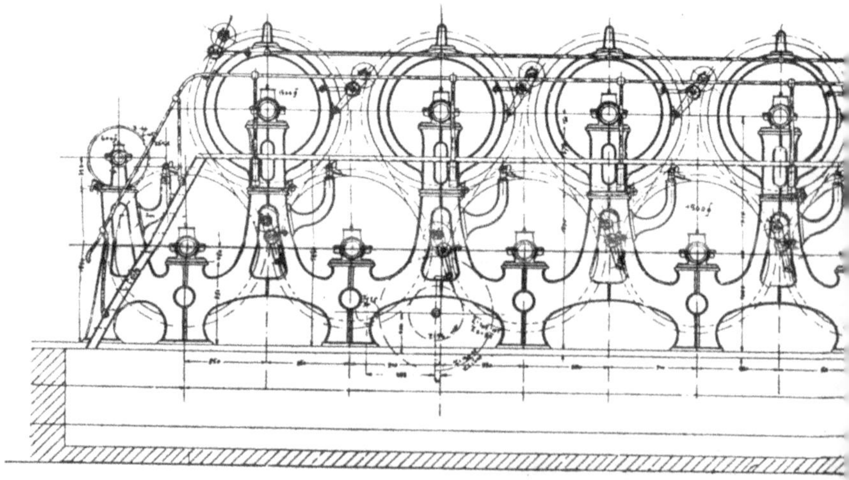

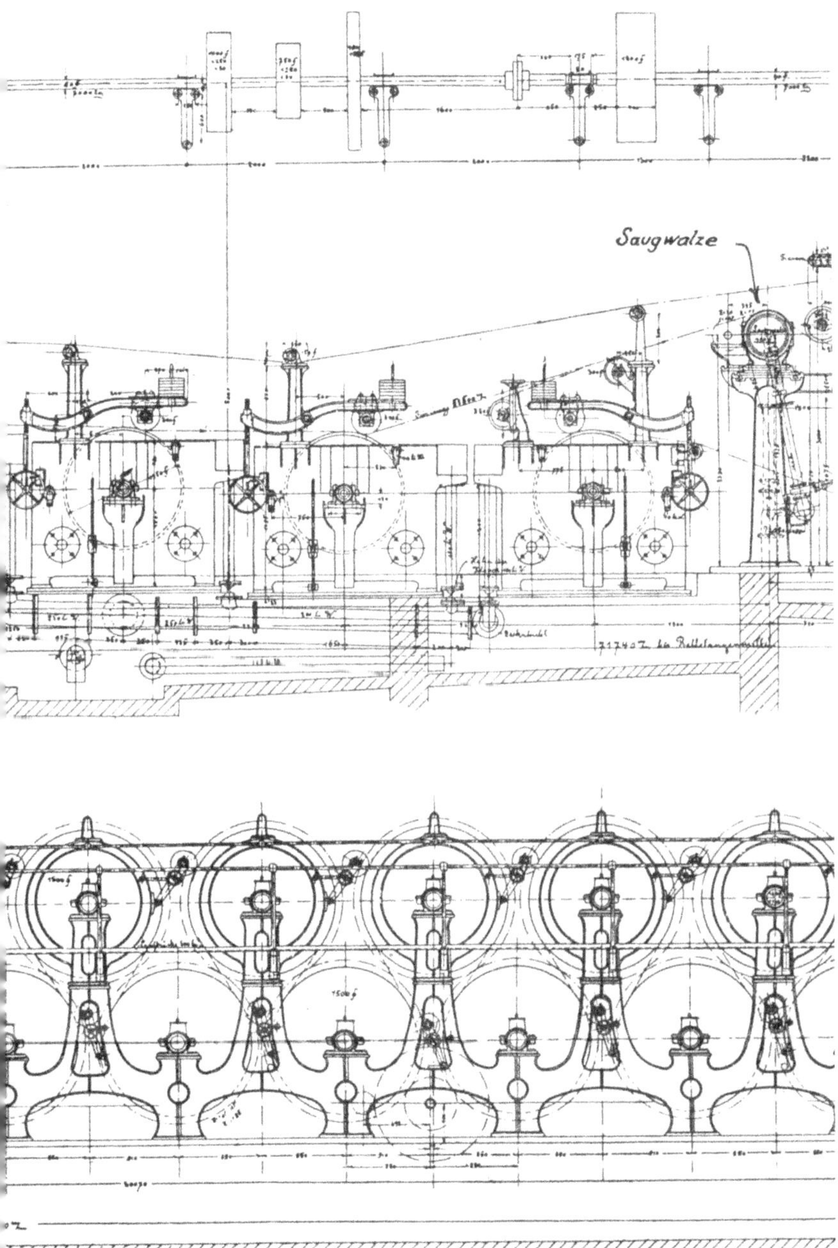
Saugwalze

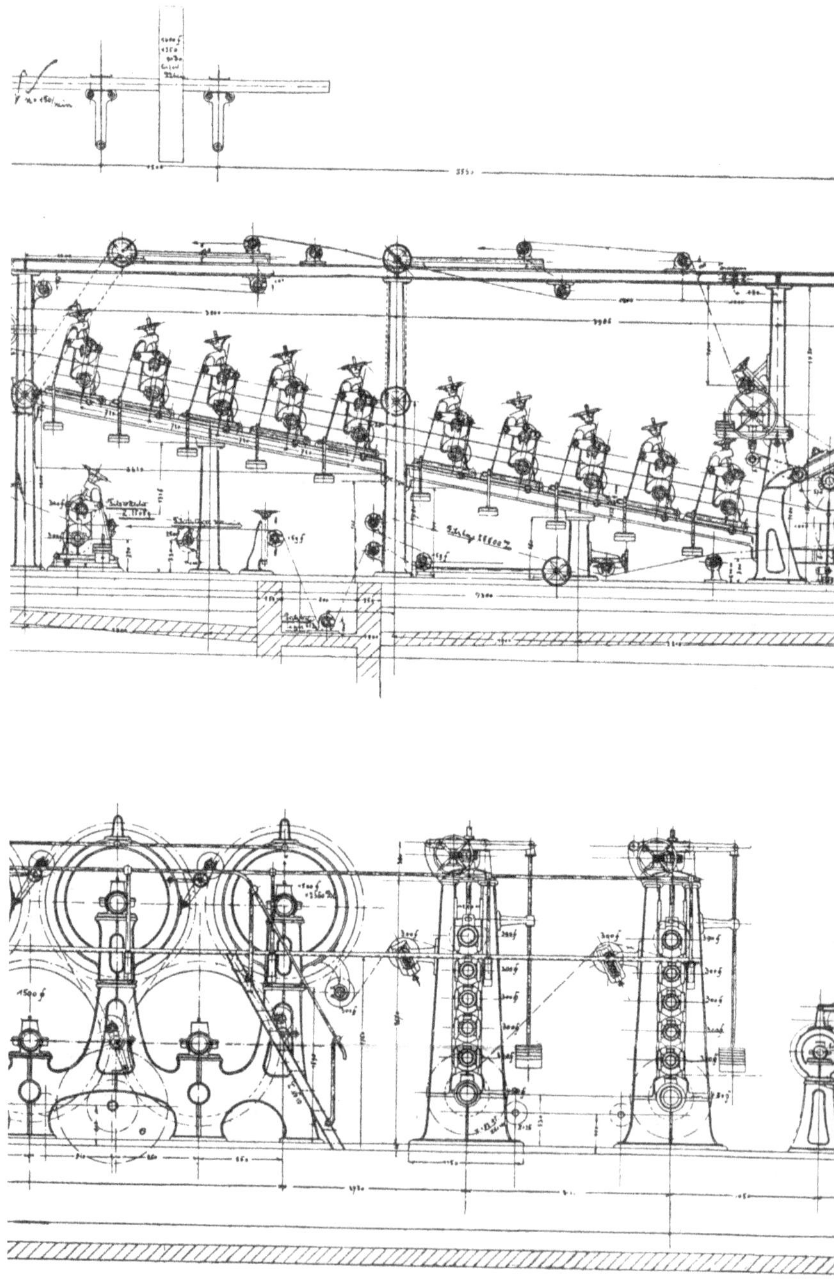

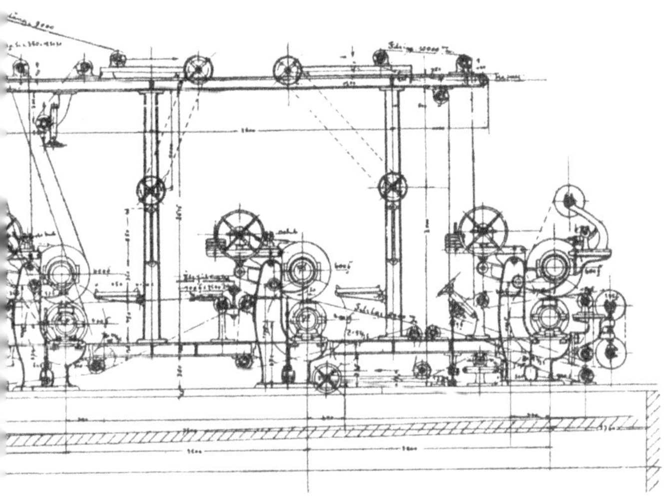

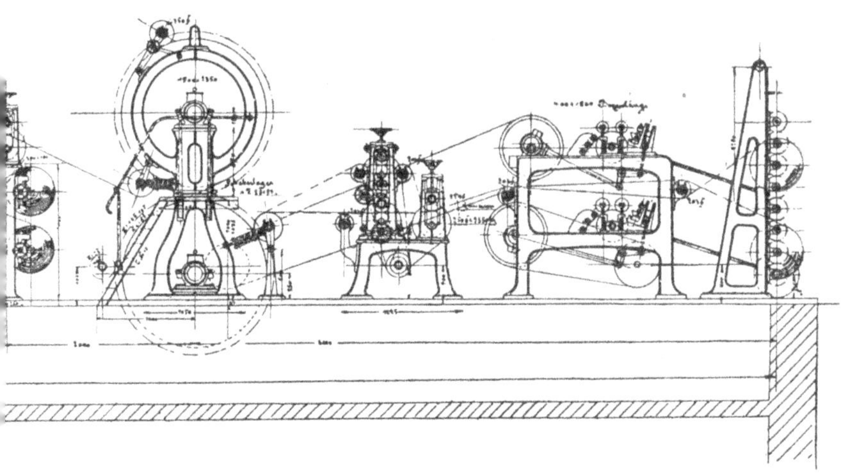

Tafel 5 Hoyer, „Die Strohzellstoff-Fabrikati
Verlag M. Krayn, Berlin W. 10

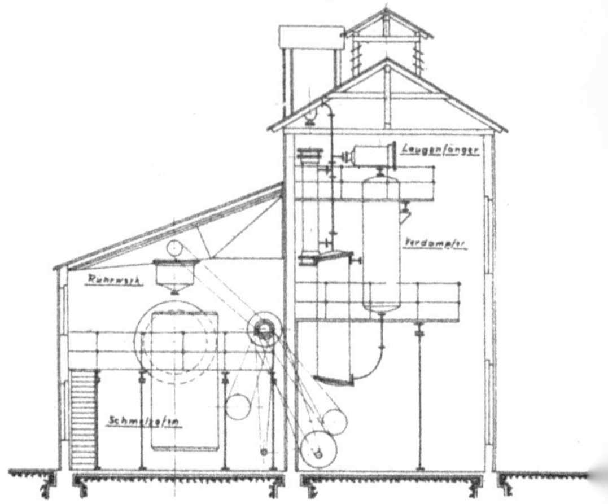

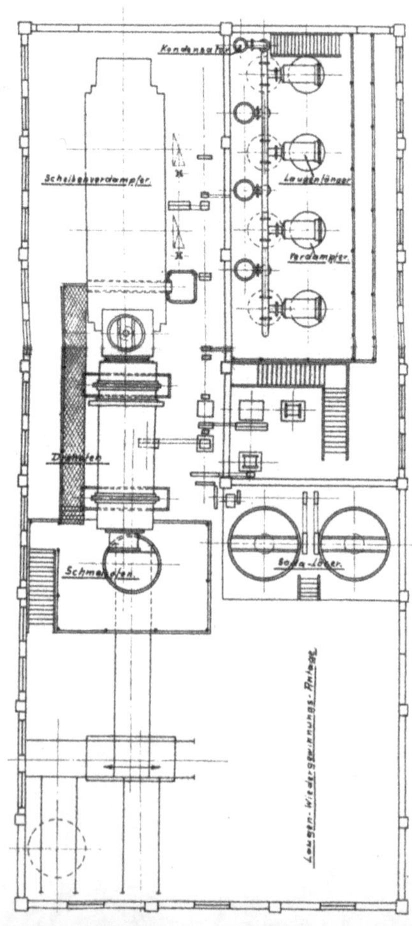

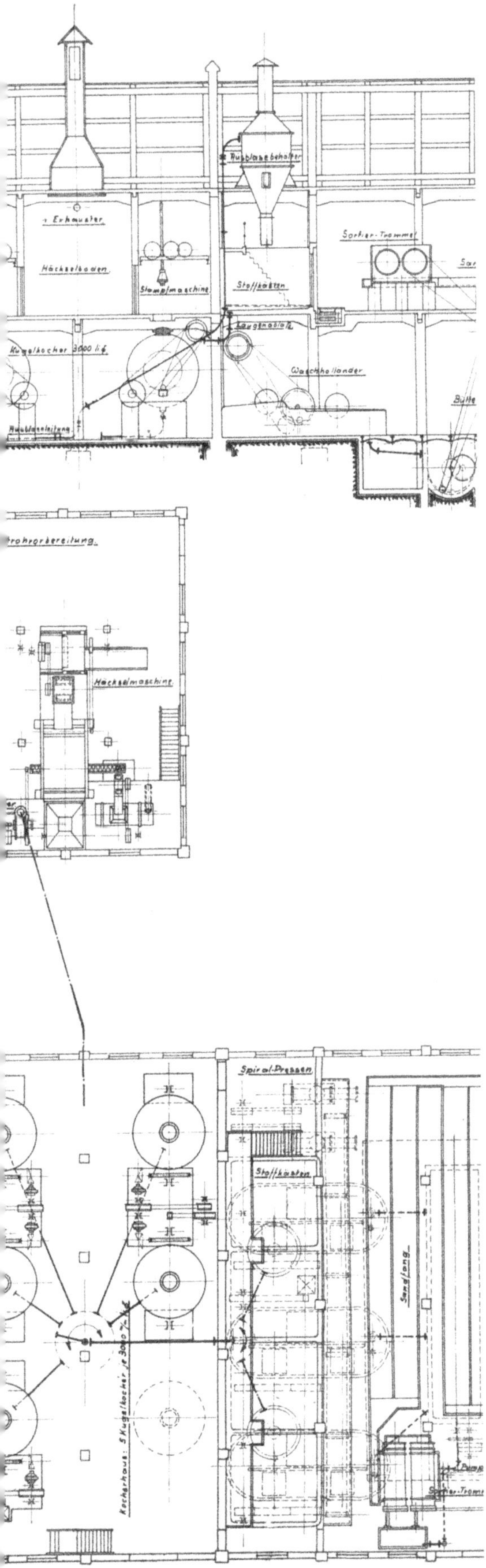
Ausblasebehälter
Sortier-Trommel
Häckselboden
Stampfmaschine
Stoffkästen
Waschholländer
Häckselmaschine
Spiral-Pressen
Stoffkästen
Sandfang

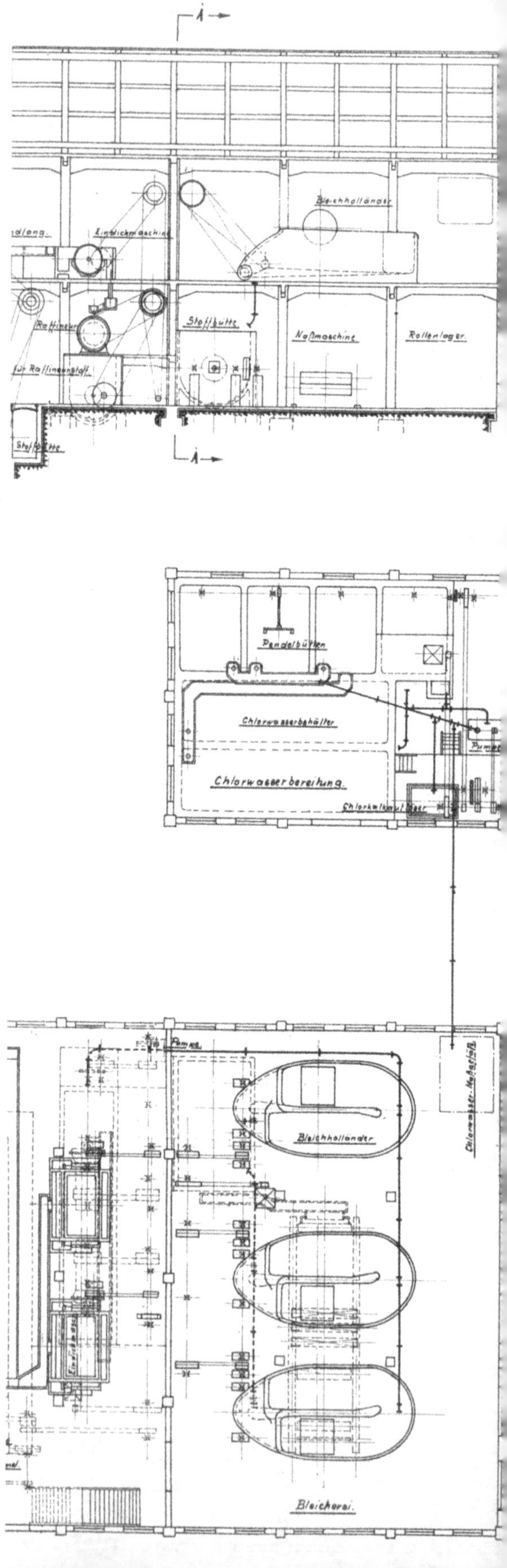
Bleichholländer
Eindickmaschine
Raffineur
für Raffineurstoff
Stoffbütte
Naßmaschine
Rollenlager
Stoffbütte
Pendelbütten
Chlorwasserbehälter
Chlorwasserbereitung.
Chlorkalklöser
Pumpe
Pumpe
Chlorwasser-Meßgefäß
Bleichholländer
Bleicherei.

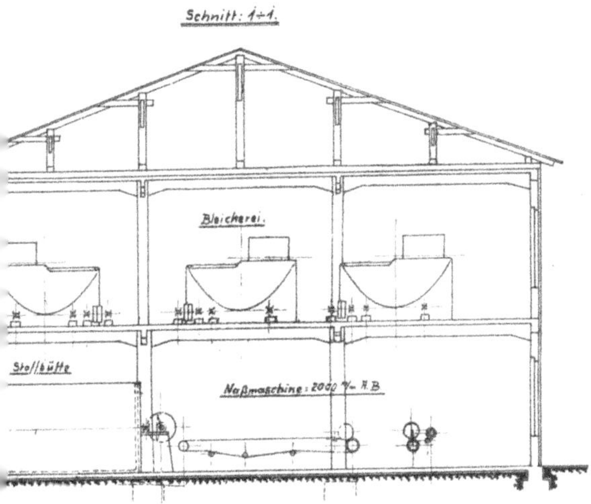
Schnitt: 1÷1.
Bleicherei.
Stoffbütte
Naßmaschine: 2000 ‰ A.B

www.ingramcontent.com/pod-product-compliance
Lightning Source LLC
LaVergne TN
LVHW080743300926
849162LV00008BA/1742